ECOLOGICAL

全国优秀建筑规划景观设计方案集

中国民族建筑研究会 主编

中国建材工业出版社

目录 CONTENTS

附录

PROJECT
NAME

蜀韵田源·中国川西林盘聚落有机更新

项目基本信息

项目名称：蜀韵田源·中国川西林盘聚落有机更新
设计单位：四川省大卫建筑设计有限公司
主创团队：刘卫兵、卢晓川、安柏庆、黄向春、李波、何正伟

设计文字说明

项目概述：

项目位于大邑县东部董场镇祥和村 11 组，北部与崇州市接壤，东至西河，南接沙渠镇规划道路，西至 N32 县道。基地北侧紧邻成温邛快速路，南靠三安路改造线及三安路，东侧紧邻成都第二绕城高速，西侧紧邻董龙公路，项目中部有成温邛快速连接路串联。项目占地约 27 亩，总建筑面积为 7071.01m²，由民宿区、农庄区、蜀韵堂、田园会客厅四部分组成，均为 1~2 层、局部 3 层的多层建筑。容积率为 0.39，建筑密度为 27.8%，停车位 65 个。该项目用地通过在农交所流转，成为兼具生活与生产的村庄产业用地。
项目用地为四边形，东西宽约 180m，南北长约 300m。场地现状为丘陵，场地东侧为在建规划道路，交通可达性一般。林盘作为祥和田园综合体中川西林盘活化的样板，是传统地域建筑的活化石，亦是改造乡村风貌演绎乡村风俗，实现“优形态、兴业态、重文态、留生态”的体现，亦是对“道法自然、天人合一”的传统川西生态文明理念的传承。所以以林盘的生活环境、田园生活方式与传统规制的院子相结合作为设计定位。

主要经济技术指标表

一、规划建设净用地面积（参与容积率和建筑密度计算）			18089.3㎡
二、规划总建筑面积	6625.62㎡	占地建筑面积	5032.71㎡
（一）总计容建筑面积			6625.62㎡
1.地上计容建筑面积			6625.62㎡
（1）蜀韵堂	425.57㎡	占计容建筑面积的比例	6.0%
（2）民宿区	2875.88㎡	占计容建筑面积的比例	40.7%
其中民宿区：一号楼 330.81、二号楼 436.15、三号楼 424.86、四号楼 388.88、五号楼 393.75、六号楼 368.99、七号楼 276.24			㎡
（3）田园会客厅	790.94㎡	占计容建筑面积的比例	11.7%
（4）农庄区	2943.2㎡	占计容建筑面积的比例	41.6%
其中农庄区：八号楼 782.19、九号楼 591.66、十号楼 267.42、十一号楼 1108.16			㎡
①建设项目配套设施建筑面积			㎡
A、物管用房（在接待楼内）			27㎡
B、垃圾用房			20㎡
②公共服务配套设施			㎡
A、公厕（在接待楼内）			32㎡
B、变（配）电站			20㎡
（二）地下（含半地下）室建筑面积			0㎡
三、容积率			0.36
四、建筑密度	总建筑密度		27.8%
五、绿地率			30%
六、机动车停车位			65 个
1、地上机动车停车位			65 个
2、地下停车位			0 个
七、日照分析			
日照分析结论	拟建建筑自身以及对周边用地、周边已建建筑的日照影响满足《成都市规划管理技术规定》（2017）的要求。		
备注			

➤ 总平面图

▲ 鸟瞰图

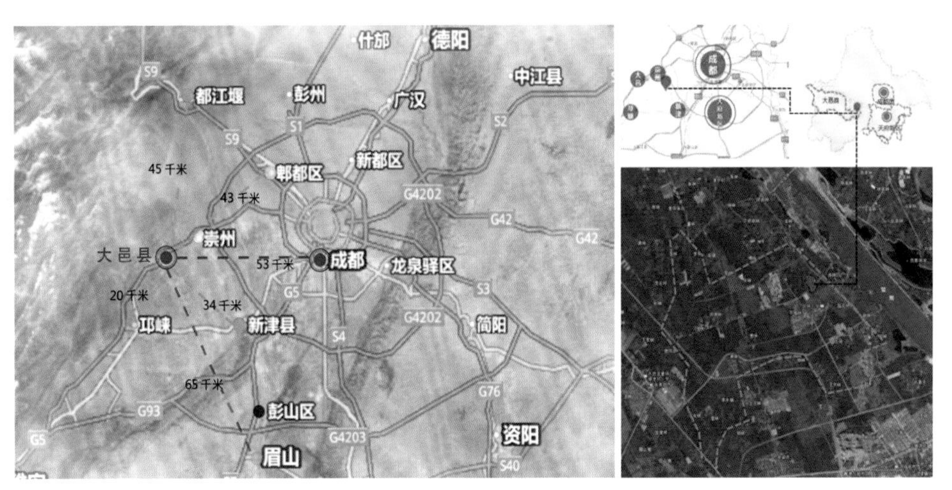

▲ 区位分析

建筑文化与创新

传承“道法自然 、天人合一”的传统川西生态文明理念，修复大地肌理，院落空间以建筑实体形式与周边高大乔木、竹林、河流、耕地等自然环境有机融合，其建筑造型轻盈精巧，建筑风格淡雅飘逸，空间尺度亲和宜人，对原有民居进行最合理的利用，使其在修复生态的同时提升整体形象。

项目创新主要表现在建筑形态和户型两个方面。

在建筑形态上通过外立面有机变化使整体建筑富有川西林盘的建筑形态，林盘建筑高低错落有致，依地势而建，呼应周围的农田、菜地、树木，形成周边沃野环抱、中间密林簇拥、小桥流水相伴的优美景观，延续特有的川西林盘特色。

在户型设计上打破传统院落的做法，结合现代的元素，将林盘院落做到了极致。因地制宜，力求每户都有较好的景观视野和不同的居住体验。户型的设计高度重视其私密性，使其形成独立居住空间，从而避免了建筑间房间的对视感。

外立面设计着重突出整体的层次感和空间表现，以传统川西民居和现代风格为主，通过空间层次的转变，打破传统立面的单一和呆板，其节奏、比例、尺度符合美学要求。

项目反响

蜀韵田园项目已通过规划报规，正在修建中。林盘田园已试种长生稻上千亩，并养殖稻鱼稻虾，构建生态循环产业，已成为四川首个“千年原生 – 稻法自然”的川西林盘田园综合体，初步形成了以农耕穿越、戏水乐水为玩点，民宿度假为特色，户外实景体验农耕秀，并引入精品林盘农耕博物馆的亲子科普基地。

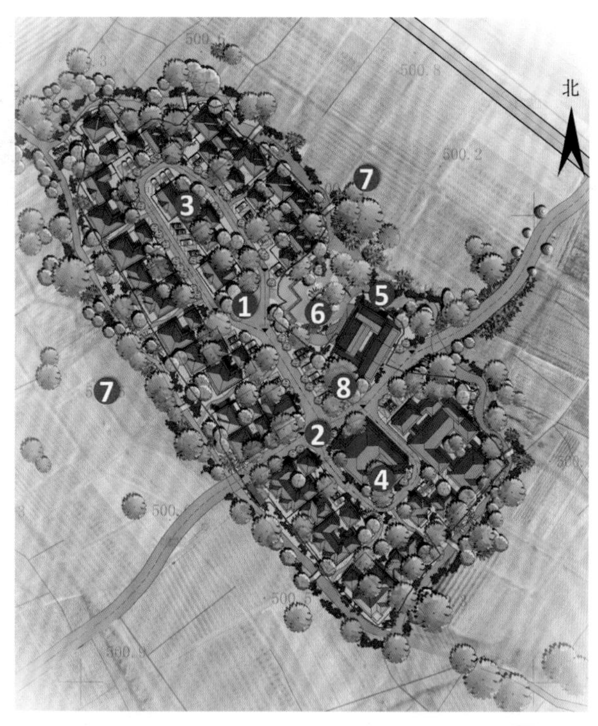

图例

1 观赏草亭
2 谷仓
3 民宿区
4 农庄区
5 拱桥
6 共享体验区
7 农田
8 晒坝

◀ 设计总平面图

▼ 现场照片

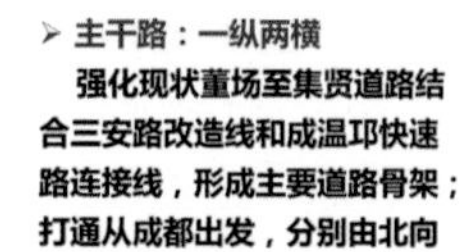

➢ **主干路：一纵两横**

强化现状董场至集贤道路结合三安路改造线和成温邛快速路连接线，形成主要道路骨架；打通从成都出发，分别由北向和南向进入园区的交通轨迹。

➢ **次干路：两横四纵**

结合产业布局和新村聚居点，形成次要道路构架。

➢ **支路：串路成网**

尊重现有道路肌理，改造、连通、拓宽现状村道，构建纵横交错的道路网体系。生产道路根据园区实际建设情况进行打造。

一号林盘项目位于祥和村11组，位于大邑县东部董场镇祥和村，北部与崇州市接壤、东至西河、南接沙渠镇规划道路、西至N32县道。基地北侧紧邻成温邛快速路，南靠三安路改造线及三安路，东侧紧邻成都第二绕城高速，西侧紧邻董龙公路，项目中部有成温邛快速连接路串联。占地约27亩，由民宿区、农庄区、蜀韵堂、田园会客厅四部分组成，均为1~2层，局部3层的多层建筑，该林盘用地通过在农交所流转，成为兼具生活与生产的村庄产业用地。

主/次干路路名	路宽(m)	次干路路名	路宽(m)
成温邛快速路	17	次1路	7
牟龙路	12	次2路	8
董龙路	12	次3路	6.5
三安路改造线	17	次4路	7
三安路	17	次5路	8
		次6路	8

▲ 交通区位分析图

▼ 部分建筑立面图

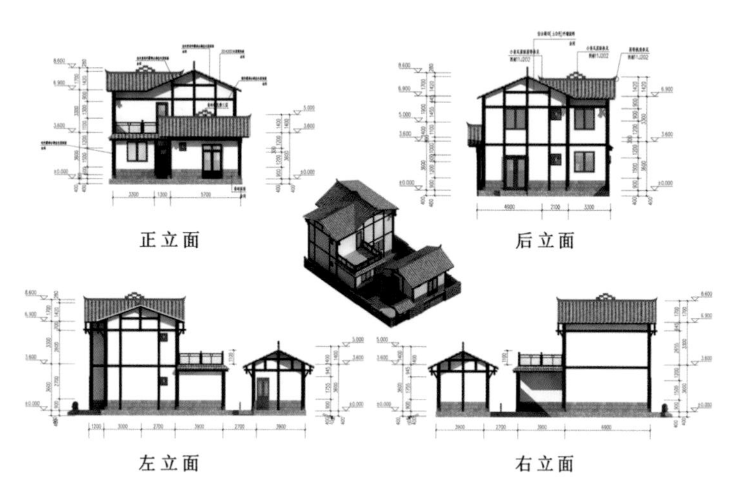

▲ 透视图 1

▲ 透视图 2

▲ 透视图 3

▲ 透视图 4

▲ 透视图 5

▲ 透视图 6

▲ 半鸟瞰图 1

▲ 半鸟瞰图 2

PROJECT NAME

湖北咸宁鄂旅投白水畈田园综合体启动区

02

项目基本信息

项目名称：湖北咸宁鄂旅投白水畈田园综合体启动区
设计单位：广州美一森旅游规划设计有限公司
主创团队：林土华、黄顺雄、欧阳婷婷、胡诗棋、叶惠瑜、陈莹

设计文字说明

项目区位：

项目所在地咸宁市为湖北省地级市，位于湖北省东南部，长江中游南岸，东邻赣北，南接潇湘，西望荆楚，北靠武汉，素有“湖北南大门”之称，是武汉城市圈成员城市之一，素有“温泉之乡”“桂花之乡”“楠竹之乡”“苎麻之乡”“茶叶之乡”之称。项目地半径 100km 内有武汉天河国际机场、高铁武汉站、赤壁站、咸宁北站、鄂州站及黄石北站 6 个重要交通枢纽，且分别与项目地距离 0.5~2h 车程。

项目用地现状：

项目用地属于典型丘陵地貌，南高北低，且周边使用功能单一，建设干扰影响少，为本区域的旅游开发提供了良好的自然基础，符合生态游乐、养老康养、农业休闲等旅游类型的开发，容易形成综合性的旅游度假区。

项目定位：

依托高品质的山水田园生态环境，以亲子旅游为旅游核心客群，以咸宁非遗民俗文化为核心，打造集休闲度假、乡村文化体验、生态观光、亲子研学与户外体验为一体的国内知名、华中一流田园度假综合体。

产业定位：

咸宁把旅游作为城市经济发展和转型升级的支柱产业来发展，政策保障强力助推。当前旅游常态化格局已经形成，咸宁市以打造“香城泉都”为目标，确立了“城市即旅游、旅游即城市”的理念，努力将咸宁建设成为“国家全域旅游示范区”“国际温泉休闲养生旅游目的地”和“国内一流、国际知名的国际旅游城市”。鄂旅投白水畈田园综合体启动区通过“三园”的有机结合与关联共生，实现生态农业、修身养性、度假休闲、治疗疾病、颐养天年、田园居住等复合功能的华中地区首个田园综合体。

▼ 鸟瞰图

单位简介：

集团成立于2012年，由广州美一森旅游规划设计有限公司、中青旅文化旅游研究院（广州）有限公司、广州溪缦谷投资发展有限公司、广州美一森园林景观设计有限公司、广州文旅信息科技有限公司五家公司组成。集团下辖6个事业板块，分别是投资运营事业部、文旅景观事业部、华中事业部、智慧景区事业部、文旅研究院和工程事业部。集团通过旗下全资子公司进行统一化运作，是一家充满创意，强调以新锐的设计力量完成所承担的设计任务的多元化综合设计机构。

广州美一森旅游规划设计有限公司是集团旗下全资子公司，国家旅游局（现为文化和旅游部）批准的国家旅游规划设计丙级资质单位，广东旅游营销与规划协会成员单位，广东省乡村旅游协会发起单位，擅长于旅游目的地的策划、规划、落地设计三位一体的融合服务。公司拥有多支专业的高素质团队，核心成员有旅游规划师、策划师、景观师、经济师，以及资深的多元专业背景、丰富的实战经验的开发管理顾问，为每个客户提供可落地、可操作的解决方案！

项目区位分析
Project location analysis

湖北省-咸宁市 区位图　　咸宁市 项目地 区位图

项目所在地咸宁为湖北省地级市，位于湖北省东南部，长江中游南岸，东邻赣北，南接潇湘，西望荆楚，北靠武汉。素有“湖北南大门”之称，是武汉城市圈成员城市之一，素有“温泉之乡”“桂花之乡”“楠竹之乡”“苎麻之乡”“茶叶之乡”之称。咸宁市现下辖咸安区、嘉鱼县、通城县、崇阳县、通山县、赤壁市，共设12个乡、51个镇、6个办事处，下辖1049个村民委员会、10145个村民小组。面积为9861km^2。2016年咸宁市总人口达280万人。

▲ 交通分析图

◀ 区位分析图

▼ 用地现状图

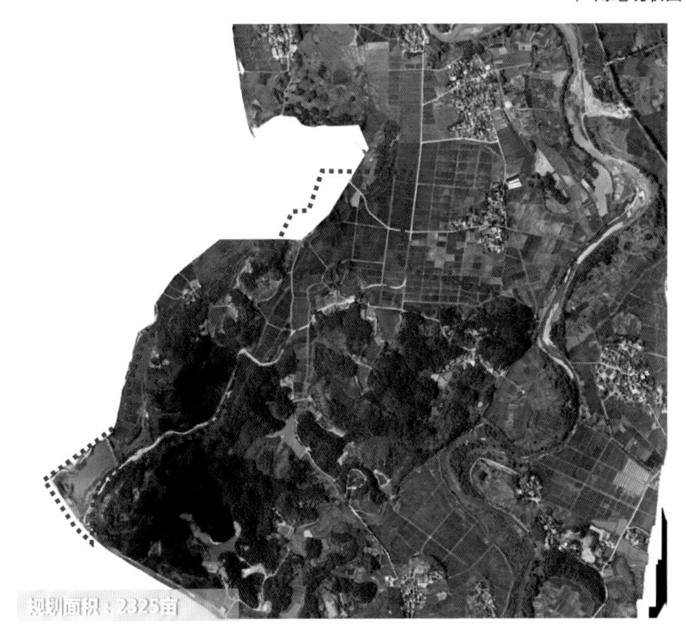

咸宁市属于杂散居少数民族地区。全市共杂居34个少数民族，常住人口14233人，外来经商流动人口2000余人，少数民族全市总人口16233人。少数民族以回族、满族、壮族、土家族、苗族为主。主要分布在赤壁市莼川，赤壁镇东风、同心、八把刀三个自然村，咸安区官埠桥湖场村，崇阳县天城镇

民族文化

历史文化

咸宁文化分析

旅游文化

美食文化

咸宁特色美食包括赤壁肉糕、贺胜鸡汤、通山包砣、牌洲圆子、老青茶、陆溪鱼糕、崇阳竹炭鸡、咸安宝塔肉、火烧赤壁等等。除了传统美食以外，咸宁美食原材料大多是以各种湖鲜水产、山珍野味等烹制，味道鲜美回味无穷

咸宁市境内不仅拥有通山九宫山、通山隐水洞、黄龙山、灶背岩等自然风景名胜区，还有刘家桥、王氏宗祠、咸安笔峰塔等具有历史文化意义的古迹，更有咸宁温泉谷、三江森林温泉、大溪湿地公园等大型综合休闲度假区，旅游资源十分丰富

区域文化分析图

优势STRENGTHS

1. 项目所处地理区位较好；
2. 项目交通通达条件较好；
3. 项目所在地气候自然生态环境较好；
4. 城市社会经济发展条件基础较好。

机遇OPPORTUNITIES

1. 咸宁把旅游作为城市经济发展和转型升级的支柱产业来发展，政策保障强力助推；
2. 旅游常态化格局已经形成，多元化旅游需求消费增长强势；
3. 新机场的规划建设，通畅便捷的立体交通网基本形成，旅游者可进入性大增强；
4. 城市旅游产业结构不合理，项目建设有更大可塑性。

SWOT

劣势WEAKNESSES

1. 咸宁市旅游市场处于转型阶段，新型旅游产品知名度较低；
2. 现有旅游核心产品吸引力不足，旅游资源的开发滞后，旅游目的地功能不强；
3. 旅游产业发展的市场主体和创新动能不足。

挑战THREATS

1. 本项目定位与设计是否具有差异性、独特性、唯一性；是否能满足市民及旅游客源市场的长远刚性需求与多元化的体验；
2. 如何在旅游目的地建设系统下寻找项目核心吸引力，打造具有产业聚集力、消费凝聚力、市场竞争力的特色休闲旅游项目；
3. 空白的规划用地提供了多种发展的可能性。

SWOT 分析图

咸宁市整体旅游产业定位：

咸宁市以打造“香城泉都”为目标，确立“城市即旅游、旅游即城市”为理念，努力将咸宁建设成为全国努力将咸宁建成“国家全域旅游示范区”、“国际温泉休闲养生旅游目的地”和“国内一流、国际知名的国际旅游城市”。

时代契机：

中共十八届五中全会公报发布，建设“健康中国”至此上升为国家战略，随着“健康中国”战略落地，“十三五”期间围绕大健康、大卫生和大医学的医疗健康产业有望突破十万亿市场规模。

田园休闲度假
大健康时代

产业定位图

通过“三园”的有机结合与关联共生，实现生态农业、修身养性、度假休闲、治疗疾病、颐养天年、田园居住等复合功能

打造华中地区首个田园综合体

规划策略图

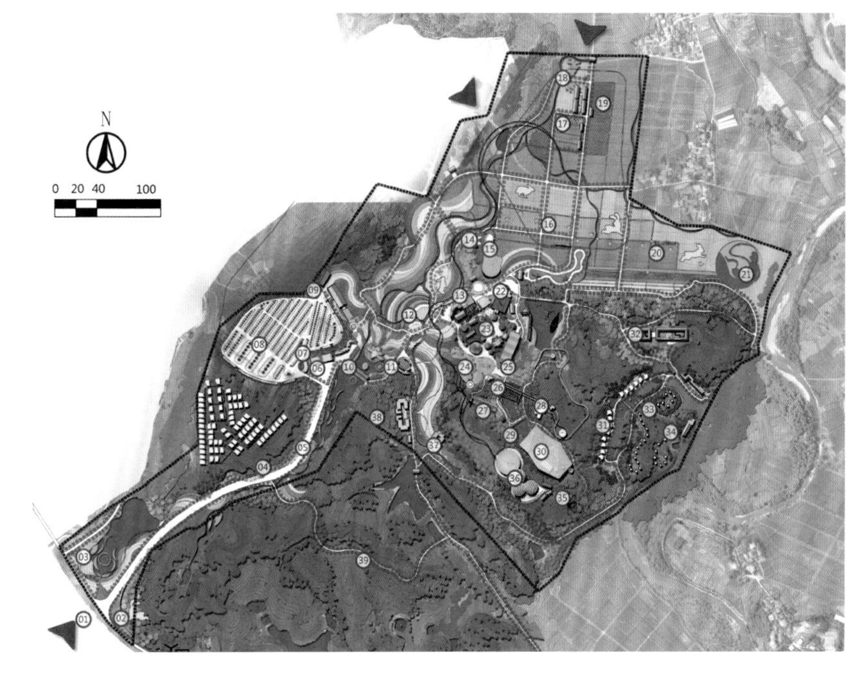

▲ 规划总平面图

规划设计：

咸宁历史悠久，源远流长，区域周为楚地，隶属南郡，汉属荆州江夏郡，东汉末属东吴。咸宁市属于杂散居少数民族地区，全市共杂居34个少数民族，也孕育出山歌、铜鼓等各种各样的少数民族文化。

鄂旅投白水畈田园综合体启动区位于咸宁市高桥镇，项目依托高品质的田园环境，突显出高桥镇的鲜明特点，打造“一园五区”的空间结构。六个组团自西往东依次为综合服务区、七彩田园区、田园体验区、科普研学区、萝卜总动园、田园度假区。在七彩田园区，你可以站在浮空木栈道上，俯瞰彩虹花海，置身于花的海洋，万紫千红，美得不可思议。在科普研学区，你可以了解到本景区的特色IP——萝卜。除了参观全国各地特色萝卜产品，你还可以参加校外特色研学课堂。在萝卜总动员区，你可以买到各种各样的萝卜产品，参加亲子DIY课堂，还可以到游乐园里体验惊险刺激的冒险之旅，以及各种包括无动力和动力的“网红”抖音游戏项目。玩累了，可以将田园度假区落的酒店作为落脚点。到清幽静雅的环境里品茶，学习茶文化也是个不错的放松身心的选择。休息过后，让我们来体验一下田园生活吧。都吃过鸡蛋，都没捡过鸡蛋吧？别以为这里的鸡是装在笼子里的，它们全是散养的，满地乱跑，开始与母鸡斗智斗勇的新奇体验吧。喂鸽子、奶牛，羊驼，获得关爱小动物的成就感吧。

在植物景观的营造上，倾力打造“春野、夏田、秋岭、冬谷”四季节庆植物。四季花海鲜花斗艳，五彩斑斓，不同颜色、不同品种的花卉种植在一起，形成色彩斑斓的彩虹花田，成为白水畈一道美丽的大地景观。让游客在度假之余，感受大自然的美丽景色。

为提高旅游文化品牌效应，在特色鲜明的IP的打造上，选用白水畈特产——白萝卜为元素，打造一系列的明星IP产品和旅游项目，赋予景区一些独特的性格特点和新的生命力，提高旅游体验的品质化。例如提供各种萝卜产品——萝卜雕刻、萝卜丁、萝卜丝、萝卜片等，促进农民持续稳定增收，让游客体验一把田园乐趣。

规划亮点：

打造华中首个乡村研学讲堂教育产品
建设花海特色国家级田园综合体
打造独具特色萝卜文化展览博物馆
建设美丽中国多彩稻田示范基地

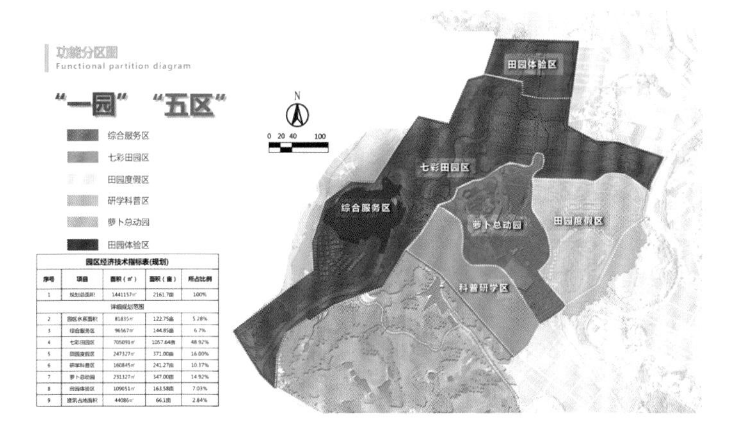

园区经济技术指标表(规划)				
序号	项目	面积（㎡）	面积（亩）	所占比例
1	规划总面积	1441157㎡	2161.7亩	100%
详细规划范围				
2	园区水系面积	81835㎡	122.75亩	5.28%
3	综合服务区	96567㎡	144.85亩	6.7%
4	七彩田园区	705091㎡	1057.64亩	48.92%
5	田园度假区	247327㎡	371.00亩	16.00%
6	研学科普区	160845㎡	241.27亩	10.37%
7	萝卜总动园	231327㎡	347.00亩	14.92%
8	田园体验区	109051㎡	163.58亩	7.03%
9	建筑占地面积	44086㎡	66.1亩	2.84%

▲ 功能分区图

▼ 交通规划图

▲ 综合服务区鸟瞰图

◀ 游客中心效果图

◀ 游客中心尺寸图

▶ 游客中心建筑图

▶ 萝卜生态餐厅建筑图

▲ 七彩花田鸟瞰图

▲ 萝卜总动员鸟瞰图

▲ 萝卜博物馆建筑图

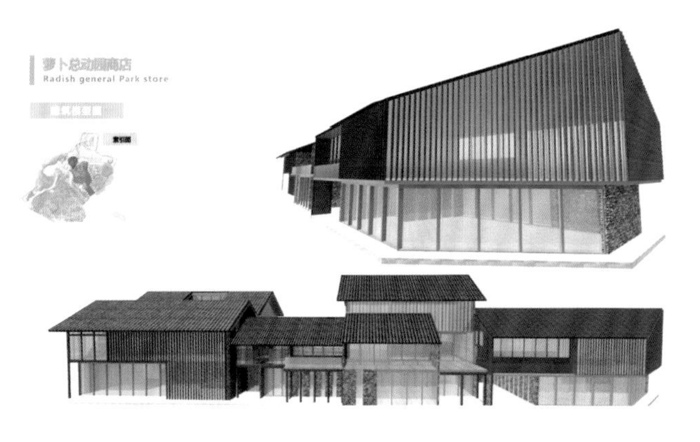

▲ 萝卜总动员商店建筑图

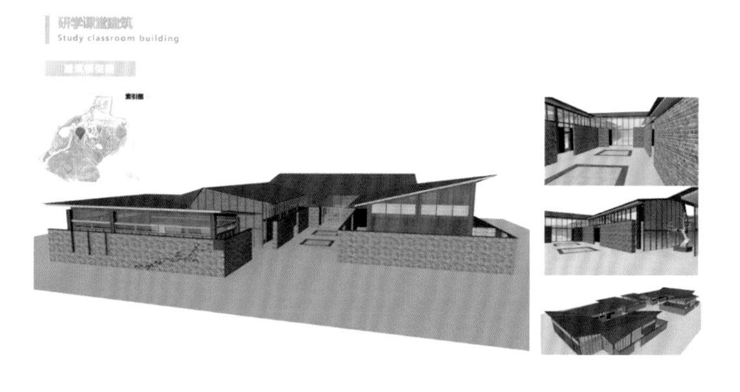

▲ 研学课堂建筑图

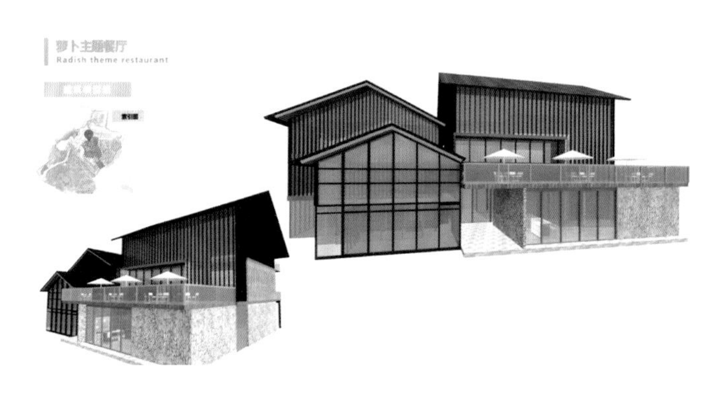

▲ 萝卜主题餐厅图

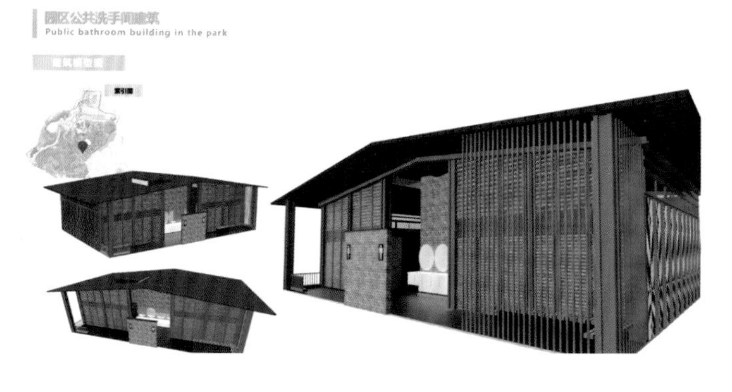

▲ 洗手间建筑图

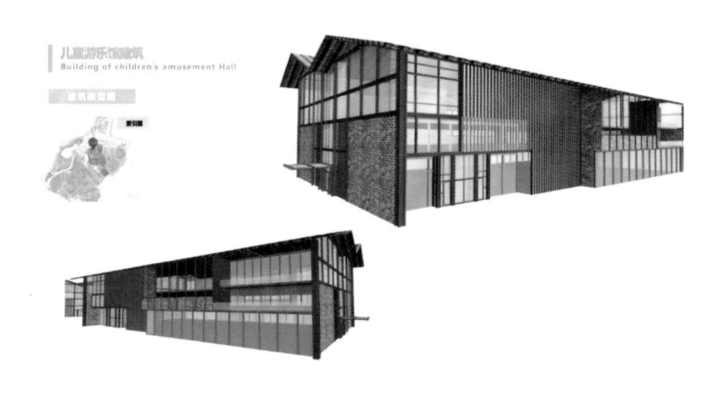

▲ 儿童游乐馆建筑图

PROJECT
NAME

湖北咸宁澄水洞军旅小镇修建性规划设计方案

项目基本信息

项目名称：湖北咸宁澄水洞军旅小镇修建性规划设计方案
设计单位：广州美一森旅游规划设计有限公司
主创团队：林土华、黄顺雄、欧阳婷婷、胡诗棋、叶惠瑜、陈莹

设计文字说明

项目定位：
依托澄水洞的 131 军事工程国防资源；
以军事旅游市场需求为导向；
以军事文化为内涵，以科技体验为支撑；
采取差异化发展策略融入咸宁旅游圈，发展军旅研学游；
打造集国防素质教育、国防文化博览、国防科技体验、国防技能训练、军旅研学风情等功能于一体的国内知名旅游新品牌的国防军旅小镇。

规划亮点：
建立华中首个军事装备博览园
建设国际级军事比赛举办基地
打造全国首个退役军人再就业示范区
建设国家级国防研学示范基地
建立国际知名爱国主义军事科普教育基地
打造国内知名国防军旅特色小镇

▼ 规划鸟瞰图

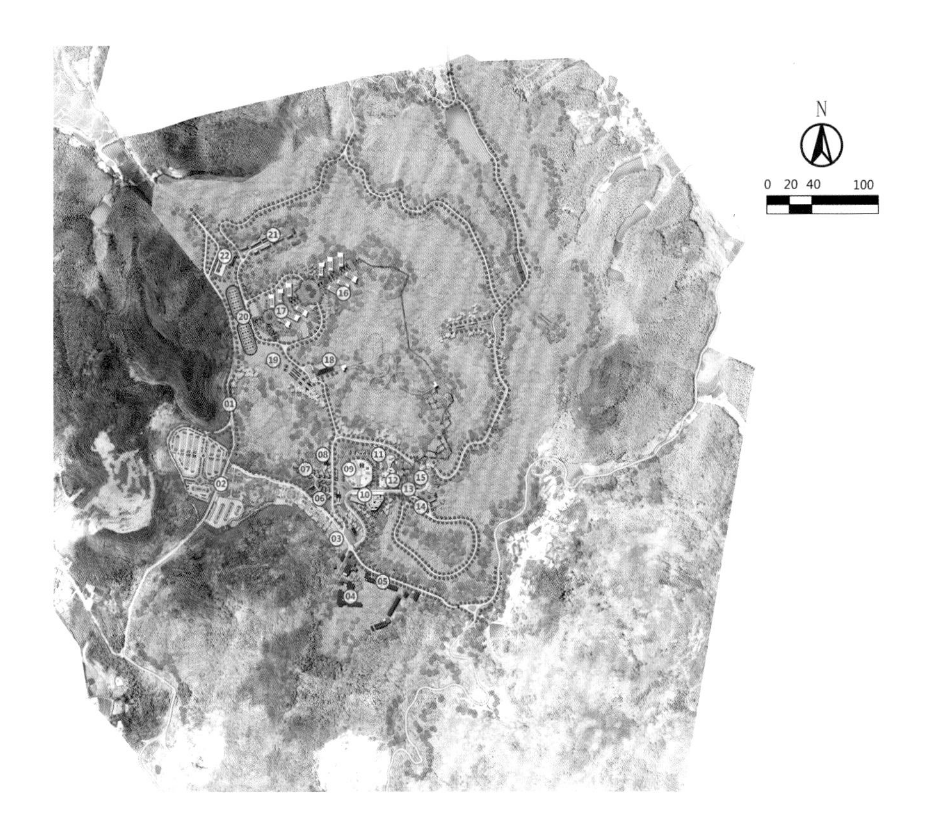

01 主出入口
02 军旅小镇综合区
03 文化商业街
04 军旅酒店
05 131历史陈列区
06 直升机酒店
07 装甲车酒店
08 飞机屋酒店
09 研学教育馆
10 预留建筑用地
11 遥控航模
12 儿童军事乐园
13 军事主题表演
14 两栖战车
15 军事装备展览
16 研学基地宿舍（女）
17 研学基地宿舍（男）
18 营地餐厅
19 素质拓展训练区
20 训练场
21 精品酒店
22 次出入口

▲ 规划总平面图

➤ 项目交通分析图

规划设计

军旅小镇的开发是依托湖北省咸宁市高桥镇澄水洞村的 131 军事国防工程建筑的资源，以军事旅游市场需求为导向，以军事文化为内涵，以科技体验为支撑，采取差异化发展策略融入咸宁旅游圈，发展军旅研学旅游基地。目的是打造集国防素质教育、国防文化博览、国防科技体验、国防技能训练、军旅研学风情等功能于一体的国内知名旅游新品牌的国防军旅小镇。

其中围绕着两大体系，其一是 131 的历史故事——1969 年中苏冲突、核威胁；其二是研学培训——行走的知识课堂，在研学旅行中学习爱国主义精神等知识。

青少年成长的过程是社会化的过程，该过程有两个显著的特点，一是体验性，二是群体性，两者缺一不可。因此，在公共安全研学区里，我们共设置了应急逃生体验馆、交通安全体验馆、消防安全体验馆、气象防灾体验馆、防震减灾体验馆、非遗文化体验馆。

应急逃生体验馆开展多项“实操式”应急安全体验，立体化的体验式培训与以往的安全培训不同，应急安全培训中心重在体验，让培训学员设身处地体验各种突发事故，增强培训的互动性，利用游戏带来的趣味性，增强其应急安全意识和自救互救技能，提高突发事件应对能力。在交通安全体验馆，游客可以学到各种交通安全知识、获得交通安全警示体验。消防安全体验馆内设置火灾烟雾逃生体验室，让游客身临其境，主动去学习火灾求生知识。在气象防灾体验馆里，游客可以观看关于自然灾害的 360° 环幕电影，设身处地地感受洪水、雪灾、海啸、泥石流、地震、雷电等自然灾害；除了观看之外，游客还可以亲身体验触电、龙卷风、地震、防毒等，学习防护与自救、互救技能。防震减灾体验馆内设地震体验装置进行防震减灾教育。而非遗文化体验馆则定期上演崇阳花鼓戏《打锣腔》，崇阳《洪下脚盆鼓》，还有各种非遗文化的展示——黄龙华纸、咸安竹雕、通山刺绣、通山剪纸等。

此外，小镇里还会定期上演军事主题表演、军事阅兵，周围还有各种军备展示区，让游客们大饱眼福。在军事科技体验区，游客可以体验开战斗机、玩机枪，戴着 VR 眼镜抗战。在军事儿童乐园，成人可以带着小朋友玩各种军事设计的无动力的游乐设备。

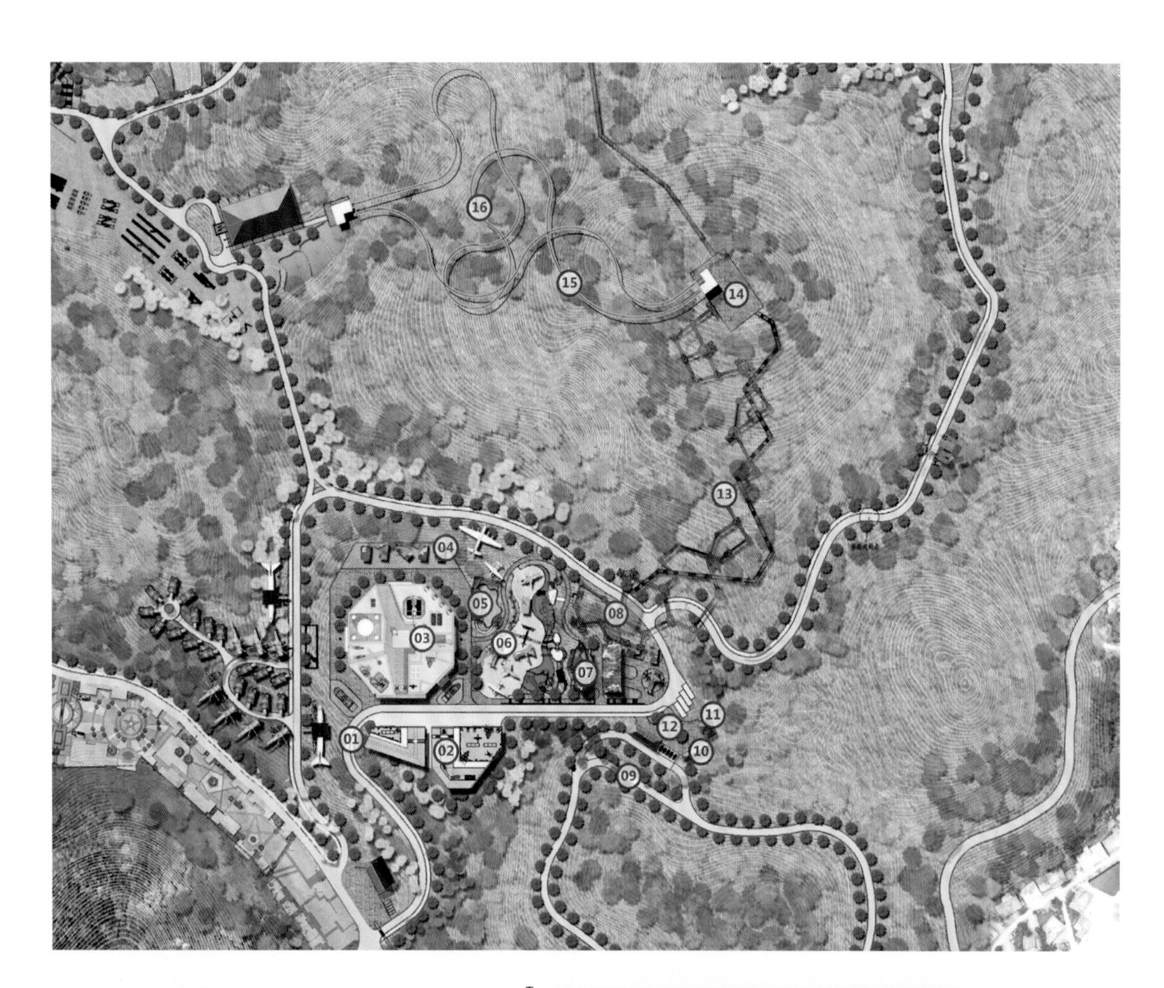

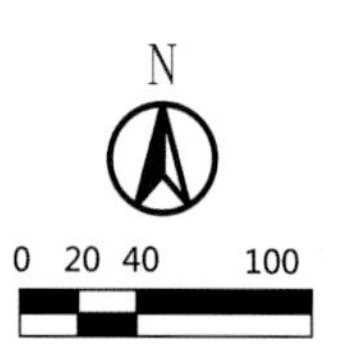

01 公共安全研学区入口
02 研学馆配套建筑
03 研学教育馆
04 军事装备展览
05 遥控航模
06 儿童军事乐园
07 军事主题表演
08 户外丛林攀爬
09 两栖战车
10 军事供销社
11 卫生间
12 休息广场
13 登山步道
14 山顶广场
15 轨道滑车
16 高空冲浪

◀ 分区总平面图

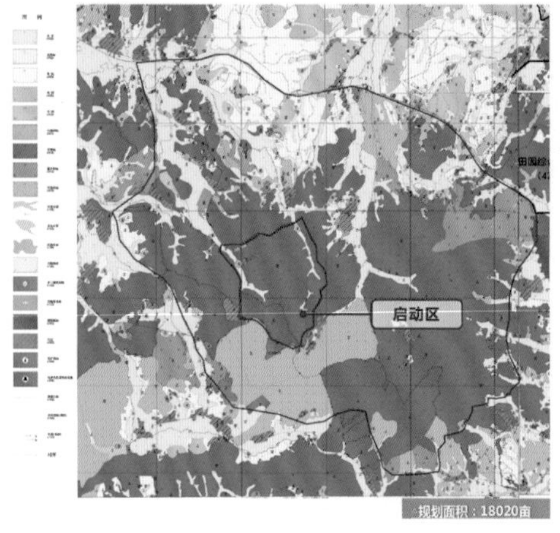

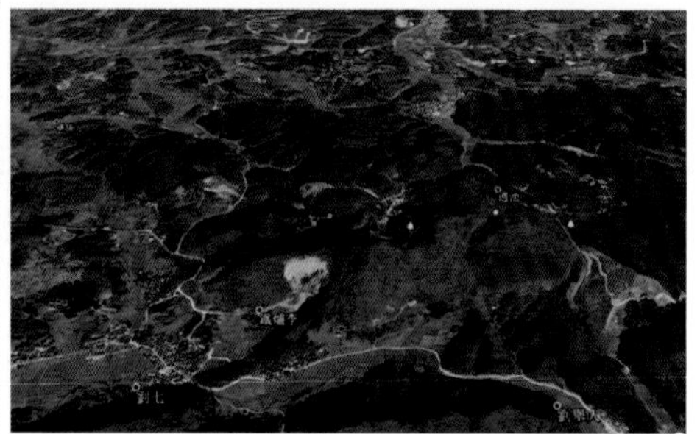

项目用地属于**典型丘陵地貌，**周边环境良好，植被葱郁，且周边使用功能单一，建设干扰影响少，为本区域的旅游开发提供了良好的自然基础，更有131国防军事工程位于项目地内，特别适合**军旅主题特色小镇**类型的项目开发。

◀ 项目用地现状图

◀ 基地资源分析图

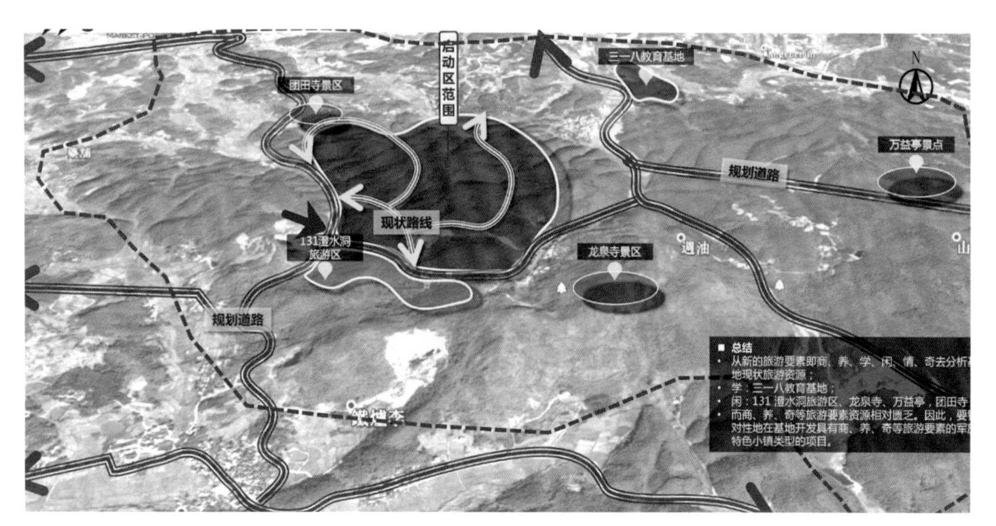

▲ 研学教育馆图 1

▲ 军事儿童乐园图

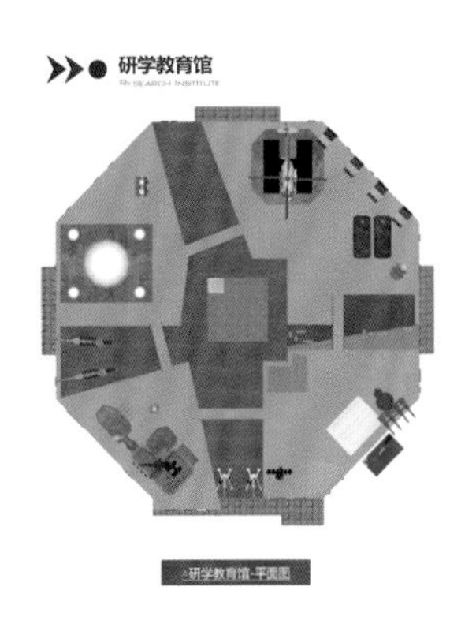

▲ 研学教育馆图 2

▲ 两栖战车建筑图

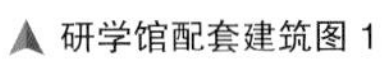
研学馆配套建筑图 1

▲ 军事供销社图

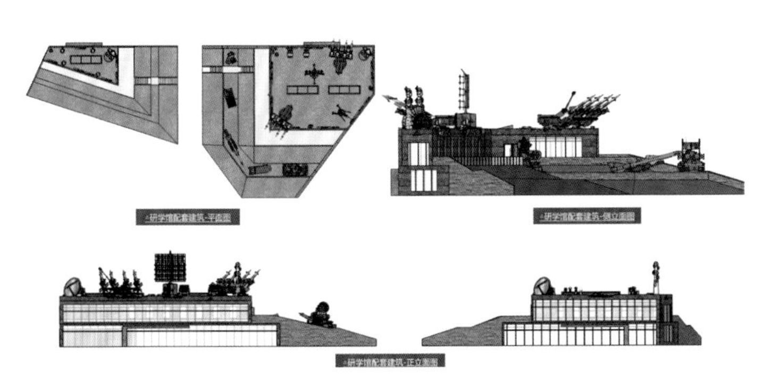

▲ 研学馆配套建筑图 2

▲ 军事主题表演舞台图

PROJECT
NAME

盛京古城

04

项目基本信息

项目名称：盛京古城
设计单位：云南同元古镇建筑设计研究院有限公司
主创团队：金义红、杨珅、杜娟、王靖、李亚婷、徐军军、王邦帆

设计文字说明

项目概况：
“盛京古城”项目选址于沈北新区道义经济区，毗邻方特欢乐世界，规划占地面积 883 亩、总投资约 60 亿元。项目计划于 2019 年正式启动建设，预计 2020 年建成并投入使用。古城将再现清初盛京古都的繁华，让游客真实体验和领略明清文化的独特魅力。

规划设计：
在技术层面，“盛京古城”将按照国家 AAAAA 级旅游景区标准规划、设计、建设，设计理念是以当地千年来的人文历史为背景，以当地的明清建筑文化为平台，展示沈阳千百年来的人文文化及传统明清建筑文化。
方案的落定，有利于完善沈阳旅游业的基础设施，传承明清文化，创立旅游新品牌，改善周边环境，加速沈北新区道义经济区块城镇化的进程，提升沈阳旅游形象，同时，大量基础服务设施的新建，必将扩大旅游消费，为富民兴饶产生巨大效应。

建设目的：
①建设沈阳乃至辽宁省最大的旅游集散地。②建设沈阳市重要的城市人文主题公园。③打造沈阳的历史展示窗口和城市文化名片。④促进沈北新区的经济发展。

指导思想：
取材于历史，服务于现在。有选择地继承和发扬中式建筑文化，取其精华，具体归纳为三个原则：①与沈阳市现有历史建筑互补原则。②不同朝代和文化主题的建筑群分区共生原则。③确保现代城市和建筑的功能需要原则。

旅游功能分析：
“盛京古城”是文化旅游地产项目，整个项目建成后以旅游为主，在规划时突出旅游要素，通过合理先进的规划理念，将其打造成沈阳市重要的文化旅游景点的同时，也使其成为沈北新区乃至整个沈阳的主要旅游接待中心和旅游集散地，全方位满足游客“吃、住、行、游、购、娱”的各类需求。

▼ 区域认知图

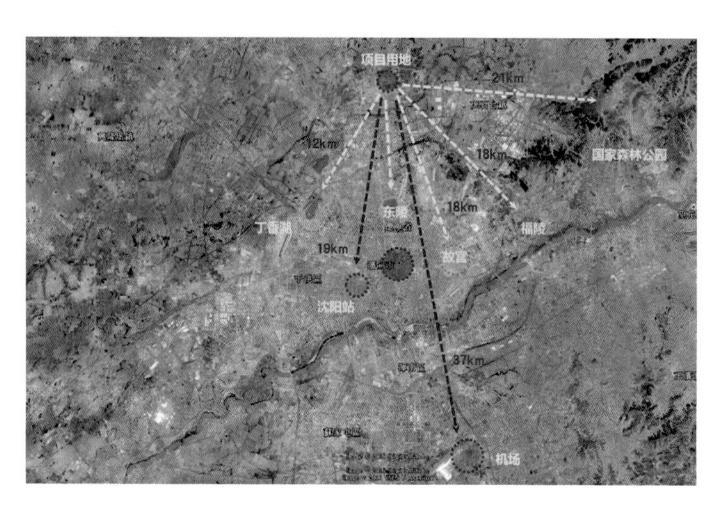

▼ 效果图（水岸街景）

▲ 整体鸟瞰图

▼ 北内城鸟瞰图

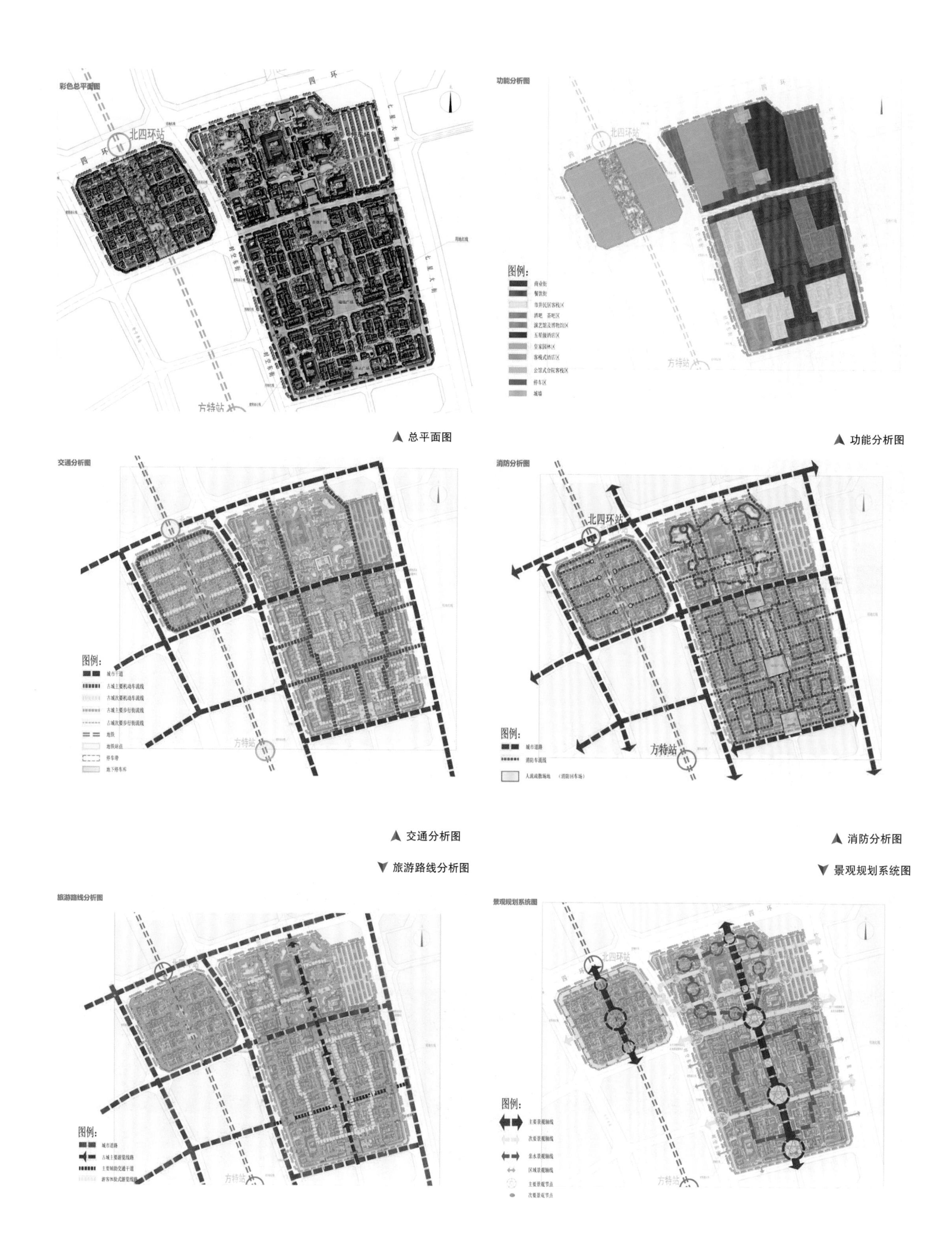

▲ 总平面图

▲ 功能分析图

▲ 交通分析图

▲ 消防分析图

▼ 旅游路线分析图

▼ 景观规划系统图

▲ 盛京府

▲ 户部

▲ 城门楼

▲ 牌坊

▲ 弘运塔

▲ 过街楼

▲ 辽东寺

▲ 王府

PROJECT
NAME

大唐司马旅游文化综合体

05

项目基本信息

项目名称：大唐司马旅游文化综合体
设计单位：云南同元古镇建筑设计研究院有限公司
主创团队：金义红、杨珅、杜娟、王靖、李亚婷、秦瑶、李斌

设计文字说明

区位说明：

项目位于湖南省常德市东北郊区柳叶湖畔，柳叶湖是常德市民的后花园。整个项目总用地为 422 亩，除去湖面后净用地 288 亩，总建筑面积 13.4 万 m^2。

规划指导思想：

常德市历史悠久，资源丰富，名人辈出。近年来，随着经济的飞速发展，柳叶湖的旅游业也面临更多的挑战，首先就是缺乏旅游二次消费的场所和集中展现湘楚文化的平台，故新建一个集“吃、住、行、游、购、娱”六大功能为一体的城市旅游综合体，尤为重要。我们打造的是一个汇聚千年建筑文化，以汉唐风格为主，适当吸纳融合明清、江南建筑及园林景观，同时又满足现代功能需要，具有鉴赏性、包容性，神形合一的综合体，让往来游人商贾在综合体中处处都能享受到由文化神韵组成的盛宴。本项目不仅保留了古建筑的风采，同时也是一座符合现代人的审美及生活方式的综合体，从建筑肌理、空间、色彩、材料、尺度等方面深度挖掘，力求用现代建筑工艺和功能构建一个古建筑风貌的城市人文主题公园和旅游集散地。

设计理念：

柳叶湖古有“堤柳渔歌、松风水带、皆极共胜”之描述，今有“湖南一宝、常德一绝”之赞叹。楚国诗人屈原曾在这里泛舟吟唱。朗州司马刘禹锡在柳叶湖畔送客赋诗，写下了“晴空一鹤排云上，便引诗情到碧宵”的田园诗章。大唐司马以此为平台，融合汉唐传统建筑文化，展示几千年来中华民族的建筑文化理念。项目的规划设计充分体现创新思想，充分挖掘和提炼我国传统建筑的建筑文化要素，整个建筑群落既要完美地体现和表达出典雅古朴的传统韵味，又不落入传统古建筑平面布置的成规俗套。

总平面图

▲ 鸟瞰图

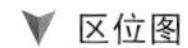

▼ 区位图

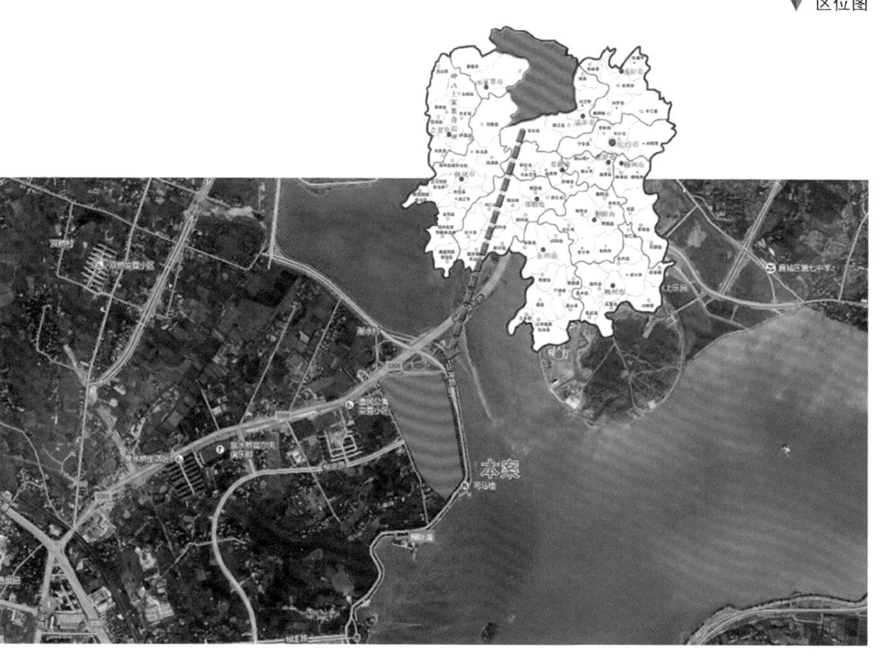

规划目标：

一是要建设常德市最近的旅游集散地；二是要打造常德市的旅游二次消费场所；三是要构建一个常德市历史文化的展示平台，湘楚文化的承载体。

规划原则：

充分利用现状地形和自然资源环境，结合项目以及旅游业为主原则和“可持续发展”的要求，打造具有区域核心集散地特色的生态、休闲、度假式古城特色城市 CBD。

通过整体规划、合理布局，使古城开发与城区建设互相促进，为周边人民及整个常德城市群创造一个生态的、绿色的一体式旅游发展示范基地。

在满足旅游产业的基本功能要求的同时，通过优美的自然环境和完整配套的周边生活环境，带动周边区域地块的开发建设，从而成为常德市经济快速发展的又一个推动力和区域旅游经济发展完善的助推器，达到经济效益、社会效益的和谐统一。

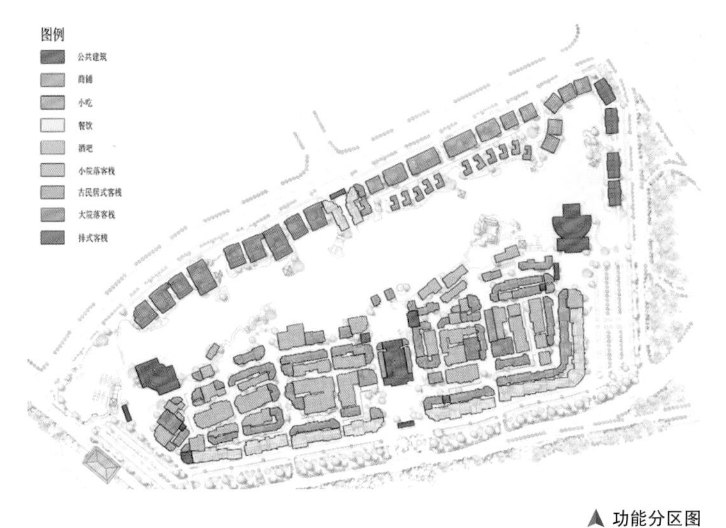

▲ 功能分区图

▲ 规划结构分析图

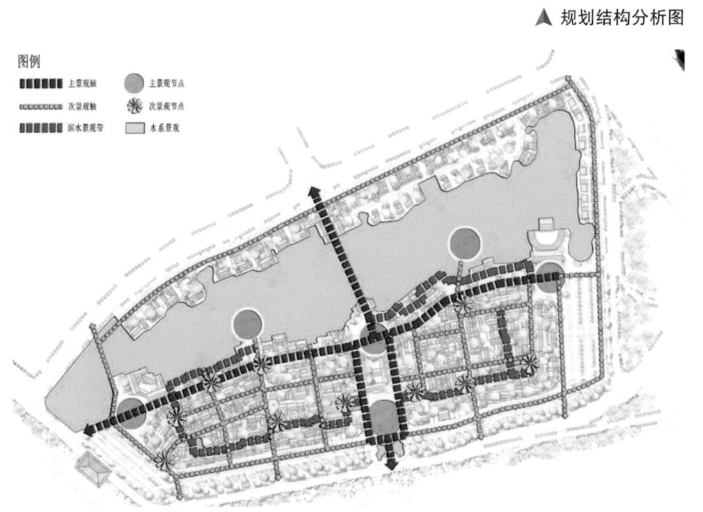

▲ 景观系统分析图

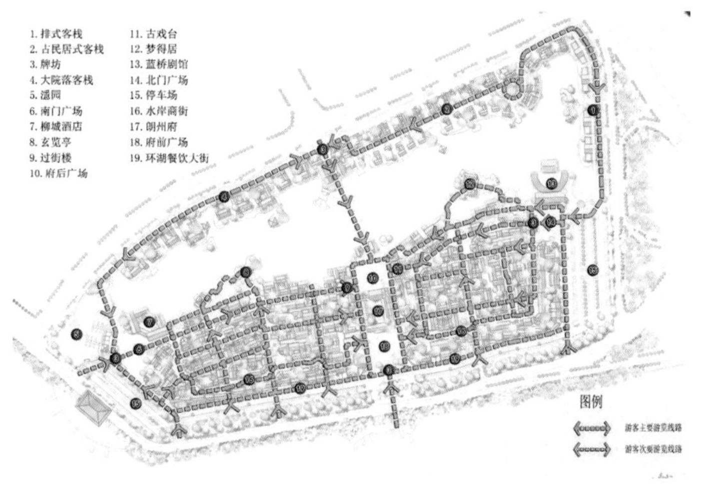

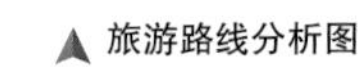

▲ 旅游路线分析图

▲ 消防分析图

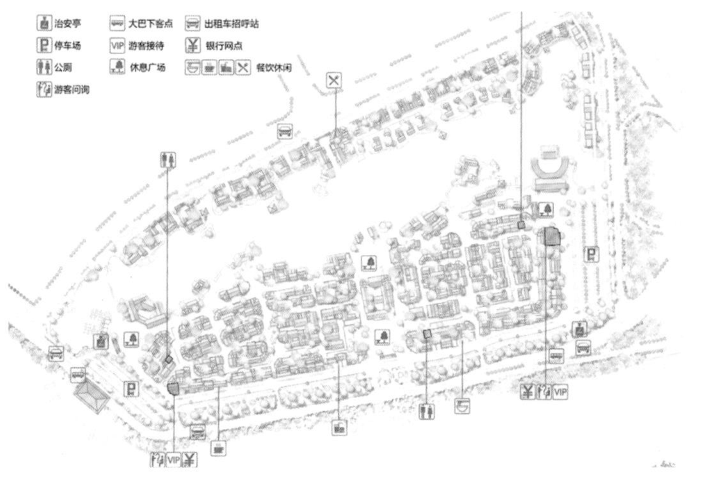

▲ 公共配套设施图

▲ 柳州酒店

▲ 朗州府

▲ 牌坊

▲ 过街楼

▲ 蓝桥剧馆

▲ 古戏台

PROJECT
NAME

龙湖奉贤春江天玺

06

项目基本信息

项目名称：龙湖奉贤春江天玺
开发单位：龙湖集团上海公司
主创团队：俞田力、张昭、吴雅默、袁佐清、戴永亮

设计文字说明

本项目以两个维度的导向为出发点进行设计：①城市维度考虑丰富多彩的城市建筑形态及变化的天际线关系，在 60m 的限高控制内形成南低北高的建筑高度变化。②从社区的居住品质考虑，打造多样化居住组团，因此本项目由 14 栋小高层住宅及 31 栋多层住宅组成。风格定位是打造高品质居住环境，满足现代生活需求的具有新海派特征的“梧桐里”，满足高档次、高品位的居住需求。

▼ 效果图

▼ 总平面图

▲ 鸟瞰图

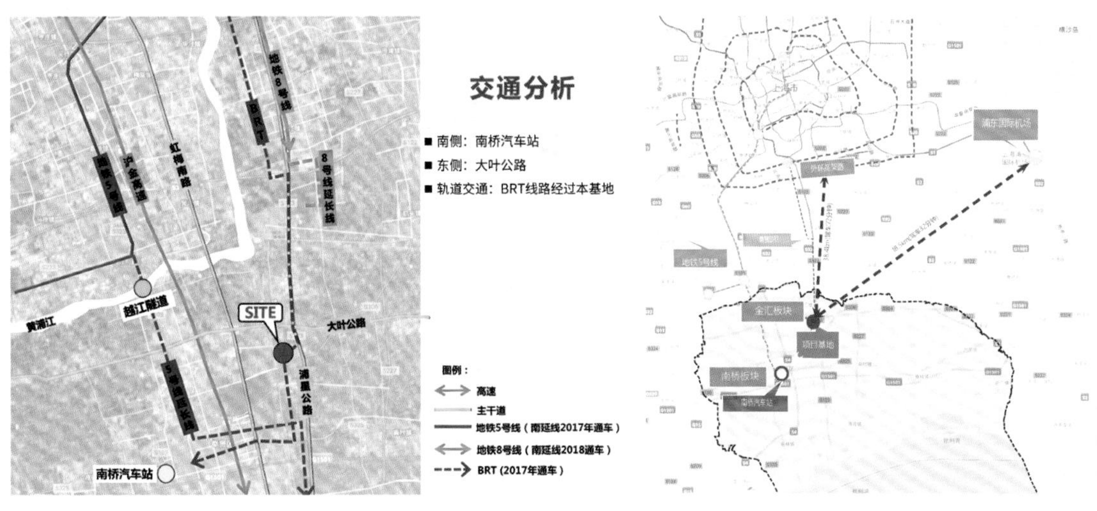

▲ 交通分析图

▲ 项目区位图

规划理念与设计策略

1. 尊贵感的居住社区布局

居住区基本布局采用左右对称，以南侧社区大堂作为社区尊贵感的起点，以中央景观绿地为核心，保障各住宅景观空间的均好性。

2. 优质的城市开放空间

靠近万顺路与北新村河交口设置公共环境空间，结合公共服务设施布置，保证了公共资源高度集中、高效利用，将城市开放资源的作用最大化发挥出来。

3. 立体化的景观塑造

作为面向 21 世纪的全新居家模式，舒适的居住环境和良好的景观环境是建筑追求的主要目标，本方案在充分满足日照、通风等舒适性要求的基础上，将着眼点放在居住区景观空间的设计上，形成中央景观、组团景观、屋顶景观为一体的多样性景观设计。

房型设计构思

1. 大面宽、小进深

本地块住宅部分为精装房型，产品定位为高端住宅小区，户型设计上充分挖掘南向面宽，使客户得到更充足的阳光及较好的通风。

2. 较高的得房率

在住宅房型上极力体现经济性、实用性、超前性、规范性和功能合理性。在房型平面上实现较高的得房率，通过厅室厨卫的合理配比，提高房型面积的可用性，使房型的经济性得到最大限度的体现。

3. 合理安排居住空间，减少各个功能相互干扰

住宅内以起居室和餐厅为活动中心，将睡眠、用餐、休息等功能分离开来，各自安排相应的空间，减少相互干扰，满足不同功能要求。

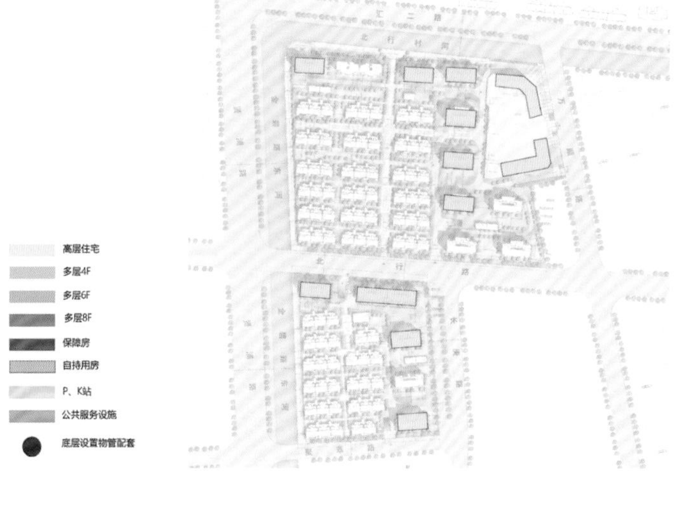

▲ 功能分析图

出让条件要求：
全装修住宅建筑面积应占住宅建筑面积的50.00%以上（不包含保障性住房等）计87411.69 m^2

住宅地上建筑面积（不包含保障房）：172900.51 m^2
全装修面积：92734.92 m^2
全装修比率：53.63%
全装修范围：北 4 号、北 5 号、北 6 号、北 7 号、北 8 号、北 10 号、北 32 号自持住宅、南 1 号、南 3 号、南 4 号、南 5 号

精装修住宅

▲ 精装修住宅分布图

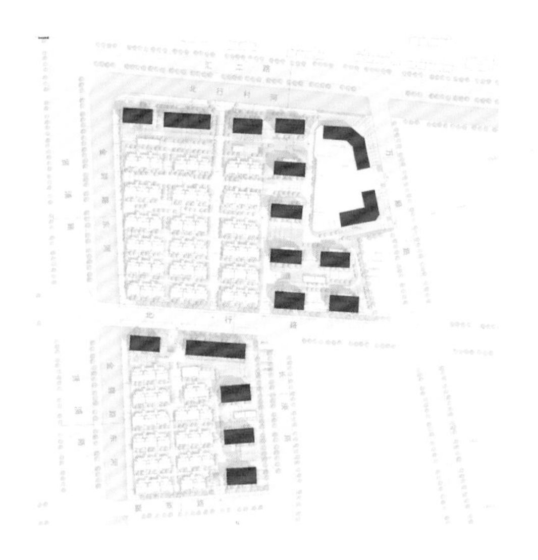

住宅中小套比率：本地地块内中小套型住宅建筑面积不得低于该地块住宅总建筑面积的60%，计 110414.76m^2 以上（中小套型住宅设计建设标准为：多层住宅建筑面积不大于90m^2，小高层住宅面积不大于95m^2，高层住宅建筑面积不大于100m^2）。

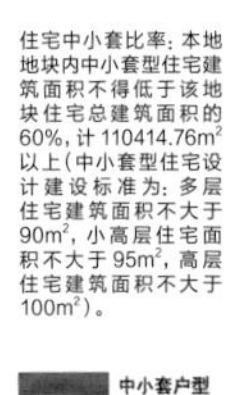

▲ 中小套型分布图

▲ 管线综合分析图

10.00 尺寸标注

▲ 间距分析图

根据土地出让条件，配建保障性住房建筑面积应占该出让宗地规划总住宅建筑面积的 5.0% 以上，计 9201.23m^2 以上。保障房地上总建筑面积占住宅地上总建筑面积的 5% 以上。

现方案住宅总计容为：184024.60m^2，保障房地上总计容面积为 9201.23m^2。

保障房共136户，其中
E户型25.0%，共34户
F户型25.0%，共34户
G户型23.5%，共32户
G'户型1.5%，共2户
H户型25.0%，共34户

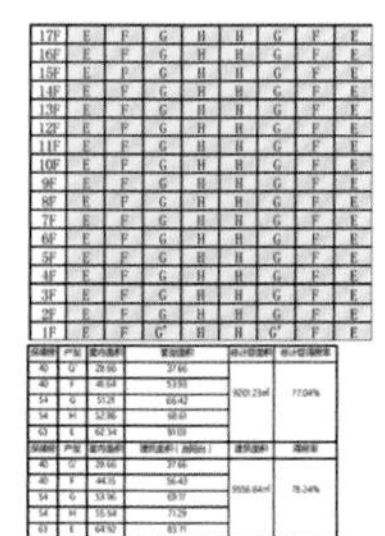

17F	E	F	G	H	H	G	F	E
16F	E	F	G	H	H	G	F	E
15F	E	F	G	H	H	G	F	E
14F	E	F	G	H	H	G	F	E
13F	E	F	G	H	H	G	F	E
12F	E	F	G	H	H	G	F	E
11F	E	F	G	H	H	G	F	E
10F	E	F	G	H	H	G	F	E
9F	E	F	G	H	H	G	F	E
8F	E	F	G	H	H	G	F	E
7F	E	F	G	H	H	G	F	E
6F	E	F	G	H	H	G	F	E
5F	E	F	G	H	H	G	F	E
4F	E	F	G	H	H	G	F	E
3F	E	F	G	H	H	G	F	E
2F	E	F	G	H	H	G	F	E
1F	E	F	G'	H	H	G'	F	E

[illegible]	户型	[illegible]	[illegible]	[illegible]	[illegible]
40	G'	29.66	37.66	9201.23㎡	77.04%
40	F	[illegible]	[illegible]		
54	G	[illegible]	66.42		
54	H	[illegible]	[illegible]		
63	E	62.34	[illegible]		
[illegible]	户型	[illegible]	[illegible]	[illegible]	[illegible]
40	G'	29.66	37.66	[illegible]	[illegible]
40	F	44.15	56.43		
54	G	[illegible]	[illegible]		
54	H	55.54	71.29		
63	E	64.92	83.71		

▲ 保障房分析图

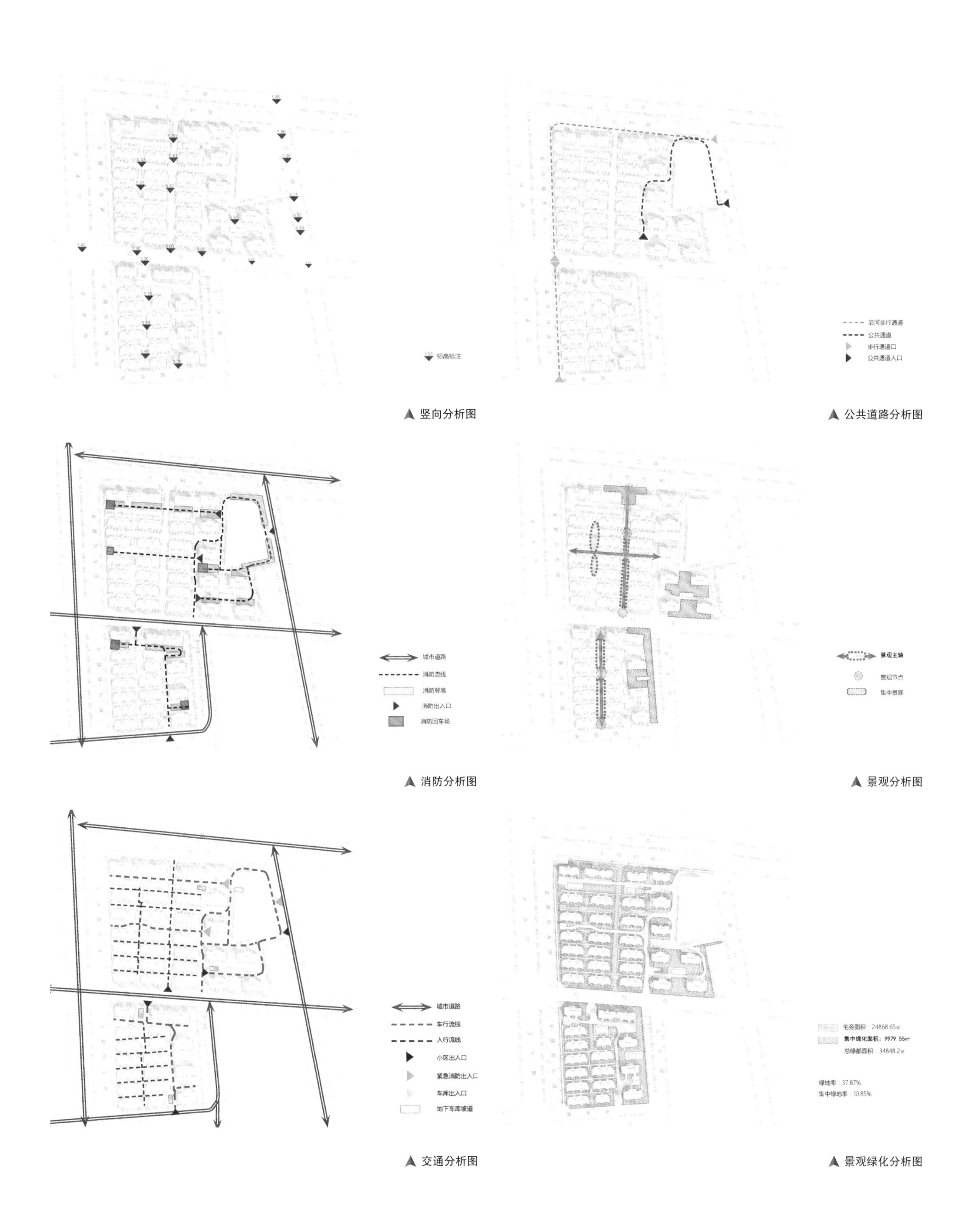

▲ 竖向分析图

▲ 公共道路分析图

▲ 消防分析图

▲ 景观分析图

▲ 交通分析图

▲ 景观绿化分析图

PROJECT
NAME

杭州滨江·华家池

项目基本信息

项目名称：杭州滨江·华家池
设计单位：贝尔高林国际（香港）有限公司
主创团队：Robert Henson（韩思聪）、Paul Christian T.VIERNES、曾惠芳

设计文字说明

设计理念：

杭州滨江·华家池的打造是贝尔高林国际（香港）有限公司在健康生活智慧豪宅上的又一次落地，将“宜居之境”的理念根植项目，通过景观处理手法让住宅环境变得更合理、更智慧、更健康、更舒适。

杭州滨江·华家池以现代园林“虽由人作，宛自天开，以人为本，锦上添花”的造园手法为基调，延续了滨江集团惯有的新古典风格，结合亚热带植物搭配手法，将两种理念融合升华为一种新的景观派系。

在造园风格上，不仅让居住者能在开放园区享受到绿意盎然的宜人景色，同时兼顾了游憩观赏性和休息功能性双重需求，带给居住者大方舒适的空间尺度。

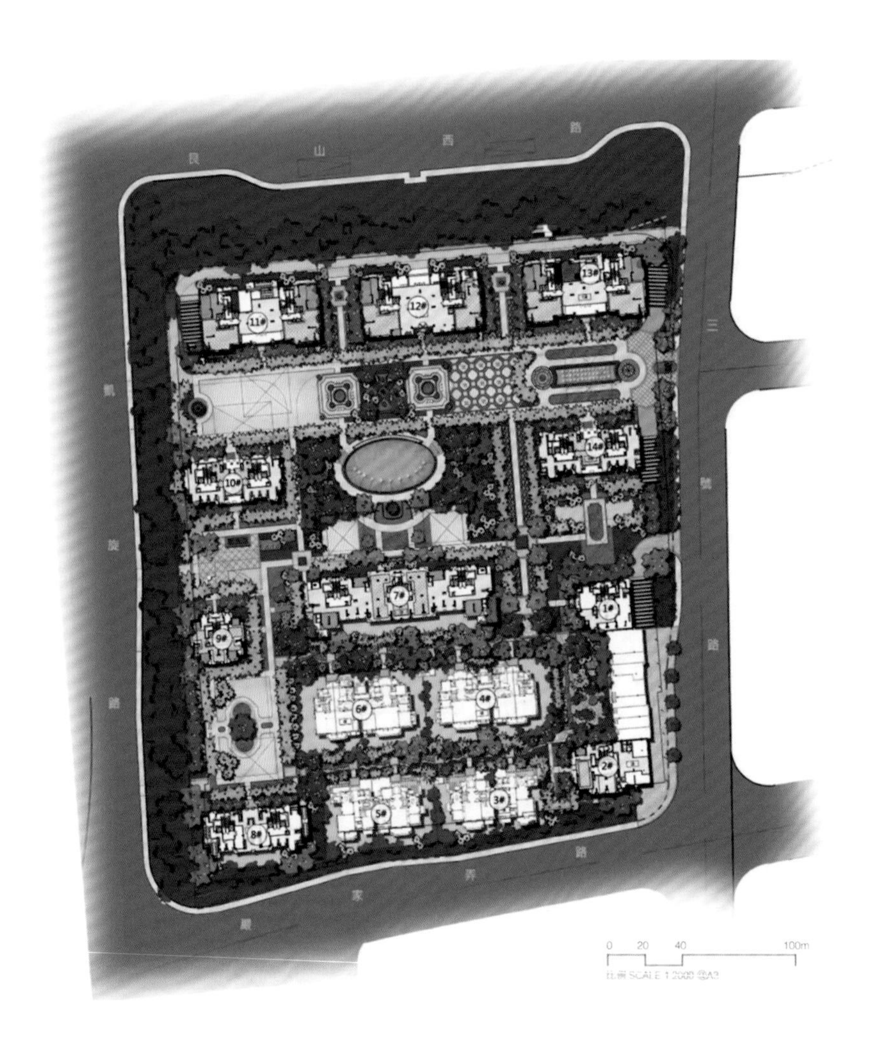

➤ 总平面图

▲ 局部鸟瞰图

空间布局

华家池运用了新古典园林的对称构图景观布局，结合精美的景观元素营造出多元化复合功能空间，倾力打造古典优雅、回归自然、浪漫活力的生活社区。

空间营造上有收有放，在小空间的处理上，着重营造场地的私密性，主要作为娱乐及休闲空间，营造出宜人的空间氛围。大空间的处理上以大面积的草坪为主，形成开阔的视野，使人得到身心上的放松。

各个景观组团空间组织严谨规整，在设计上考虑仪式感的同时注重内敛，处处流淌着新古典浪漫典雅的气质，重新诠释经典艺术。整体糅和异国风情的热烈浪漫，以新古典园林为蓝本，再现充满意境的新古典园林景观。

入口及轴线花园：
入口轴线景观遵从了新古典园林的对称形式，镜面水景以及灵动的喷泉位于道路两侧，水景周边种植规整对称的植物群落，为归家的居者营造一份热烈欢迎的氛围。

中央泳池：
中央泳池作为社区竖向景观轴线节点，亦成为全园景观重心，亦观亦乐。中央泳池可服务于整个居住社区，设计时谨遵安全性与功能性原则。

宅间花园：
小区路网布局以明快的直线为总体框架，交通组织衔接不同的景观节点，便于周边居民进出。

通过景观组团自然区隔出社区内不同的居住者活动片区，严谨规整。在满足功能性的基础上，通过新古典艺术设计元素营造典雅的仪式感，诠释生活遇上艺术碰撞出的浪漫火花。

植物组团及水法作为中央花园的景观节点，不同色彩和形式的空间布局可让周边的住户在此放松、冥想、漫谈或下棋，同时增进了居民的参与互动性和邻里亲子关系。精心搭配的东南亚植物手法，不仅丰富了视觉的空间层次，也将社区内的异域风情烘托得更加饱满。

儿童活动区作为小区绿化景观中变化灵动的空间，为小区注入了新的活力。

▲ 入口实景图

▲ 轴线花园实景图

▲ 交通流线图

▲ 中央泳池实景图 1

▲ 中央泳池实景图 2

▲ 中央泳池实景图 3

▲ 中央泳池实景图 4

▲ 宅间花园实景图 1

▲ 宅间花园实景图 2

▲ 植物组团实景图 1

▲ 植物组团实景图 2

▲ 儿童活动区实景图

PROJECT NAME

深圳华侨城香山美墅

08

项目基本信息

项目名称：深圳华侨城香山美墅
设计单位：深圳市华汇设计有限公司
主创团队：肖诚、牟中辉、李志兴、黄靖文

技术经济指标

项目地点：广东省深圳市
占地面积：92000m^2
总建筑面积：208200m^2
设计时间：2011 年

项目设计理念

华侨城香山美墅项目位于深圳市南山区华侨城的西北片区，总用地约 20.8 万 m^2，共分为四个地块。其中一期占地面积超过 9.2 万 m^2，处于整个小区的中心地带，是四个地块中唯一以低密度住宅作为空间主体的区域，其核心是中国传统的合院组团。

遵循“外高内低”的资源优化逻辑，形成聚宝盆式规划结构。以六组“合院”住宅构成空间重心，每组合院由八个紧密联系的 T 形住宅组成，强调空间的起承转合，街——巷——院——家，合院内有一个中央共享庭院，各个住宅又独有小庭院，有合有分，形成了既能保证个体私密性，又能增进共享交流的现代院落空间，为传统院落生活的发生提供了舞台，继承和发扬了传统院落精神。

深圳华侨城是深圳的名片和人文高地，30 年的持续投入，华侨城集合了众多优质生活的关联资源，将生态、人文、创意、旅游熔于一炉，在有限的优质资源空间中，香山美墅的独特产品定位更使其具备丰富的文化、空间和居住价值。

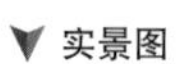
实景图

主要经济技术指标表

项目				数值	单位
总用地面积				92031.41	㎡
总建筑面积				208146	㎡
计容积率面积				123086	㎡
其中	住宅面积	大户型(≥90㎡)	低层住宅一	17877	㎡
			低层住宅二	10537	㎡
			低层住宅三	11491	㎡
			高层住宅（11/13/16F）	32995	㎡
		小计		72900	㎡
		小户型(≤90㎡)	超高层住宅（49F）	49190	㎡
		小计		49190	㎡
	合计			122090	㎡
	配套设施		社区服务站	200	㎡
			社区居委会	100	㎡
			社区警务室	50	㎡
			社区健康服务中心	400	㎡
			物业管理用房	246	㎡
	合计			996	㎡
不计容积率面积				85060	㎡
其中	地下车库			82000	㎡
	架空层			3060	㎡
建筑限高				≤180	M
容积率				1.34	
建筑覆盖率				21.88%	%
绿地率				30%	%
总户数				842	户
总人数				2694	个
停车位				903	辆
其中	地下停车位			903	辆

▲ 总平面图

现代中式，人文回归：

香山美墅是华侨城・波托菲诺系列的收官之作。凝聚华侨城集团十余年精力铸就的波托菲诺品牌以欧美风格开端，以现代中式收官，本身就代表着当代人居空间理想向传统回归，其中更沉淀了深圳华汇设计有限公司十余年的设计积累和创新。

深圳华汇设计有限公司多年来专注提升当代人居环境品质，设计代表作之中有多项合院类作品，其中华侨城的经典作品——西安华侨城壹零八坊，引领了现代中式合院空间的设计潮流，不仅体现出设计师对传统空间的尊重和发扬，也代表了当代人的居住观念和审美情趣的变化，与华侨城集团打造人居品牌标杆的理想不谋而合。

外高内低，闹中取静：

香山美墅的整体规划遵循"外高内低"的资源优化逻辑，形成聚宝盆式的规划结构：内部布置以合院为主，联排、叠拼为辅的别墅产品，外围点缀小高层和超高层，由内而外渐次升高，围而不合，疏密有致。别墅通过组团设计、景观打造，形成中式的庭院空间，游园借景；高层则利用外围的开放视野，不仅尽收高尔夫绿地、华侨城中心绿地和湖景视野，而且内部错落有致的别墅和庭院展现出的中式园林生活意象，也成为不可多得的视觉享受。整个组团通过高效的交通设计，做到了人车分流：地面步行到达各个别墅组团，地下直接开车入户，动静相宜。

建造的艺术，传递材料精神：

香山美墅延续华侨城一贯的文火慢工，追求设计建造的极致品质，不仅规划设计清晰、产品定位准确，在建造品质方面也达到极高水准。建筑风格定位现代中式，在空间体系的中式韵味和内向型的环境素养之上，采用了优质的建造材料，主要立面由芬兰木和大面积的锈石构成，精气神则透过深色金属的精细收束和中式元素窗棂的锦上添花来呈现。

用材古朴，借景成趣（景观系统）：

以六组合院别墅组团为核心的规划结构，梳理出"一主两次"轴线景观体系。景观主轴两侧并联六组合院别墅，主轴两端通过两个次轴联系主要出入口。在核心的合院别墅组团外侧次第布置现代中式的联排、叠拼和小高层，层层抬高，共享中央景观主轴。而在景观体系的打造上也延续现代中式格调，结合水景、洞石景观墙，以清晰的轴线串联住宅组团，与合院的主庭院空间相连，起承转合、层层递进、由外而内，共同建立起居住者与景观环境的沟通，重新诠释了当代语境下的院落精神。

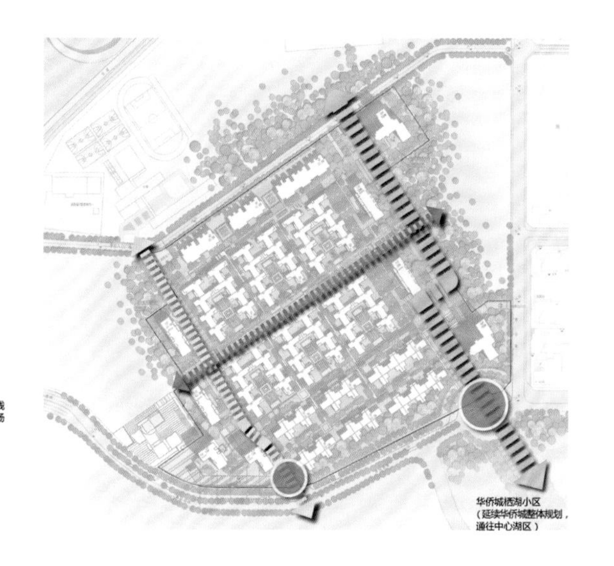

▲ 规划结构图

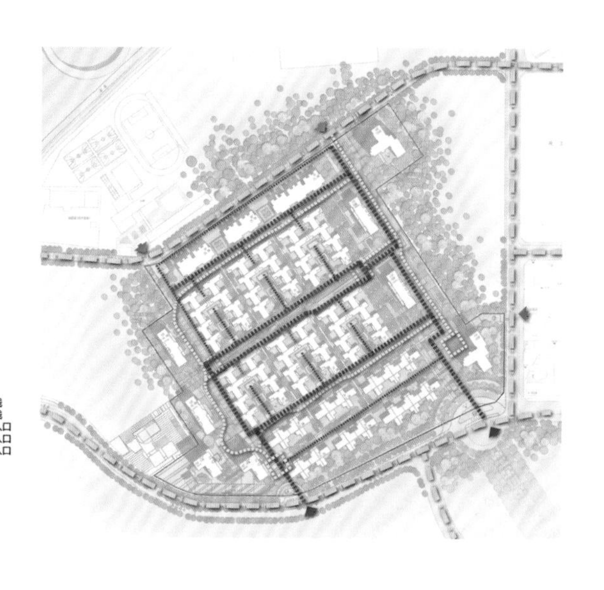

▲ 交通分析图

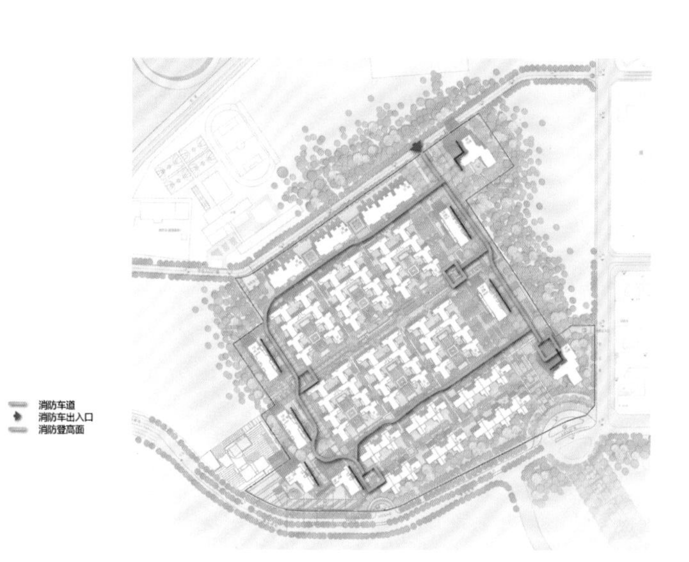

▲ 消防分析图

▲ 户型分布图

▲ 景观结构图

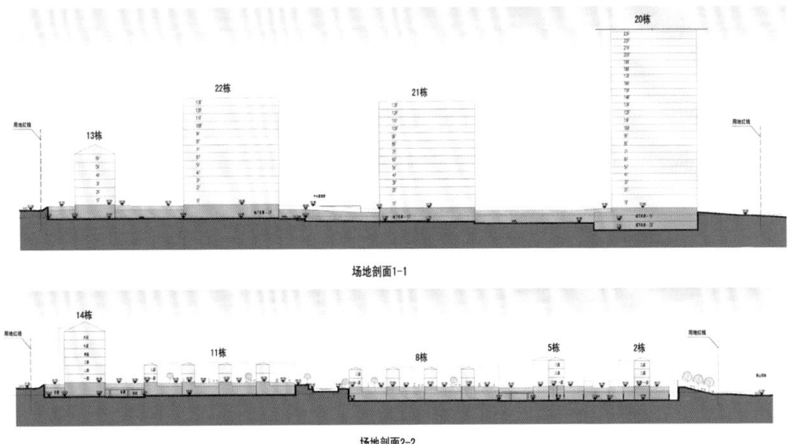

场地剖面1-1

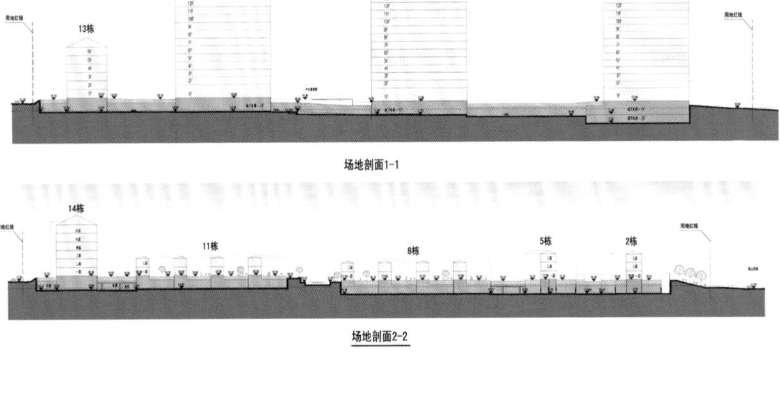

场地剖面2-2

◀ 场地剖面图

▼ 实景图

PROJECT
NAME

中建·国熙公馆

09

项目基本信息

项目名称：中建·国熙公馆
开发单位：上海中建东孚投资发展有限公司（南京公司）
主创团队：刘国立、朱小琴、张友华、孙新成、王方、万珺、董曦晨、竺昱

技术经济指标

用地面积：35472.31m^2
建筑面积：98218.31m^2
容积率：2.0
建筑密度：19.33%
绿化率：30.44%
项目地点：本项目位于浦口新城核心区，东至安浦路，南至浦东路，西至河西路，北至华美路，区内地势较为平坦。地理位置和周边环境较好，北侧、西侧为城市公共绿地及河道。基地西南邻近在建地铁 11 号线地铁口，南侧浦东路交通设施完善，交通便捷。

设计理念

坚持“以消费目标群体为本”的科学设计理念，在认真、系统分析项目状况的基础上，充分挖掘、整合项目内外优势资源，运用先进的设计理念和设计手法，通过设计师创新能力的发挥，设计出规划布局合理、各项功能完善、空间组合完美、简洁典雅、环境景观优美，突显集约性、舒适性、健康性、生态性，能最大限度满足消费目标群生理和心理需求，投资成本合理的人居产品。同时方案设计亦符合高品质、人性化服务的物业运作模式，竭力满足“创新、和谐、健康、舒适”的设计理念。

项目总体规划注重空间布局，功能区分明确，本着“以人为本”的开发理念，满足不同消费目标群对生活居住环境的不同需求。

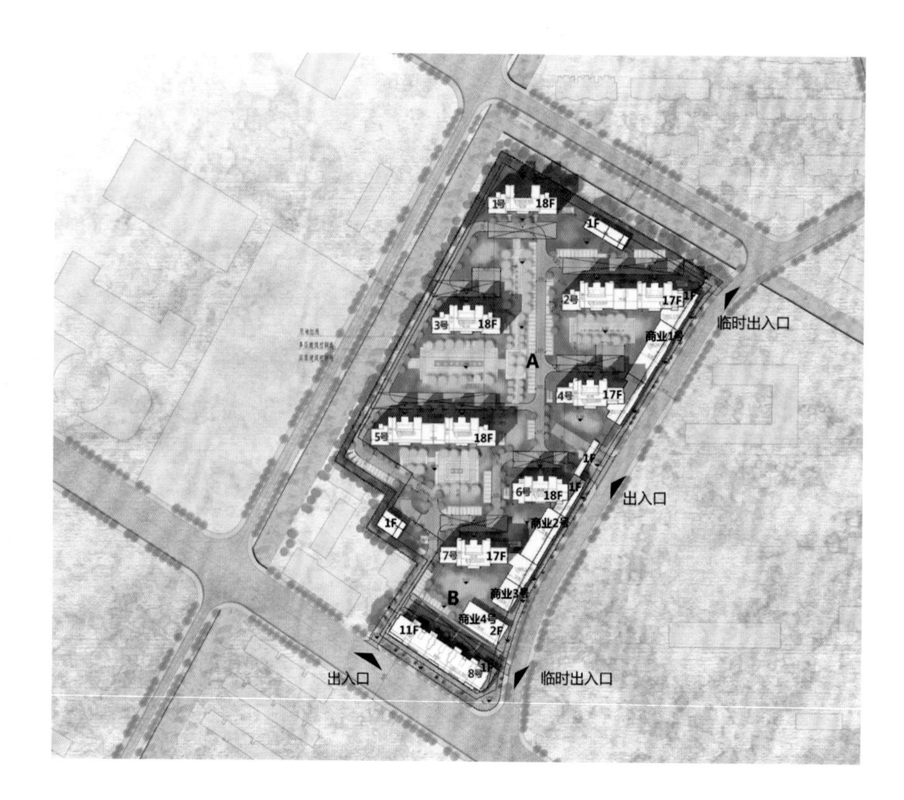

➤ 总平面图

▲ 鸟瞰图

▼ 交通分析图

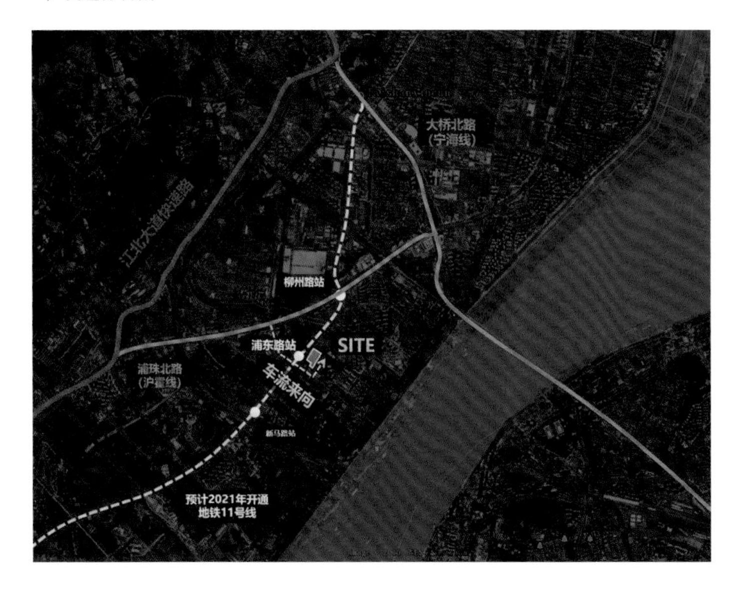

规划方面考虑小区住宅日照、朝向、通风、景观的“均好性”，并以居住环境价值来规划设计建筑群体的组合空间及室内空间，化不利为合理和有利。全区有18层、17层、11层住宅，大花园景观以住宅为核心设计，结合绿地和水景、广场的绿化设计，简洁现代，将整个居住区融于环境之中，满足人类对接触大自然的追求，创造集文化艺术、休闲娱乐、阳光健康于一体的室外生活空间，营造高品质的生活环境。空间布局方面，轴线贯穿楼宇与庭院，由此带来层次分明、井然有序的空间组合，相当大气。重点烘托出地块中央的气势，连带提升整体物业的档次和价值。

规划中建筑群空间组合与周围城市环境协调统一，同时满足人们对生活的舒适、方便、安全和社区物业办公等方面的要求。运用建筑艺术新理念，挖掘和创造出满足人们生活需求的居住文化环境，努力提升小区品味和特色。

小区4号、6号、7号楼一层局部设有物业配套用房，东侧和南侧设有一层沿街配套商业（局部二层），服务于小区内居民。

小区为营造安全、宁静的社区氛围，交通组织以人车分流为原则，结合地形与景观，以形成舒适的行车体验和方便居民停车为目的，规划道路明确分级，做到顺而不穿、通而不畅，满足生活、防灾和疏散等要求。

区内的步行系统由小区中心轴线景观步行路、组团内部的绿地休闲路构成，其主要功能是为小区内的居民提供休闲娱乐的空间，小区步行区域主次分明，公共空间与半公共空间被很好地联系起来。通过步行道路可以到达小区内的各个景观节点，从而形成网格化体系。

▲ 小区入口图

▼ 透视图

▲ 高层立面图

▲ 效果图

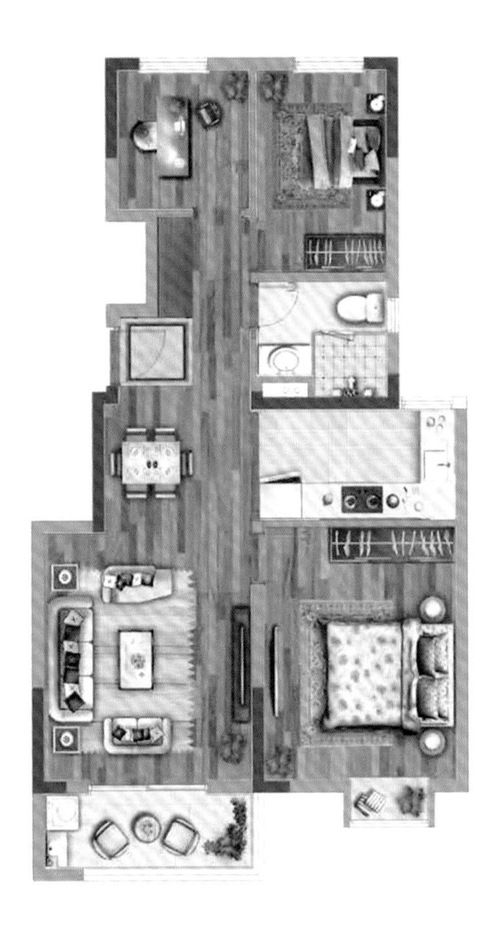

▲ 89 户型

▲ 97 户型

▲ 125 户型

▲ 105 户型

▼ 110 户型

PROJECT NAME

上海仁恒·东郊花园

10

项目基本信息

项目名称：上海仁恒·东郊花园
设计单位：贝尔高林国际（香港）有限公司
主创团队：Robert Henson（韩思聪）、顾甜

设计文字说明

区位介绍：

上海仁恒·东郊花园地理位置优越，交通便捷，纵享轨道交通 2 号线，中、外双环高速以及龙东大道、唐龙路、高科路三大城市主干道，立体的交通轨道路线，延续着中轴核心的城市动脉，让生活在进退之间优雅自如。

设计理念：

从“以人为本”的理念出发，上海仁恒·东郊花园在每一处的细节规划上都力图为居住本身提供服务。超大规模的中央泳池花园、社区南北入口建设的大型迎宾广场，均为社区内的公共活动提供了更多场所，旨在让社区生活更好地实现人与景观的互动、人与自然的和谐。

设计阐述：

上海仁恒·东郊花园总建筑面积约为 18 万 m^2，秉承低调优雅的气质，以仅 1.4 的低容积率，层次丰富的组团式景观，配合四季更迭的园林美景，打造生态型、低密度、大景观、国际化的花园小区。生活不再拘泥于门前的迷你私家花园，而是置身于宽阔的公园般园林美景之中，体验自在、浪漫的居住氛围。

悉心打造的 25000m^2 超大规模中央景观轴，及“彩叶庭院”和“芳香庭院”两大南北主题景观组团。其中，中央景观轴由室外泳池及独特的“四季花园”主题组成，使小区景观跟随季节变幻交替上演，呈现出美不胜收的生活画卷。

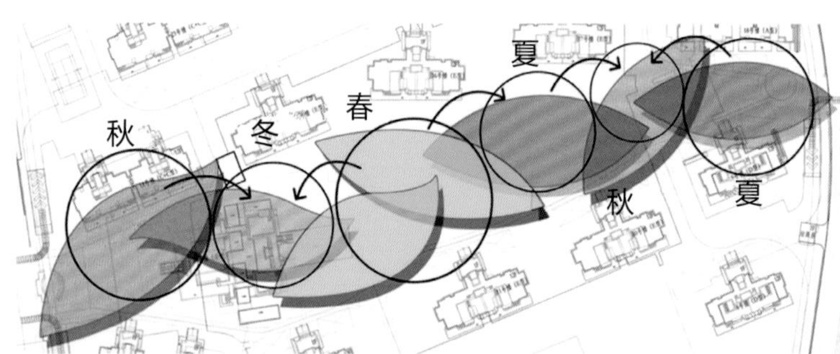

四季花园设计思路

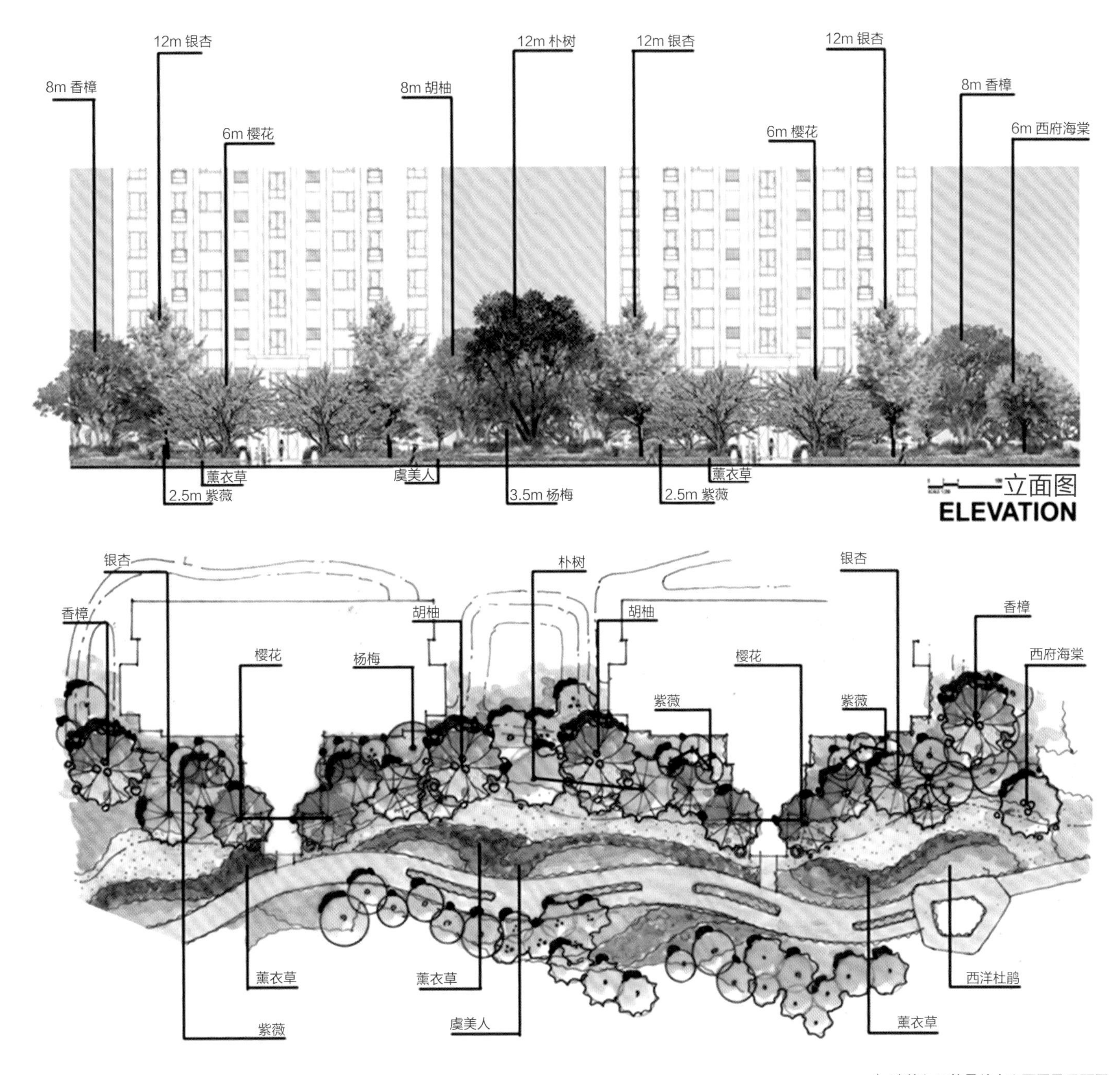

▲ 建筑入口软景放大立面图及平面图

▼ 四季花园实景图 1

▼ 四季花园实景图 2

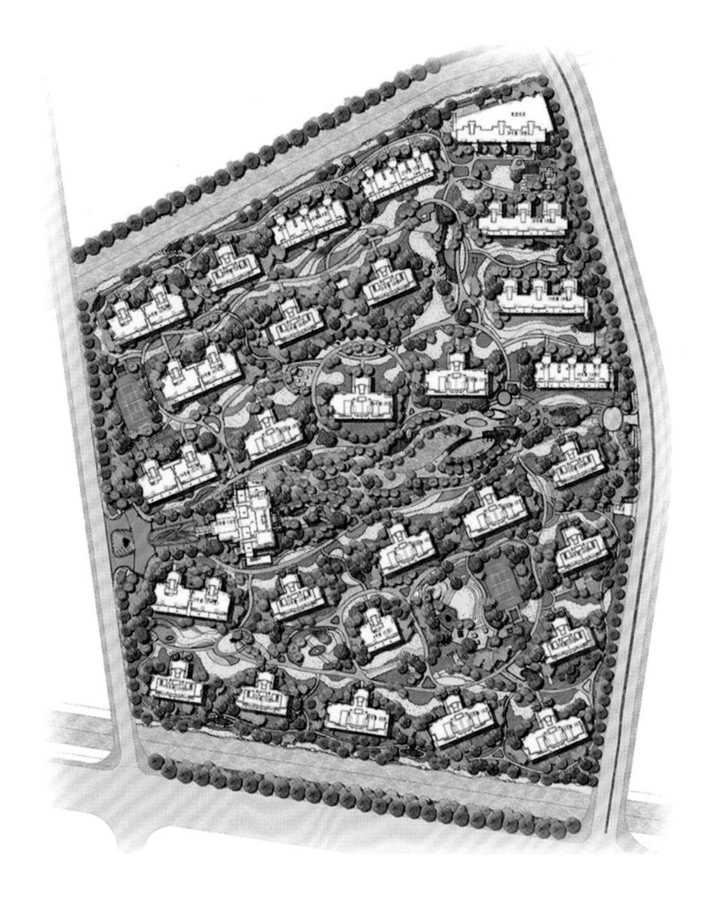

总平面图

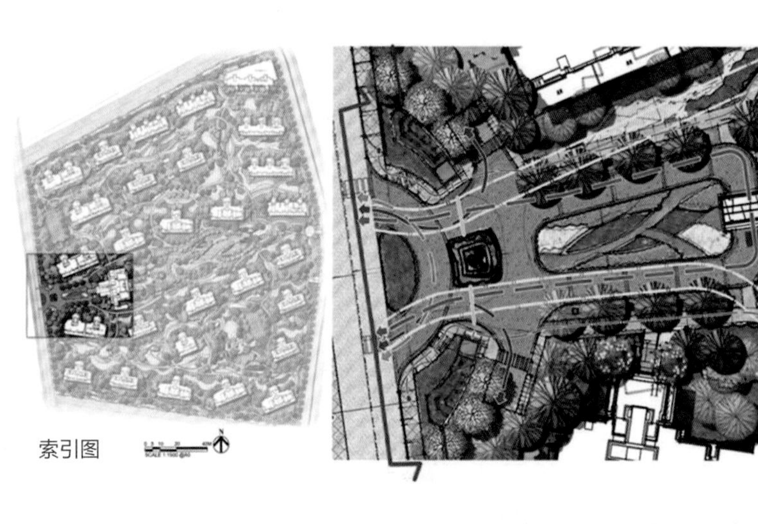

索引图

主入口平面图

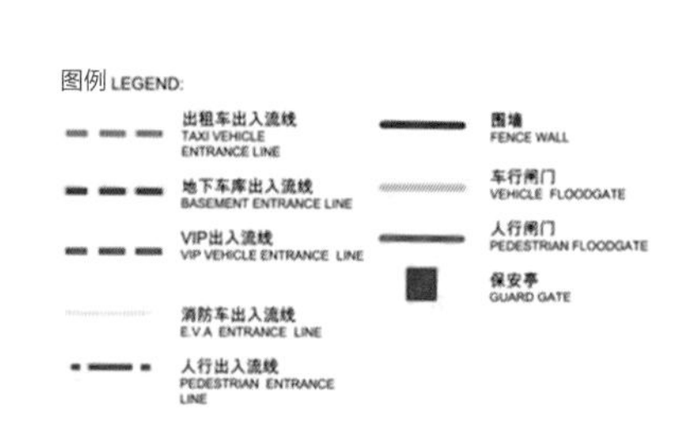

主入口区域平面图

索引图

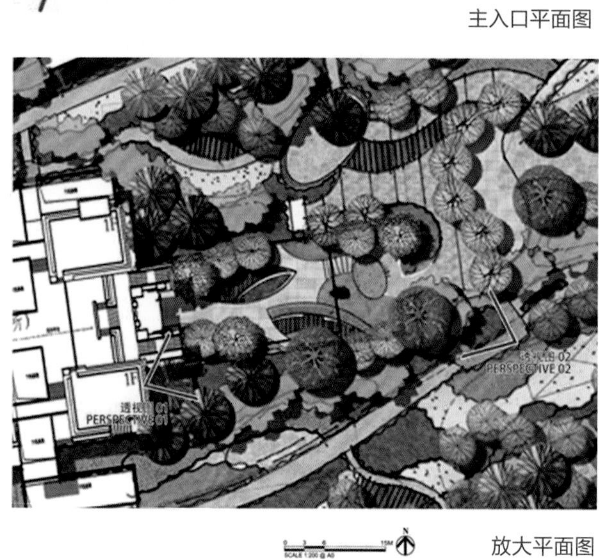

放大平面图

会所及下沉花园平面图

▲ 四季花园夜景图 1

▲ 四季花园夜景图 2

▲ 四季花园实景图 3

▲ 会所及下沉花园实景图 1

▲ 会所及下沉花园实景图 2

▲ 特色雕塑实景图

PROJECT
NAME

上海万科有山

11

项目基本信息

项目名称：上海万科有山
设计单位：深圳市华汇设计有限公司
主创团队：牟中辉、彭来丰

技术经济指标

项目地点：上海市
占地面积：9.60hm^2
总建筑面积：154545m^2
容积率：1.02
设计时间：2013 年

项目设计理念

项目位于上海市青浦区赵巷镇内，距离虹桥机场 15km，距中心区 32km。基地西、北面分别临置旺路和业锦路，南面为公共绿地，东面是自然水系。项目总建筑面积为 15.4 万 m^2，由叠拼、合院、洋房组成，并规划有 4000m^2 商业会所中心和一个中心泳池。该项目是一个城市高端的低密度居住区，开发目标是希望在符合城市空间的整体发展要求的基础上，让项目为城市增添活力，成为区域群体地标；使客户体会到难忘的人文关怀。在怀旧成为一种时尚的今天，与上海的文化底蕴相符合的褐石街坊的风情文化的植入表达的是人们对一种温情、浪漫的和谐生活氛围的向往，为城市提供一个高档的居住社区。

总平面图

▲ 鸟瞰图

➤ 会所平面图

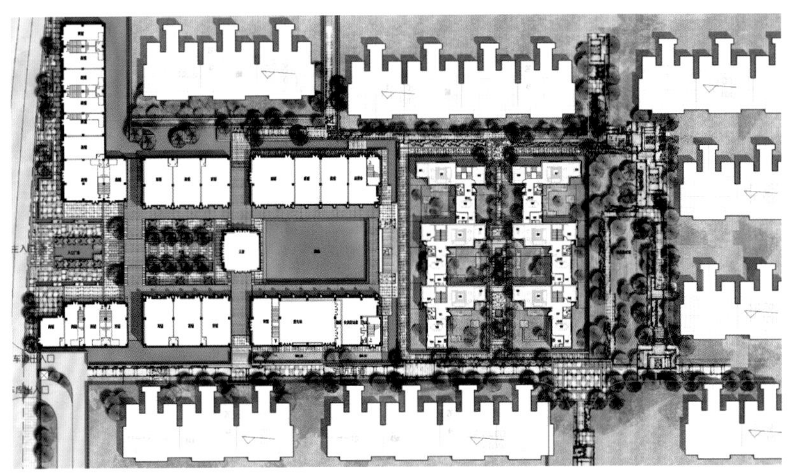

项目整体规划是通过一条曲折的景观道作为社区廊道将本案用地划分为大小不同组团，将其相互联系，形成社区的基本骨架，从而将社区融合到整个片区的慢性系统规划之中，建立社区与周边地带的有机联系；同时将中国特色的邻里空间概念进行组合，以慢性系统的景观主轴为人流交通中枢，并通过主轴进入每个地块，形成崭新的空间序列：住户—宅间绿地—公共绿地—城市防护绿地。

空间小区域组团引入“里坊式”概念，结合产品本身的院落空间，打破传统规划模式，建筑的布局也给人以全新的空间感觉。每个地块都构成了别具特色的组团空间。从住宅的内部到外部交流空间以至公共复合行为空间的扩展，并与城市社会交会，这样的层层推出将空间系统化。从半公共绿色社区廊道、休闲广场到公共绿地等，通过多个交流场所，创造一种自由漫步式的家园模式，将为交往传统的延续和自我娱乐的健康发展提供设施保证，让整个社区具有自然再造功能，真正“活”起来，让人文环境与自然环境相交融，体现出生态型居住小区的着眼点。在居住组团布置上：与交通网络紧密联系，大社区概念、组团管理和独立入户系统最大限度保证了其私密性及内敛的定位特点，并加强住户归家的感受和体验。通过组团设置产生更好的居住感和归属感，在地段成熟之后能有闹中取静的心理感受，同时方便管理，提升品质。居住组团各具户型、立面特色及景观空间。

建筑风格取向定位于与上海同样具有文化底蕴的街区，体现一种精致、讲究、优雅的生活方式。立面特征结合异国情调和老上海风情，强调价值感，借助于它的建筑语汇，保留它高贵典雅的品质，把上海老房子的元素糅合进现代建筑的表情之间，结合上海的文化底蕴，适当运用局部坡屋面、本土建筑石材、简洁的线脚等，塑造一个暗含古典怀旧韵味而充满现代气息的人居空间；着力打造建筑细部，通过外墙线脚色彩的深浅以及屋面、檐口、飘台等的细节处理，最终形成现在简约经典的风格。

▲ 产品分析图

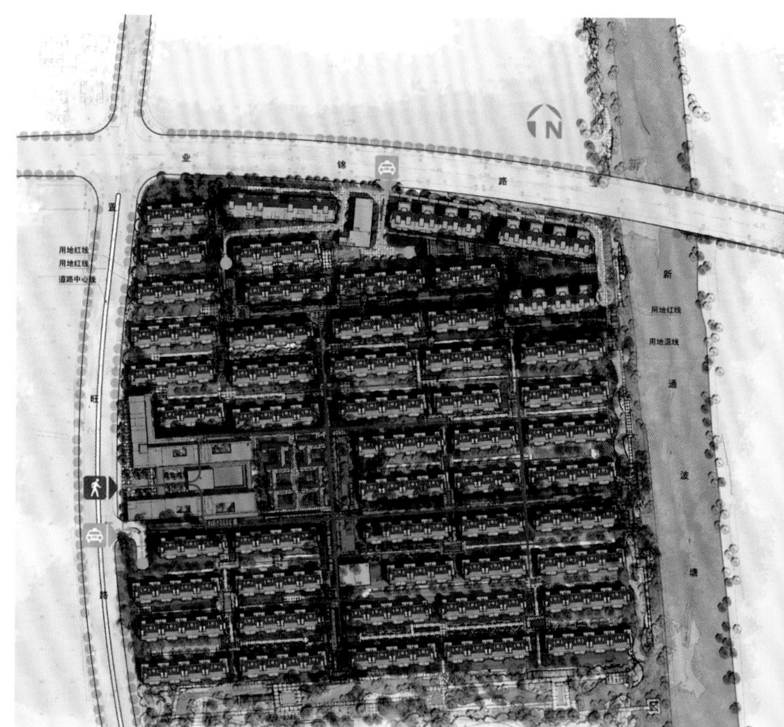

▲ 交通流线图

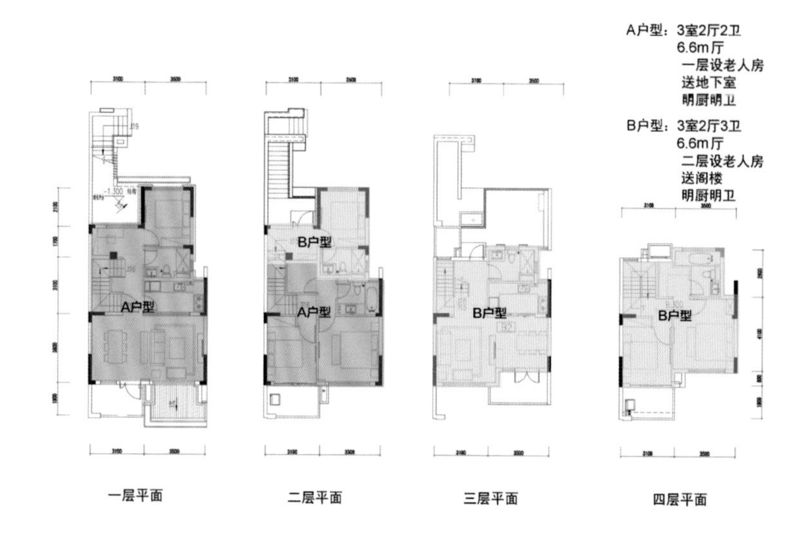

◀ 户型平面图

◀ 剖面图

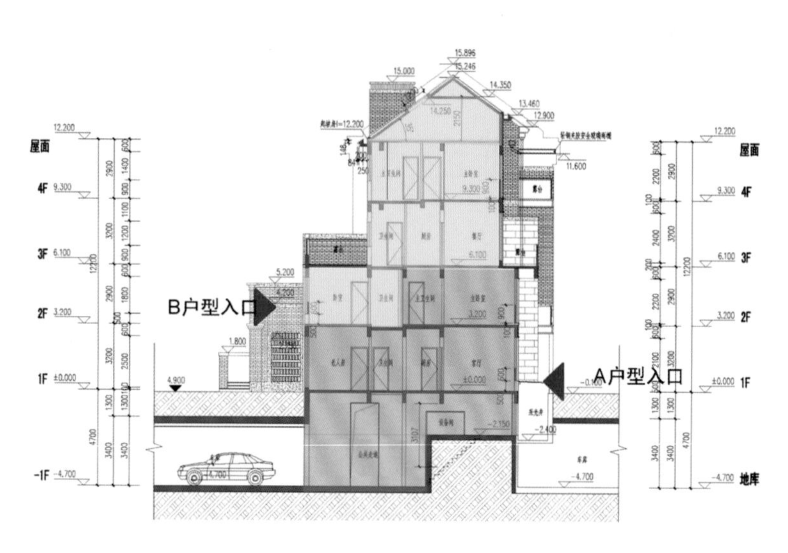

▲ 会所实景图

▼ 别墅实景图

PROJECT NAME

湖北武汉仙山村城中村改造K14地块（保利香颂）

12

项目基本信息

项目名称：湖北武汉仙山村城中村改造 K14 地块（保利香颂）
开发单位：保利（武汉）房地产开发有限公司
主创团队：唐亮、刘常伟、吴治华、张惠、寇锋

设计文字说明

K14 地块位于武汉市汉阳区汉新大道以南、龙阳大道西侧，地块东为规划中的车友新路。项目北与陶鑫园和朗诗绿色街区相邻，东侧临近汉阳大道轨道交通 3 号线升官渡站、红星美凯龙，南部临近四新大道海宁皮革城，距离王家湾和沌口经开万达均不足 4km，地理位置优越。周边还拥有龙阳湖、墨水湖、三角湖三座天然湖泊，环境优美，生态条件优越。保利升官渡地块集得天独厚的区域位置、良好的生态环境、便利的交通于一体，是汉阳不可多得的理想居所。

K14 地块，总规划用地面积为 62187.77m^2，总建筑面积为 266023.67m^2，其中地下总建筑面积为 69234.67m^2，绿化架空层建筑面积为 1948.89m^2，建筑密度为 17.3%，容积率为 3.13，绿化率为 31%，机动车停车位为 2009 个。项目地块距离汉阳成熟的城市区较远，周边配套设施较为缺乏。产品设计定位为首次置业和改善置业为主，适当覆盖高层次居住需求的购买人群。地块中央东西向作为地块的中心景观带，打造大型的开放空间轴线；垂直于中央轴线留出若干条景观轴线连通南部朱家新港水系和北面规划公园绿地，并作为南北方向的视线通廊，避免高层对视线的过度遮挡。建筑形态从南向北呈梯级布置，形成丰富的天际线层次。以围合街区的形式布置，形成独特的内部私家庭院。地块内规划大尺度的集中绿化空间，为社区居民提供了更为开放、自由的生活和交往方式。项目实现人车分流的交通组织形式，除沿商业区设有地面停车区域外，小区内不设地面停车位。实现车行与人行完全分离，将车行流线隔绝在住区外。

▼ 鸟瞰图

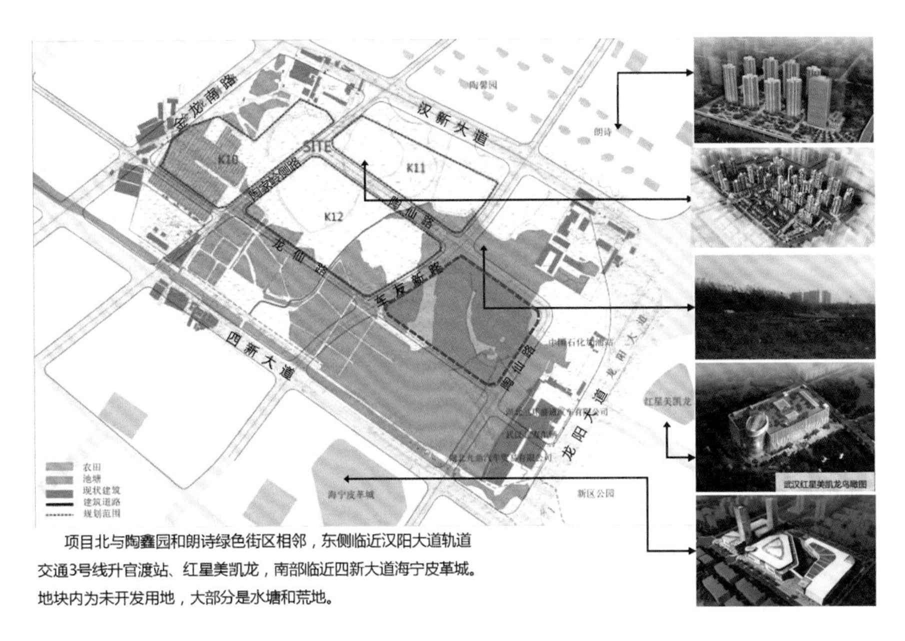

项目北与陶鑫园和朗诗绿色街区相邻，东侧临近汉阳大道轨道交通3号线升官渡站、红星美凯龙，南部临近四新大道海宁皮革城。地块内为未开发用地，大部分是水塘和荒地。

➤ 区位认知图

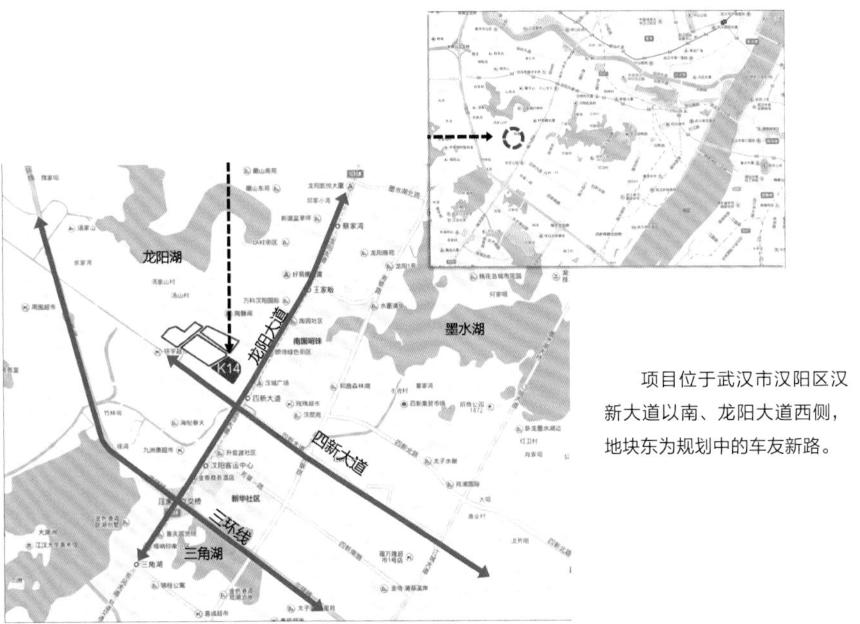

项目位于武汉市汉阳区汉新大道以南、龙阳大道西侧，地块东为规划中的车友新路。

总体布局采用点、线、面结合的景观绿化体系，借鉴中西方园林的造景手法，引入整体统一、渗透交融的良好绿化空间概念。整体空间是流动的，由一个空间穿插或引导到另外一个空间，用曲线、折线以及几何角度等抽象形式把景墙、铺地、水景、植物等景观元素组成有节奏的闭合、半闭合、联系的空间形式。

中央景观轴线使小区视觉效果更加突出，富有层次感和序列感。从中央开放空间到组团开放空间逐步增加私密性，形成递进的空间景观序列。小区讲究景观的均好性，在组团中间布置各具特色的景致，住宅前后则结合一层住户庭院设置草地、花架等。园区全方位造景，将景观渗透到小区各个角落，达成建筑与环境的和谐统一。

➤ 彩色总平面图

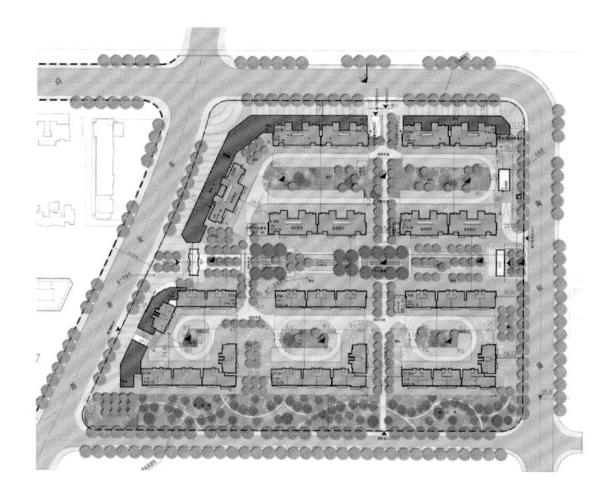

▲ 功能分区图

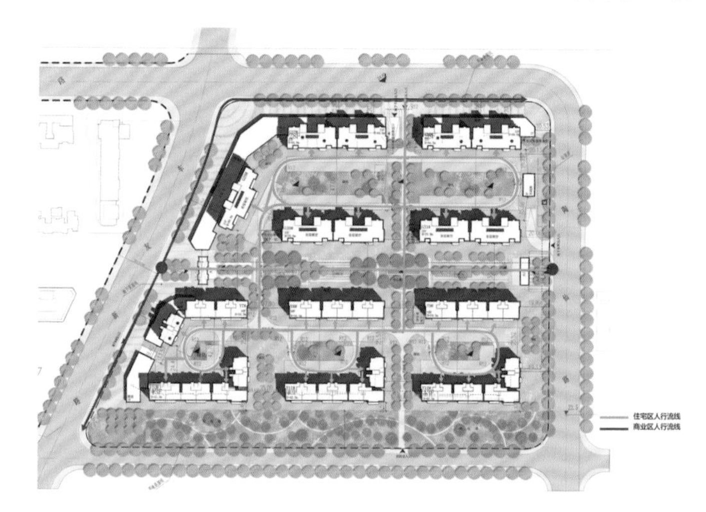

▲ 人行流线图

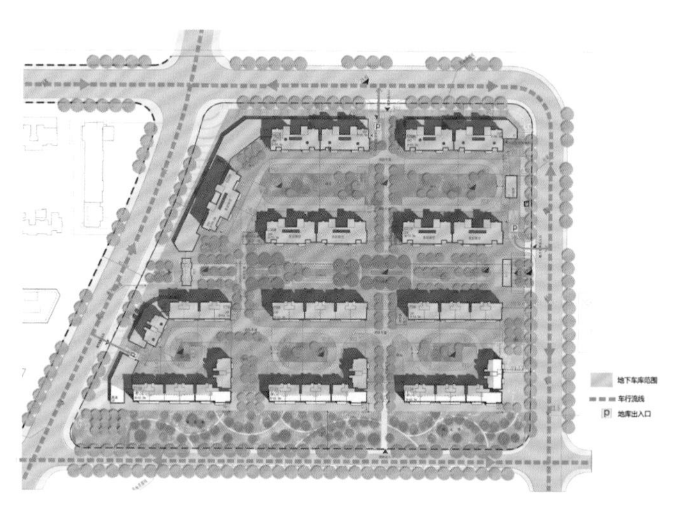

▲ 车行流线图

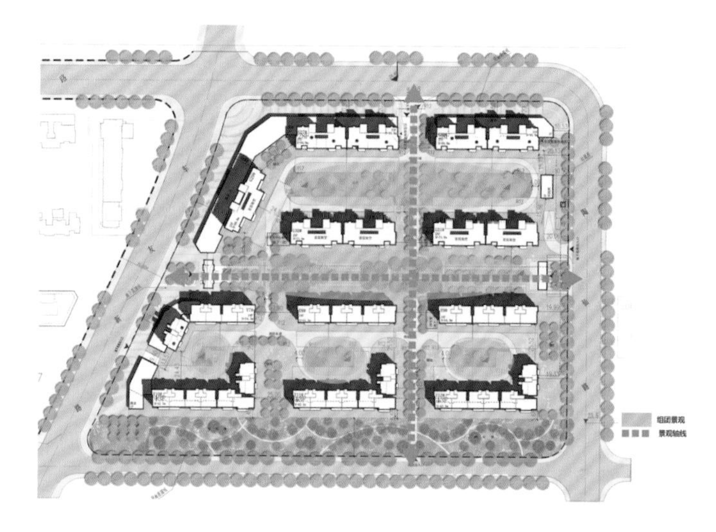

▲ 景观分析图

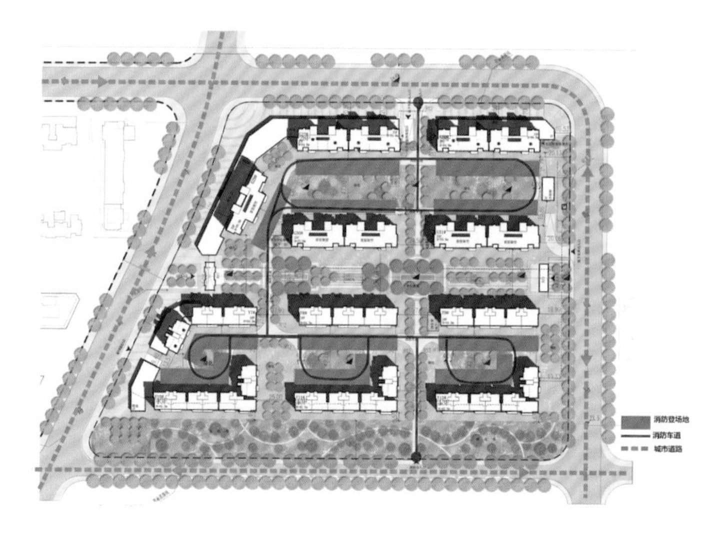

▲ 消防分析图

◀ 小高层立面图 1

▼ 中央绿化景观轴图

▲ 小高层立面图 2

➤ 高层立面图 1

▼ 高层立面图 2

PROJECT NAME

海南三亚葛洲坝·海棠福湾

13

项目基本信息

项目名称：海南三亚葛洲坝·海棠福湾
设计单位：贝尔高林国际（香港）有限公司
主创团队：许大绚、温颜洁、黄摄秒、钟先权

设计文字说明

设计理念：

该项目为优化项目，贝尔高林的设计师在建筑已完成、景观施工接近尾声的时候开始介入，希望通过对软硬景观配置的优化处理，打造出更为理想的景观空间效果。

总体介绍：

（1）设计师首先打破原有设计中的横向、纵向两条笔直道路系统，重新整改道路肌理，避免从入口进入后的视野出现一览无余的单调感。
（2）修改原有双车道的方式，只保留 4m 消防通道，而主要车行道改为南北通行，取消原东西向车道。从而增大整个小区的软质空间，减少硬质铺地。
（3）在道路两侧抬高地形，增加植物高度，丰富植物立体层次。之后，打破常规人工造林中最常见的地被种植形式，采用立体绿化的表现形式，以最大的观赏面展示不同质感的下层植物，在密度上相当大胆，着重体现“绿量”。

绿化改造：

原有设计中，还出现了很多住宅区绿化现状的共性问题：不重视地形营造；组团内植物层次衔接不顺畅，缺少骨架树种，组团缺乏体量感；植物配置无中下层或中下层植物配置零散，组团概念不清晰；地被用法欠佳或部分缺少地被。

贝尔高林整改方案绿化解决方式：
（1）宅间大绿地运用大空间大手法营造植物粗放组团空间，强调整体景观，空间流线与天际线；
（2）重要节点及入户两侧绿地利用不同层次的植物元素，通过颜色、质感、体量上的搭配，结合雕塑等景观要素，打造植物精致组团效果；
（3）其他方式（地形堆高、引进外来苗木等）。

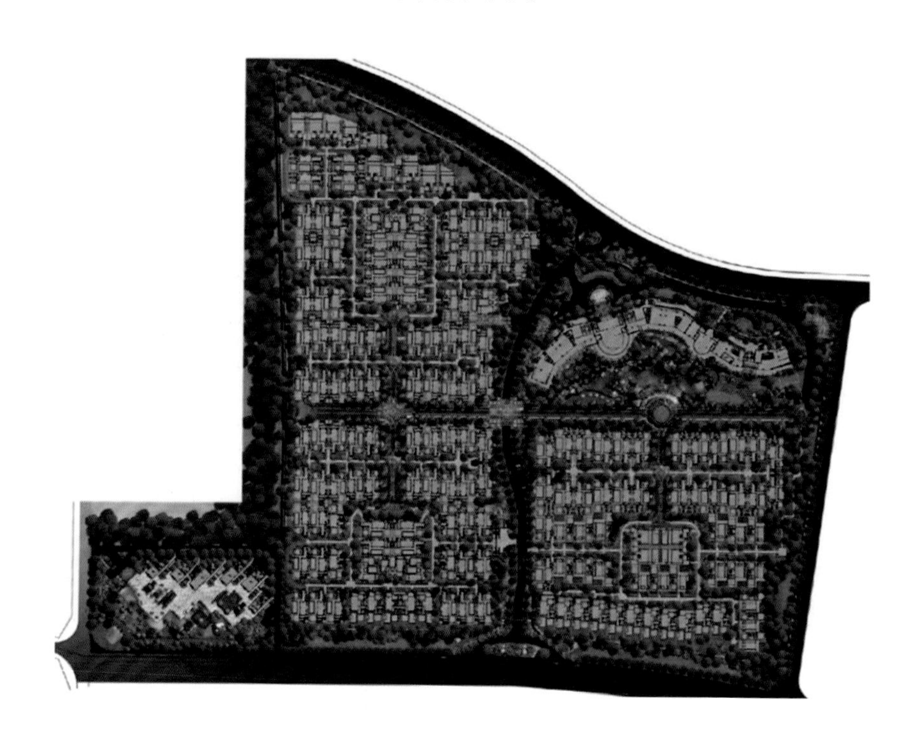

➤ 总平面图

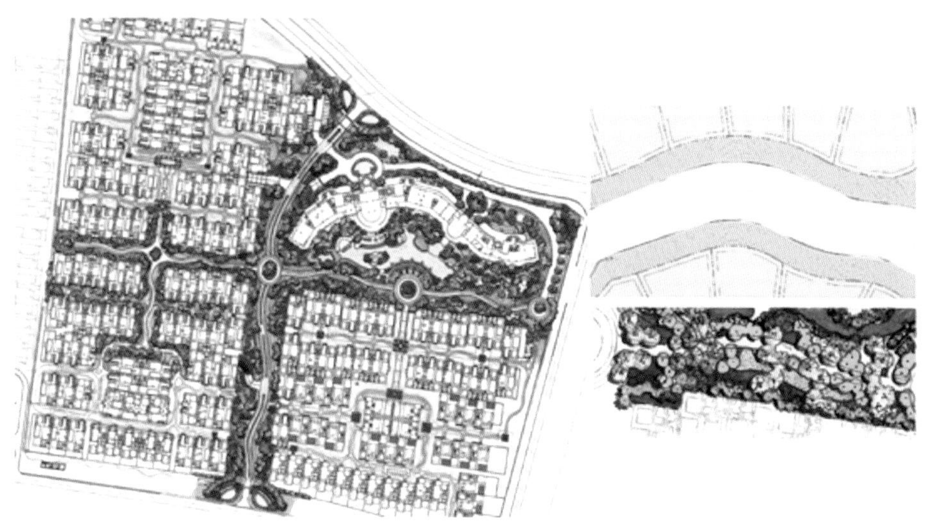

◀ 优化后整体鸟瞰图

▼ 优化范围平面图

项目详读

1. 入口区域

优化前：北入口水景与南入口有一个呼应的关系，建筑出入口流线有待优化。

优化后：规整道路出入口的流线，在道路、停车位与建筑之间增加绿量，打造花境效果，增强了入口的仪式感。水景改为道路两侧镜面水景，海南独特的蓝天、白云在镜面水的倒影下格外悠远广阔，让小区内外环境实现连接与互动。

2. 车库出入口

优化前：车库出入口与主干道过分区分，出入库流线无引导作用。

优化后：车库出入口与主干道在铺装上形成了统一，连接处弧线更加流畅，同时相对低矮的灌木与地被在美化空间的同时并未遮挡视线。通过流线与植物搭配的改变，驾乘者获得了更开阔的视野。

3. 特色环岛种植池

优化前：道路轴线规整，植物配置较稀疏，层次感欠缺，无法实现绿茵夹道的空间效果，横纵道路垂直交会，行车流线设计不合理。

优化后：道路交会处打造了一个小型特色环岛种植池作为景观节点，为过往人流带来丰富的视觉感受。同时通过环岛引导车辆行驶轨迹，优化道路系统，道路呈柔和的曲线形态，与植物搭配带来步移景异的效果。同时，道路两侧地形加高，植物种植的立体效果更明显，热带植物效果对比更强。哪怕只是一个简单的十字路口，也能让业主体会到不一样的景观情趣。

4. 酒店与泳池

优化前：特色跌水为纯粹的水景，连接左右的道路笔直，植物配置延续了整体风格的简约规整。

优化后：道路取消车行功能后，缩减了道路的宽度，增加道路两侧的绿化量，同时又有足够的空间堆坡，增强夹道的空间效果。道路适当弯曲，与酒店泳池形成和谐的弧线，特色跌水与植物相结合，拉伸景观节点的竖向空间。周边地形打造堆坡效果，丰富植物层次感，增加酒店及配套泳池的私密性。

5. 酒店入口

优化前：酒店入口优化前组团内植物层次衔接不顺畅，缺少骨架树种，中下层无植物配置或中下层植物配置零散，组团概念不清晰且缺乏体量感。

优化后：宅间绿地运用大空间的手法营造植物粗放组团空间，强调整体景观效果、空间流线、天际线等。

索引图

原方案

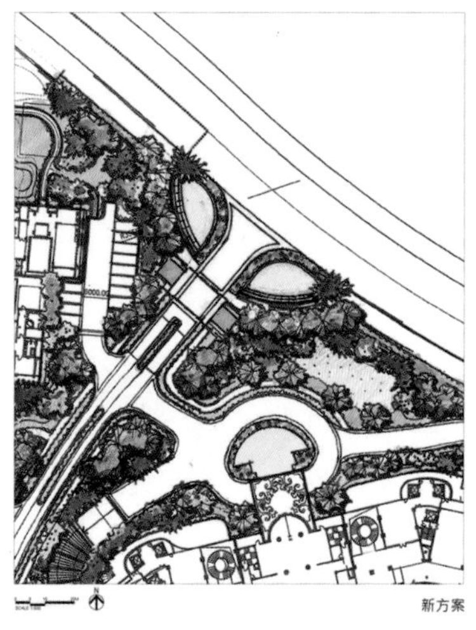

新方案

◀ 入口区域优化对比图

▼ 北入口区域实景图

▶ 南入口区域实景图

索引图

原方案

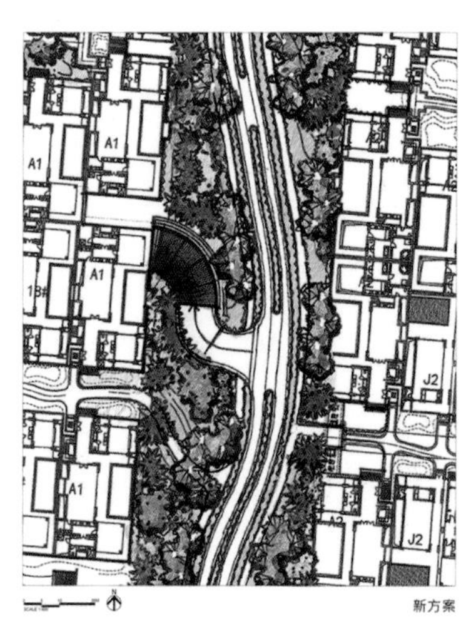

新方案

◀ 车库出入口优化对比图

▼ 车库出入口实景图

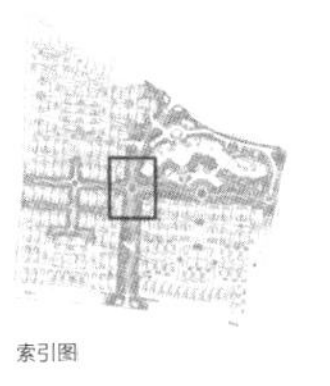

索引图

原方案

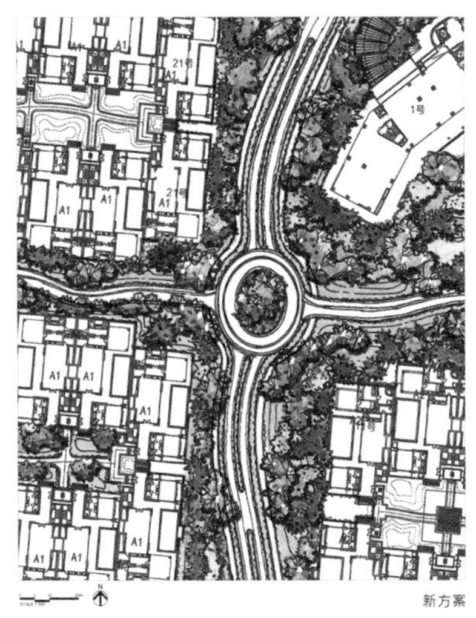

新方案

◀ 特色环岛种植池优化对比图

▼ 特色环岛种植池实景图

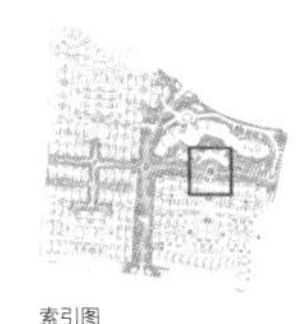

索引图

原方案

新方案

◀ 酒店与泳池优化对比图

▼ 酒店与泳池实景图

PROJECT
NAME

中海神州半岛海公馆

14

项目基本信息

项目名称：中海神州半岛海公馆
设计单位：ACA 麦垦景观规划
主创团队：李建新、熊金华、聂清香

设计文字说明

区位介绍：

本项目所在地神州半岛地区处在万宁市市区的东南方位，东、南濒临南海，占地面积为36187.5m^2，建筑面积为121590m^2，容积率为1.95，绿化率为40%。本区保留了大量未遭破坏的天然环境，其中神州半岛地区拥有极少数面南且长达12km的优秀沙滩，外加老爷海的内海景致，将成为绝佳的世界级观光景点。

设计理念：

树影婆娑，波光流淌，大鱼唤起曾经追逐海浪的记忆，项目的重点在于以鱼的旅行作为设计理念，演绎一段大海的鱼之旅。把鱼的自由与大海相结合，动线设计上通过流线的组织、视线的引导、空间的转换和自由的折线赋予空间生机，结合地形、铺装、构筑物营造空间流动感、舒适自在感，给人在海洋中畅想的感受，打造出一系列精致独特的景观场景。按照游览动线，打造七大体验记忆亮点：
大海的鱼在每一次遇见都应该是风景——发现鱼、遇见鱼、问海的鱼、安静的鱼、自由的鱼、欢快的鱼，大海的鱼串联成了景观故事的主线，鱼的旅行作为神州半岛海公馆故事主线，就此展开。

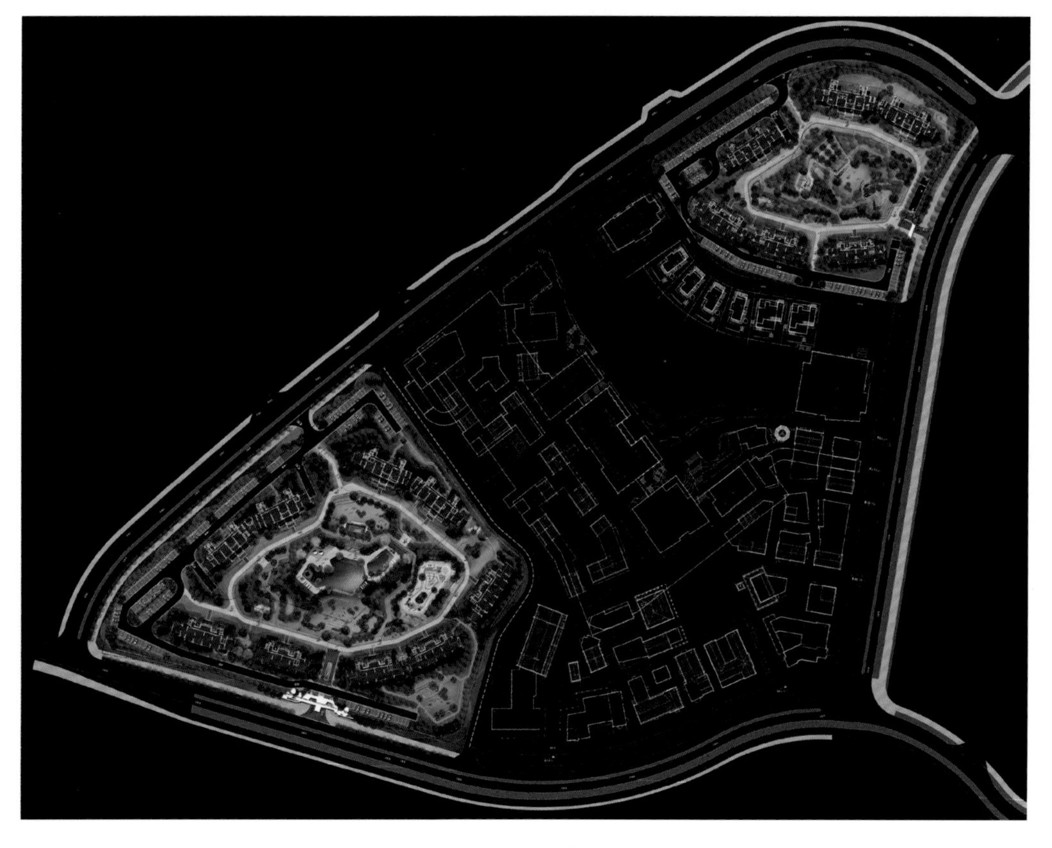

项目总平面图

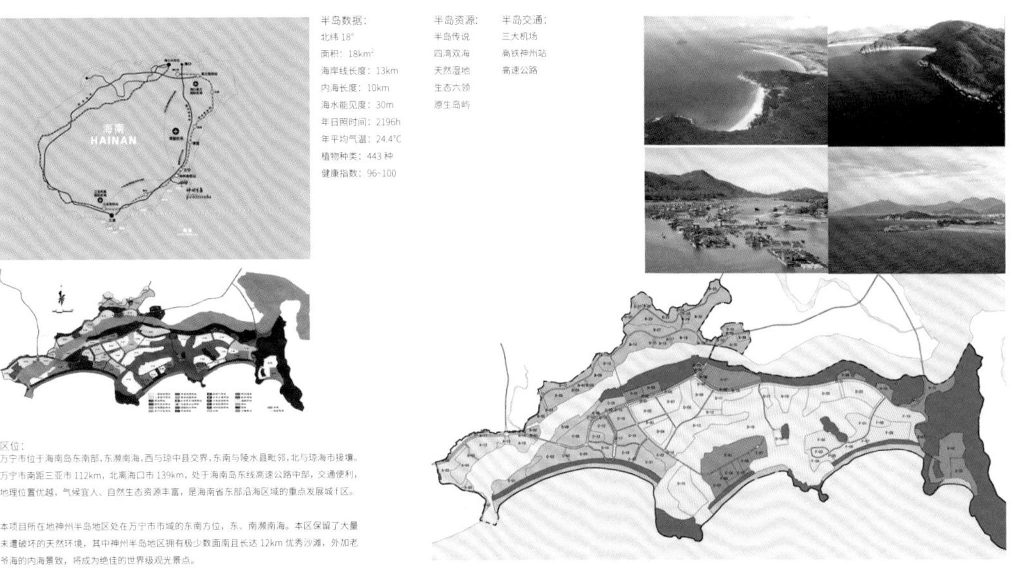

▲ 鸟瞰图

◀ 区位图

中海神州半岛，海南黄金旅游线东海岸中部的岛中之岛，位于享有“世界长寿之乡”美誉的万宁市，约 10000 亩恢宏版图。北倚苍翠六岭，南临浩瀚大海，以海南岛内罕见的正南正北朝向打造。坐拥内外双海美景，外海浩渺壮阔，内海又称老爷海，安宁静谧。可谓神赐四湾、天作双海、地造六岭，萃集自然之美，如神州大地之缩影。拥有 13km 黄金海岸线，四大天然海湾，海水能见度达 20m，珍贵红树林沿岸遍布，负氧离子每立方厘米上万个，空气质量极佳。拥有完善的度假生活配套：滨海高尔夫球场、神州半岛沙滩俱乐部、风情商业街及约 500 亩中央公园。

中海神州半岛度假区营造了一处临海岛居休闲度假的天堂，它以隐逸、私密、独立、浑然天成的本我，让人们在繁忙之后的闲暇时刻放松心情、回归本真，享受阳光、海风与大自然的视觉盛宴。以鱼的旅行作为设计理念，演绎一段大海的鱼之旅。设计上通过路径迂回与空间开合来丰富场地的表情与状态。入口设计成绿荫夹道，先抑后扬，突然放开，大草地与观景台稍作停留，借景观海，实现开扬，隔公园看海，引发情绪上的向往。再回望园内景“自由的鱼”再收空间，最后放开，进入样板房。样板房后场开放，直面海滩和大海，心情瞬间释放，自由自在！路线上采用迂回的方式引导 40m 路放大为 100m，结合空间节点加强体验感。

在狭长的海岸线上享受着海岛每日的第一缕阳光，这里冬无严寒，夏无酷暑。以“自由”形，表达对现代化、未来感生活方式的赞许，同时用内在的“简约”精神，赋予其更轻盈的体量、更清爽的视觉印象。基于优越的地理区位及良好的气候资源，设计师通过景观设计的手法，将户外空间最大化利用，让自然与景观和谐并存，创造了轻松、亲切、绿色的度假环境。同时在度假全配套与精神文化建设上打造半岛生活圈。

功能分区图 Functional zoning map

图例 Legand

售楼部体验区 The Club Experience Area 洽谈 接待 聚会	精神堡垒 Spiritual fortress 引导 昭示	度假风情体验区 Resort experience zone 放松 愉悦 安静 热带风情 镜面水景	样板房展示区 Moden House EXhibition Area 私家庭院 入户水景 艺术雕塑 休闲草坪 秋千 下午茶 烧烤
看房通道 Exhibition passageway 快速 便捷 棕榈风情	入口形象示区 Entrance image area 示范 形象 景墙	滨海公园 Esplanade Park Party 健身瑜伽 艺术雕塑 椰林绿影	

售楼部
The Sales Department
看房通道
exhibition passageway
精神堡垒
Spiritual fortress
入口形象区
Entrance image area
度假风情体验区
Resort experience zone
样板房区
Model room display area
滨海公园
Esplanade Park

◀ 功能分区图

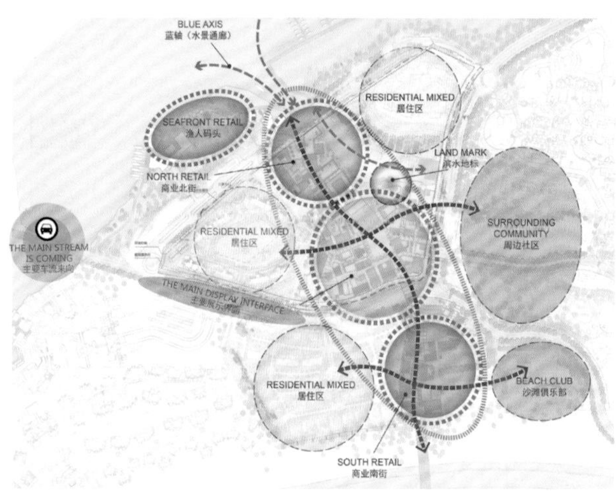

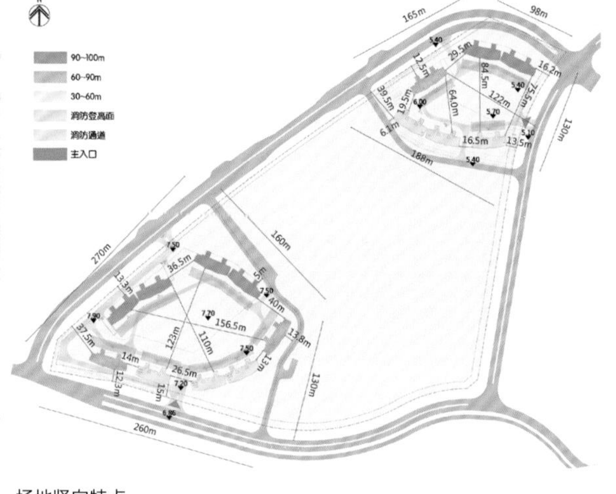

规划结构解析：

- 场地西南方向为主要车行方向，场地南面为主要景观展示界面，应考虑重点打造。
- 建筑采用围合式布局，为景观提供了尺度适中的中庭空间。

场地竖向特点：

- 东、西地块地势均较为平坦，结合场地原有属性，进行合理的景观布局，减少景观成本。

场地尺寸特点：

- 场地西南方向为主要车行方向，场地南面为 260m 长的景观展示界面，应考虑重点打造。
- 西地块中庭空间约 150m × 125m，东地块中庭空间约 100m × 84.5m，为景观提供良好的环境尺度需求。

◀ 规划图

▼ 景观分析图

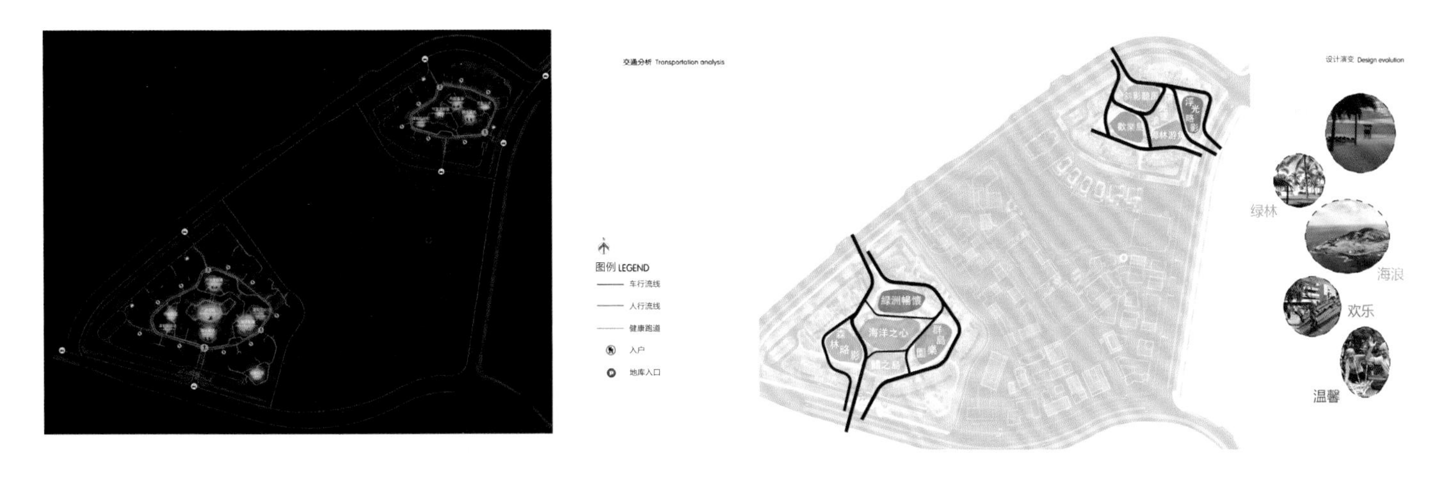

▲ 交通分析图

▲ 园区分析图

▲ 建筑立面图

▲ 建筑实景图

▲ 景观实景图

PROJECT NAME

黄岛区双星轮胎老厂区开发项目 D 地块

15

项目基本信息

项目名称：黄岛区双星轮胎老厂区开发项目 D 地块
开发单位：山东中建房地产开发有限公司
主创团队：朱小琴、孙学峰、卢丙磊、岳峰、于学良、宋沿良、王俊义

技术经济指标

总用地面积：8.51hm^2
总建筑面积：250083.06m^2
地上建筑面积：170219.48m^2
地下建筑面积：79863.58m^2
容积率：2.0
绿化率：35%
建筑密度：27.2%
停车位：1870 个

项目概况

区位说明：

地块位于青岛市的西南部，西海岸经济核心区东部新区板块，距离西海岸新区政府仅 1.5km，西侧 6km 处为沈海高速，以及在建的青连铁路（青岛—连云港）西海岸新区站，属丁政府未来重点打造区域。本案处于西海岸新区的核心区，定位西海岸新的政务、商务、文化中心，区域价值较高。

设计理念：

本方案规划设计的核心立意体现为“健康、舒适、安全”，以典雅大方的设计风格为出发点，充分利用空间景观资源进行有机灵活的布局，营造优美的建筑风情和景观空间的特色住区。

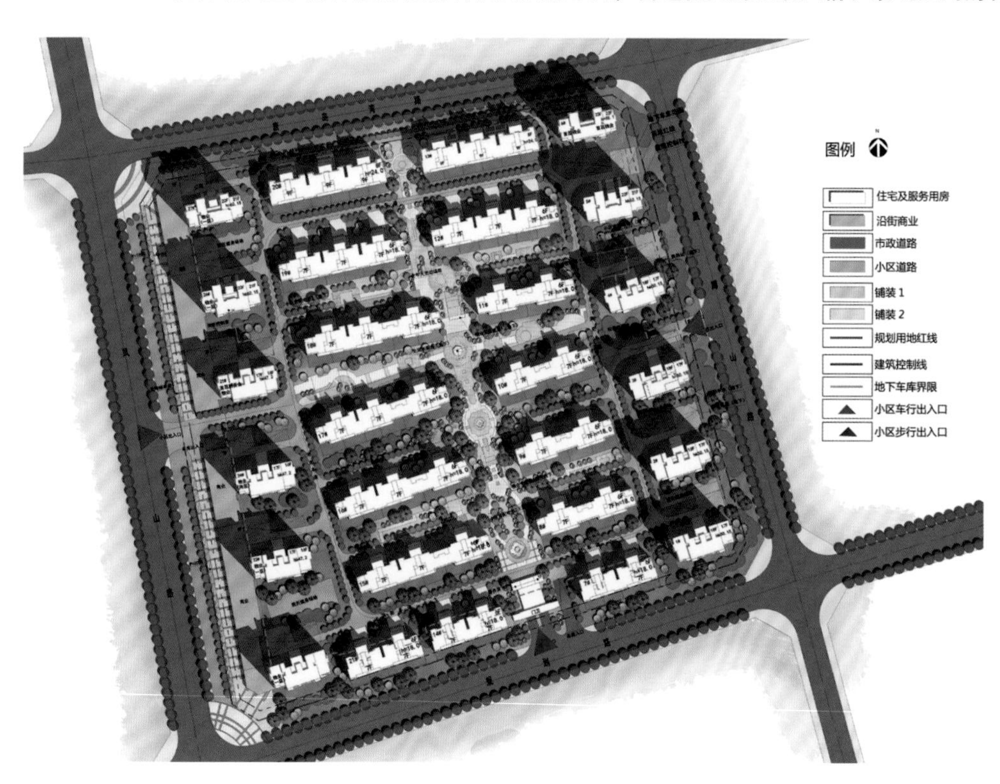

➤ 总平面图

▲ 鸟瞰图

➤ 区位图

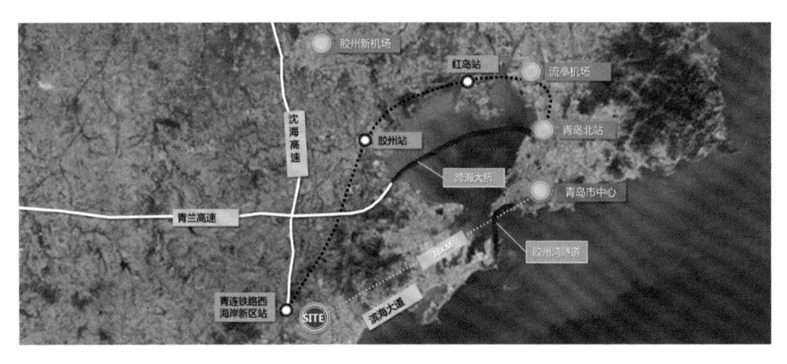

规划解读

规划为“两轴四区”的空间结构模式，“两轴”为东西向及南北向两条景观轴线，“四区”为轴线划分的四个片区。

项目区内沿街两侧布置为高层住宅；中间主要布置为多层住宅，整个社区形成丰富的内部空间。主要公建包括商业以及相关配套服务设施，沿西侧道路布置一层、局部两层商业网点；充分考虑居民使用的便利性和商业价值的最大化，同时，打造景观公建一体化的城市公共空间。景观与环境设计注重打造传统意境和现代风格相结合的景观效果，规划“两轴一心多组团”的绿化系统格局。“两轴”为贯通东西向和南北向的核心景观轴线，“一心”是指轴线交会的景观中心，“多组团”为分布于楼间的景观片区。通过绿色廊道将各个景观节点串连为一个整体。富有变化的线性空间将不同层次的景观空间结合起来，使每一个住宅单元都融入整体景观系统之中，增强了住宅环境的层次感。

平面设计：

在洋房平面布局中，全面优化户型设计，提高居住品质，打造同区域的标杆产品。

产品特点：

（1）全明户型，南北通透。

（2）大部分为采用三面宽，部分采用四面宽，主要起居空间宽敞明亮。

（3）对居住细节进行完善，独立入户电梯厅及玄关，强调居住的仪式感；主卧设置独立衣帽间，提升居住品质。

高层住宅平面布局中，合理布置各功能空间，尽可能提高平面利用系数，减少公摊面积，如楼梯间、电梯前室等竖向交通公共空间的设置；建筑设计符合抗震概念的要求，在不影响使用功能又保证良好的造型创意的前提下尽量避免错位、错层，纵横墙不对位等问题，控制造价。高层住宅交通核设计，从服务效率、得房率、户型品质、建筑节能等角度考虑，选取北外廊和集中交通核户型作为高层产品的主要架构。

立面设计：

融汇东方的审美传统、西方的现代精神和青岛历史文脉，对“新亚洲”建筑风格进行全面解读和演绎，通过错落有致的形体组合，低调雅致的色彩搭配，简约精致的细节雕刻，唤起传统场所精神的回归。强调地域特色，结合当地地域文化要素、经济技术要素、自然环境要素等条件，通过设计表现出真实的、具有根源感的本质特点。结合环境景观的协同设计，将现代技术和审美观与建筑韵味相结合，塑造出从周边楼盘脱颖而出的、特色鲜明的建筑整体象。

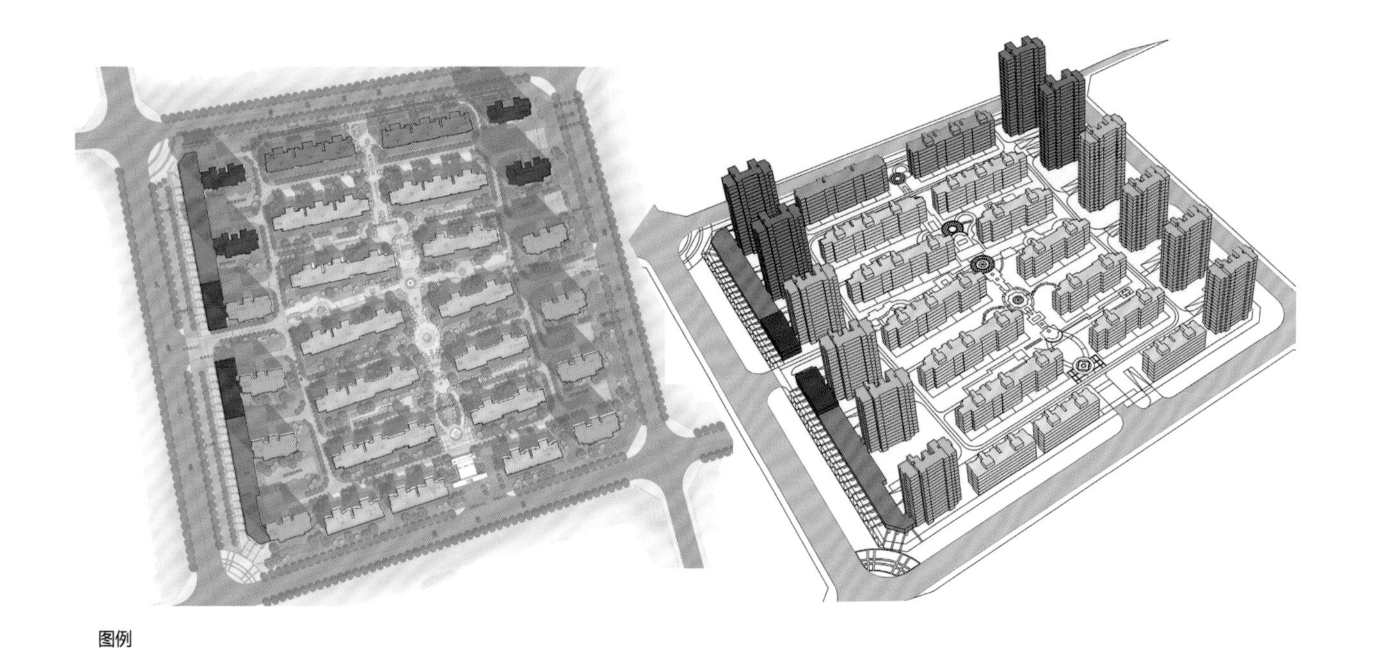

图例

6层洋房　8层洋房　18层及以下高层　18层以上高层　2层商业网点　1层商业网点

◀ 功能分析图

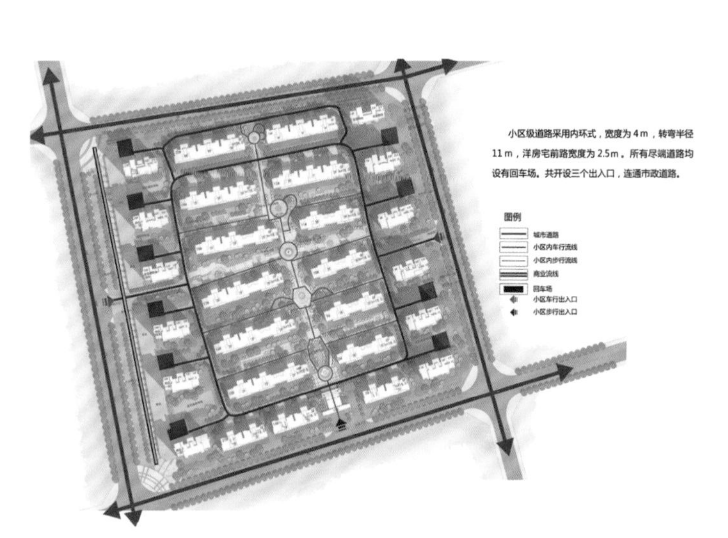

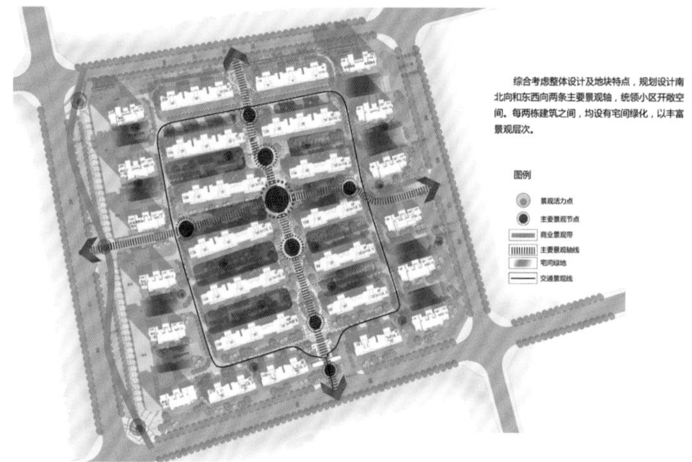

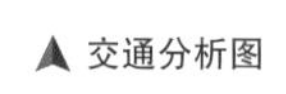

▲ 交通分析图

▲ 景观分析图

▼ 洋房南侧透视图

▼ 沿街商业透视图

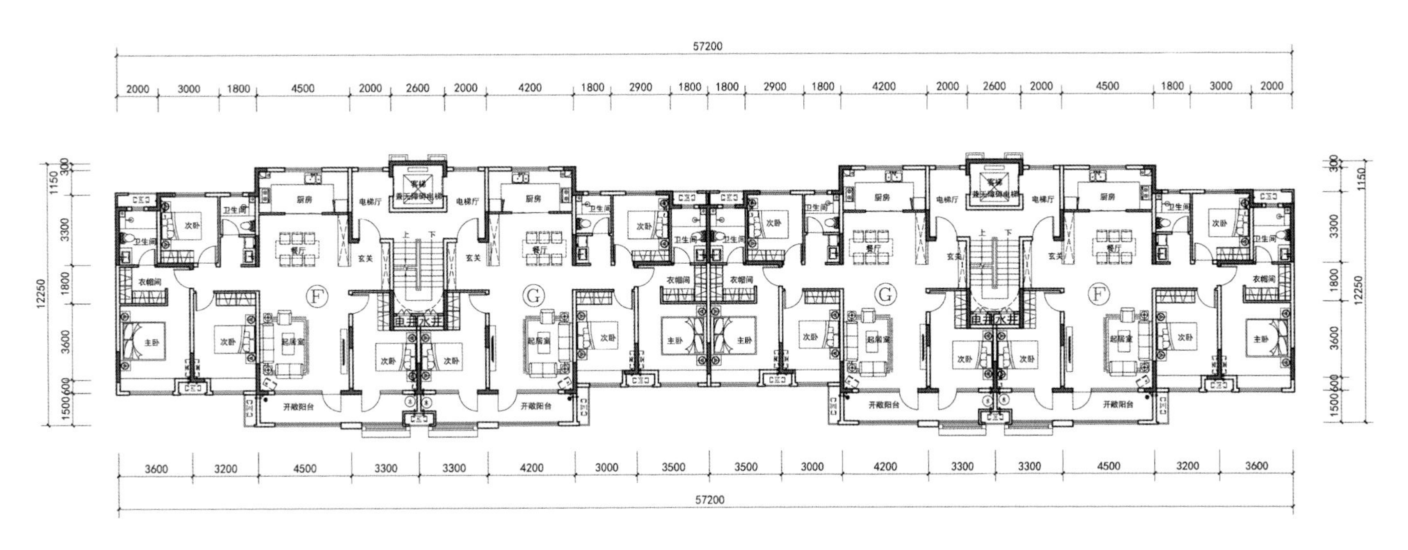

▲ 户型平面图

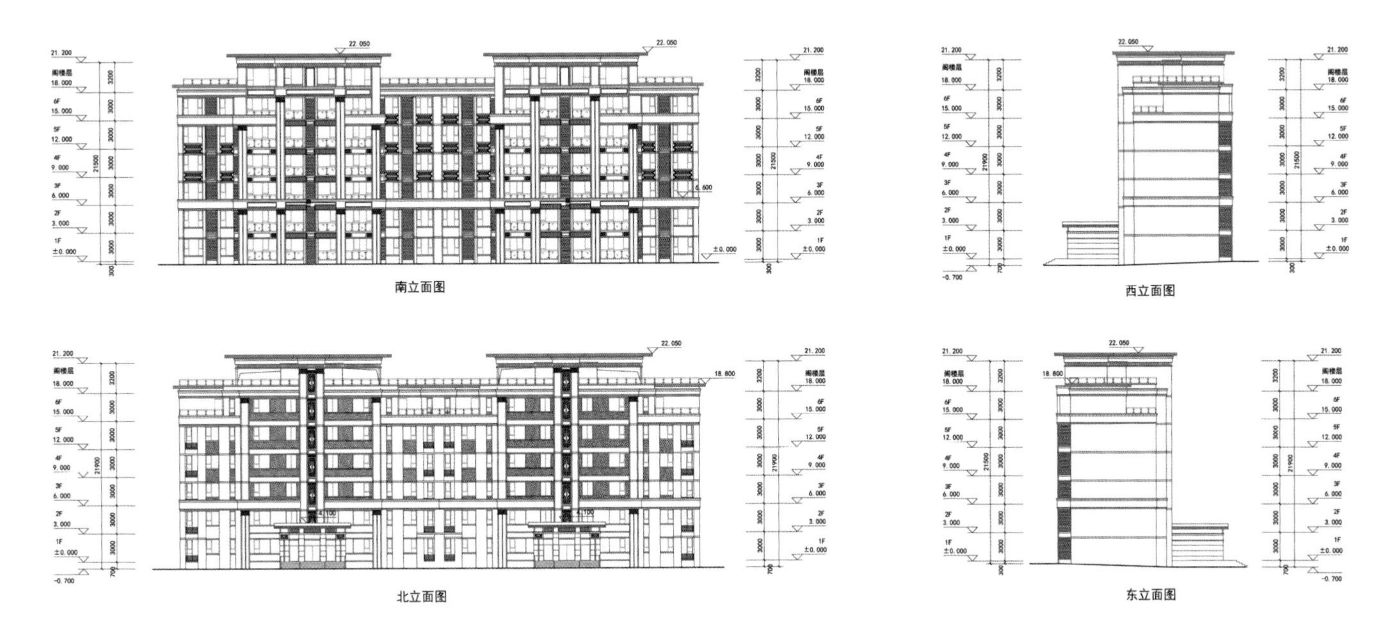

▲ 洋房立面图

▶ 洋房剖面图

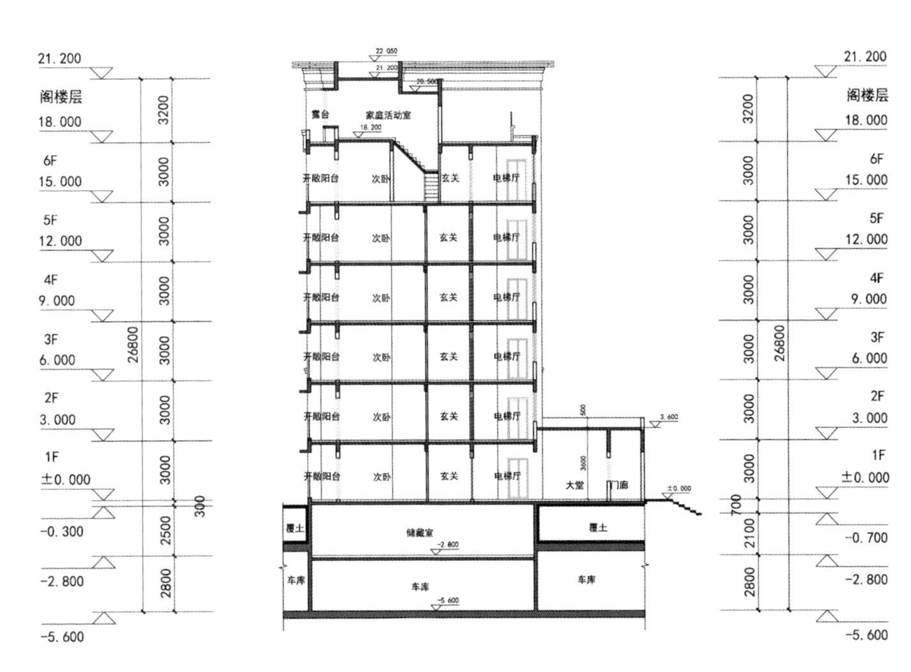

PROJECT
NAME

金华多湖叶宅

16

项目基本信息

项目名称：金华多湖叶宅
设计单位：上海思纳建筑规划设计股份有限公司
主创团队：高启超、刘洪猛、唐林、张照航、陆秋玲

设计文字说明

区位：

浙江省金华市位于省境中部偏西，北纬 28° 02′ ~ 120° 47′，面积为 10918.00 万 km^2。2006 年年末，金华市设婺城、金东两个市辖区，辖武义、浦江、磐安 3 个县，代管兰溪、义乌、东阳、永康 4 个县级市，辖 40 个街道、74 个镇、37 个乡，272 个社区、93 个居民区、4826 个行政村。南北为仙霞岭和会稽山、龙门山夹峙，多山地和丘陵。东面义乌江与南武义江在通济桥上游汇合，名为金华江（婺江）。城市沿金华江（婺江）两岸分布。江北为老城区，江南为新建区。

周边资源：

本案基地西侧隔江有三大滨江公园，北侧也有多处城市公园，绿地资源极为丰富。

资源优势：

区位位置优越，紧邻城市干道，交通便利，为城市核心区的稀缺地块；
周边景观资源丰富，坐拥一线武义江景；
毗邻万达广场，生活便利性高。

项目简介：

本工程建设用地位于金华市东市街西侧，李渔路南侧，宋濂路北侧。距离金华站仅 4.7km，项目紧邻万达广场，交通便利，是十分理想的居住用地。

理念衍生：

规划以现代设计理念、设计手法，创造高质量的优秀住宅小区，以人为本，优化环境，提高品位。按照环境与生态规划设计原则，充分考虑利用现有生态要素，创造宜人的环境。本方案力求塑造一个既有丰富文化艺术内涵，又有环境效益、经济效益、社会效益的住宅小区，同时体现适用性和均好性原则，考虑环境、景观资源共享，使每户都享受到良好的景观资源。规划方案从金华特定的历史文化特点出发，按照以人为本的思想，遵循可持续发展的原则，致力于创造崭新的居住理念，提供优雅舒适的居住环境，达到人、环境、建筑的和谐统一，使本住宅小区成为 21 世纪金华的商品住宅典范。
通过科技创新和推广先进适用技术，完善住宅使用功能，全面提高住宅小区建设质量，满足市场需求。

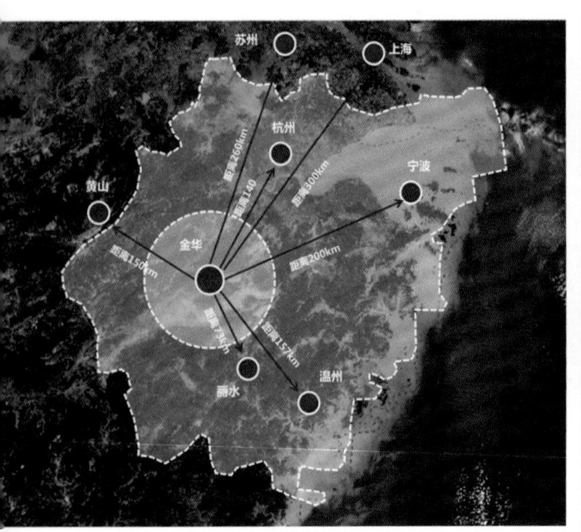

▼ 区位分析图 1

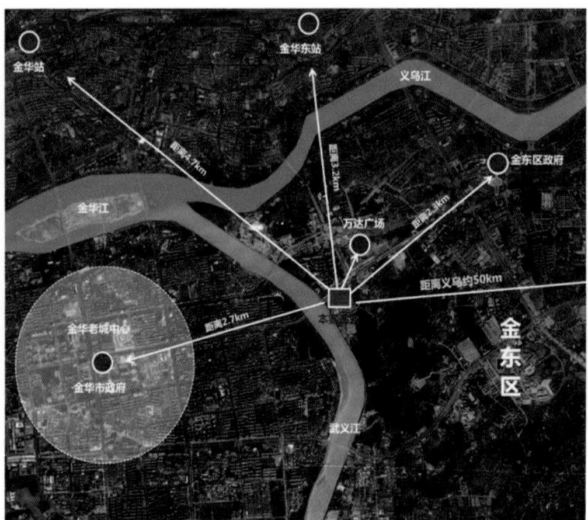

▼ 区位分析图 2

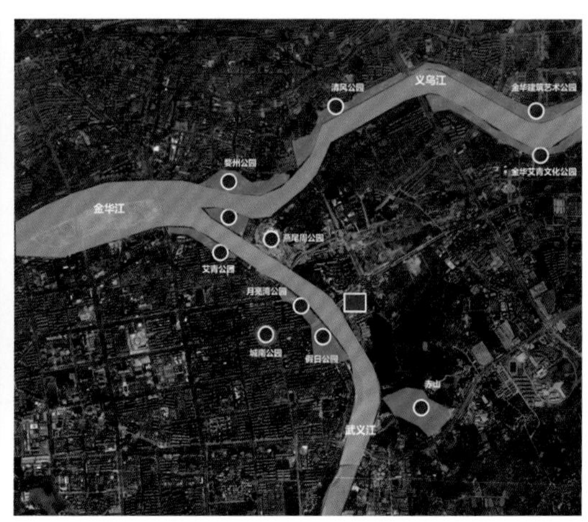

▼ 周边资源图

▲ 鸟瞰图

规划解读

◀ 小区入口夜景图

◀ 中央景观图

◀ 沿河夜景图

融——承接城市文脉、彰显建筑艺术
新世纪的住宅区除了绿色和以人为本，更应体现其在更深层次上的追求，那就是对城市文脉的延续和对文化的传承。特别是对于本案这种位于城市中心区的滨江绿色生态居住社区而言，这一点更为重要。
本案以“融”的概念嵌入城市文脉和建筑艺术的双重范畴，运用建筑和环境的语汇，巧妙地融合进入住区，体现居住文化的个性，进而塑造一种具有高品位和独特文化底蕴的新社区形象。

景——汲取古典园林精华、凝造园冶自然之趣
景观规则有序，对称均衡，强调轴线做引导的几何形图案美。本案以和谐为美的最高原则，讲究对称、有序，树木、花草层层嵌套，打造整个社区的景观纹理，景观轴线两旁布置对称的雕像等小品。园林中大量地使用绿篱、花卉等植物，营造一个四季四景、移步易景的私家园林，并形成了一定的空间透视效果。园林良好地处理了环境与建筑的关系，建筑的结束与园林开始之处的交接除去最复杂的功能元素外，更具有其丰富的含义，在装饰上加以一定的提升，让人的视角与观赏视线更具美感。
规整的园林不仅是一张对称的构图，更是人在园林中行走的一个过程和经历，你甚至可以享受闭目其间、漫步花丛的愉悦，体味园林中蕴含的人的精神、艺术、思想与审美。

贵——城市滨江新贵、至臻生活新城
方案通过艺术化的建筑设计语言，彰显奢华与高贵。建筑的形象尽显华贵典雅之王者风范。
以城市推动楼盘，以楼盘代言城市，十分恰当和巧妙地形容了楼盘的格调与身份，毫无疑问会成为金华一个新的不可替代的标志。

景观环境营造

规划充分挖掘基地原有景观特色，强调最大限度地保护基地的生态景观资源，同时充分利用基地内外景观，体现其对居住生活的价值。在整体的景观环境营造上，规划结合基地内现有丰富植被及绿化体系，营造自然生态的绿化景观，为住户在工作之暇提供良好的居家生活品质。社区以林荫景观道和迎宾广场组成社区入口公共景观，而社区内部的景观绿地、邻里花园直至住宅的庭院，通过视线通廊、景观步道和一系列精致的景观节点使各处景观相互联系、渗透，形成多层次、连续而又富有变化的整体景观环境。

建筑作为环境景观的界面，注重其与景观的联系和对话，其本身也作为重要的景观要素而得以强化，物业配套、社区管理、幼儿园等配套建筑需通过重点设计强化其景观性，而建筑整体轮廓线也力求形成高低错落、主从有序的形态，对处于重要空间视线焦点的建筑，通过其出众的体量、高度和造型强化其标志性。

▲ 总平面图

▼ 流线展示图

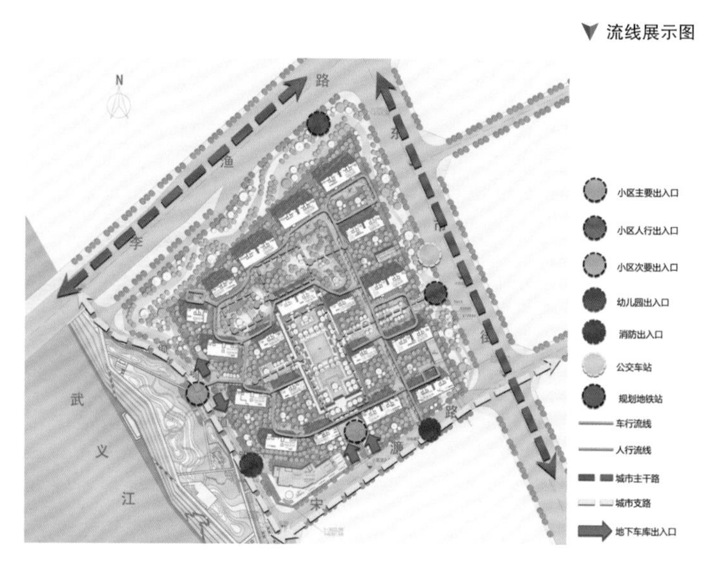

建筑立面

根据当地的生活习惯、气候特点及市场的实际需要，采用灵活多变的设计手法，同时也便于总体布局和空间形态的多样化。设计主要定位于高档住宅，与自然环境相适应，体现空间层次的丰富变化。建筑风格上采用现代典雅的造型手法，追求通透干净的整体形象，严谨工整的比例推敲，以及格调高雅的细部设计。深灰色铝板和米色石材深浅搭配的主墙面，厚重与现代并具的铝板窗套，以及推敲到极致的石材切缝，现代凝练的手法营造尊贵大气的感觉。南北立面平整，类公建化的形象提升住宅品质，塑造高端城市形象。框架式构图和横向线条贯通的形式强化建筑挺拔的峻峭感及形象上的现代感。对称格局及类三段式的处理使建筑的体量比例精致优雅，以现代的元素和手法营造出建筑的经典感和品质感。部分底层采用架空层设计，仅留必需的结构墙和核心体部分，强化底层架空的视觉通透性。

公共设施

本项目于东南角处布置物业、养老等配套用房，满足住户的生活需求。建筑高度为一层，形成宜人的附房休闲环境，同时结合地块内高层一层架空空间打造室内体育活动用房，并在临近的社区花园内分别设置大量室外体育活动健身场地及儿童活动场地。

▲ 沿武义江透视图

▼ 幼儿园透视图

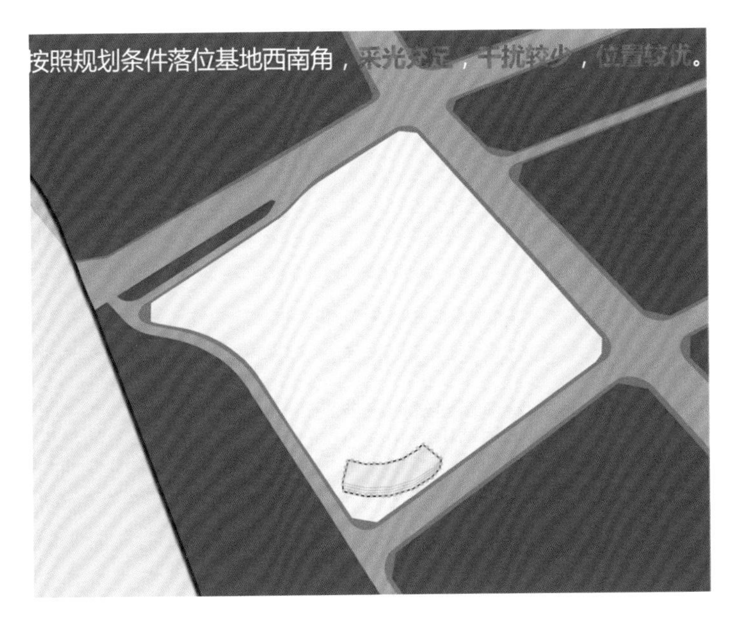

▲ 规划推导图 1

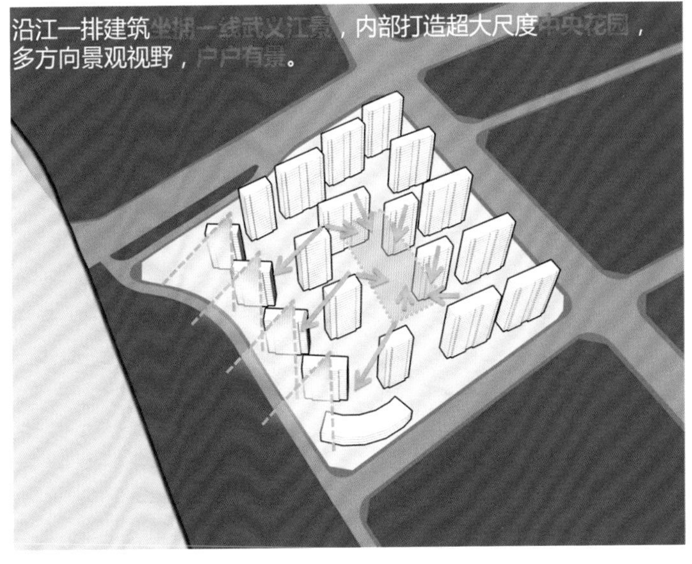

▲ 规划推导图 2

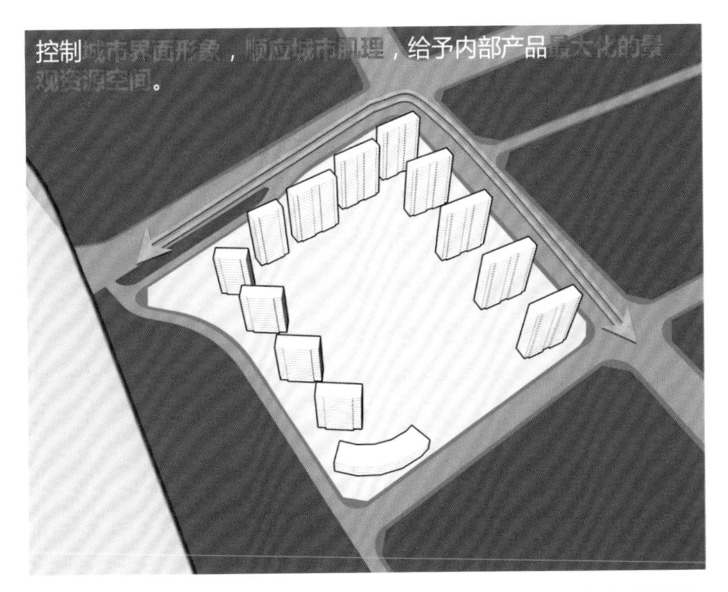

▲ 规划推导图 3

▲ 规划推导图 4

▼ 规划推导图 5

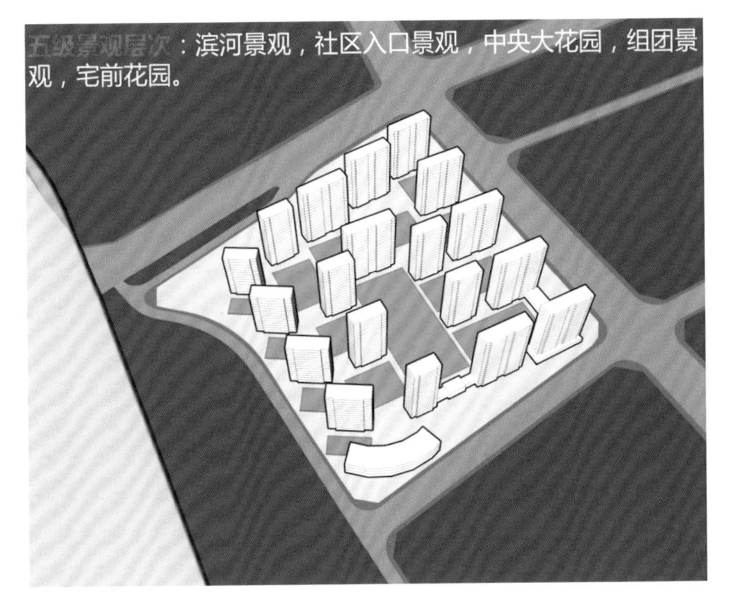

住宅布局规划

在整个项目地块布置高层。以板式高层住宅和点式高层住宅组合，沿江景布置大户型产品，最大化利用景观资源。

为达到社区的均好性，规划重视对基地内部全方位、多角度的景观打造，试图通过环境的营造强化周边高层空间视觉与片区中心乃至社区中心在视觉与空间上的联系，同时用环境来影响片区的布局形态，进而提高人们的生活品质。

PROJECT NAME

蓬莱市南王新社区

17

项目基本信息

项目名称：蓬莱市南王新社区
设计单位：山东贝格建筑设计有限公司
主创团队：刘志城、林小十、周成龙、李晶玉、郑晓艳

设计文字说明

项目概况：

本项目地块位于山东省烟台蓬莱市，具体坐落于蓬莱市芝山路东、大王家村南，蓬莱新二中以北，占地面积约 70 亩。基地东西长约 262m，南北长约 201m。地块建筑包括商业建筑、住宅以及配套功能建筑。总建筑面积约 13 万 m^2，除商业网点部分，其余建筑采用装配式钢结构技术。

本案通过从总体布局上对地块合理规划，实现了住宅组团化的有效组织，同时组团化的布局也有利于将来的建设与销售过程的多元化组合需要。通过不同的主题产品类型分区以及建筑的空间变化，也使得整体规划呈现层次分明的整体特色，同时结合建筑退界要求，不仅保证了不同地块中的空间连续，同时也使得每个开发单元独立成区，在每个开发单元中，充分结合建筑的功能与建筑日照的退界要求，将建筑物以点、线、面的形式加以组合，从而塑造出丰富生动的空间序列与建筑外观。

立面设计：

建筑立面的设计原则是特点鲜明、造型风格简洁明快、协调统一。底商均采用现代主义风格的设计手法，展现出现代工艺的设计美学；底商部分均匀的立面设计，展现出重复的韵律感。商业楼的设计同样采用现代主义风格的设计手法，同时引入了办公独特性质的立面风格，丰富了建筑立面。在棚户区改造工程中应用了装配式钢结构技术。

政策支持：

国务院办公厅关于大力发展装配式建筑的指导意见（国办发〔2016〕71 号）

➤ 总平面图

◀ 鸟瞰图

◀ 空间鸟瞰图

工作目标：以京津冀、长三角、珠三角三大城市群为重点推进地区，常住人口超过 300 万的其他城市为积极推进地区，其余城市为鼓励推进地区，因地制宜发展装配式混凝土结构、钢结构和现代木结构等装配式建筑。力争用 10 年左右的时间，使装配式建筑占新建建筑面积的比率达到 30%。同时，逐步完善法律法规、技术标准和监管体系，推动形成一批设计、施工、部品部件规模化生产企业，具有现代装配建造水平的工程总承包企业以及与之相适应的专业化技能队伍。

山东省人民政府办公厅关于贯彻国办发〔2016〕71 号文件大力发展装配式建筑的实施意见（鲁政办发〔2017〕28 号）

2017 年，全省设区城市规划区内新建公共租赁住房、棚户区改造安置住房等项目全面实施装配式建造，政府投资工程应使用装配式技术进行建设，装配式建筑占新建建筑面积比率达到 10% 左右；到 2020 年，建立健全适应装配式建筑发展的技术、标准和监管体系，济南、青岛市装配式建筑占新建建筑比率达到 30% 以上，其他设区城市和县（市）分别达到 25%、15% 以上；到 2025 年，全省装配式建筑占新建建筑比率达到 40% 以上，形成一批以优势企业为核心、涵盖全产业链的装配式建筑产业集群。

烟台市人民政府办公室关于加快推进建筑产业现代化的实施意见文件（烟政办发〔2015〕64 号）

工作目标：以保障性住房和政府投资公益性建筑为突破口，建成一批建筑产业现代化工程项目，2016 年年底前达到 70 万 m^2。从 2016 年起，新出让的房地产项目采用产业化建造模式比率不低于 10%，到“十三五”规划末，全市装配式住宅面积达到新建住宅面积的 30% 以上。

装配式钢结构技术优势

传统建筑的建造方式采用现场现浇或焊接的工艺，其现场施工条件差、工程质量难以保证，资源浪费严重，产生大量的建筑垃圾，无法满足建筑工业化的发展需求。

装配式钢结构建筑的建造方式是将建筑中的主要构件和部品在工厂制造完成，再运输到现场，经机械化安装后，形成满足预定功能要求的建筑物。装配式钢结构建筑具有抗震性能好、建筑品质高、得房率高，制作简单、施工快、绿色、环保等优点。

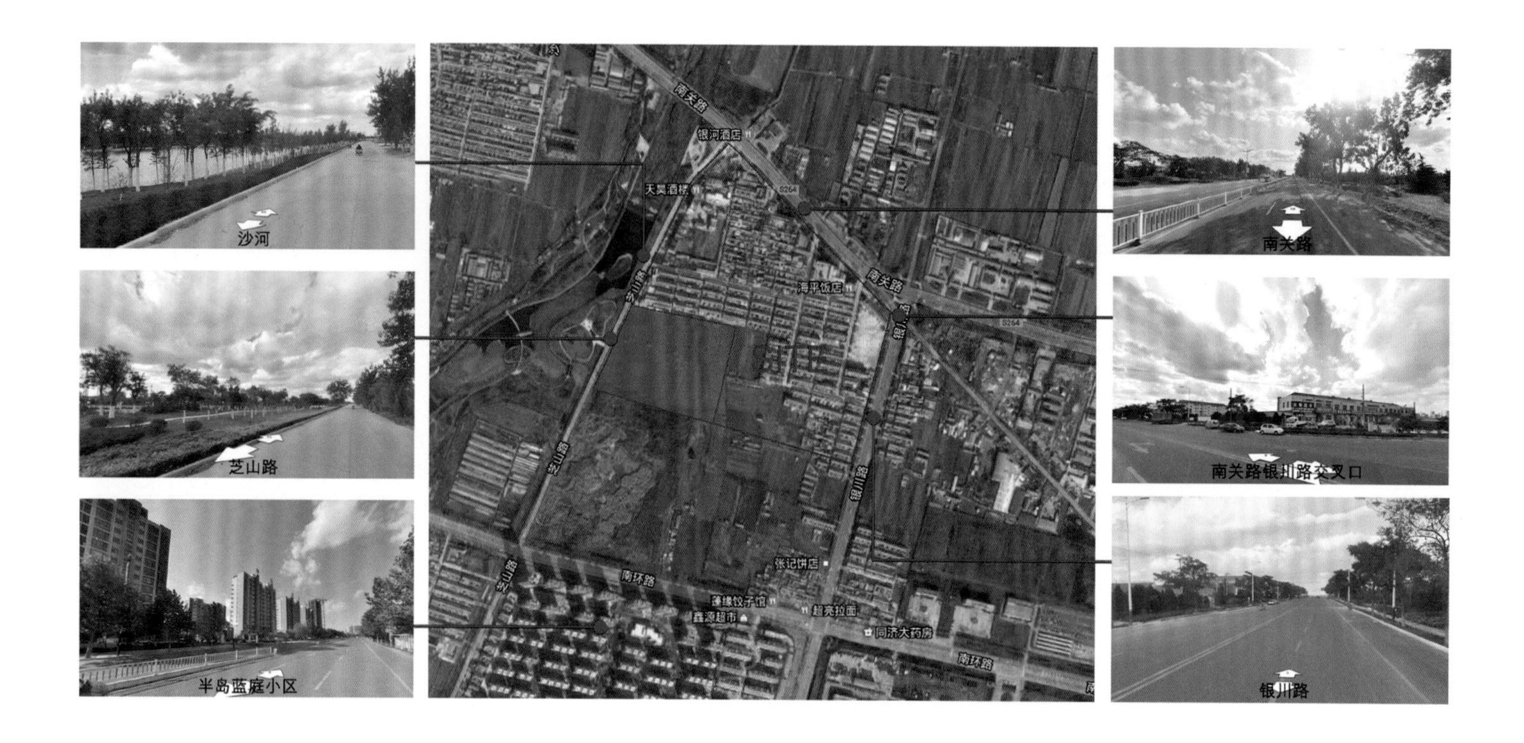
沙河
芝山路
半岛蓝庭小区
南关路
南关路银川路交叉口
银川路

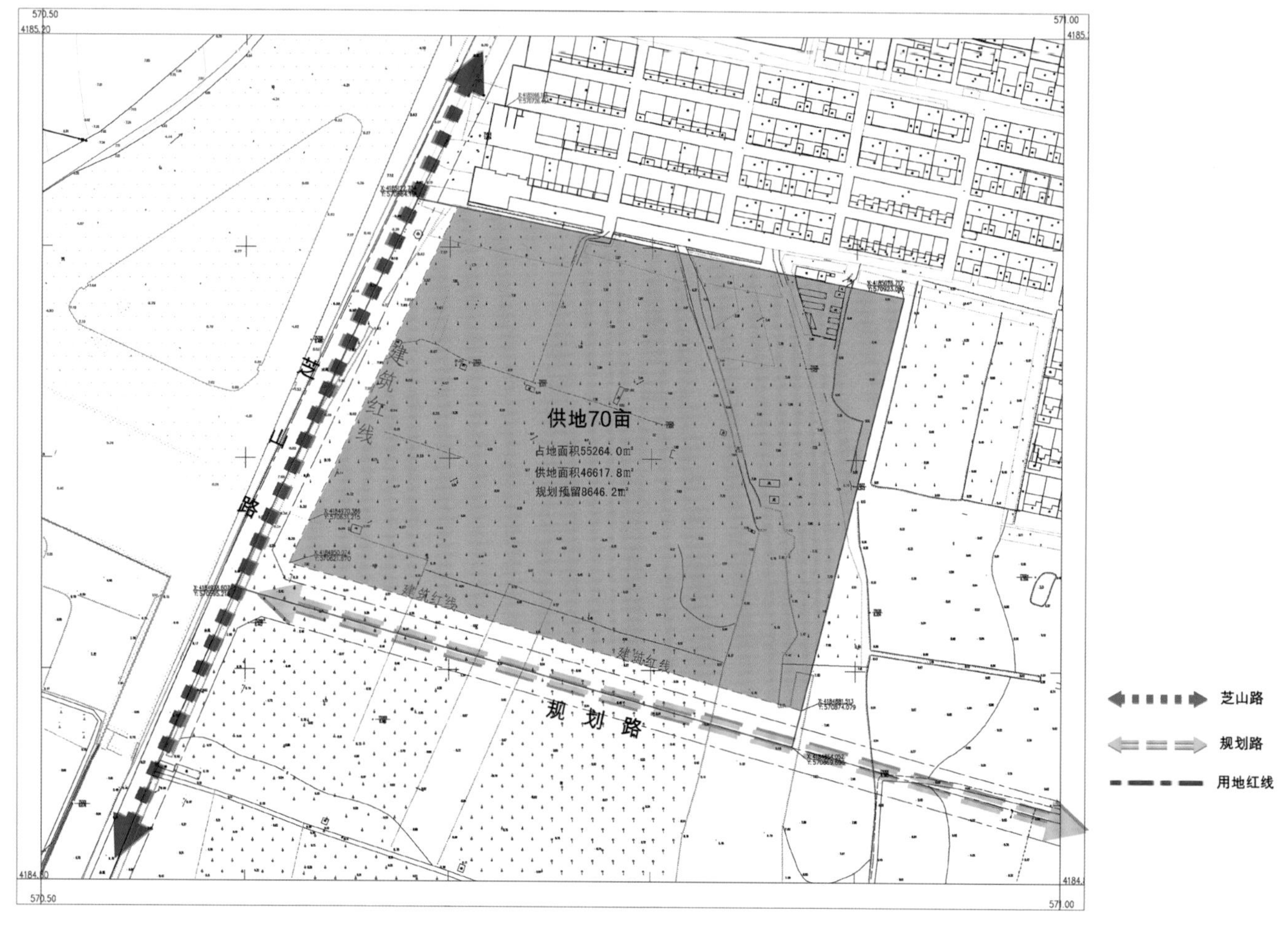
供地70亩
占地面积55264.0㎡
供地面积46617.8㎡
规划预留8646.2㎡
芝山路
规划路
芝山路
规划路
用地红线

▲ 规划总体布局

▲ 效果图 1

▲ 效果图 2

▲ 户型图 1

▲ 户型图 2

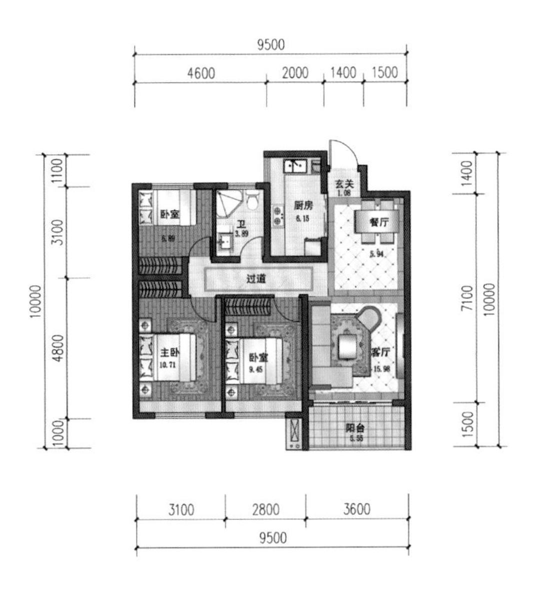

▲ 户型图 3

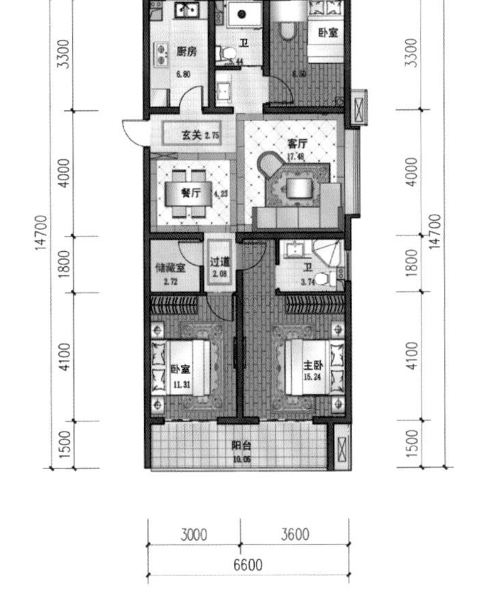

▲ 户型图 4

PROJECT
NAME

亚东·中央新城

18

项目基本信息

项目名称：亚东·中央新城
设计单位：安徽省城市综合设计研究院有限公司
主创团队：张超、高向鹏、张瑞峰、吴根宁、龚海波、范力、周康、胡智群

项目概况

全椒县概况：

滁州是安徽省省辖市，属江淮丘陵，地势自西北向东南倾斜，气候属北亚热带季风区，阳光充足，气候温和，雨量适中，四季分明，与南京市山水相连，是南京“一小时都市圈”主要成员和皖江城市带承接转移示范区重要一翼。全市土地总面积 1.33 万 km^2，全市户籍人口 450 万，现辖天长、明光两市，来安、全椒、定远、凤阳 4 县和琅琊、南谯两区。全椒县位于安徽省东部，合宁高速公路、合宁铁路和京沪高铁均贯穿全境。它与经济发达的长三角地区山水相连，是安徽以及中西部地区实施“东向战略全椒县地图”、融入长三角的通道前沿，也是滁州市“大滁城”建设的副中心。全椒距南京 48km，距离合肥 98km，属南京一个小时都市圈核心层，是合肥、南京的远郊近邻，同时享受南京和合肥这两个省会城市以经济、智力和城市文明为主的城市资源，全县面积为 1568km^2，人口 46 万，是国家级生态建设示范区，山川秀美，资源丰富。

地块概况：

该地块位于全椒县站东路与老观陈路交口区域，规划总用地面积为 132158m^2(约 198 亩)，地质条件良好，区位条件优越，交通便利。规划地块西南侧有儒学公园，北侧有华泰汇景居住小区、人武部与慈济公园，为地块提供了良好的交通和生态景观。

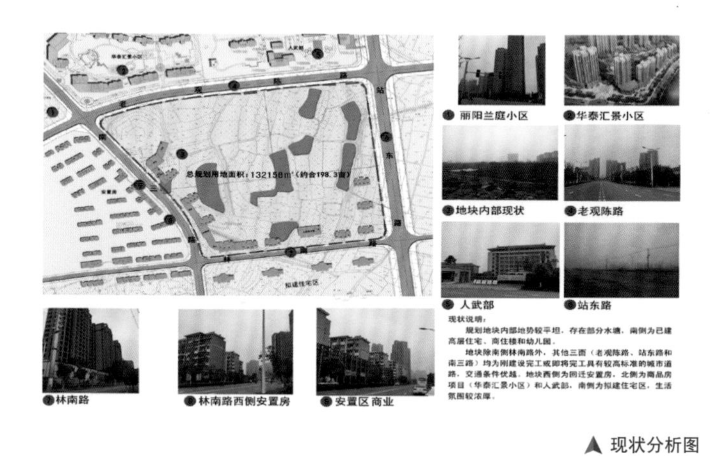

▲ 现状分析图

▼ 区位图

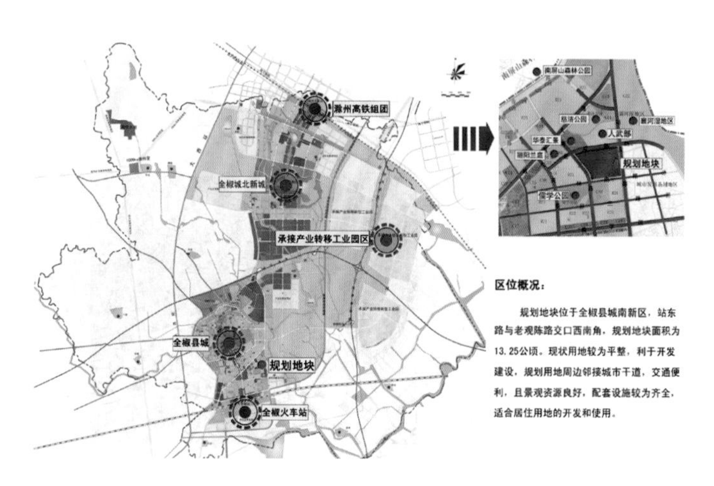

▼ 影像分析图

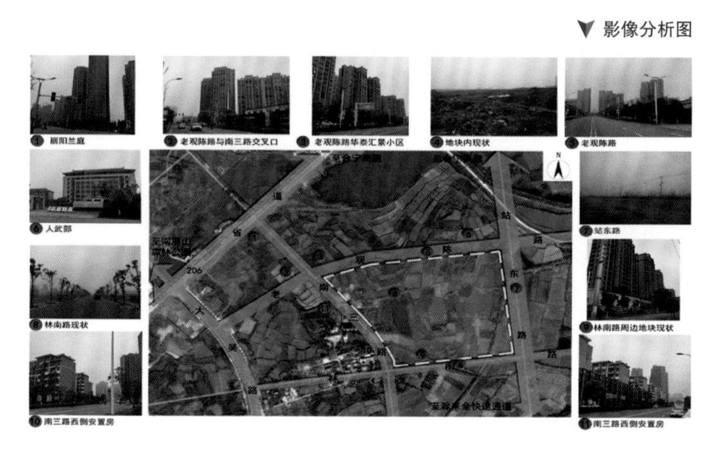

▲ 鸟瞰图

▼ 高层住宅透视图

现状用地条件分析

项目总体定位：

本项目旨在打造一个方便、舒适、环境优美的中高档住宅小区，同时，也使业主们拥有了亲近自然、体验阳光和绿色的生态自然景观、休闲健身和相互交流的场所。真正创造出一种全新的生活方式，关注自然生态、关注相互交流、关注健康生活。

交通、区位条件分析：

该地块交通区位优势明显，景观资源优越，是一处不可多得的宜居地块。地块周边有较为成熟的住宅小区，北侧为华泰汇景住宅小区及全椒人武部，西侧为城南安置小区，南侧为花开富贵住宅小区。开发前景较好。

规划充分利用交通区位优势，考虑地块发展的可持续性，本项目分三期实施，前期已建一、二期工程。

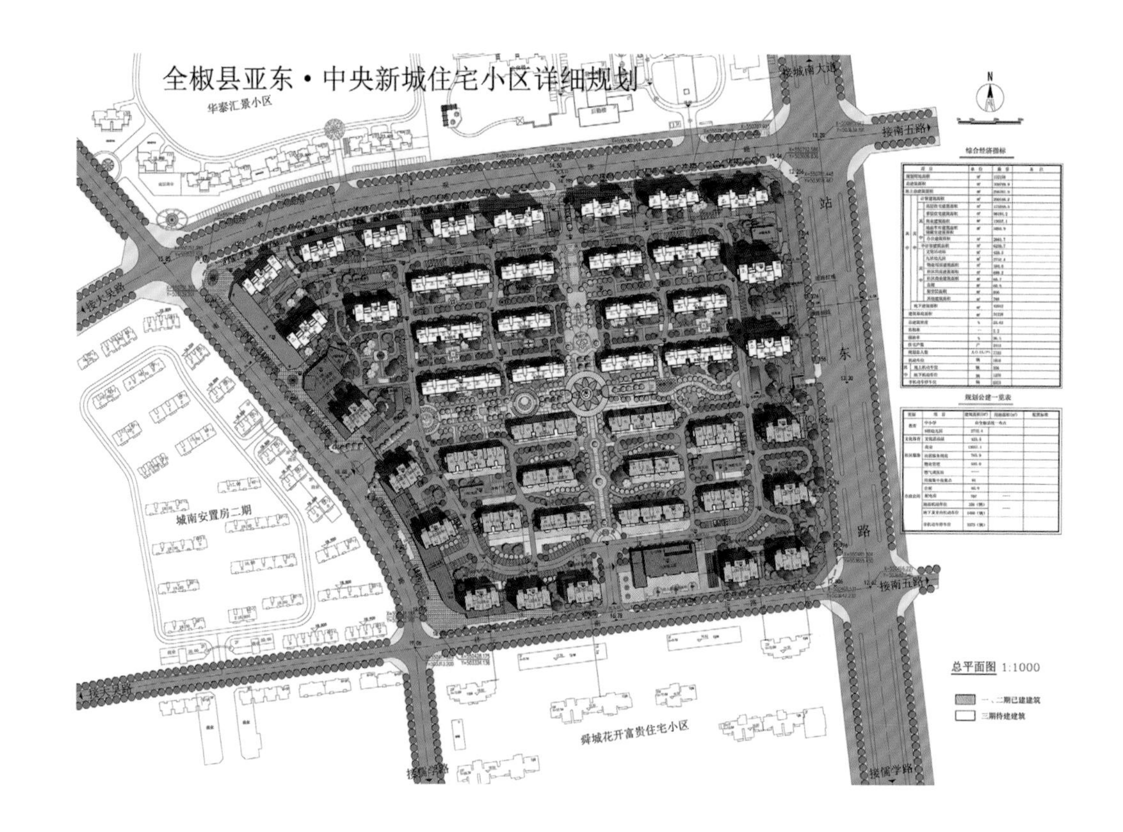

▲ 总平面图

规划设计构思

1. 规划结构及功能分区

1.1 规划结构

总体布局采用“一心两轴多组团”的模式，一心是小区中心绿地，两轴分别为联系老观陈路与林南路的一条步行景观轴；联系南三路与站东路的一条步行景观轴；多组团为小区内部道路划分形成若干个相对独立的住宅组团。小区内部设计成“外围小区主要道路加尽端式的路网 + 步行开敞空间系统 + 多元化住宅”的格局。

1.2 功能分区

小区主要功能区包括沿街商业、若干多层和高层居住组团、幼儿园等。小区内通过区内主要道路、景观轴线、中心绿地及院落绿地系统连为一体，共同构筑具有特色且具有活力的小区。功能分区主要基于以下几个方面考虑：

（1）居住空间的划分。社区居住空间由内部小区道路及中心景观绿化带划分若干居住组团，组团与组团由中心绿地和步行系统有机联系。

（2）小区景观绿地系统与步行系统有机结合，中心景观地作为景观的核心，与组团绿地相串联，形成网络状的绿地系统，在中心景观轴线的控制下，将各功能区连接成完整的整体，并不受外围主要车行道路系统的干扰。社区文化设施与步行绿地系统有机结合，以增强社区的文化氛围。

（3）各居住组团空间布局形成院落，有利于创造院落、组团带绿地、中心公共绿地组成的多层次交往空间系统，满足现代居民多元化的交往空间需求。

（4）中心活动休闲区分别布置在小区中心部分，精心布置绿地及广场空间，为小区居民交流、休闲集会提供良好的平台，形成良好的开放空间，营造良好的城市设计效果。

2. 总平面布局

2.1 总体空间布局

社区总体空间布局简洁而又富有整体感，立面层次丰富，通过建筑合理布局，点条结合，形成完整的空间效果，同时注重老观陈路、站东路等重要城市道路的城市设计效果控制。

2.2 住宅院落布局

院落空间既能体现中国传统建筑空间组合的特征，聚万物之气，同时又能构筑富有特色的院落交往空间，对促进邻里交往、增加社会多样性具有重要意义。规划结合现状地形，以院落为构图母题，组合成统一中有变化的总体院落建筑群。

2.3 各项配套设施布局

（1）商业服务设施。沿南三路与老观陈沿街路布置商业，重点打造具有特色、充满活力的一条商业街。

（2）社区机构及文化活动设施布局。为提高社区文化氛围，规划将文化活动场地及设施与步行绿地系统有机结合，以满足不同层次，不同类型居民多样化活动的需求。小区体育健身设施及健身器材结合中心绿地布置。

（3）配电及燃气设施布局。规划在小区内设 4 座独立配电房，燃气调压站两处，满足服务半径要求。

（4）公厕及垃圾收集布局分别按服务半径及千人指标确定。结合沿街商业布置面积为 60m^2 的公厕，小区内设置垃圾收集站一处，并在每个建筑单元入口周边布置垃圾桶。

3. 出入口及内部交通设计

本项目共设计三个出入口，其中主入口设置在西侧南三路，次入口分别设计在北侧老观陈路及林南路，内部设有主要环形道路系统。车库出入口靠近小区主次出入口设置，减少车行对人行的干扰。整个小区地势有一定高差（西高东低），多层住宅部分设计在地块中央部分，高层住宅沿外围布置，形成围合式的院落空间布局。

4. 绿化及景观设计

本项目总体景观围绕主次出入口两条景观轴线展开，将各组团串联在一起，既有开阔的中心景观，也有院落式的组团景观。总体景观平面构成线条流畅，空间分布错落有致，使整个景观设计真正成为一个三维空间作品，无论春夏秋冬、无论平视鸟瞰，都能令人获得愉悦的立体视觉效果。

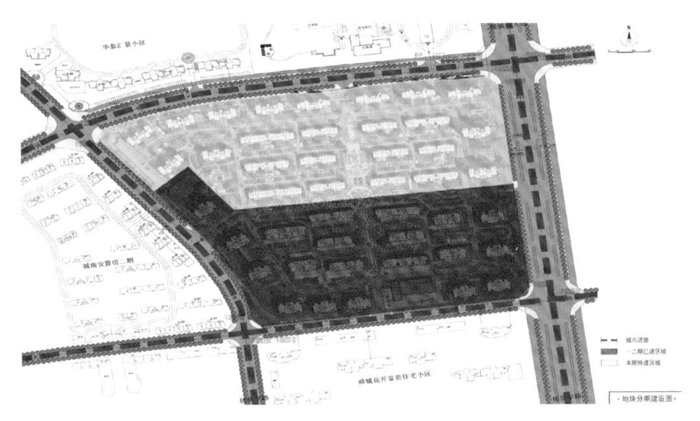

▲ 地块分期建设图 1

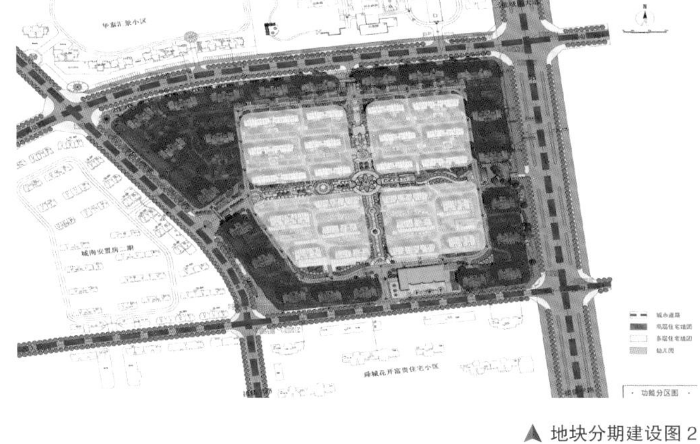

▲ 地块分期建设图 2

▲ 沿街商业分布图

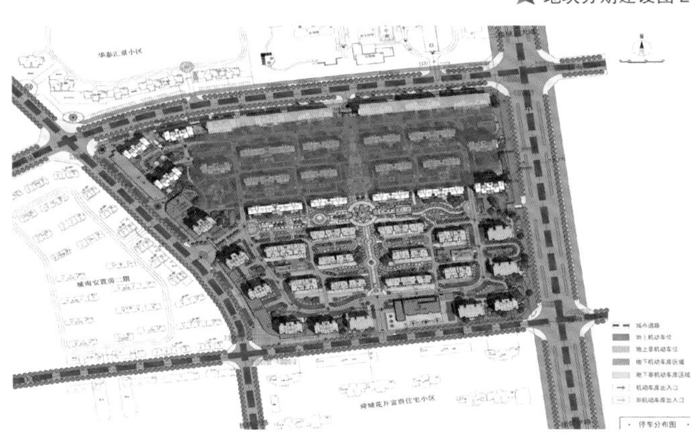

▲ 停车分析图

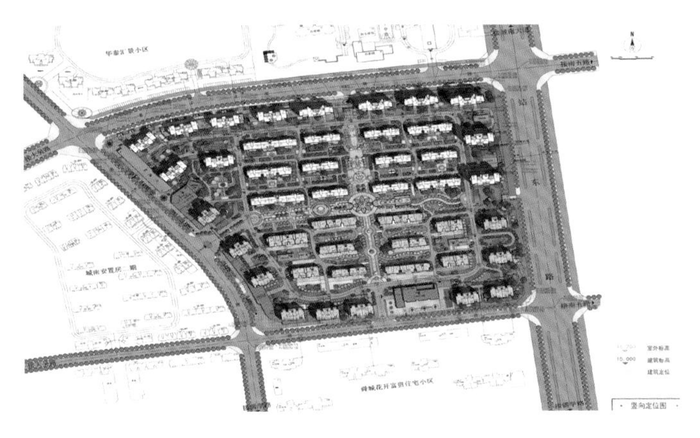

▲ 竖向定位图

▲ 交通分析图

▼ 沿站东路透视图

建筑单体设计

本项目户型设计采用大面宽、小进深，户型较为规整，南北通透，公摊较小。高层住宅采用两梯四户，多层住宅采用一梯两户。建筑单体采用新古典主义建筑风格，继承古典建筑中经典的整体色系，清新淡雅；简化立面装饰的传统构架，利用挺拔秀气的竖向线条，打破外轮廓的单调感觉，使住宅立面更富于层次感，典雅端庄又不失轻盈、秀丽。立面细部刻画精致而不繁杂，完整和谐的整体格局与精心设计的建筑细节充分体现出居住建筑在走向理性的同时又注重对人性的全面关怀。

PROJECT NAME

山投·恒大青运城

19

项目基本信息

项目名称：山投·恒大青运城
设计单位：北京清水爱派建筑设计股份有限公司
主创团队：程刚、桂东海、黄启东、穆灵君、宋艳玲

设计文字说明

项目位于山西省太原市晋源区，北邻健康南街，南邻青银高速，西至西干渠，东至贾家庄东路，中间有贾家庄路穿过，规划范围约 24.87hm^2。一期建设完成后，发挥 2019 年第二届全国青年运动会住宿等生活配套功能。

1. 规划设计布局

在项目的设计过程中，针对复杂的外部环境，以及高容积率的要求，采取高效利用土地资源的设计原则，采用以纯板式高层住宅为主的规划模式。

项目立足于地块的基本特性，所有建筑均坐北朝南，东西向利用宽大的楼间距形成数十米的景观带，提升板式建筑的居住品质。

规划建筑均南北向平行布置，秩序感较强，同时使组团内部从整体上自然形成良好的居住空间，使得组团内部脱离外界的干扰，形成闹市中的“宁静港湾”。

2. 绿化景观设计

根据绿化景观规划布局形式、环境特点及用地的具体条件，采用集中与分散相结合，点、线、面相结合的绿地系统，“点”状绿化——院落绿化、节点绿化，分散布置，提供给人们休闲、游戏的空间。“线”状绿化——道路行道树绿化，以及道路沿线灌木绿化所形成的带状绿化，将点状绿化串联，形成绿化网络，起到划分空间、延续空间的作用。“面”状绿化——广场景观绿化、院落以及道路两侧的绿化带所形成的片状绿化，将景观分成块状，并形成联系三大绿化空间的纽带，达到多样化的绿化效果。同时在规划中强调物有所值的价值观，利用组团内的道路系统，把环境资源分散至院落和每幢住宅前，达到每幢住宅窗前见景、出门入园的目的，给居民提供了具有人情味的邻里空间。

鸟瞰图

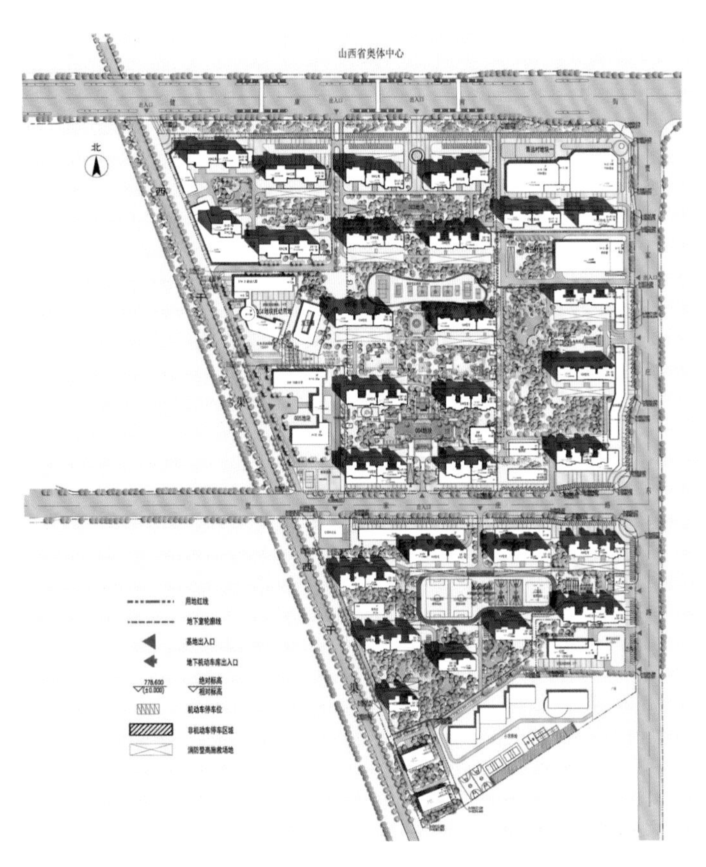

▲ 总平面图

单位简介

北京清水爱派建筑设计股份有限公司成立于1995年，具有建筑工程设计甲级资质、城乡规划乙级资质，通过了ISO9001:2015国际质量管理体系认证，2014年获得高新技术企业证书，2015年挂牌新三板，证券代码为834857。公司主要为客户提供各类工业与民用建设项目的工程咨询与设计、管理与承包等服务。

公司总部及分支机构现有员工三百余人，除北京总公司外相继成立了河南分公司、南京分公司、深圳分公司、太原分公司、河北分公司、上海第一分公司、内蒙古分公司，并与照明、声学、BIM、智能化等众多专项设计团队形成了战略合作关系。

2011年9月，公司与清华大学建筑设计研究院有限公司联合成立了“清华大学建筑设计研究院城市综合体设计研究中心”，成为国内在城市综合体领域进行研究和设计实践的一支重要力量。

2014年10月，公司与澳斯派克（北京）景观规划设计有限公司正式签署战略合作决议，澳斯派克成为清水爱派的控股子公司。两家公司正式合并后，组成了一体化的设计集团，业务涵盖规划、建筑、景观、室内设计等全程专业，增强了市场竞争力，可以更好地为客户提供全产业链的整体服务。

3. 建筑单体设计

（1）立面设计。

建筑自身在建筑尺度、空间轮廓、色调及其与环境关系上，呈现出一副不失时代感的画面，同时各建筑之间相互呼应、和谐共生。本案空间组合或围合或敞开，环境界面或封闭或通透，用丰富的建筑语汇和多元的设计手段，创造了一个实实在在的以人为本的空间秩序。沿街采用商业裙房与高层住宅结合的方式，从城市道路来看，形成一道丰富的城市天际线。建筑立面形体组织简洁明快，比例严谨，既富有现代气息，又彰显古典气质。

（2）户型设计。

本项目户型依据住宅所在位置的优越性，充分发挥其景观价值，营造出多种别具特色的户型形式。户内设计以玄关为纽带、起居室为中心，家庭内部公私分明、居寝分离、洁污分离，室内布置紧凑，过道短捷。每单元首层均设公共门厅和无障碍通道，楼梯间均可自然采光、通风。

▼ 单体效果图

▲ 沿街日景效果图 1

▲ 沿街日景效果图 2

▲ 沿街夜景效果图

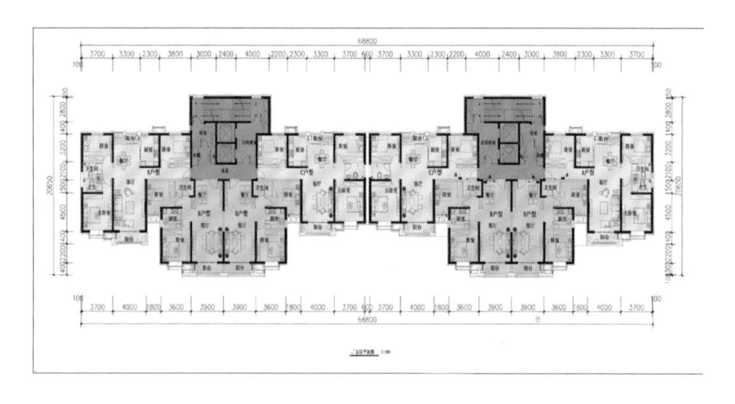

▲ 主要户型图 1

▲ 主要户型图 2

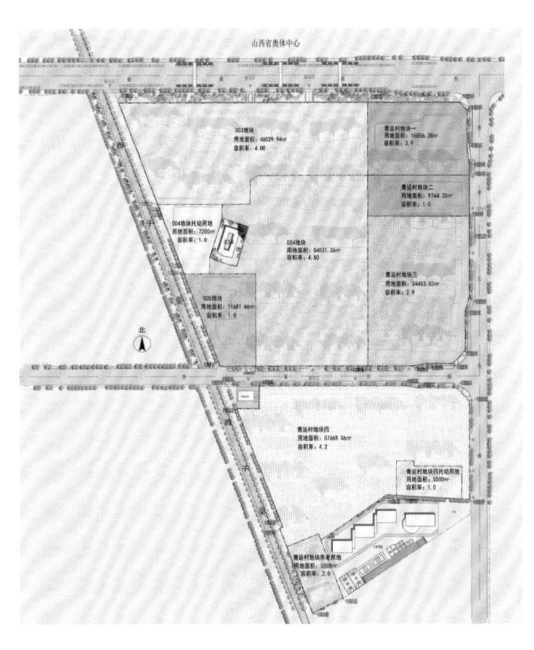

▶ 各地块指标图

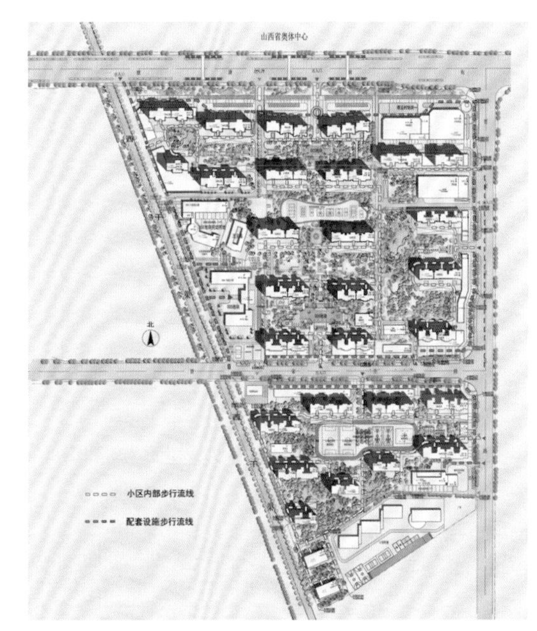

◀ 人行流线图

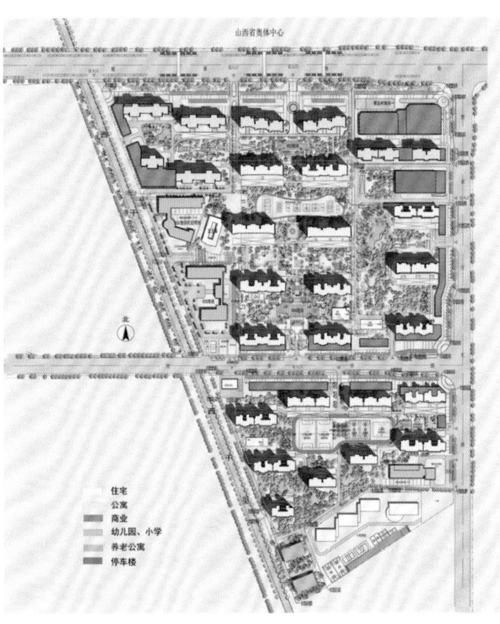

▶ 功能分布图

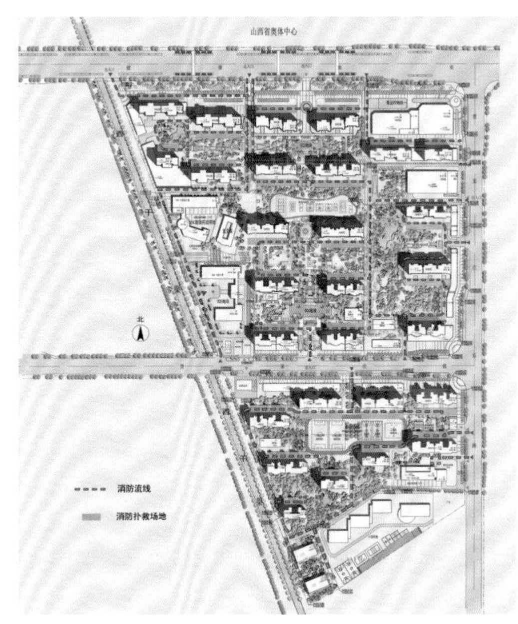

◀ 消防流线图

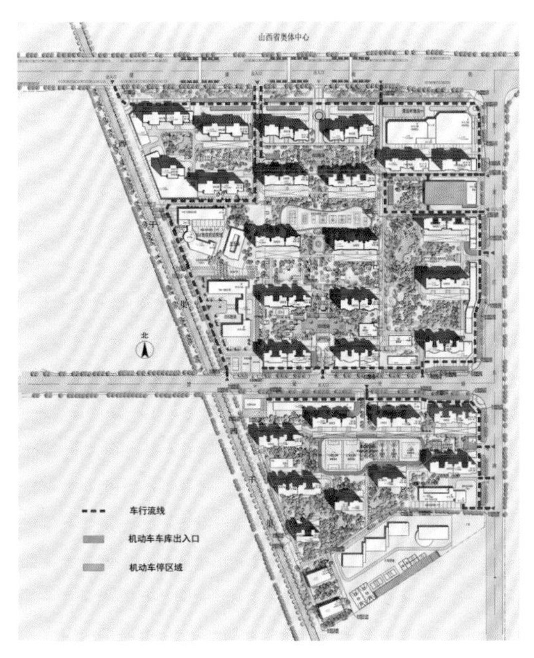

▶ 车行流线图

◀ 景观分析图

PROJECT
NAME

上海金桥车辆段上盖物业综合开发

20

项目基本信息

项目名称：上海金桥车辆段上盖物业综合开发
设计单位：法国 AREP 设计集团、中国铁路设计集团有限公司
主创团队：Etienne TRICAUD、姜兴兴、Luc NEOUZE、于玉龙、李黎、李海滨

技术经济指标

项目面积：976000m^2
启动时间：2012 年
预计完工时间：2030 年

设计文字说明

本项目位于上海浦东新区金桥开发区内，贴邻外环，距上海火车站 17.3km，距浦东机场 20km。项目基地临近金桥出口加工区，同时服务范围覆盖多个产业园区及重要城市节点，是新区重要产业区块的重心之地。土地的复合、集约利用，交通的便捷，宜居的生活环境是贯穿整个项目的几大原则。

本项目南北向长约 1800m，东西向长约 530m，占地为 97.48hm^2，总建筑面积约为 100 万 m^2。上海地铁 9 号线、12 号线、14 号线途径此地，且停车库选址于此，为本项目提供了极大的交通便利。基地东侧隔外环绿化带及运河邻接 S20 公路，北侧为金海路，西侧为金穗路，南侧为规划中的桂桥路，与周边重要干道巨峰路、申江路联系紧密，交通便捷。

▼ 鸟瞰图

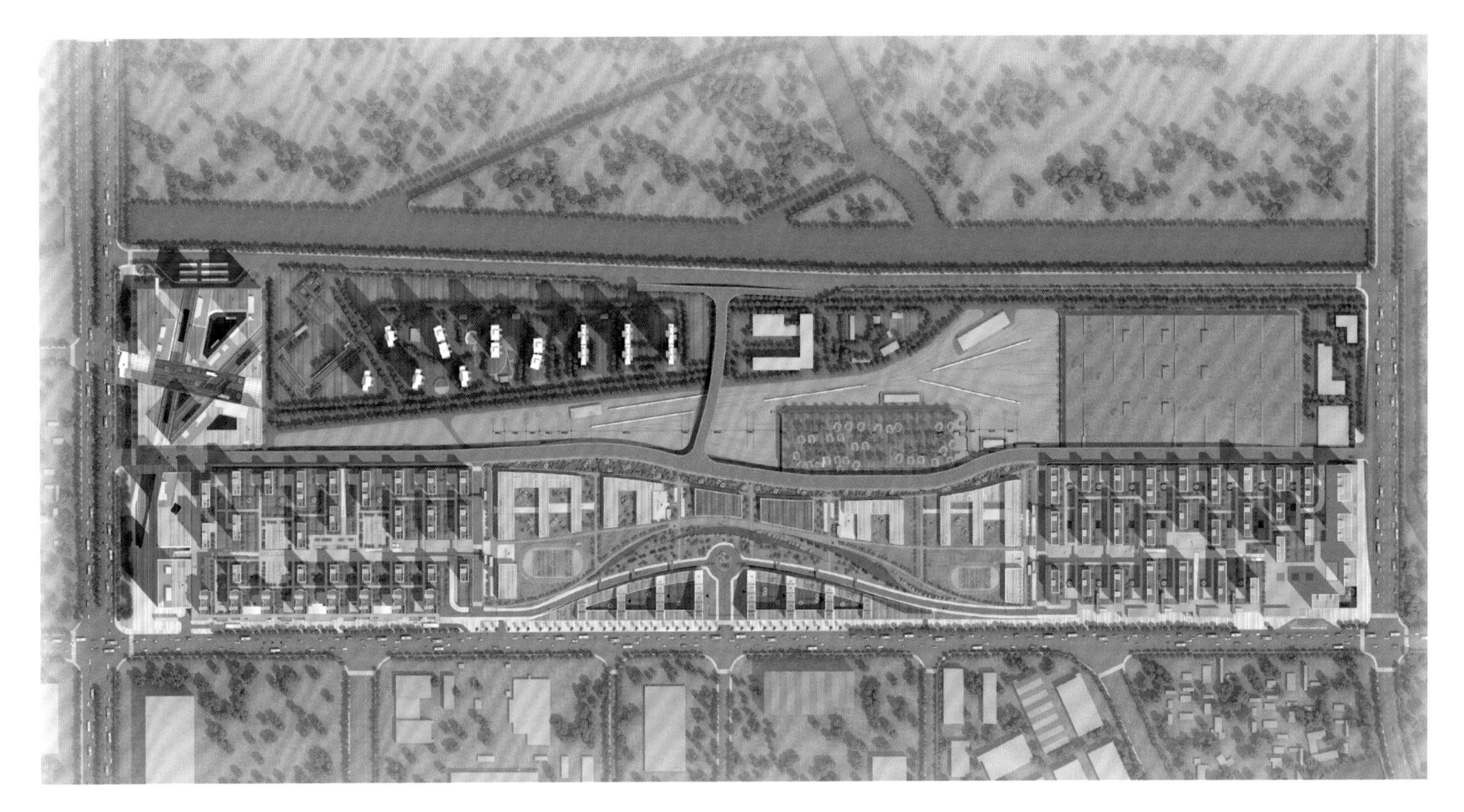

▲ 总平面图

▼ 商业效果图

▼ 区位图

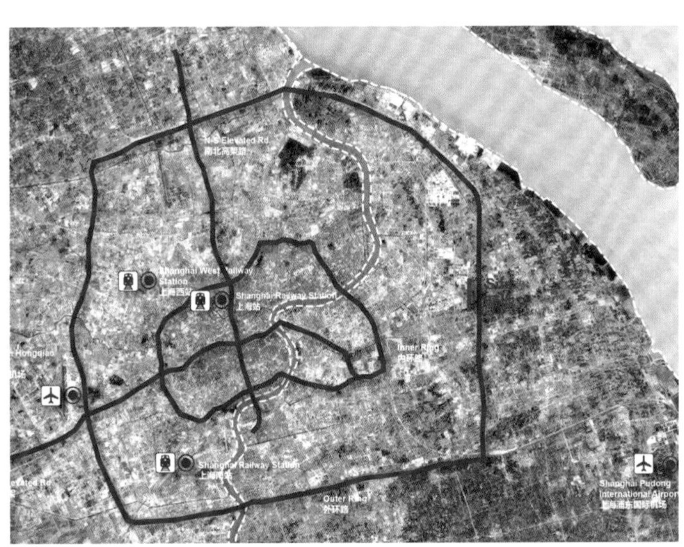

此项目的总图布局经过精心设计：通过高效的交通流线组织、便捷的交通枢纽配套，保证整体项目的可达性与便利性；通过设置中央绿地花园和景观大道形成有效串联，有效地提升整体项目的空间节奏及环境舒适度。明确定位各种不同的城市功能（商业紧邻地铁站、健身体育设施与学校置于街区中心公园地带）；除了住宅之外，项目内的主要公共空间和城市地标，都布置在商业区和交通站点周围，这些充满建筑体量的元素，组成了街区中心地带的城市景观。而纵横交错的人行步道网，造就了饶有自然趣味、便捷而舒适的步行空间与行人通道；街区内道路采用简单便捷的组织方式：两条南北向的主路贯穿整个街区，同时连接各个入口与通道。

通过沿街界面的环境塑造，将功能性与景观性结合，削弱上盖的巨大体量对城市界面的消积影响，结合落地开发的商业办公建筑一体化考虑，把车辆段上盖的消极的城市立面转化成富于变化又富有情趣的功能界面，既为市民创造一站式服务的商业，也使其环境尺度亲切宜人。

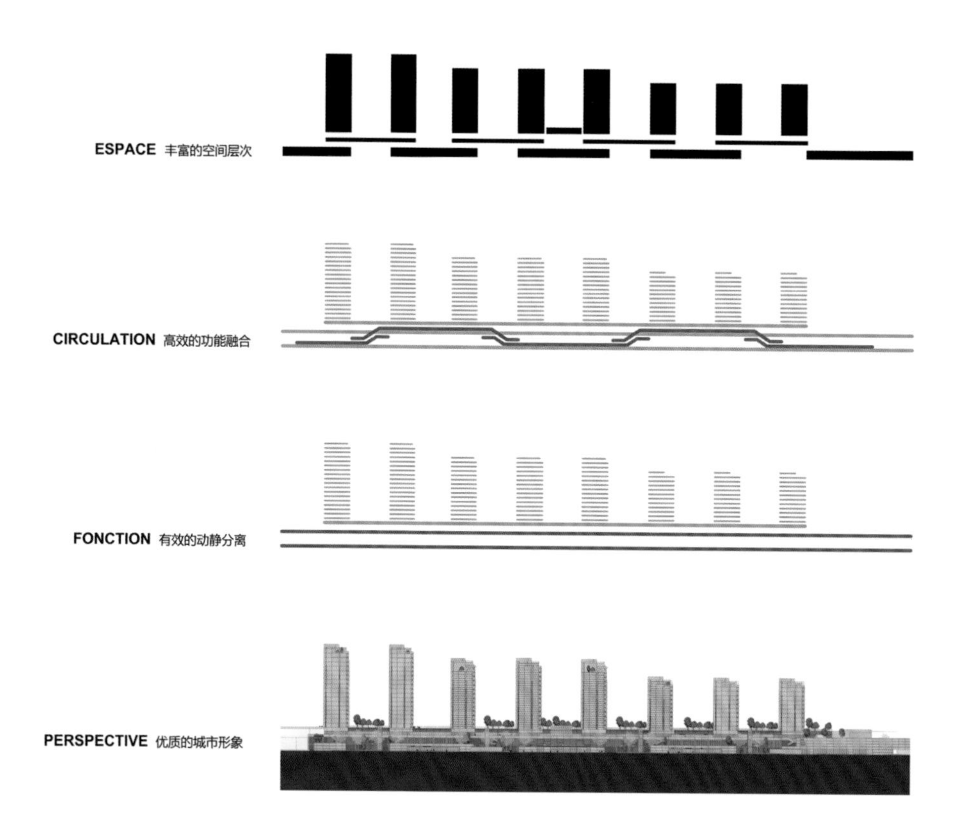

▲ 整体设计理念

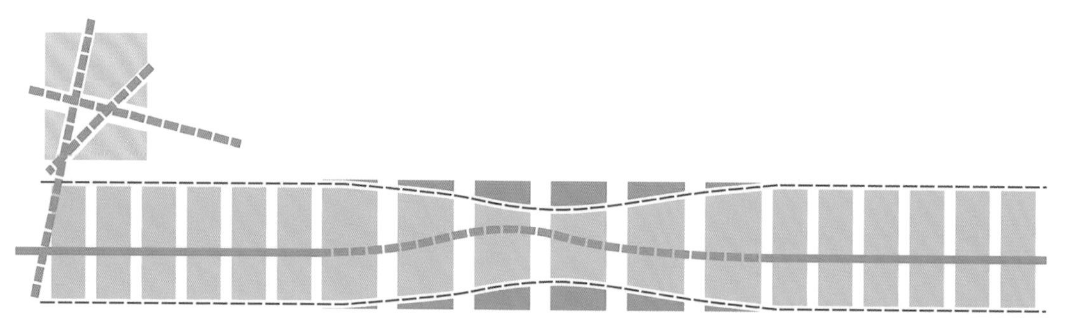

▲ 景观轴线图

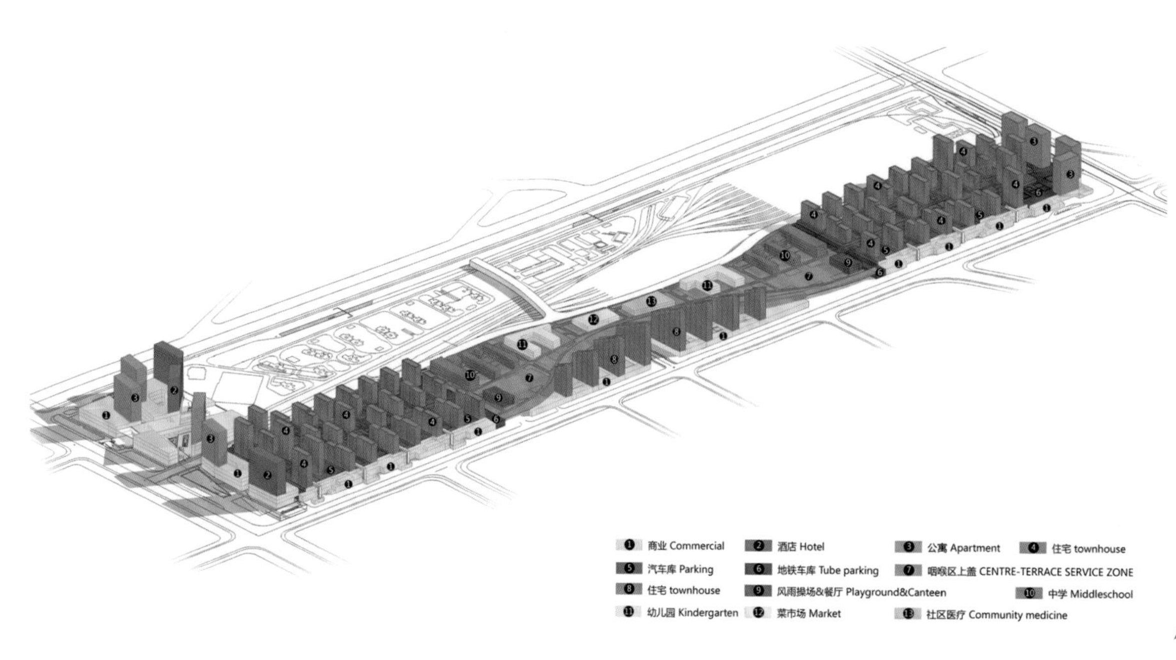

▲ 功能分区图

9m 层效果图

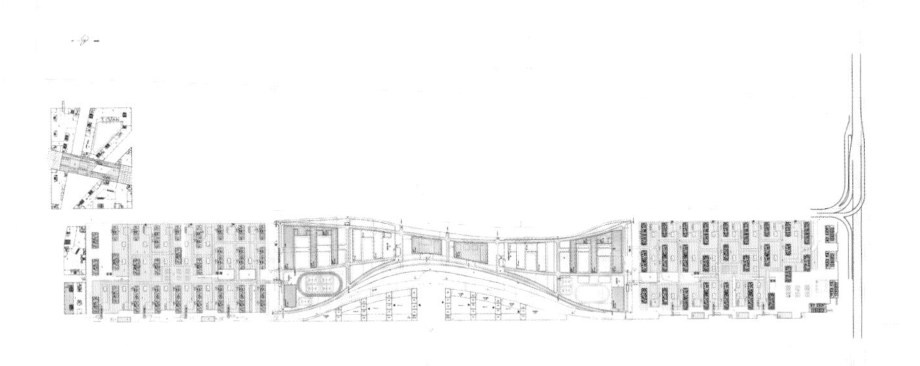

14m 层效果图

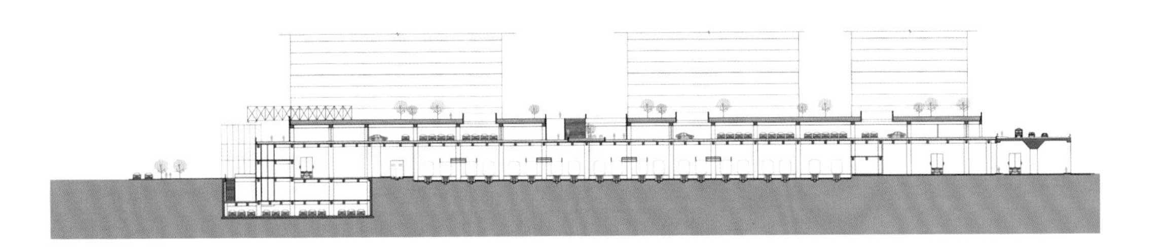

剖面图

A 区效果图

沿街商业效果图

PROJECT
NAME

龙湖·马桥天琅星悦荟项目

21

项目基本信息

项目名称：龙湖·马桥天琅星悦荟项目
开发单位：龙湖集团上海公司
主创团队：杨天宇、李旭鑫、段正励

项目设计理念

上海龙湖择址上海“龙脊之地”，用全新商业综合体空间填补马桥人口多但基础商业与配套空缺的现状。项目用地北侧银春路界面规划了约 3 万 m^2 潮流精品商业街“星悦荟”、4 万 m^2 长租公寓“冠寓”、1.5 万 m^2 养老“椿山万树”等业态，涵盖餐饮、零售、教育、康养、生鲜超市、健身运动会所以及巨幕影院等优质配套，填补了马桥镇文化娱乐业态匮乏的空缺。南侧为花园式办公组团“天琅”，在上海这种会馆级的办公产品也很稀缺，让人想起有着上海特质的思南公馆。

城市区位：
本项目位于闵行区马桥镇，老一辈的上海人可能都知道，马桥一直被誉为上海的“龙脊之地”。4000 多年前，上海陆地还未完全成型之前，有沙岗、竹岗、紫岗三片陆地像龙脊一样浮于海面，上海最早的人类文化也发源于此，因为三岗都在马桥，所以后人称之为“马桥文化”。而旗忠区域正是三岗汇聚之地，由此可见龙湖对于项目文化地脉的重视。本项目在选址上，力求将本土的人文精神与现代建筑达到最完美契合。项目位于闵行区的大紫竹科技创新区的马桥镇，属于黄浦江两岸发展带；临申嘉湖高速，距离核心城区约 25km；距离地铁 5 号线华宁路站约 2km，距剑川路站 4km，交通方便，通达性好。项目紧邻申嘉湖高速，交通条件优越。公交线路便捷：1km 范围内，有多个公交站点。

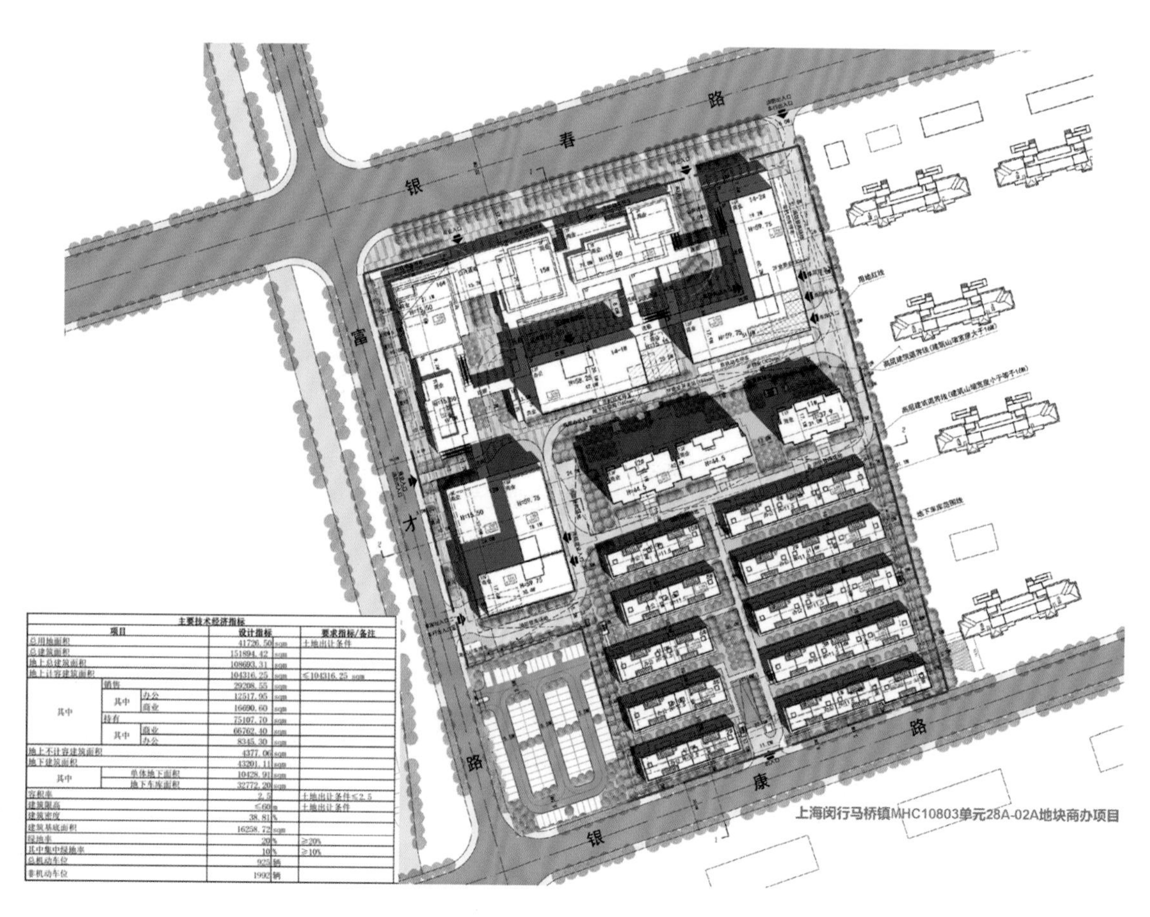

主要技术经济指标

项目			设计指标		要求指标/备注
总用地面积			41726.50	sqm	土地出让条件
总建筑面积			151894.42	sqm	
地上总建筑面积			108693.31	sqm	
地上计容建筑面积			104316.25	sqm	≤104316.25 sqm
其中	销售		29208.55	sqm	
	其中	办公	12517.95	sqm	
		商业	16690.60	sqm	
	持有		75107.70	sqm	
	其中	商业	66762.40	sqm	
		办公	8345.30	sqm	
地上不计容建筑面积			4377.06	sqm	
地下建筑面积			43201.11	sqm	
其中	单体地下面积		10428.91	sqm	
	地下车库面积		32772.20	sqm	
容积率			2.5		土地出让条件≤2.5
建筑限高			≤60	m	土地出让条件
建筑密度			38.81	%	
建筑基底面积			16258.72	sqm	
绿地率			20	%	≥20%
其中集中绿地率			10	%	≥10%
总机动车位			925	辆	
非机动车位			1992	辆	

总平面图

▲ 鸟瞰图

空间传承

街巷:

这里将历史文化与现代设计有机结合作为规划和建筑设计最重要的命题进行讨论与研究，确定了“街区型商业”和“新中式风格”这两大设计要点，并贯穿始终。大胆导入村落式商业设计流线，赋予中国人传统的生活情感，星悦荟商业街设计团队追溯古马桥镇传统商业空间，旧时光记忆，采用街巷式布局，将购物空间分散在一座座小型独栋与内院中，形成本项目独特的“古而不板”“新而有源”的文化气质。皓春里、马跃堂、蛙鸣时、鱼戏间四大功能组团都形成了家、社区、会客厅的无限延伸。

里弄:

销售区规划形态上参考老上海传统的“里弄”，空间尺度适宜。立面风格上选用了更为新颖的新亚洲风格，作为新中式风格的延伸与扩展，更具品质感。销售区采用新亚洲主义建筑风格，以具有浓厚地域特色的传统文化为根基，融入西方文化。把亚洲元素植入现代建筑语系，将传统意境和现代风格对称运用，用现代设计来隐喻中国的传统。

“古而不板”“新而有源”是项目独特的文化气质，星悦荟商业街集多重价值于一身，将成为支撑马桥及周边办公科创人才消费升级的助推器; 3 万 m^2 潮流商业街“星悦荟”、长租公寓“冠寓”等业态，涵盖餐饮、零售、教育、生鲜超市、健身运动会所以及巨幕影院等优质配套，填补了马桥镇文化娱乐业态匮乏的空缺，全面满足产业、企业及个人的需求。

匠心、匠意、匠造:

将传统匠作与传统园林的意境融入当代简洁明了的设计风格和审美情趣中，不同角度不经意之间的对镜，让人想起《清明上河图》，尤其是在星悦荟鱼戏间组团，给公共空间设置了大面积落地玻璃窗面向滨河公园开放，优势景观资源纳入社区空间，体现传统文化隽永的气质。

发挥传统文化中的工匠精神，精雕细琢，在细节中显示品质，尊崇经典比例和现代风格完美融合，无死角打磨轻奢主义；平顶直墙、简约线条，德国金砂石材雕琢，删繁就简，情景小品虚实有度，彰显品质。

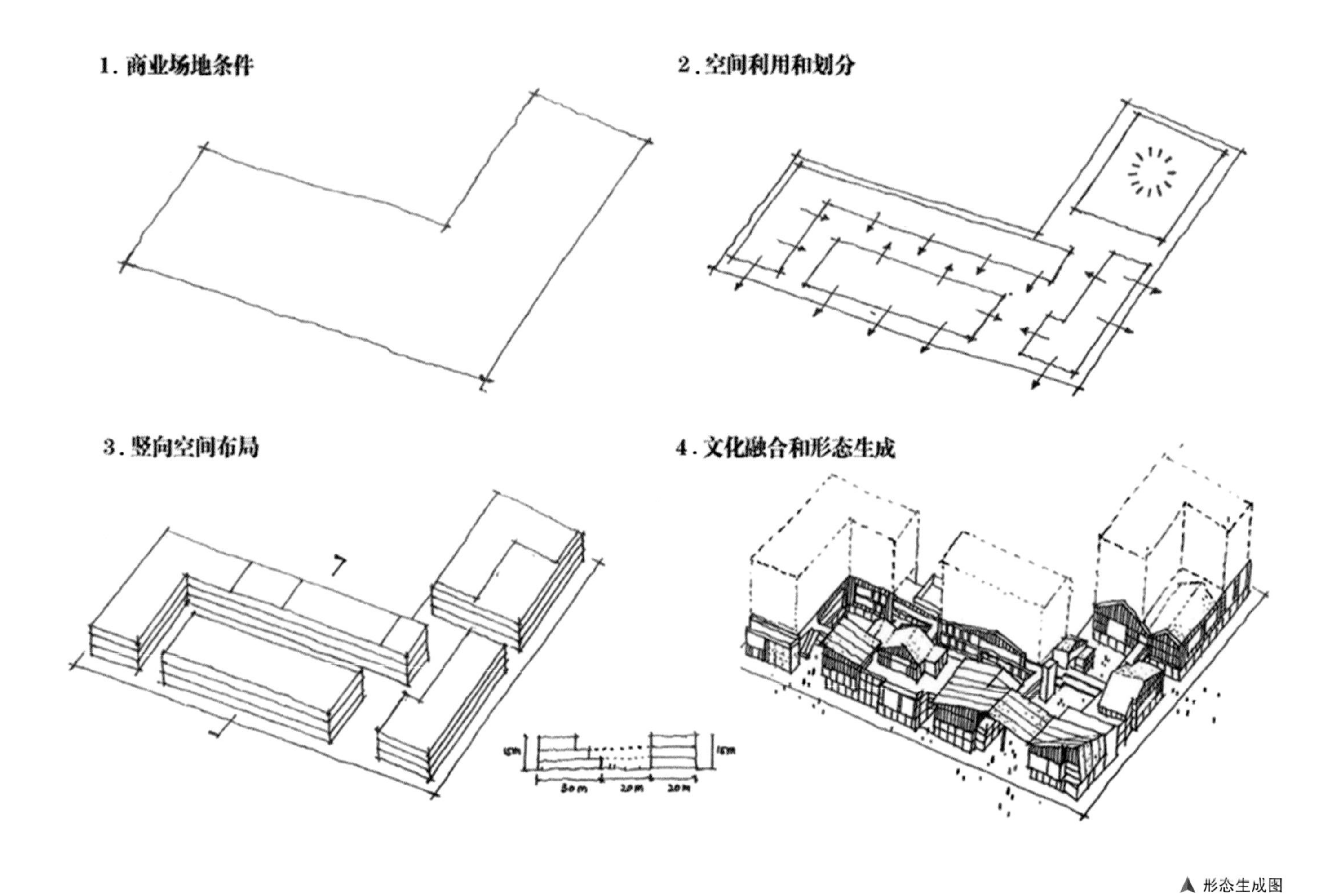

▲ 形态生成图

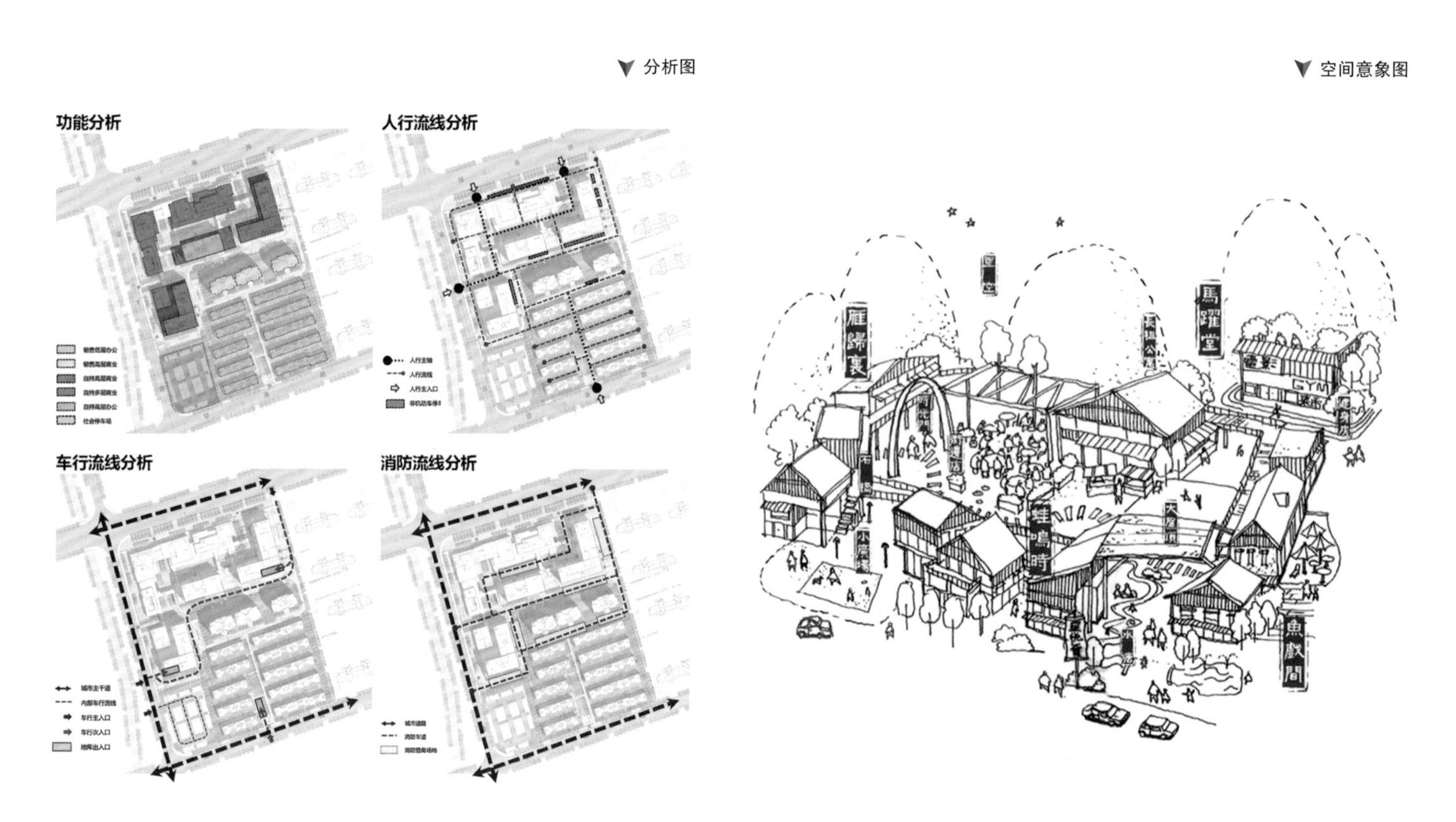

▼ 分析图

▼ 空间意象图

▲ 实景图 1

▲ 实景图 2

▼ 实景图 3

▼ 实景图 4

钱娟娟作品集

个人简介

钱娟娟于 2007 年入职龙湖的第三届“仕官生”，为龙湖服务时间超过 11 年。她热爱龙湖，始终以极强的使命感投入工作，并践行和传播龙湖企业文化。她是龙湖自己培养的青年骨干，是龙湖研发体系“仕官生”的标志性人物。

在过去十多年中，钱娟娟先后在北京龙湖、集团总部、苏南龙湖、宁波龙湖、上海龙湖工作，担任关键岗位。她总是随着组织业务发展的需要，不计个人得失，勇于面对挑战，在最艰苦的环境中去历练，为组织作出贡献的同时，提升自我。十多年间，钱娟娟有 8 年多在外地任职，参与苏南组建、宁波稳局、上海变革、沪苏融合，这些任命都极具挑战性。

2007 年年初，钱娟娟清华硕士毕业后，入职北京龙湖研发部。2008 年年中，钱娟娟调入集团研发部。2009 年，苏南龙湖成立，钱娟娟作为苏南龙湖研发部第一名员工被调入苏南，作为“开拓者”，白手起家，先后担任项目研发负责人和研发职能负责人，操盘了无锡前三个项目的研发工作。2012 年年初，她又应公司需要，转战宁波，任职宁波研发职能负责人，带领宁波研发团队成为宁波公司绩效最佳的部门。2014 年年底，钱娟娟被调回集团研发部，也完成了个人生活的蜕变，升格为母亲；工作中，她不满于住宅类业务的精熟，申请调入商业研发团队，快速研究学习，作为主要执笔者完成了第一版和第二版商业建造标准的编写。2016 年中，钱娟娟再次应组织需要，临危受命，担任上海研发职能负责人；在短短的半年时间里，她稳定了团队，补充了新鲜血液，理清了复杂的业务盘面，提升了上海研发团队的精神面貌和战斗气质。目前上海已经成为集团创新业务的一个引擎，也是“仕官生”培养的重要基地。目前，融合后的沪苏龙湖涵盖了集团内最大量的天街、酒店、长租公寓等业务，以及养老等非传统业务。2018 年，在高强度的工作环境中，她的第二个孩子出生在上海。

钱娟娟是龙湖体系自主培养的业务骨干，她乐于接受高难度的挑战，不断给自己提出更高的要求，持续为龙湖作出贡献。她一直像一架充满能量的战斗机，开疆拓土，耕耘播种，不断前行，很好地阐释了龙湖提倡的企业家精神。

▼ 虹桥天街

龙湖上海虹桥天街位于上海虹桥商务区，是 25 万 m^2 的全业态商业综合体，2016 年 12 月正式开业。

▼ 龙湖 · 天璞

上海龙湖天璞位于嘉定江桥，充分发挥景观资源，致力于打造高舒适度社区。

▲ 闵行天街

◀ 宝山天街
2017 年 12 月正式开业

▼ 英迪格酒店

PROJECT
NAME

郑州正商经开广场

22

项目基本信息

项目名称：郑州正商经开广场
设计单位：上海秉仁建筑师事务所（普通合伙）
主创团队：蔡沪军、马连雯、魏来、吴彦霖、乔凯峰

技术经济指标

项目地点：郑州市经开区第九大街
项目功能：办公、商业
用地面积：47736m^2
建筑面积：302040m^2
设计时间：2015 年
建成时间：2018 年
容积率：4.49
绿化率：25.03%

▼ 虚实相间的幕墙设计图

▲ 建筑外景图

设计说明

正商经开广场位于郑州 E 贸易总部基地南侧，便利的交通条件和现代产业基地的区域优势为地块提供了打造高效率、高品质、高服务办公环境的可能。

项目整体采用围合式布局，以办公功能为核心，中心景观贯穿基地并延伸至城市广场，五栋高层沿主干道布置，提供良好的城市展示面，四栋独栋办公楼位于基地内侧，打造良好的总部办公氛围。开放式的景观广场串联起各功能组团，以实现产业配套、商业配套、景观配套的兼容复合，提供多维度、多样化的办公产品，形成与城市界面的融合互动，建立起地块的公共价值。

建筑的形体表达回归纯粹，由功能引导形式，即按照功能的逻辑去探求几何形体中潜在的形式可能。表皮的各个单元在视觉上建立起关联，呼应内部空间的理性组织，在满足内部空间需求的同时，降低能耗和运营成本，为使用者提供舒适的室内环境。

石材幕墙与玻璃幕墙之间的体块穿插、序列变换，玻璃幕墙与玻璃幕墙之间的韵律划分，看似随机的排布，实质上是使用功能的直接反映。玻璃、金属、石材的碰撞与统一形成轻与重的对峙，丰富了空间的视觉层次，弱化了地块的体量感，充盈而不厚重，凸显了现代建筑的简洁与明朗。条码式的竖向长窗设计使建筑极具时代感，有效调和了园区风格统一化和企业总部个性化之间的关系，塑造了场地特有的表情和规则。

设计透过建筑的形式语言、材料运用和空间组织，在强调自身辨识度的同时，与城市周边环境形成对话，搭建起一个城市中的魔方，共同塑造了现代、理性、简洁、大气的城市风貌。
项目在尊重城市原有肌理的基础上，探求区域发展特征，并构建起新的建筑秩序，尝试塑造城市集聚的中心和活力的源泉。

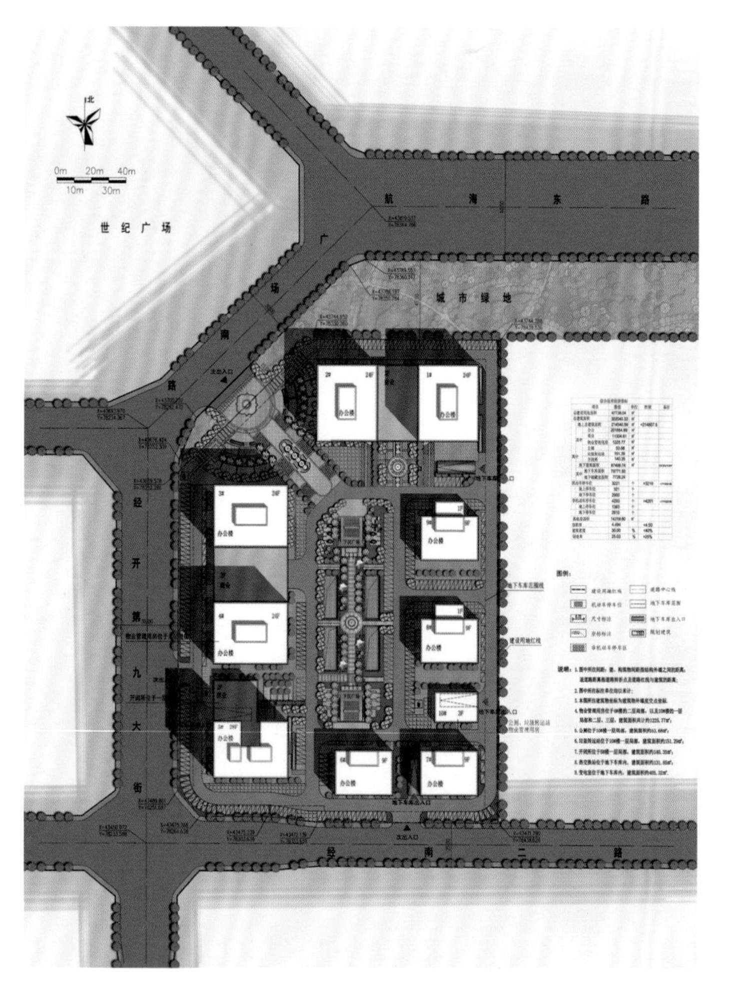

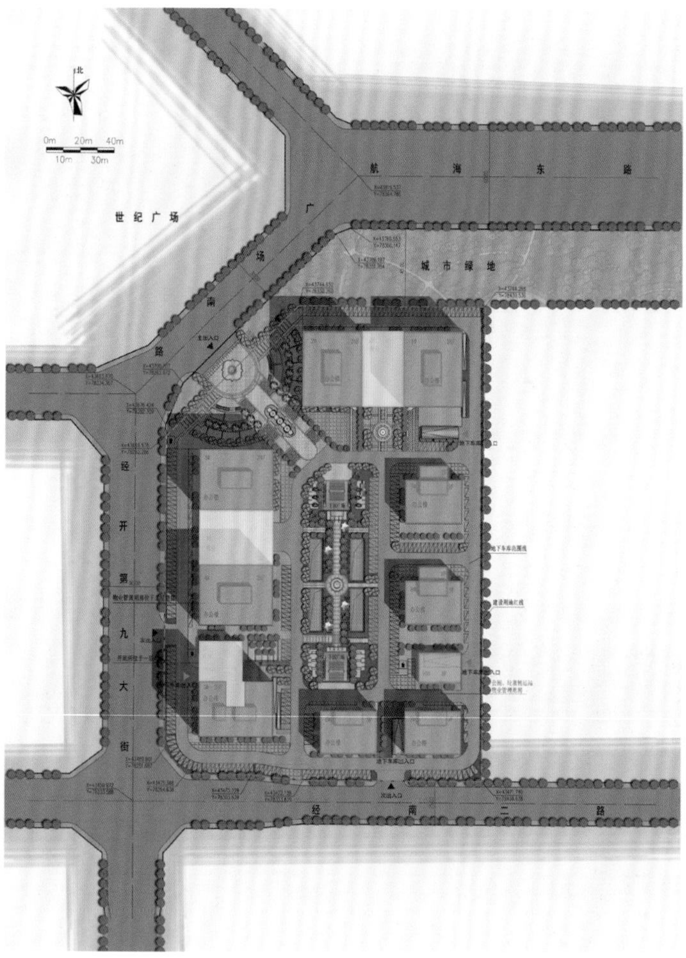

办公　　商业　　公厕、垃圾转运站、物业管理用房

▲ 总平面图

▲ 功能分析图

▼ 高层办公楼图

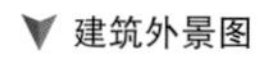

▼ 建筑外景图

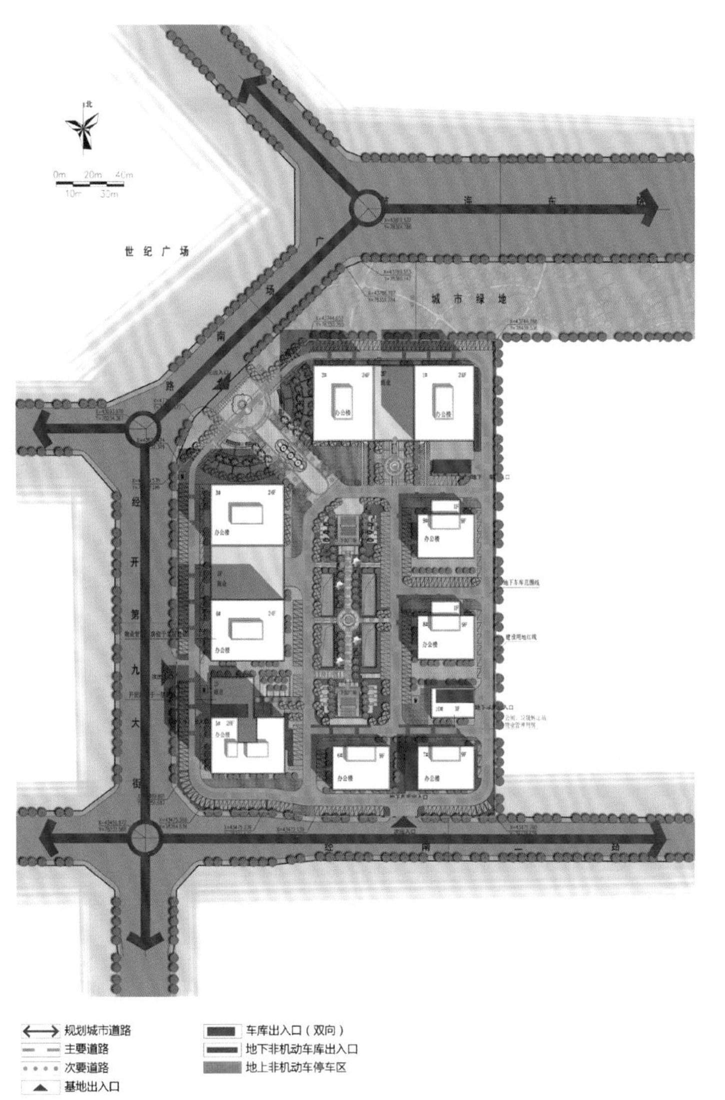

▲ 交通分析图

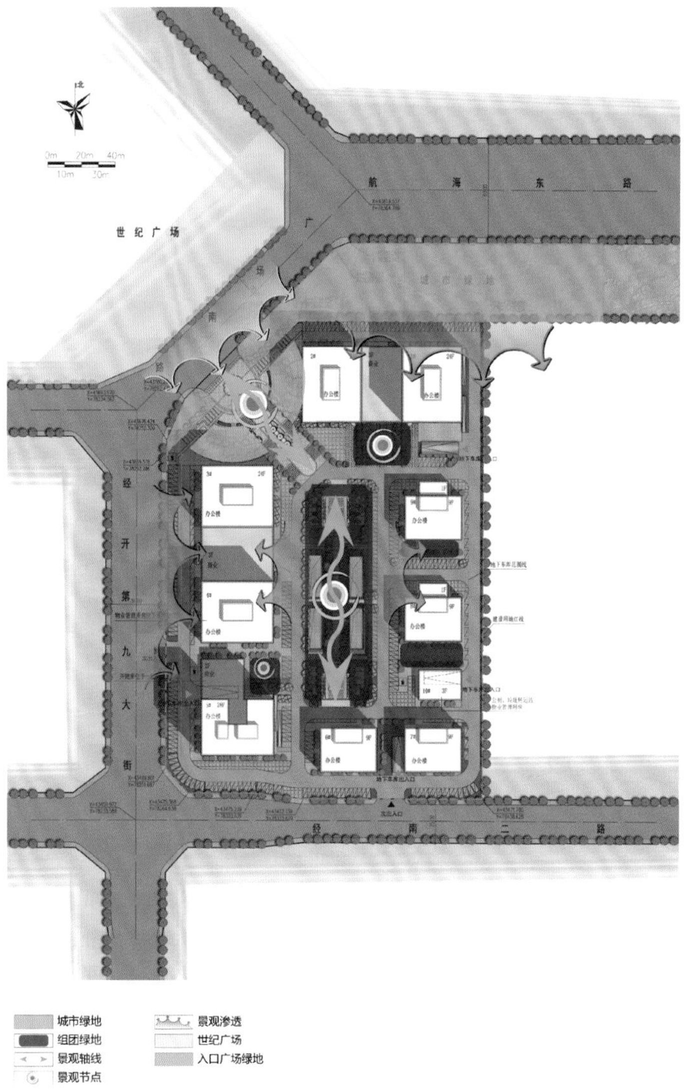

▲ 景观分析图

▼ 条码式的竖向长窗效果图

▼ 多层办公楼与景观图

PROJECT NAME

长沙 LIVE

23

项目基本信息

项目名称：长沙 LIVE
设计单位：深圳市华域普风设计有限公司
主创团队：梅坚、李俊斌

技术经济指标

项目占地面积：45957.58m^2
总建筑面积：159198.22m^2
正负零相当于绝对标高：47.0m
建筑层数：酒店塔楼 26 层；文娱类综合楼 17 层；裙房 4 层；独栋文娱用房 3 层；地下室 2 层
建筑高度：99.95m、95.3m（屋顶构架高度：112.35m）
建筑类别：一类高层建筑；多层民用建筑
耐久年限：50 年
抗震烈度：六度
耐火等级：一级；二级

设计说明

项目地理位置优越，集合资源优质，为长沙地区第一个流线型的街区式商业综合体，也是五矿地产第一个商业综合体项目。项目定位为长沙下一代娱乐文化制作基地，提出“长沙 live”的文娱主题，为城市提供创意性的娱乐空间。众多一线文化品牌进驻，赋予了该项目更多元的精神内涵。

项目整体形象干净时尚，以“菲林卷”为形态母体，演变出流动的建筑空间和立面形态。街区空间水平渗透，纵向互联。项目将三块独立的城市地块连接成形象统一、功能互补、流线互联的娱乐核心区。

▼ 效果图

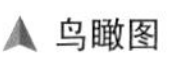

▲ 鸟瞰图

◀ 鸟瞰实景图

▼ 实景图

PROJECT
NAME

国家方志馆长江分馆建筑及室外景观方案设计

24

项目基本信息

项目名称：国家方志馆长江分馆建筑及室外景观方案设计
设计单位：北京清水爱派建筑设计股份有限公司
主创团队：张灿、王亮

设计文字说明

1. 项目背景

地方志在世界上独树一帜，是我国历史文化的优势，具有独特的历史文化价值和经世致用的价值。国家方志馆长江分馆展示长江自然和文化、铜陵地情，将成为重要的方志文化传播地。

本项目目标定位：一个中心、两张名片、三项基地。

一个中心，即方志文化中心，将全面收藏、展示、宣传长江流域方志成果，成为长江流域方志文化收藏、展示、宣传中心。

两张名片，即城市文化旅游名片，体现铜陵自己特有的文化特色和风貌，建成铜陵文化地标性建筑，成为展示铜陵文化的名片；从建筑造型、展陈内容及展陈手段上，突出“新、奇、活”，丰富城市旅游资源，成为城市旅游名片。

三项基地，即长江文化研究基地、地情展示基地和爱国主义教育基地，全面开展国内外长江历史文化、经济社会、生态文明、“长三角”城市群等研究，成为长江文化研究基地；全面展示铜陵经济、政治、文化、社会、自然、地理、资源、生态、城市发展、历史变迁、重要人物、物质与非物质文化等，成为地情展示基地；全面展示铜陵及长江流域的自然、历史、文化、生态与未来，成为广大青年学生和全体市民的爱国教育基地。

➤ 园区总图

鸟瞰图

建筑主体鸟瞰图

2. 项目周边概况

本项目位于铜陵市郊区大通镇境内，北接铜都大道，南临澜溪路，东南紧依白浪湖；场地紧邻京台高速和沪渝高速交叉口、宁安高铁，可以定义为铜陵市区南入口；同时场地靠近大通古镇和白浪湖休闲旅游区，可远眺长江、近看湖泊，区位优势不言而喻。

3. 地块规划要求

用地面积为 66727.6m^2，建筑密度小于等于 20%，绿地率大于等于 40%，地势南高北低，高差约为 24m，地块具有鲜明的铜陵地域特点，几道冲沟汇向湖泊。建筑退线为铜都大道东南侧从红线内退让 25m，澜溪路西北南侧红线退让 10m。

4. 设计理念

长江用博大的胸怀孕育、滋养了五千年的华夏文明，长江流域的城市村庄农田生态面貌无不受其影响而积淀下来。我们选取长江交织的脉络和铜陵湖泊河流的地貌特征作为几个层级相叠加，底层赋予矿藏的概念，整个体系隐喻了长江孕育华夏文明的内在关系，整个方志馆以及长江文化园区域以一种富有生命力的姿态生长和发展。

5. 总体规划设计

分别在地块西北侧、西南侧设置两个出入口。沿铜都大道一侧为场地主要出入口，针对参观游览的外来人流，入口正对方志馆一层序厅大堂。沿澜溪路出入口服务于后勤办公与仓储馆藏，将开放游览空间与内部办公空间进行分区。西南侧停车场与地下车库出入口均临近地块出入口，方便就近停车，实现人车分流。建筑底层局部架空，除一些必要的门厅、交通、功能房间外，均为连通的室外空间，游客可穿行其间。园区东北侧沿湖区域设置台阶与景观步道，消化园区内部高差。

6. 建筑造型

长江方志馆与整个园区采用一致的建筑语言，浅灰色金属屋面顺势而行，以曲线流转传达其大气磅礴的江水之势，标识出这一崭新的城市坐标。与园区两环形成对话与提示，建筑底部以古铜色基座体现地域风貌，局部附有历史名图及图案符号，用横向舒展映射出丰饶矿产的深厚稳重，具有铜陵独特的建筑特色。长江文化园整体顺应地势，建筑随型而动，在造型上强调怡人的景观氛围，弱化建筑表现，烘托方志馆独特造型，以高低错落的退台为主要语言，弱化建筑的体积感形成与方志馆的虚实对比。退台的起伏变化也便于布置大量绿化景观，视觉上处于建筑与景观之间的模糊状态。

▲ 建筑主体效果图

▼ 规划结构图

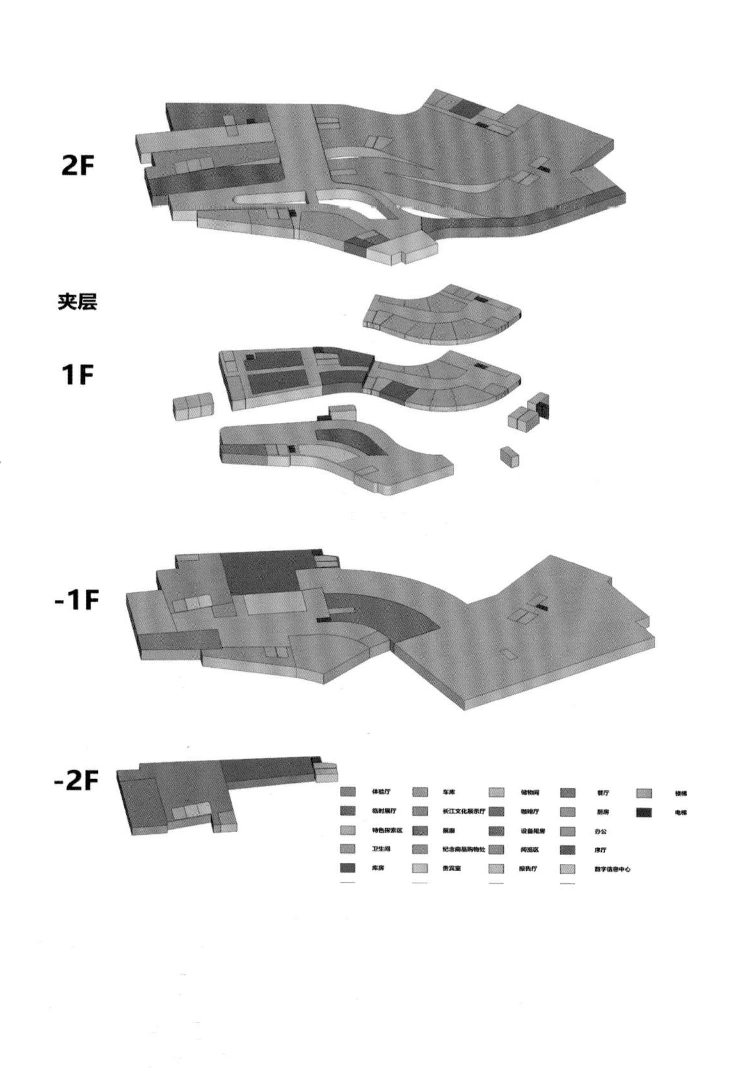

▲ 功能分析图

▲ 推导图

▼ 总图分析图

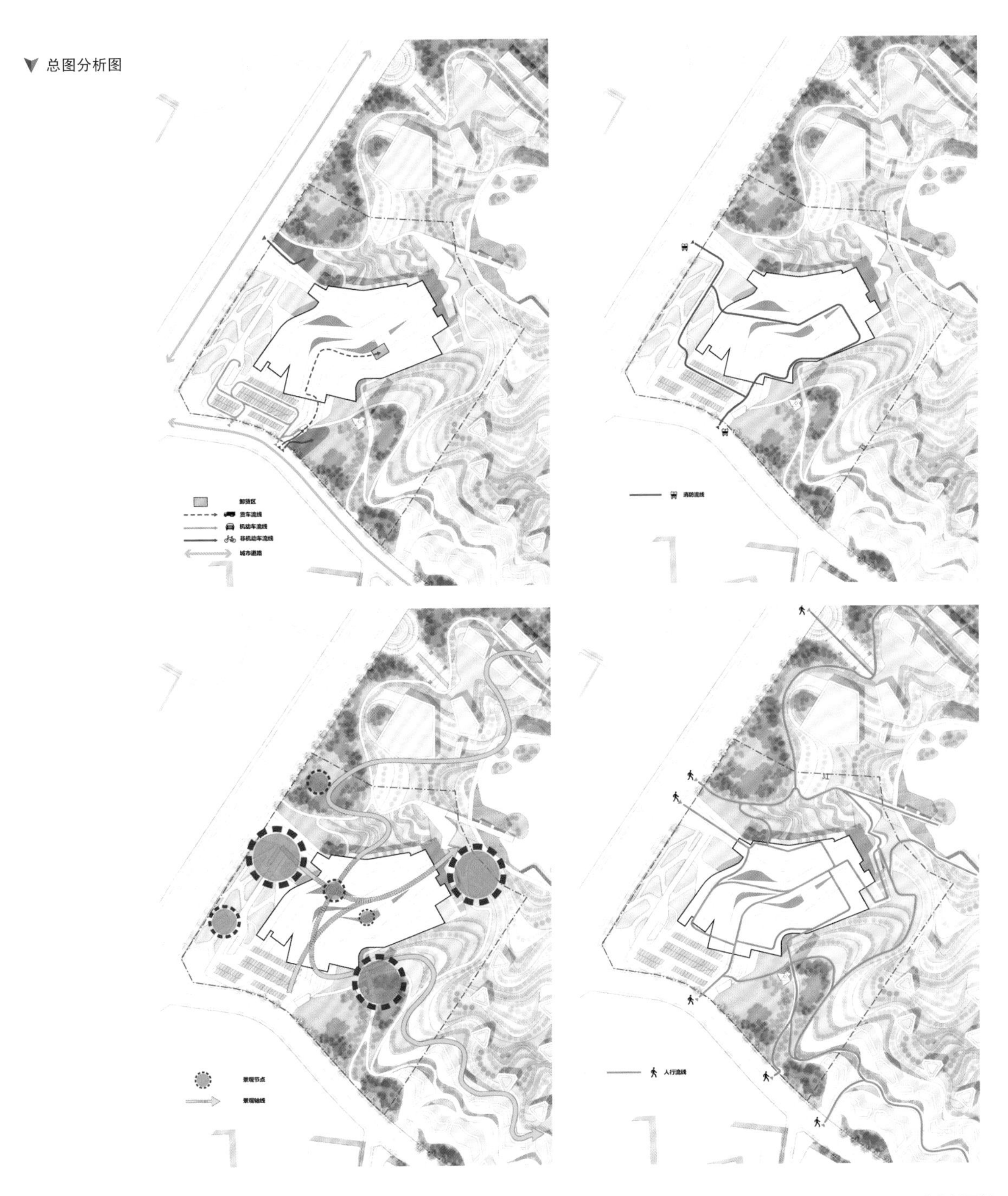

▼ 剖面图

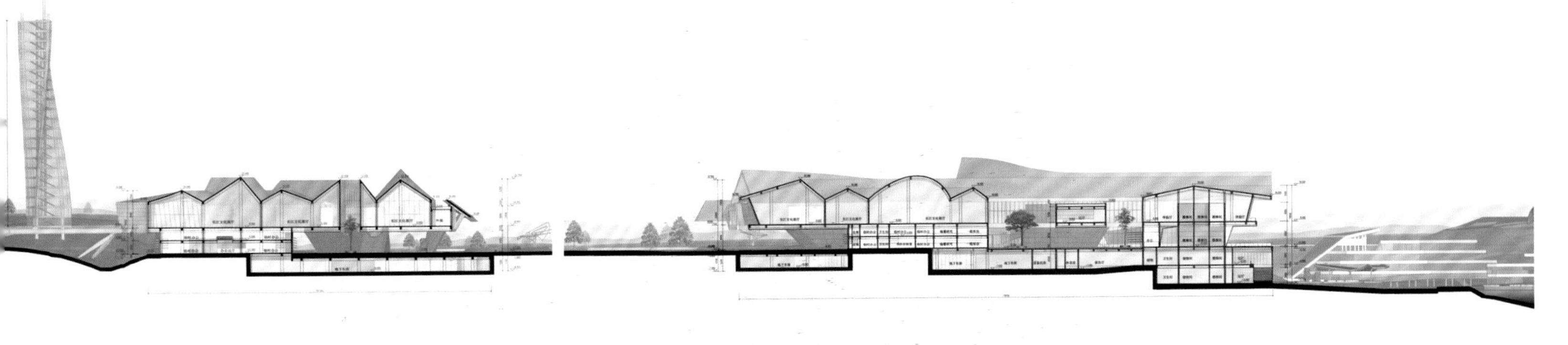

PROJECT
NAME

深圳招商中环

25

项目基本信息

项目名称：深圳招商中环
建筑设计：深圳市华汇设计有限公司
主创团队：肖诚、牟中辉、张霜

技术经济指标

位置：广东省深圳市
占地面积：51897m^2
总建筑面积：504917.6m^2
计容总建筑面积：381730m^2
建筑密度：65%
容积率：8.5
塔楼高度：96.4~210.9m
设计时间：2014 年

设计说明

选定之建筑物地址在城市结构中具有策略性地位，位于笋岗—清水河片区中部西侧，抓住轨道站点的商业机遇，契合市场需求，践行罗湖国际消费中心战略，积极挖掘项目特色，注入主题元素，打造一个高市场认知度、强吸引力的目的地型消费空间，成为该片区有一定影响力的国际金融中心和国际知名的商业贸易中心。建筑设计及空间塑造反映深圳罗湖地区文化特征，充分利用城市景观的建筑、自然等要素，挖掘项目开发的最大价值，为居住人群、入驻企业和商家创造高效、灵活、舒适、方便的办公、商业、公寓空间。

1 号地块，主要以商务公寓以及街区式体验型商业街为主。集商业零售、公寓等功能于一体；建筑采用分散式的商业裙房 + 公寓塔楼的方式布局，打造商业 + 生活综合社区。1 号地块组团由底部商业裙房及三栋超高层公寓塔楼组成，底部商业内街连通地块东北角与西南角的小型城市公共空间，与其他地块的商业形态形成完整体系。上部超高层公寓塔楼在布局上充分考虑了景观、朝向与自然通风条件，在平面上采用了空中合院式布局，结合电梯厅设置了共享空中平台，为塔楼的居住者提供了公共交往的理想场所。塔楼建筑本身到顶部为一高度雕塑感建筑，具有与整个建筑整合在一起的垂直纵向花园，因此给予这座塔楼非常独特的外观，有了与众不同的风格以及永续的设计。空中花园亦有可使外观多变的益处，其相当灵活并且可以满足各种不同情境的需求。

➤ 效果图

▲ 鸟瞰图

▲ 交通分析图

▼ 总平面图

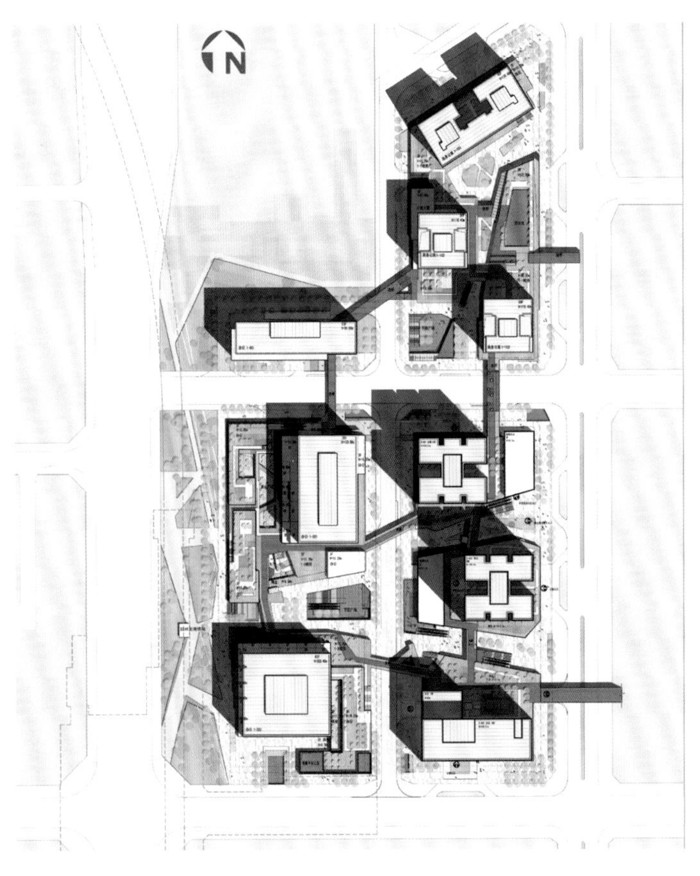

笋岗—清水河片区总体定位为国际时尚消费中心与都市创意总部基地，本项目作为片区的启动地块，结合地块形态和周边功能情况，形成“一轴、多廊、四片、多中心”的整体空间结构，使各种功能空间明确区分又紧密联系，同时将较大体量的商业、办公功能结合地铁站点布置在更新单元西南侧，最大限度地激发地块内部的商业活力。更新单元东侧沿梨园路布置街区商业，与西侧的商业综合体共同构成多元化的商业空间环境。采用立体混合的功能布局模式，提倡功能的高度复合，将商业、办公、商务公寓垂直分布，高密度开发，集约、高效利用土地。建筑立体分层，低区结合地下空间打造主题式体验商业街区，中区结合裙房屋顶和退台空间打造创意办公区，高区通过公寓和办公塔楼的合理排布形成一组地标建筑群，创造全新的罗湖城市天际线。

建筑风格：
片区建筑以现代建筑为主，提倡简洁、明快、大方的设计风格，与周围建成区融合，重点突出超高层标志性建筑的风格特征，打造区域性地标建筑。片区景观设计同样以现代景观风格为主。

建筑色彩：
建筑色彩应鲜明、富有活力与现代感，并与周边的建筑环境色彩协调，宜采用暖灰色调作为主色调，体现都市现代感，同时在建筑局部细节采用色彩鲜艳明快的辅色调与主色调形成对比，以突出建筑的细节，同时增强建筑整体活力与时代气息。

建筑立面：
建筑塔楼立面利用纵向的线条来增强高层建筑竖向纵深感，增强竖向空间的视觉冲击力，以增强塔楼建筑标志性视觉高度。建筑裙房利用横向线条元素，以加强建筑裙房体量感与公共空间的指向性。

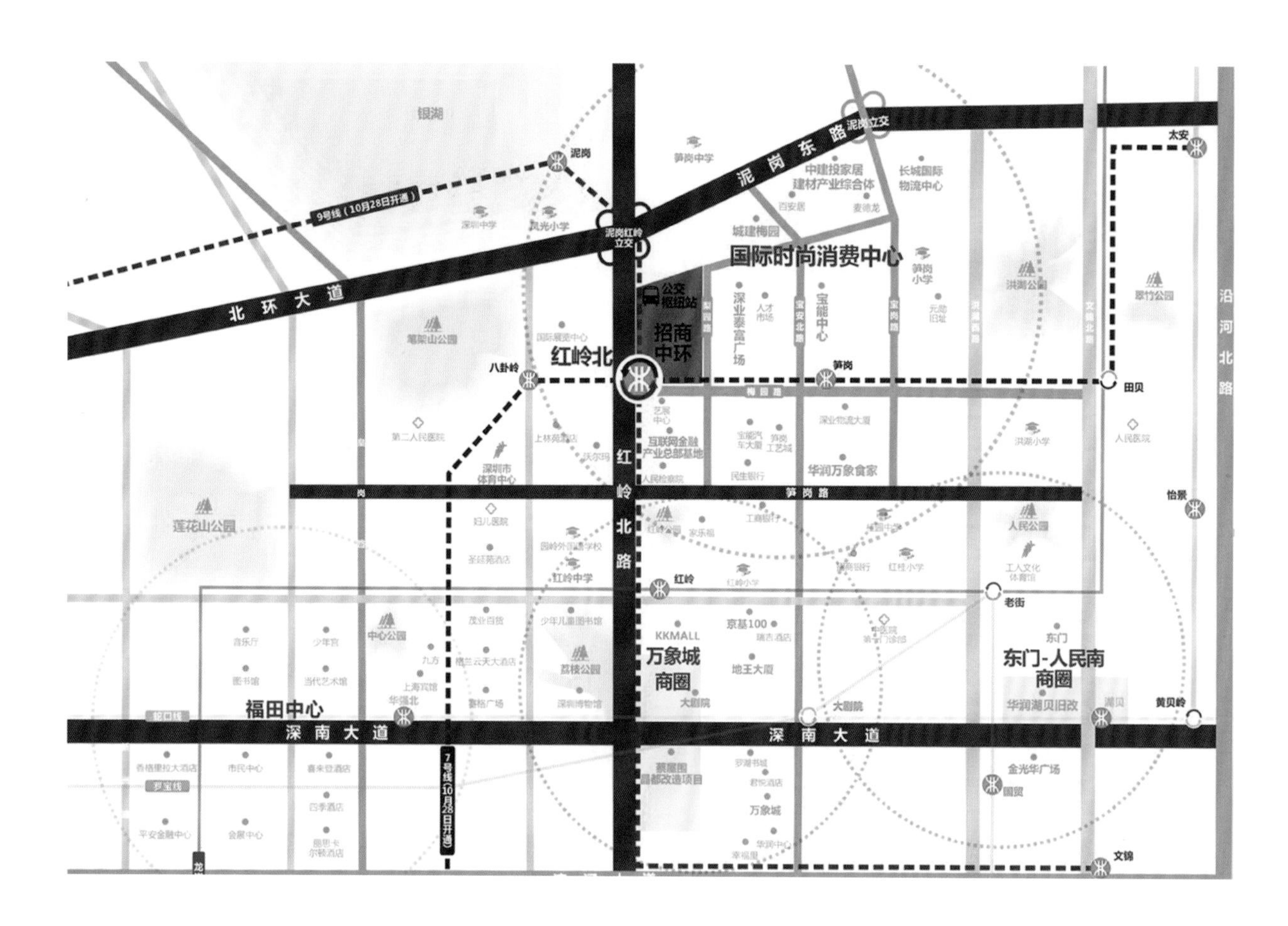

▲ 交通分析图

▼ 售楼处

▲ 效果图

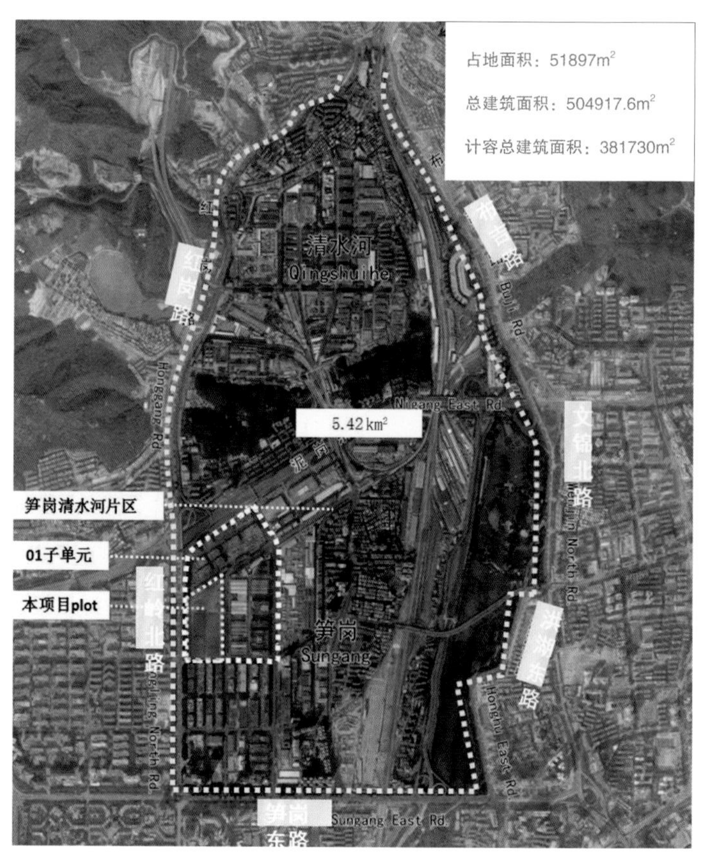

▲ 区位分析图

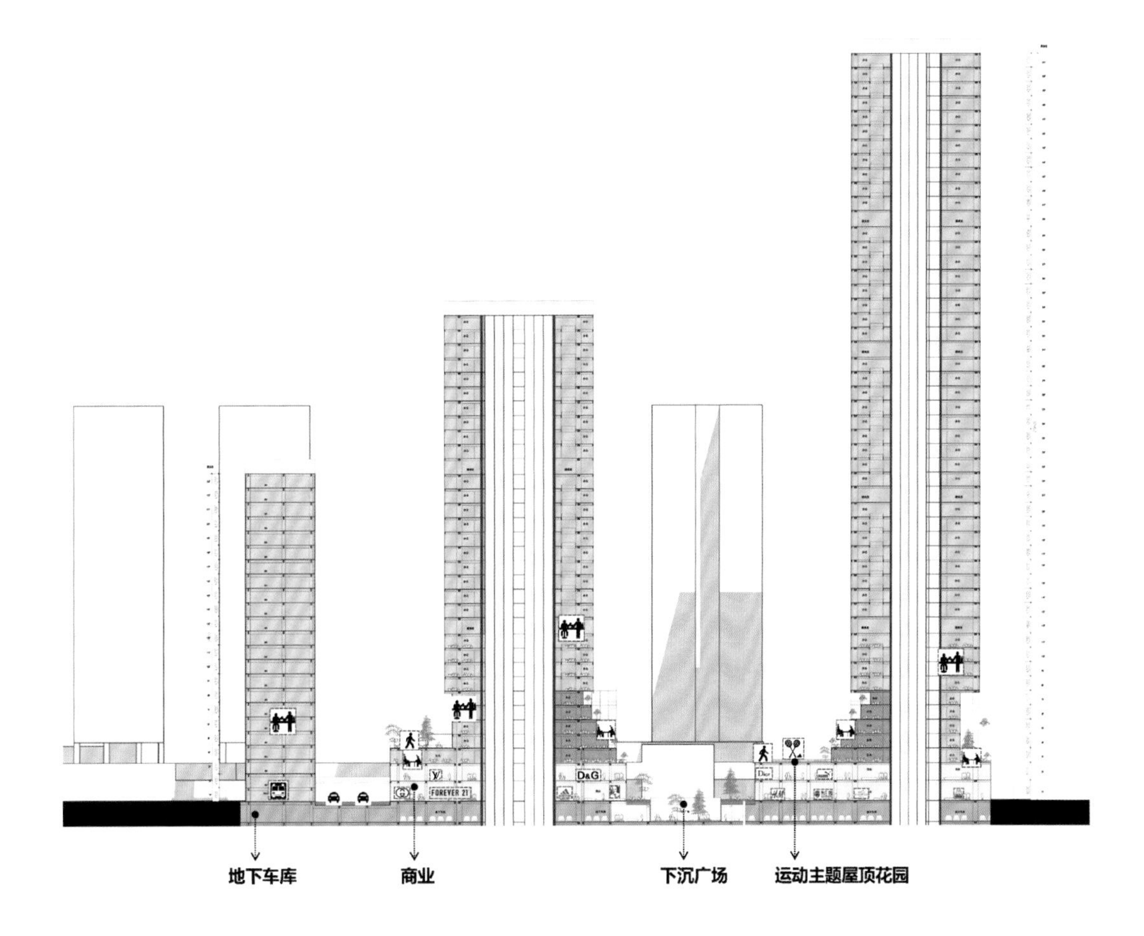

▲ 剖面图

▼ 效果图

▲ 实景鸟瞰图

▲ 实景图

PROJECT NAME

成都博览城北站交通枢纽

26

项目基本信息

项目名称：成都博览城北站交通枢纽
设计单位：法国 AREP 设计集团、中国西南建筑设计研究院有限公司、
中国中铁二院工程集团有限责任公司
主创团队：Etienne TRICAUD、姜兴兴、Luc NEOUZE、于玉龙、张剑华、张姗姗

技术经济指标

项目面积：220000m^2
启动时间：2015 年
预计完工时间：2020 年

设计说明

AREP 与中国西南建筑设计研究院联合体通过国际竞赛选拔，脱颖而出，以“花园式车站”的设计概念赢得成都博览城北站交通枢纽项目竞赛的第一名。

博览城北站交通枢纽距成都市中心 28km，位于成都天府新区中央公园中，紧邻西部博览城及国际会议中心，距天府新区 CBD 也仅 1km 之隔。在如此重要的地区设置一座拥有地铁、公交、轻轨、停车、商业等复合功能，交通能力可覆盖整个城市的枢纽建筑，是天府新区政府城市规划的重要一步。博览城北站交通枢纽会集了即将实施的地铁 1 号线、18 号线和规划中的 6 号线、眉山线。轻轨和多条公交线路也从此经过。

天府新区的中央公园总面积约为 230hm^2，被南北向天府大道、东西向南京路划分为四部分。博览城北站的主体部分即位于南京路的下方。方案以“花园式车站”为概念，通过南北两侧的下沉式花园以及枢纽站的站厅平台，实现中央公园南北向的贯通，以及枢纽站与重要设施的直接联系。

此次设计中，AREP 成功地将交通枢纽建筑与自然景观资源完美地结合为一体，打造了舒适而轻松的绿色城市空间。

▼ 鸟瞰图

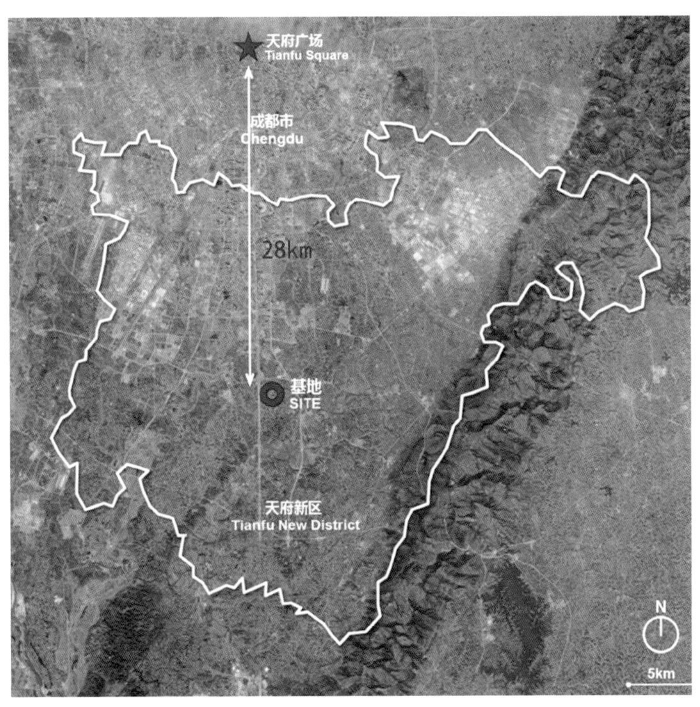

▲ 区位图

单位简介

法国 AREP 设计集团成立于 1997 年，由建筑师兼工程师的杜地阳、铁凯歌共同创建。总部位于法国巴黎，并在中国、俄罗斯、越南、印度等国设有子公司。其在中国的总部位于北京，在上海、武汉、成都、深圳设有分公司。
整个集团聚集了来自三十多个国家的一千多名规划师、建筑师、工程师、技术员、经济师、设计师和 3D 表现师等，是个实力雄厚的国际性综合设计团队。
如今，AREP 集团已经在法国和世界其他国家或地区拥有超过 800 项的业务。整个团队一直以保证品质为原则，于 2001 年荣获国际 ISO 9001 资格证书与 OPQIBI 资格认证；2017 年的营业额达到了 1.460 亿欧元。
AREP 集团隶属于法国国家铁路公司（SNCF），现在是法国铁路总公司车站 & 联合公司（SNCF Gares & Connexions）的全资子公司；由三家统一控股的分公司组成：
AREP 负责法国境内各项业务的管理。
PARVIS 负责提供项目协调等服务。
AREP Ville 负责承接法国境内与境外的项目。（建筑设计研究、城市规划设计与研究……）

▼ 总平面图

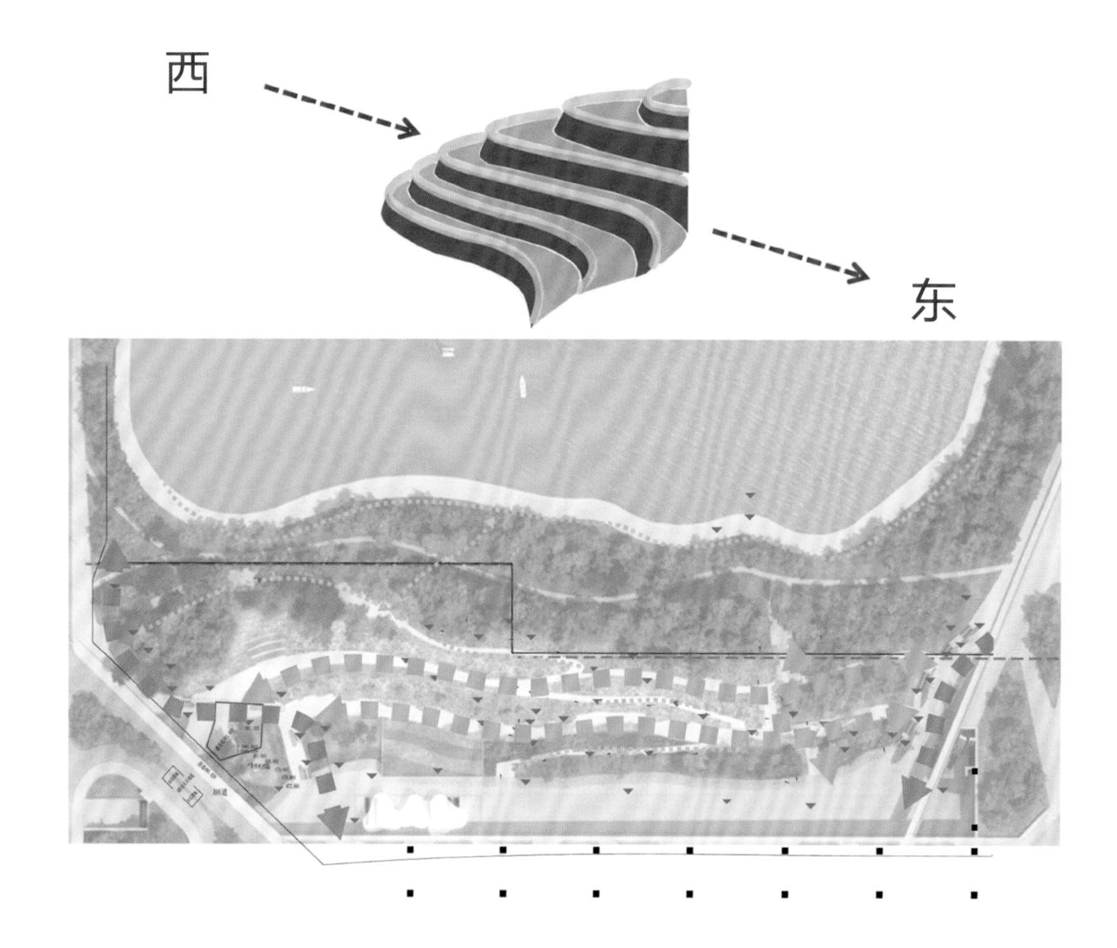

▲ 景观分析图

▼ 车站室内效果图

▲ 效果图

▼ 桥下效果图

▲ 夜景效果图

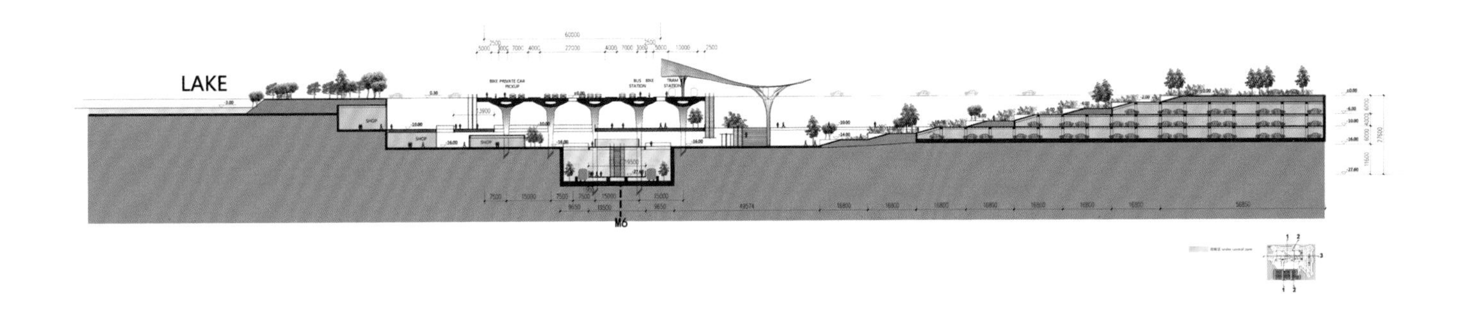
LAKE
SHOP
M6

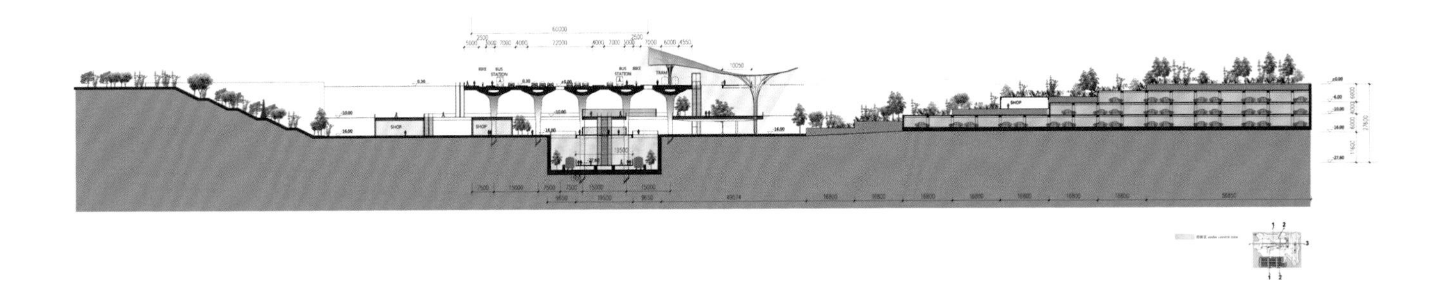
SHOP

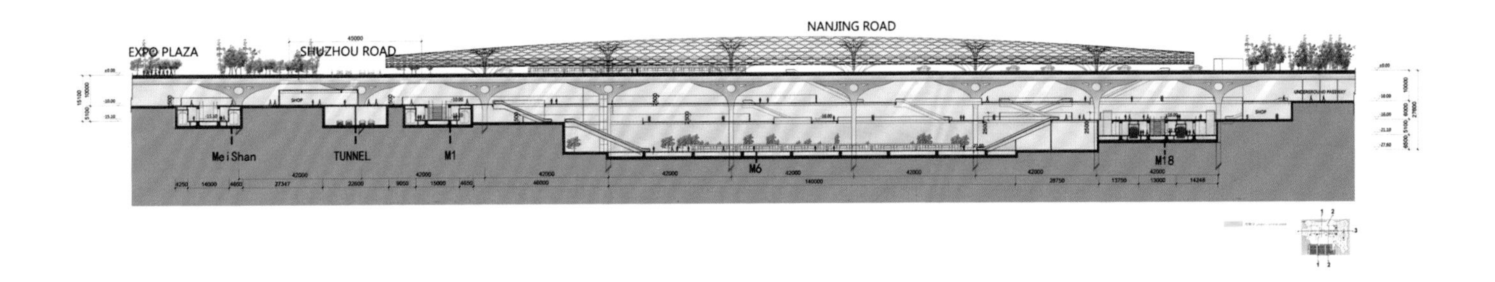
NANJING ROAD
EXPO PLAZA
SHUZHOU ROAD
SHOP
UNDERGROUND PASSWAY
Mei Shan
TUNNEL
M1
M6
M18

▲ 剖面图

▼ 局部剖面图

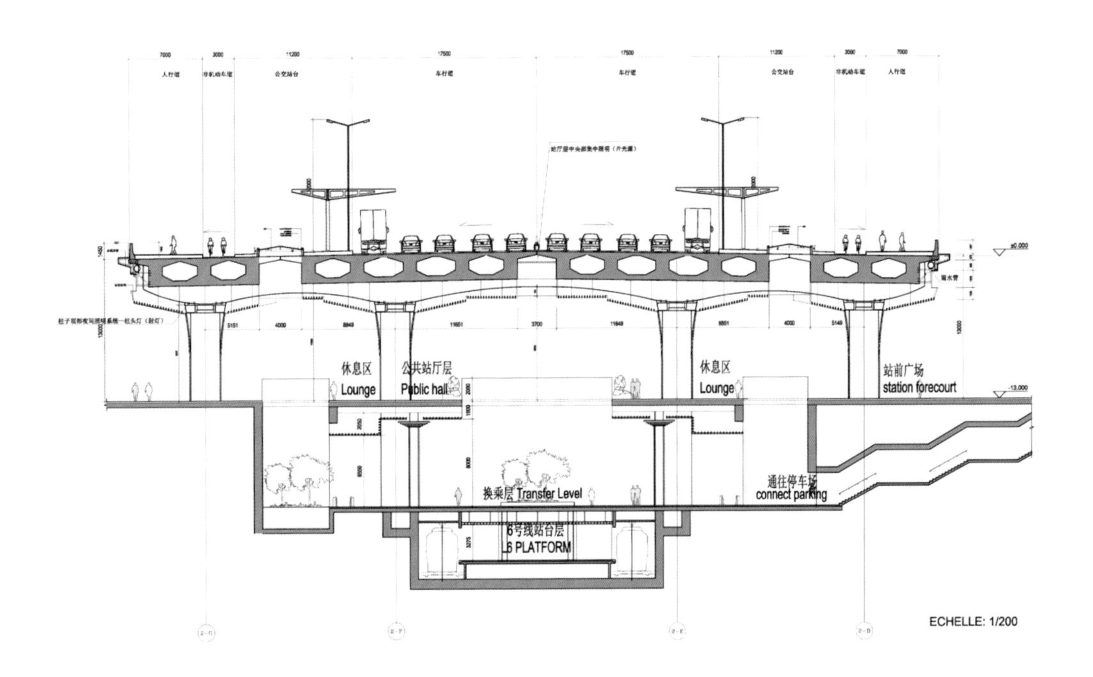
休息区
Lounge
公共站厅层
Public hall
休息区
Lounge
站前广场
station forecourt
换乘层 Transfer Level
通往停车场
connect parking
6号线站台层
L6 PLATFORM
ECHELLE: 1/200

PROJECT
NAME

城建兴泰理工大学 2 号地——城建·国誉府

27

项目基本信息

项目名称：城建兴泰理工大学 2 号地——城建·国誉府
设计单位：华通设计顾问工程有限公司
主创团队：李钊、郭淳、翟鑫磊、韩延龙、吴立磊、任瑞雪

技术经济指标

占地面积：3.5 万 m^2
总建筑面积：10.85 万 m^2
容积率：2.07
绿化率：30%
位置：城建·国誉府位于房山区理工大学板块，处于长阳 CSD 板块与良乡板块交会处，东侧紧临小清河生态走廊，自然环境优越，配套设施齐全。

项目设计理念

国誉府将人对身居园林中的居住理念融入设计中。从规划布局、建筑形象、材质质感、空间环境等方面，将中式建筑的精髓进行提炼和创新，创造出满足原始情感需求的高级居所。尽量使每户都能得到 270° 的景观视野成为此次设计的要点，经过对周边环境资源的深入研究，最终选择将一梯两户独栋的概念融入多层产品的设计之中，避免形成庞大建筑的体量给居住者带来压迫感，形成优美宜人的建筑体量和庭院关系。

▼ 实景图

▲ 总平面图

▼ 实景图

规划

项目的建筑整体布局尊重环境，整个住区北高南低，利于南侧城市公园景观资源的引入。北侧 5 个高层单元形成项目背景，南侧 16 栋洋房以高度适宜的 6~8 层独栋体量进行统筹，在既定规划条件下实现最好的居住品质。既遵从中轴对称的传统礼制，又富于变化，错落有致。这种规划形式保留了传统中式街区整体延续和空间收放的特点，同时利用建筑围合庭院，汲取传统院落文化的精髓，尺度宜人。

景观

国誉府文人园林设计的灵感来源于扬州八大名园之一的影园，利用规划形成的收放空间，呈现私家园林的感受。以葱茏奇木、嶙峋山石、廊厅景墙等，写山、水、林、泉之韵，营造出“剪影、如影、潭影、疏影、虹影、对影”六影合一的当代影园之圣境。将“无处不可画，无景不入诗”的景观园林展示在每扇窗前，使居住者时刻沉浸在山水之中。

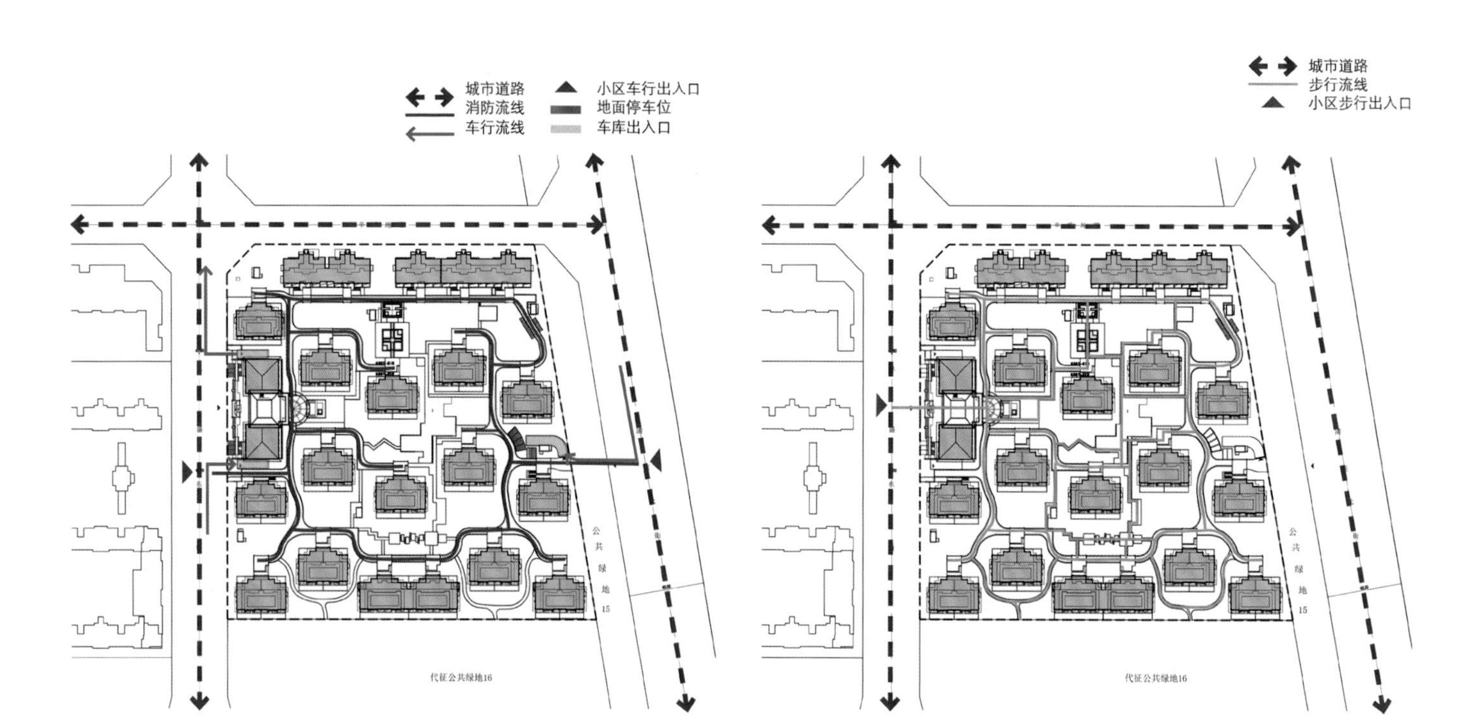

▲ 车行－步行系统分析图

◀ 实景图

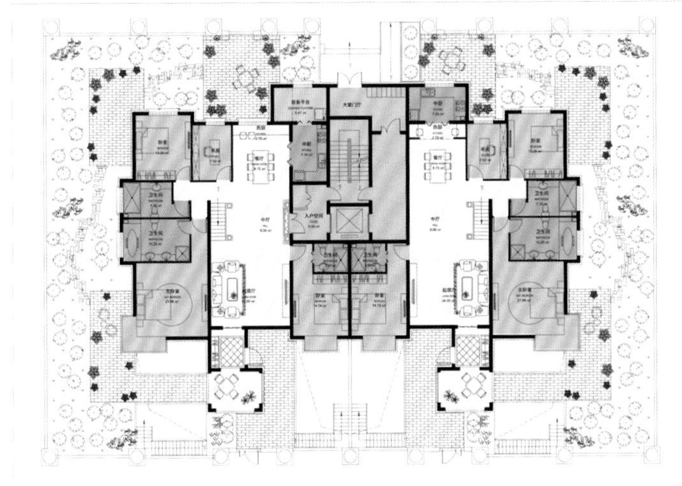

▲ 户型平面图首层

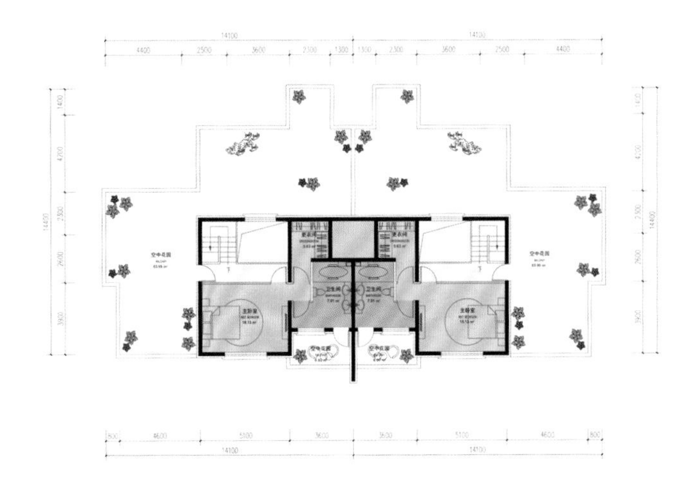

▲ 户型平面图跃二层

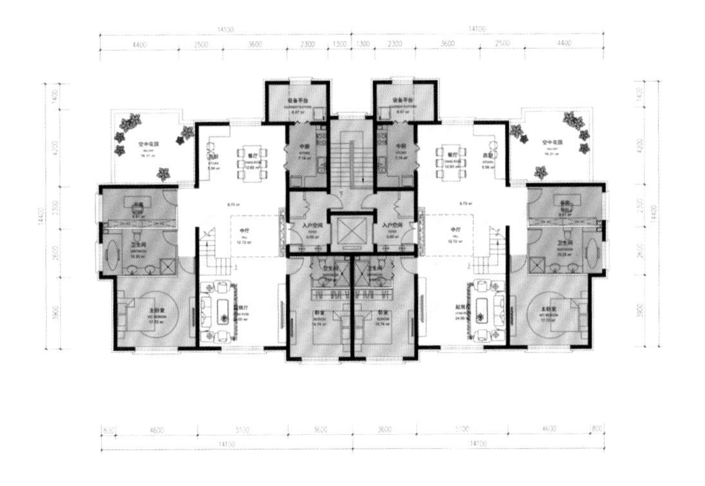

▲ 户型平面图跃一层

A-4~5号、A-7~9号、A-11号、A-13~14号
A 轴 ~G 轴剖面图 1:200

▲ 建筑剖面图

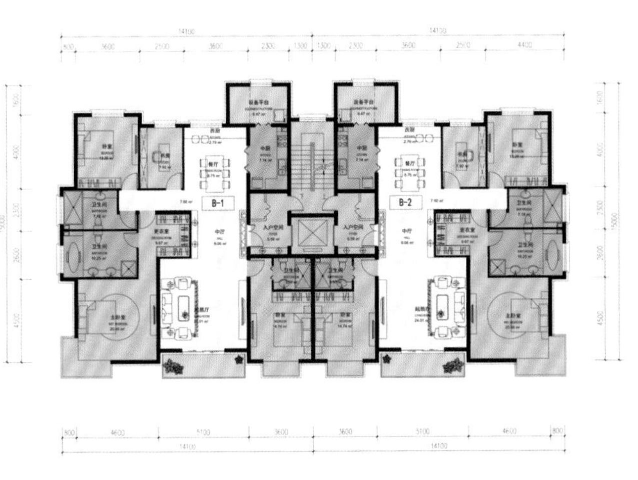

◀ 户型平面图标准层

户型

整个产品研发之时，正是国家推进二孩政策之时，更多家庭出现三世同堂的情况，因此四居的产品成为此次设计的重中之重。在户型空间组织上通过遵循中式传统的中轴对称，形成公共区的中央轴线，双主卧对称布置在客厅两侧，结合规划中强调的独栋花园洋房的概念，形成全明四居户型。

建筑

整体造型采用现代中式风格，通过对传统立面要素的抽象化提炼，保留传统中式建筑屋檐、实墙、庭院、格栅等典型元素，用现代的石材、铝板等材质对现代居住品质进行诠释。在细节上保持了中式的格调及精致的美感，以米黄色为主的墙体配以铜色相间的线条，既以虚实对比的设计手法体现中式建筑内敛大气的特点，又以现代建筑的材质和建造工艺在简洁中彰显细节，营造出现代中式的美感。

PROJECT
NAME

成都中铁建·西派国樾

28

项目基本信息

项目名称：成都中铁建·西派国樾
设计单位：贝尔高林国际（香港）有限公司
主创团队：许大绚、温颜洁、华欣、黄摄秒、刘昊青

设计文字说明

1. 区位介绍

成都西派国樾位于“带二江之双流”的成都双流区。成都这个历史文化重镇，从来不缺艺术的流传，而居住在这座城市则无时无刻不和水发生关联。从诗词歌赋到锦绣画卷，从古至今，“水”一直是美好生活的象征，亦是“高端”代名词。

2. 设计理念

西派国樾展示区的景观设计融入了“桥·水·山·田·云”的设计理念，以浮桥的曲折变换为媒介，以水之流动为基底，表达时间的流逝。将河川千百年形成的过程及形态抽象、浓缩到场地之中，让居者感受到岁月的沉淀与流逝，在水的静谧流淌中体会生活的诗情画意。

3. 总体介绍

展示区不仅仅是未来住户看房和商务洽谈的空间，更应该是整个大区设计意识的缩影，让人们在身处展示区时就已经开始憧憬入住后的幸福生活。流线规划是展示区设计的重点，在空间节点与高差的考量之余，合理的流线将实现人车分流以及各处功能空间的衔接与串联，以最舒适的线条为人们带来步移景异的视觉享受。

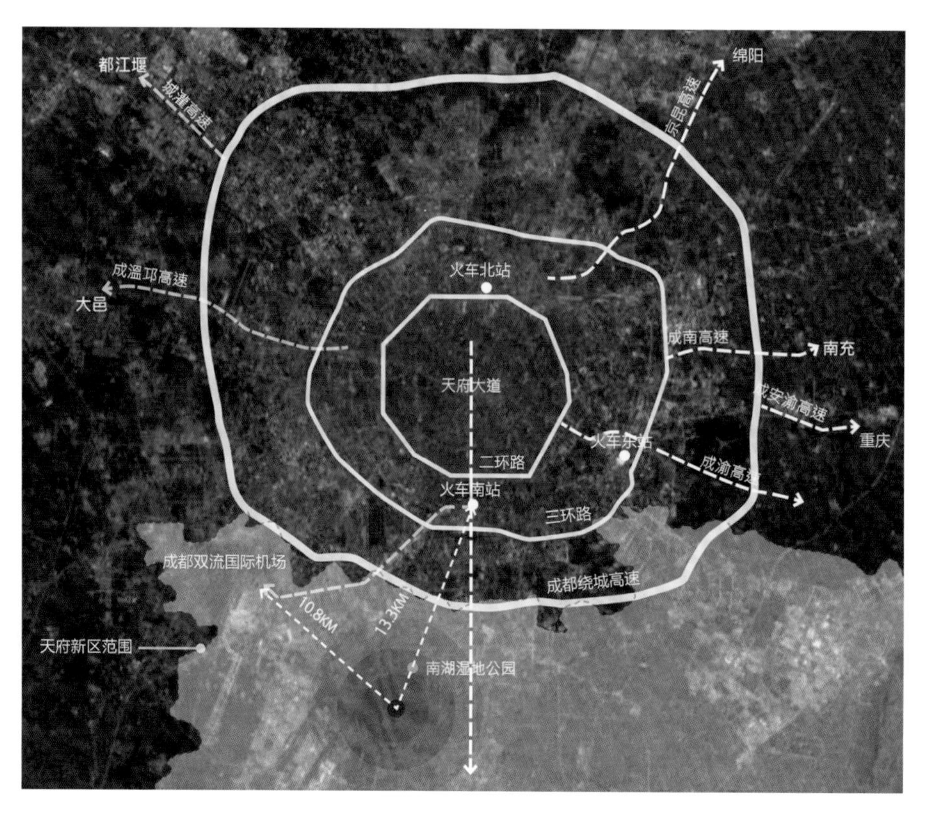

区位介绍图

▲ 整体鸟瞰图

4. 前场空间

主入口，涌泉突破水面的单调，形成尊崇感与空间礼序。水面上点缀以纸鹤的装置艺术，为水景注入生命力。水景从前场空间向内延伸，观光动线跟随浮桥串联起内外水系。穿过销售中心步入室外滨水平台，通过汀步连接下沉式洽谈区，呈现出一处风景甲板。

5. 跌水流瀑

从艺术中心到滨水空间再到样板房区域，地势逐渐升高，最高点与最低点高差达 5m 左右。设计师将高差地势特色及跌水流瀑的意境赋予项目，利用跌级水景做出三级高差，两级跌水流瀑之间以人行步道过渡衔接，打造层层递进的景观空间。

因场地空间较小，而建筑体量大，为了让景观不被建筑气势压下去，景观采用立体做法：第一层界面与建筑相平，形成建筑与水面相映成趣的镜面效果；第二层界面用跌水抬高人的视线，形成有气势的跌水效果；第三层界面则将样板房抬高，形成漂浮在水面的效果。以此在有限的空间内营造小中见大的效果。

为了呈现出更加生态自然的水景，设计师构想出水下森林的理念，构建出“食藻虫－水下森林”共生系统，发挥沉水植物对营养质的吸收净化功能，改善水体水质，营建和谐、优美的水生态景观。

6. 浮桥之上

设计师结合项目“浮桥之上”的设计理念，通透的玻璃廊桥，与跌水流瀑的汀步设计，共同构成一个完整的圆形路径，样板房所处的小岛围绕其中，在通往样板房的路径中通过廊桥＋水景的处理方式，引导客户心理。

由于后场标高抬升，为避免出现台阶，设计师利用浮桥设计来消化高差。结合浮桥标高的变化，运用三处节点来衔接浮桥并消化高差，节点赋予景观亭的形式来呈现，既作为浮桥上短暂休息的观赏空间，也巧妙地使不同标高的交接更加自然。

7. 植物优化

原设计意图为理想的英式花境。色彩控制上较为偏法式，以紫、蓝、白为主，浪漫唯美。在没有专业花境施工队的前提下，设计意图非常难实现，特别是在冬天，品种选择非常有限。基于里外条件，重新调整花境的类型，把花境调整为局部片植草花或观赏草，以更贴合过年期间植物品种受限及施工队施工困难的状况。

西派国樾示范区种植设计，通过灵动的平面布局方式，开合变化的空间关系来体现，提升植物景观品质感。

由于地形原因，样板房与围墙之间空间较为狭窄，对视野有一定的压迫。为舒缓空间紧张感，设计师决定在围墙边增加 12m 种植区，片植水杉，以舒缓从样板房看出来的视觉效果。竖向背景林，几个品种之间渗透与融合，树型区别中又有联系，综合考虑对比、统一、韵律、线条、轮廓等艺术性问题。

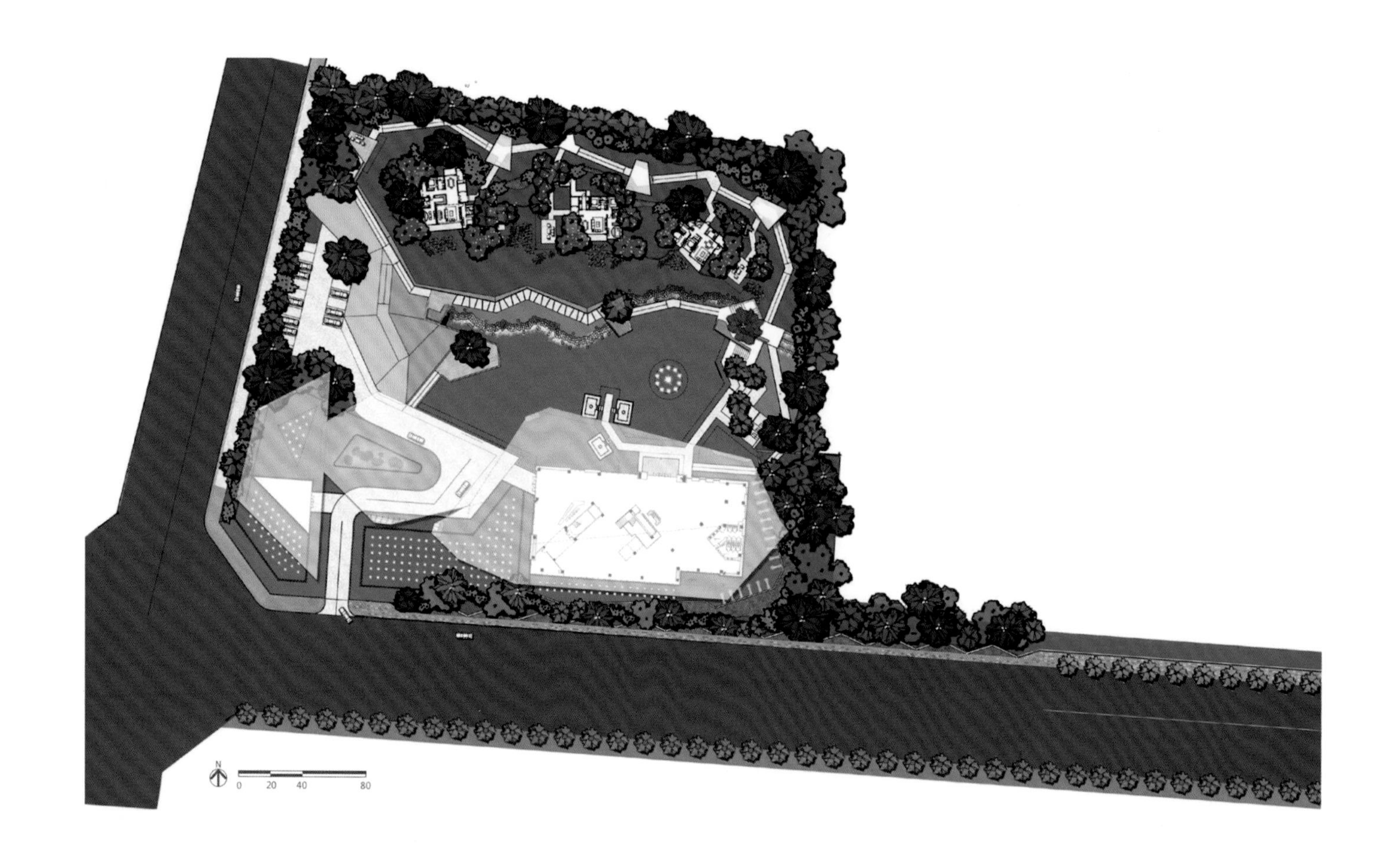

▲ 项目总平面图

▼ 前场镜面水景图

▲ 滨水平台实景图

▲ 跌水流瀑效果图

◀ 跌水流瀑实景图

▲ 滨水平台效果图

▲ 实景鸟瞰图

▼ 跌水流瀑实景图

▼ 玻璃浮桥实景图

▲ 后场植物鸟瞰实景图

▲ 后场植物实景图

PROJECT NAME

国安七星海岸·星湾

29

项目基本信息

项目名称：国安七星海岸·星湾
设计单位：深圳市华域普风设计有限公司
主创团队：梅坚、李俊斌

技术经济指标

用地面积：754760m^2
建筑面积：645490m^2

设计说明

项目背景：

神州半岛距海南东线高速 G98 兴隆 / 神州半岛高速路口 3km，距海南兴隆华侨旅游区 10km。神州半岛三面环海，一面接陆，面积 24km^2，东南长 8.7km，西北宽 2.7km，东依牛标岭，南濒浩瀚南海，西靠老爷海港口，北临东澳港。平均气温为 24.4℃，年日照时间达 290 天，气候温和，是一个四季如春的阳光型半岛，也是海南省万宁市一处大型旅游风景名胜区。

▲ 效果图

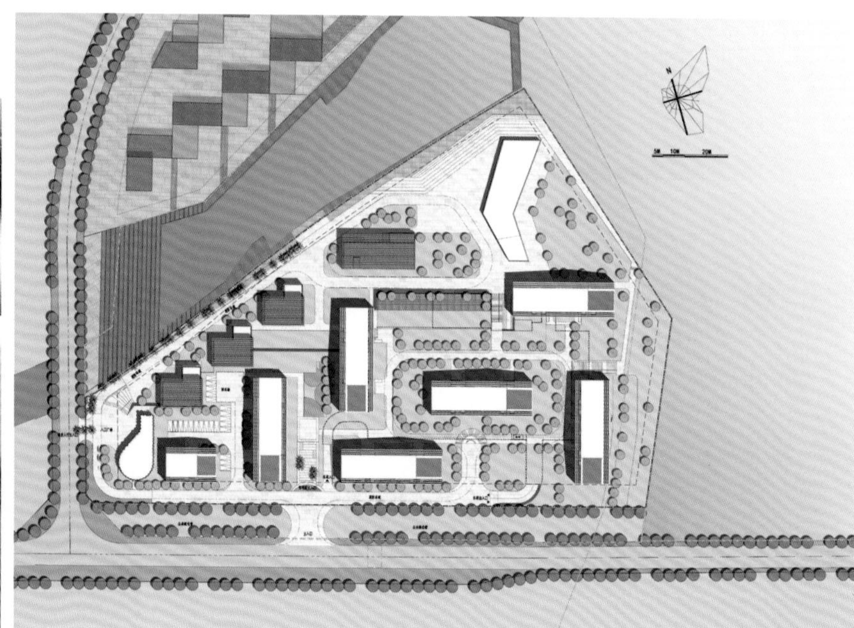

▲ 总平面图

◀ 鸟瞰图

◀ 效果图

设计原则：

在保证防洪、防潮的安全前提下，提高土地的利用率，减少土方工程，把水岸还给城市，增强项目的公共性和公益性。

（1）顺应地势。整体场地设计南高北低，西高东低，越靠近海地势越低。充分利用地形高度变化方向设计建筑及公共空间朝向和设计给排水工程。

（2）公共海岸。秉承将水岸还给城市的公益目标，将公共空间滨水布置，并设计南北、东西两条景观轴线，连接东、西、南三个城市公共节点。

（3）棋盘布局。秉承生态自然的设计原则，创造海景最大化和庭院最大化的居住体验，提出棋盘式的规划布局，将 7 座居住建筑沿棋盘轴线纵横布置。建筑两两之间沿东西或南北方向彼此交错，互不遮挡，每栋建筑均有良好的观海面和观山面。最大化利用场地的东西纵深，释放建筑物的间距。沿城市界面的建筑间距达到 20m 以上，对城市留出大量的视线通廊和景观通廊。

（4）高差管理。利用场地中不同的竖向设计形成的高差关系，分组团规划管理。标高较高区域为住宅组团，标高较低的滨水区域为商业组团，住宅组团和商业组团既彼此独立，又设计了视线和流线上的交流。整体规划布局管理可灵活变通，实现全开放、半开放、全封闭小区等多种组团关系。

（5）滨水商业。利用场地走向及滨水岸线，打造由西向东的滨水商业流线，并创造出东西两个独具特色的公共广场，形成汇聚人气的景观节点。商业区域由 7 栋形态与大小不一的独栋商业楼组成，在保证使用功能的基础上，设计丰富的形态和立面形象。高差采用局部集中处理的方法，使公共空间尽量大面积地亲近水面。

（6）高差利用。在不违反规范及安全使用的前提下，合理地利用地势高差，创造多条贯穿室内外及不同标高的通廊，提供足够自由度的流线选择。车库、小区花园、海滨商业广场之间均有方便连接的设计。

规划布局：

设计中将住宅区和城市商业广场分成南北两个大区。住宅组团以棋盘式格局布置，关系清晰，庭院尺度良好，每栋建筑都要有良好的景观面。同时，注重城市立面的开敞性，做到不封闭、不产生连续遮挡的面。商业广场均滨水布置，力求实现将海岸还给城市的公益型规划布局。项目规划整体格局清晰、灵动、落地性强，为人们创造独特的旅居及消费体验。

PROJECT NAME

凤凰苑安置房方案及施工图设计项目

项目基本信息

项目名称：凤凰苑安置房方案及施工图设计项目
设计单位：湖南大学设计研究院有限公司
主创团队：秦涉、罗玉杰、王彬、汪玉华、吴天兆

设计文字说明

1. 项目基本信息

项目位于六安市金安区承接转移集中示范园区，其用地北至皋城路，西至凤凰路，南至杭淠路，东至松林路，规划用地面积 122378m^2。项目周边以规划居住用地为主，项目用地东侧 2.5km 有悠然蓝溪景区，东侧 1.5km 为金安区第一人民医院，北侧 500m 为六安智恒中学和六安汇文学校。本案周边配套设施完善。场地内现状多为单层钢结构厂房，拆迁量小，用地平整，建设条件成熟。本项目总建筑面积为 336527m^2，容积率为 2.18，绿化率为 35.2%。

2. 项目设计理念及特色

理念：

贯彻以人为本的思想，以建设生态型居住环境为规划目标，创造一个布局合理、功能齐备、交通便捷、绿意盎然、生活方便、具有文化内涵的住区。注重居住地的生态环境和居住的生活质量，合理分配和使用各项资源，全面体现可持续发展思想、提高人居环境质量、改善居住地生态环境，以人为本，使居民乐在其中。

地块技术经济指标

名称		数量	单位	备注
规划用地面积		122378	m²	约合183.[illegible]亩
总建筑面积		336527	m²	
计容建筑面积		267320	m²	
其中	住宅建筑面积	253438	m²	
	商业建筑面积	6638	m²	
	老年人活动用房	590	m²	
	社区卫生服务站	300	m²	
	社区用房配建	1080	m²	
	物业用房配建	885	m²	
	九班幼儿园	3629	m²	
	公厕	60	m²	
	配电、门卫、燃气	700	m²	
不计容建筑面积		69207	m²	
其中	地下建筑面积	67830	m²	[illegible]
	架空层面积	306	m²	
	屋顶机房	1071	m²	
容积率		2.18	m²	≤2.2
建筑密度		18	%	≤22%
绿地率		35.2	%	≥35%
户数		2301	户	
人口		7363	人	3.2/户
机动车停车位		2661	辆	[illegible]
其中	地上停车位	400	辆	
	地下停车位	2261	辆	
	地下充电桩车位	270	辆	
非机动车停车位		3165	辆	

▶ 总平面图

▲ 鸟瞰图

地块技术经济指标				
名称		数量	单位	备注
规划用地面积		122378	m^2	
总建筑面积		336527	m^2	
计容建筑面积		267320	m^2	
其中	住宅建筑面积	253438	m^2	
	商业建筑面积	6638	m^2	
	老年人活动用房	590	m^2	
	社区卫生服务站	300	m^2	
	社区用房配建	1080	m^2	
	物业用房配建	885	m^2	
	九班幼儿园	3629	m^2	
	公厕	60	m^2	
	配电、门卫、燃气	700	m^2	
不计容建筑面积		69207	m^2	
其中	地下建筑面积	67830	m^2	包括人防16039m²，以计容面积6%计，人防面积最终以人防办核定为
	架空层面积	306	m^2	
	屋顶机房	1071	m^2	
容积率		2.18	—	≤2.2
建筑密度		18	%	≤23%
绿化率		35.2	%	≥35%
户数		2301	户	
人口		7363	人	3.2/户
机动车停车位		2661	辆	1:机动车地面停车率不宜超过15%。2:机动车停车位：居住：1个/100m²；配建：0.45个/100m²；商业1.2/100m²。非机动车停车位：居住：1个/100m²；商业及配建：4个/100m²。3:100%建设充电设施或预留建设安装条件。预留建设安装条件的，应按小区规划停车位数不小于10%的比率配建公共充电桩
其中	地上停车位	400	辆	
	地下停车位	2261	辆	
	地下充电桩车位	270	辆	
非机动车停车位		3105	辆	

公建配套表					
	公建配套		数量	单位	备注
社区服务	社区用房配建		1080	m^2	总建筑面积（计容）≥15万小于20万m²按700m²配，超出部分按标准增
	物业用房配建		885	m^2	服务面积25万m²以下按0.3%配置，超过25万m²的，超出部分按0.1%配置
	老年人活动用房		590	m^2	25m²/百户
	社区卫生服务站		300	m^2	最小规模200m²
文化	九班幼儿园		3629	m^2	30人/千人
市政公用	公厕		60	m^2	结合社区综合楼设置
	配电		600	m^2	3个，地块内均匀分布
	门卫、燃气		100	m^2	
	机动车停车位		2661	辆	1:机动车地面停车率不宜超过15%。2:机动车停车位：居住：1个/100m²；配建：0.45个/100m²；商业1.2/100m²。非机动车停车位：居住：1个/100m²；商业及配建：4个/100m²。3:100%建设充电设施或预留建设安装条件。预留建设安装条件的，应按小区规划停车位数不小于10%的比率配建公共充电桩
	其中	地上停车位	400	辆	
		地下停车位	2261	辆	
		地下充电桩车位	270	辆	
	非机动车停车位		3105	辆	
	其中	地上停车位	700	辆	
		地下停车位	2405	辆	

户型配比				
户型区间		比率	户数	备注
60~80m²		10%	224	高层住宅
81~100m²		22%	526	高层住宅
101~120m²		43%	987	高层住宅
121~140m²		25%	564	高层住宅
合计		100%	2301	

▲ 经济技术指标

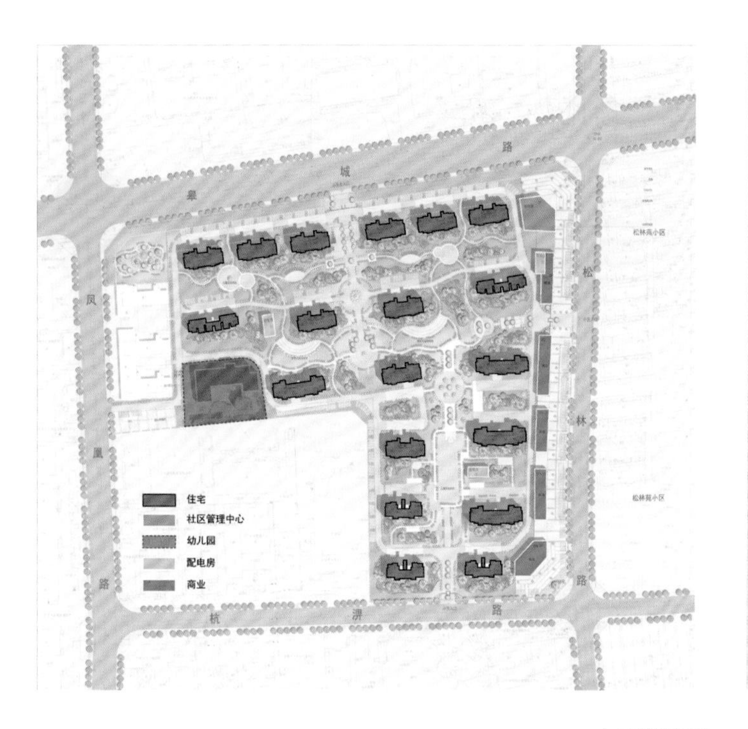

▲ 功能分区图

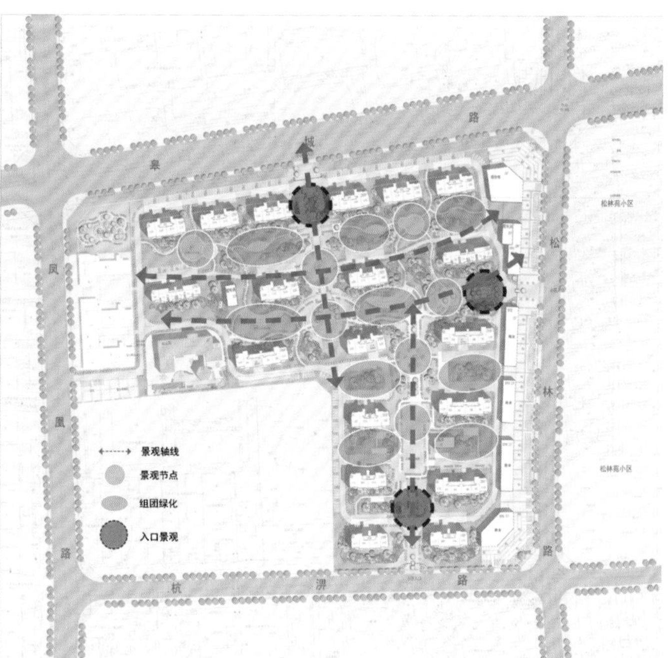

▲ 景观分析图

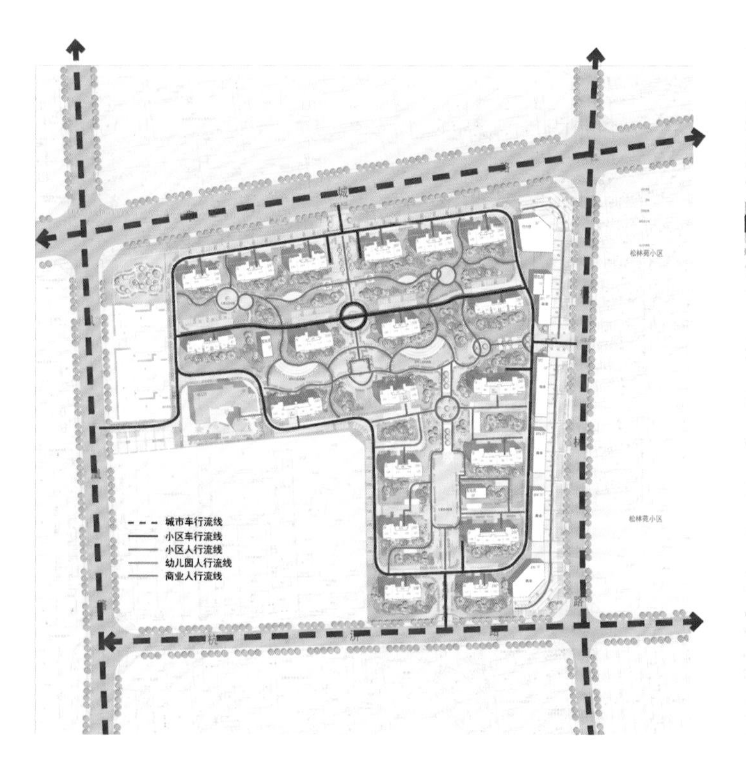

▲ 动态交通分析图

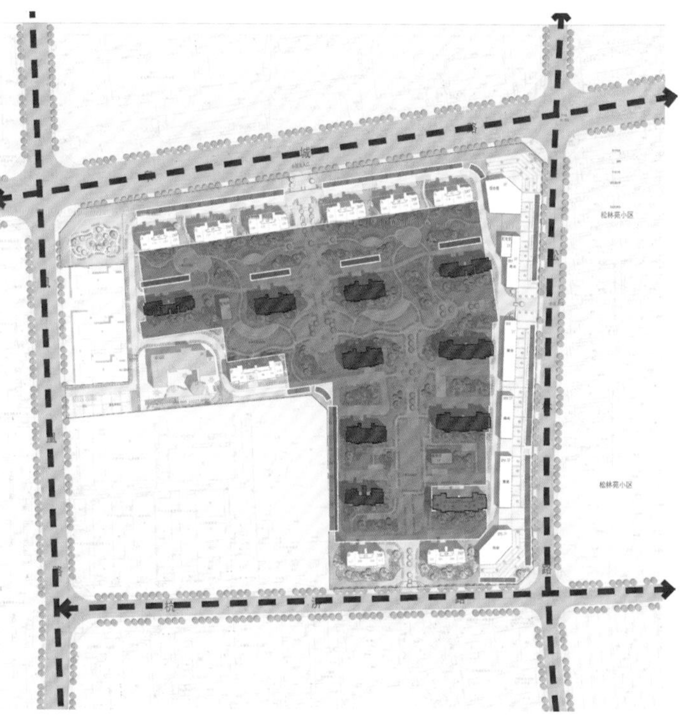

▲ 静态交通分析图

▼ 沿皋城路夜景亮化效果图

▼ 幼儿园效果图

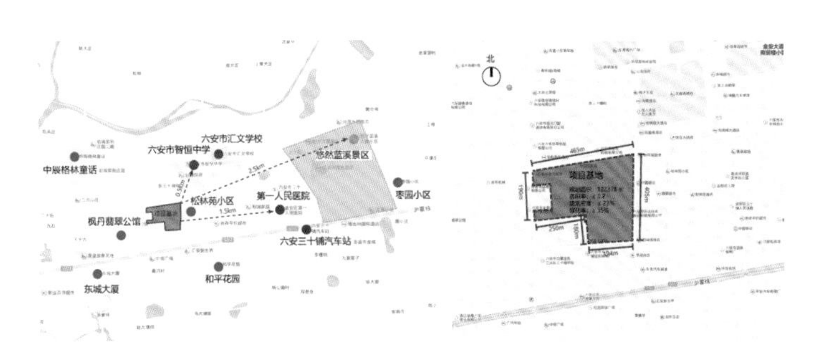

▲ 基地区位图

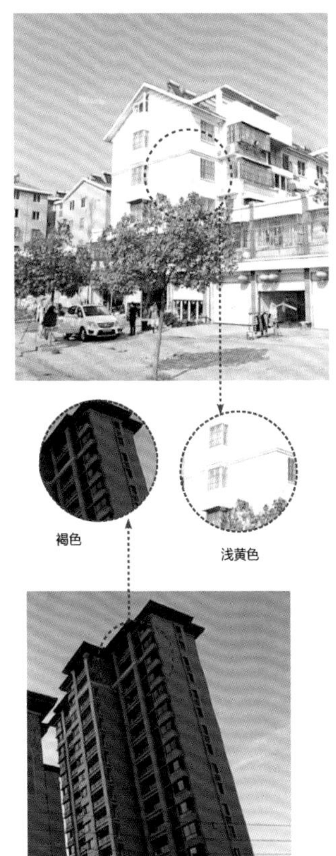

▲ 周边环境协调性

▼ 中央景观效果图

特色：

周边已建多层及高层住宅采用浅黄色与褐色的建筑主色调，考虑风格的协调和沿城市主干道的建筑空间形象，住宅造型设计在立面处理上进行优化升级，采用现代而不失素雅的新古典建筑风格，建筑形象高贵大气，以简洁的高层形体凸显地段标志和冲击力，对城市形象的影响完整且突出。

本案总体功能布局结合地块特征和周边环境，将建筑顺应地形布置，保证了建筑的最佳采光通风朝向，鉴于地块棱角较多，为营造优质的居住环境，建筑环绕设置，使每一栋住宅都有良好的景观视野，形成典雅、丰富、美观的风格形式。

小区内车行系统为环状，在满足通畅、便捷的前提下，以最短的交通距离和最小的道路面积解决好各组团的车行交通出入。同时车行系统的布置考虑到避免割断绿化系统，将集中绿地布置在环形车行交通内部，创造出更加人性的步行景观绿化带。

本次规划精心设置步行系统，一方面方便与城市交通系统相联系，另一方面在小区内部与小区绿化景观系统合而为一，有效地使小区步行系统与各部分外部活动空间、景观空间、绿地、配套公建联系在一起，创造出人性化的住区户外活动空间。

PROJECT
NAME

重庆融创·白象街1号

31

项目基本信息

项目名称：重庆融创·白象街 1 号
设计单位：贝尔高林国际（香港）有限公司
主创团队：许大绚、温颜洁、黄摄秒、Romeo CATAPANG

设计文字说明

1. 区位介绍

本项目位于重庆市渝中区，项目总占地面积约为 11.23hm^2。毗邻解放碑商圈，区位优越、交通便利。南边紧邻长滨路，毗邻长江，江景资源丰富。

2. 设计理念

基于重庆城市的山地特征，本地块高低层次明显，而北区住宅部分作为整个场地地势最高的地方，通过住宅花园望出去，南区地块人文街区整体映入眼帘。作为具有历史文化的人文遗产街区，北区豪宅花园的住户能够通过南区地块感受历史的遗迹与变迁，从开埠到没落，再到现在的繁华，坐在花园中便可尽览白象街的时光回旋。

3. 总体介绍

这座秘密花园不是一处独立的平行空间，而是整个立体空间的最上层。设计在一开始便思考了如何让这座花园自然地隐藏在重庆这座森林里，与项目所呈现的城市肌理相互融入，呈现出一个单纯的秘密花园意象空间。方案经过多轮调整及优化，从一开始的豪宅高端 ART DECO 风格，经过对市场定位的进一步把握，最终确定为现代风格。

➤ 区位图

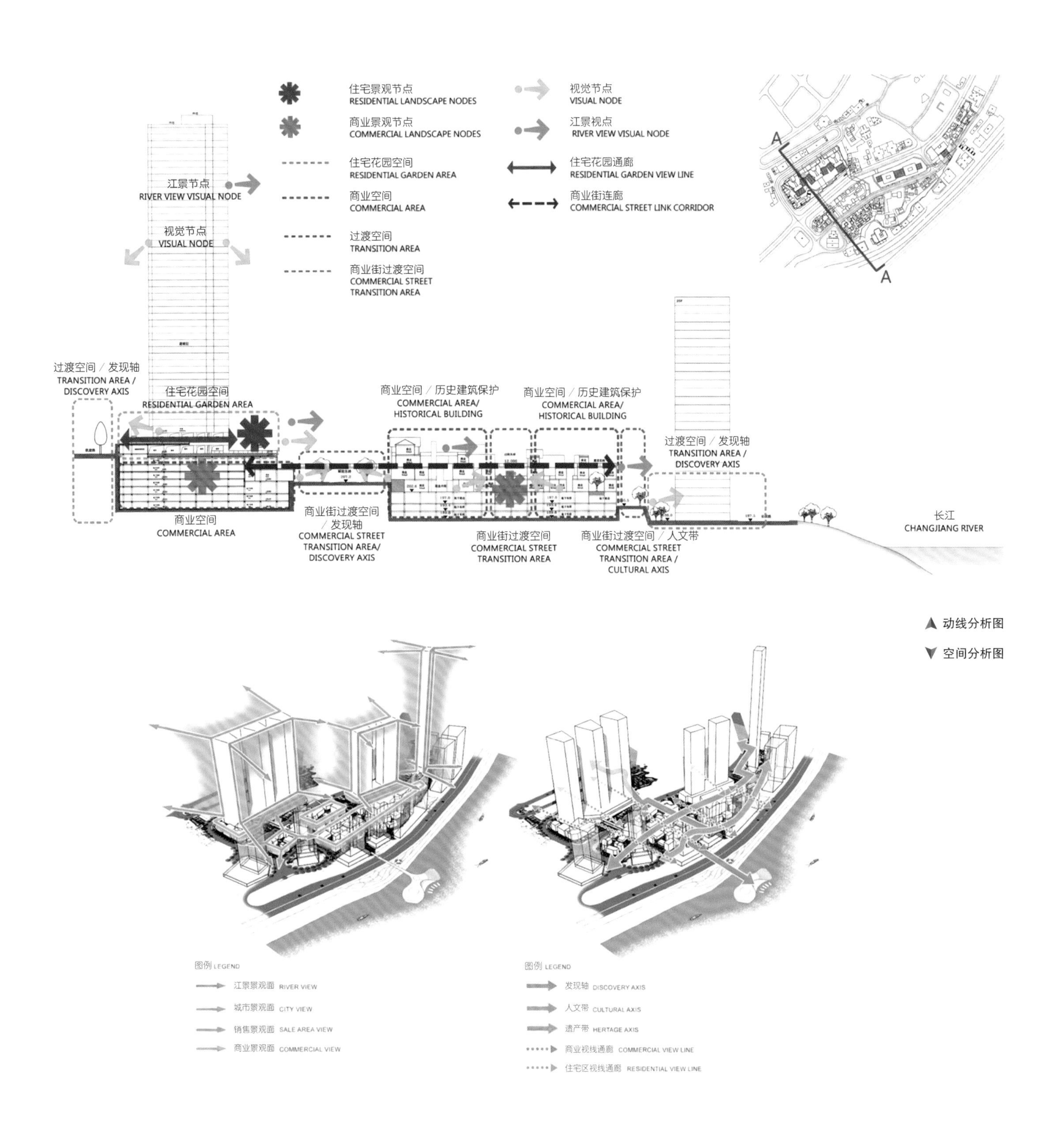

▲ 动线分析图

▼ 空间分析图

4. 主入口区域

特色环岛水景构建出主入口区域的整体空间，两个空间入口，一大一小两处圆形环岛，以及延伸出的道路线条，柔和灵巧。水景环岛效果图巧妙融合采光功能与观赏功能，多面三角形透明强化玻璃组合而成钻石的切面效果，水纹漫过，剔透生动。水景点缀在休息区域，下沉式洽谈空间包围其间，水面虽小，足以倒映天光云影。

山是重庆的特色，依山而建的格局，让阶梯成为重庆的城市肌理中最独特的元素。利用阶梯衔接高差，重塑了城市的肌理，迎合行进步伐最舒适的尺度。

5. 中心庭院

草坪尽头连接休憩的廊亭，无尽的视野获得一丝克制，让观赏的尺度获得出乎意料的遮挡。巧妙的是，廊亭不仅作为休憩空间，隐藏在背后的电梯更是充当了连接上下两层平面的载体，用最隐蔽的方式过渡高差。

因地制宜，利用高差，融合山城山地特点，让泳池呈现出近乎天际泳池的空间体验。

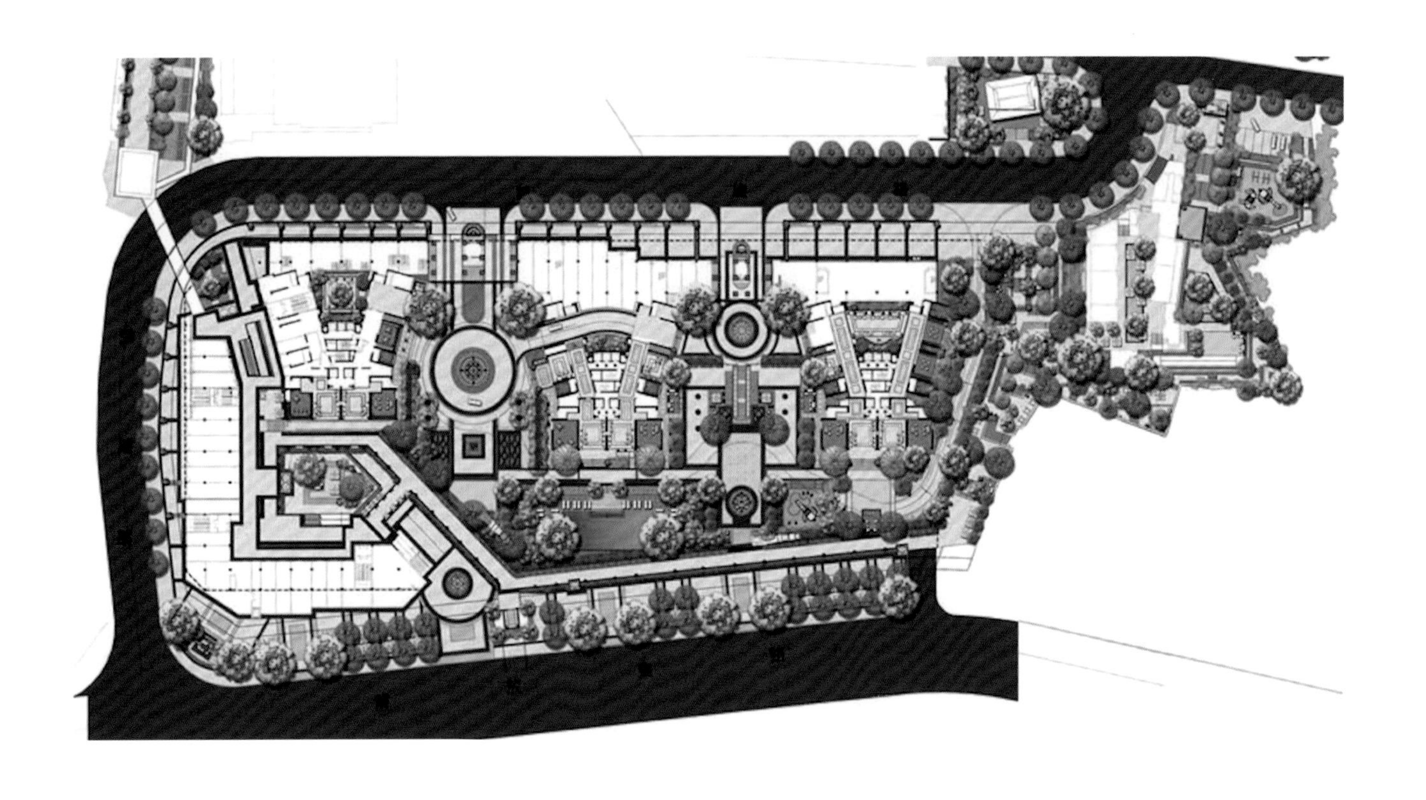

▲ 总平面图

▼ 入口区域实景图

▼ 阶梯区域实景图

▲ 水景区域实景图 1

▲ 水景区域实景图 2

主入口区域平面图

中心庭院方案平面图

草坪区域实景图

泳池区域实景图 1

廊亭区域实景图

泳池区域实景图 2

PROJECT
NAME

万景·九洲天府

32

项目基本信息

项目名称：万景·九洲天府
设计单位：四川蓝海环境发展有限公司
主创团队：冯皓、陈琳、迟振东、粟艳、李锐

设计文字说明

围绕新亚洲主题，承袭传统东方大院格局，打造围合空间，设置“宫门－府门－宅门”的三进体验，彰显东方大院格局。根据人行流线的设置，三进大院的格局，分别以石、水、禅为主题，再现东方传统美学。人行体验起始，结合场地高差，打造山林主题景观。售楼处前的景观，设置大面积静水面，倒映建筑主体，增强建筑的昭示性。售楼处后的样板房区域打造静谧的禅意景观，凸显景观意境和氛围。

园林的艺术即在于此，为了停驻时光，为了牵系情感，为了一方玲珑天地。用园林设计语言，勾勒艺术，勾勒未来。

园林即情感：
铺装、植物、廊架、小品、光影将一方天地倾注了情感，让冰冷的处所有了温度，供居者安歇，抑或安静享受。

山荫林影现：
初见，山野间，丛林密布，透过廊架探出头，一进大门，亦隐亦禅，府门将景观层次感展现得淋漓尽致，重叠有序，透着神秘，让人欲入，一探内景。
含雅、端庄、不失内趣，一道府门，就展现了整个园林艺术的秘密。

水从天上来：
简是一种艺术，是一种留白，是一种情感的延伸。
设计师在构思过程中，将情绪、禅境代入设计，用设计语言、设计符号加以描绘。穿过叠影重重的花间，眼前仿佛打开了一幅山水画卷，疏林密影、山水瀑布、隔水望山——景色，隔山望水——重精神升华。
水从天上泻下，似从瑶池来。雨落在黑镜面上，溅出水花点缀在山石上。禅境之中，悠然庭户，带来内心的宁静，简洁之美、留白之境呼之欲出。

光影演绎艺术：
园林的艺术在于表达情感，景观不再只是一处寂静的风景，而是拥有自己生命力的风光。
后场因地制宜，豁然开朗，一片水境。人涉水而行，端立水间，水声潺潺，微风拂面，加上灯光，时刻都在演绎着精彩绝伦的光影秀。借助光影和风的助力，场所有了呼吸，贴合人之情感，静下心来，感受自然的艺术，禅境于一方玲珑天地，无我、无他，只望得见这光影斑驳里的遐思。

流连山水间，徘徊禅境中。
一方玲珑天，一处精修园。

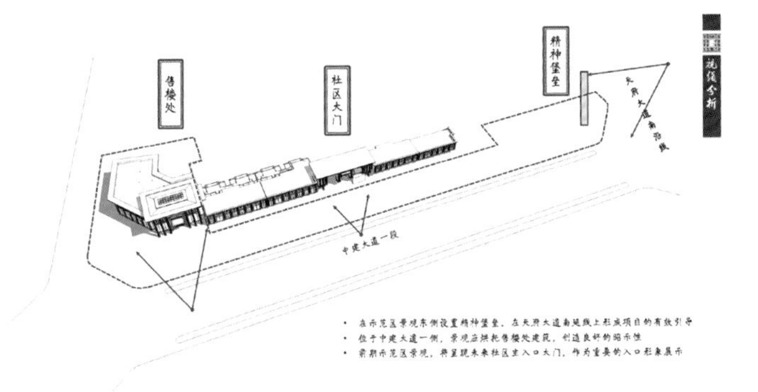

▲ 流线分析图 1

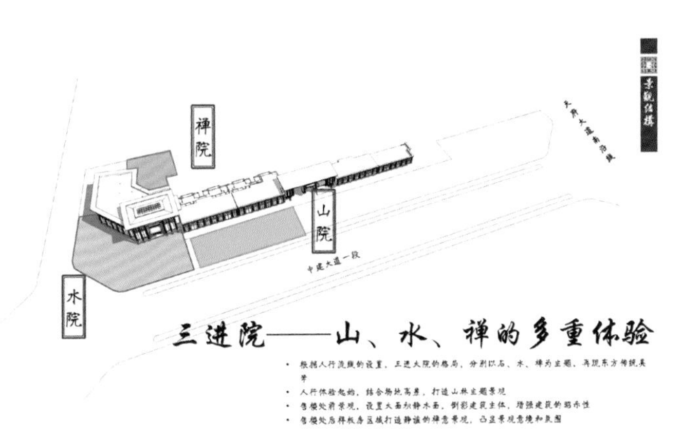

▲ 流线分析图 2

单位简介

蓝海设计集团 BSED 创立于 1999 年，是一家二十年专注于景观设计的创意设计企业。旗下包括四川蓝海环境发展有限公司（园林景观设计），成都聚合旅游策划咨询有限公司（旅游规划、策划），四川省华纳思建筑规划设计有限公司（建筑装饰设计），成都阳嘉智慧科技有限公司（儿童智慧乐园）。为国家旅游规划甲级设计资质单位、国家风景园林甲级设计资质单位、国家城乡规划乙级设计资质单位、国家装饰乙级设计资质单位，是中国著名的旅游策划、旅游规划、景观设计、建筑装饰设计、雕塑艺术、智慧乐园、苗圃种植的综合性创意设计单位。

“创意天人合一的人居环境”是蓝海设计的设计理念，以客户为中心、以创新为根本是蓝海设计的企业文化。立足项目自身特点，注重因地制宜的设计创意，承担具有挑战性的项目，在设计领域引领国内设计潮流，是国际设计在国内的真实落地，也是国际设计结合本土文化的完美呈现。

▲ 景观组团效果图

▲ 会客厅效果图

▲ 入口效果图

▲ 天井效果图

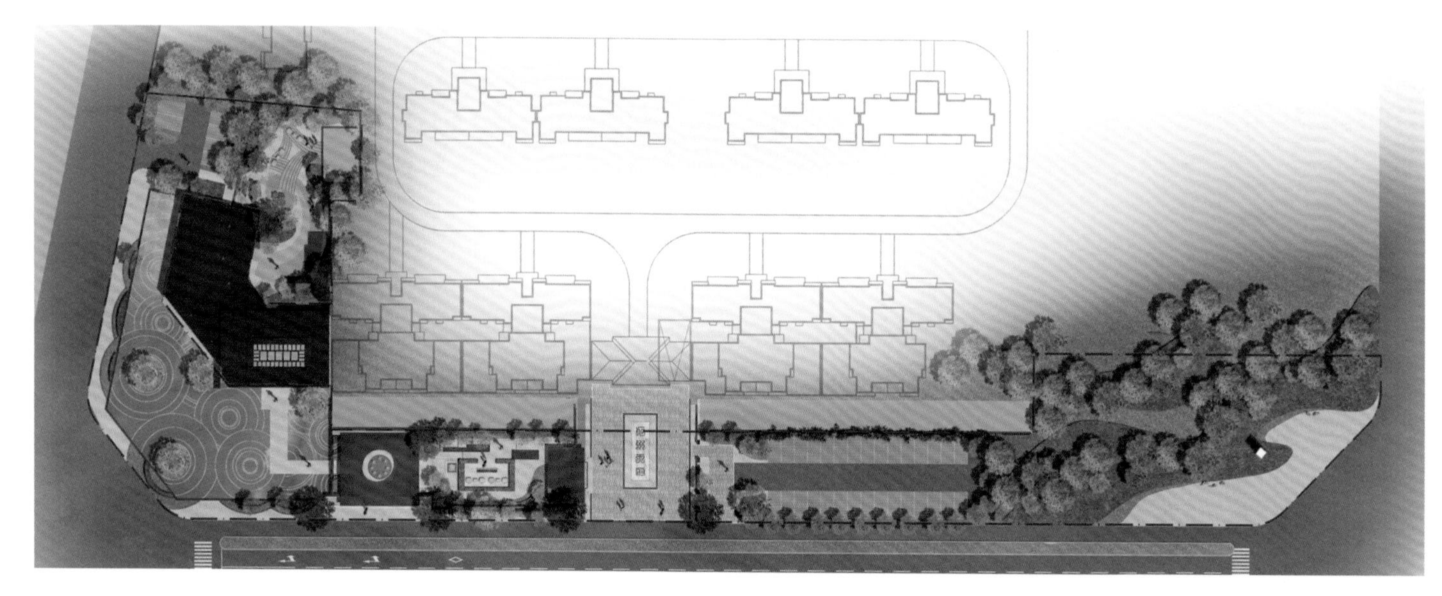

▲ 总平面图

▲ 现状分析图 1

▲ 现状分析图 2

▲ 景观组团实景图

▲ 入口实景图 1

▲ 入口实景图 2

▲ 水景实景图 1

▲ 水景实景图 2

▲ 售楼部实景图 1

▲ 售楼部实景图 2

PROJECT
NAME

龙湖冠寓·刘行社区

33

项目基本信息

项目名称：龙湖冠寓·刘行社区
开发单位：龙湖集团上海公司
主创团队：孙祝强、毕若琛、张晓英、杨晨驰、朱宇超

设计理念

规划设计原则：

（1）最大限度地发挥地块的经济价值，提升城市环境总体形象。规划设计力求最大限度地发挥地块的经济价值，充分考虑地块城市周边环境及交通特点，合理安排好建筑布局，组织空间与景观，形成安全、舒适、高效、优美的城市环境，提升城市环境总体形象。

（2）综合开发，富有时代气息和人文特色的新型城市环境。通过合理调整土地使用结构，完善道路系统，配置停车库、公建用房等公共设施和市政设施，进行综合开发，以营造环境优美、交通顺畅、绿意盎然、富有时代气息和人文特色的新型城市环境，并使整个地块的建设能融入城市周边的大环境。

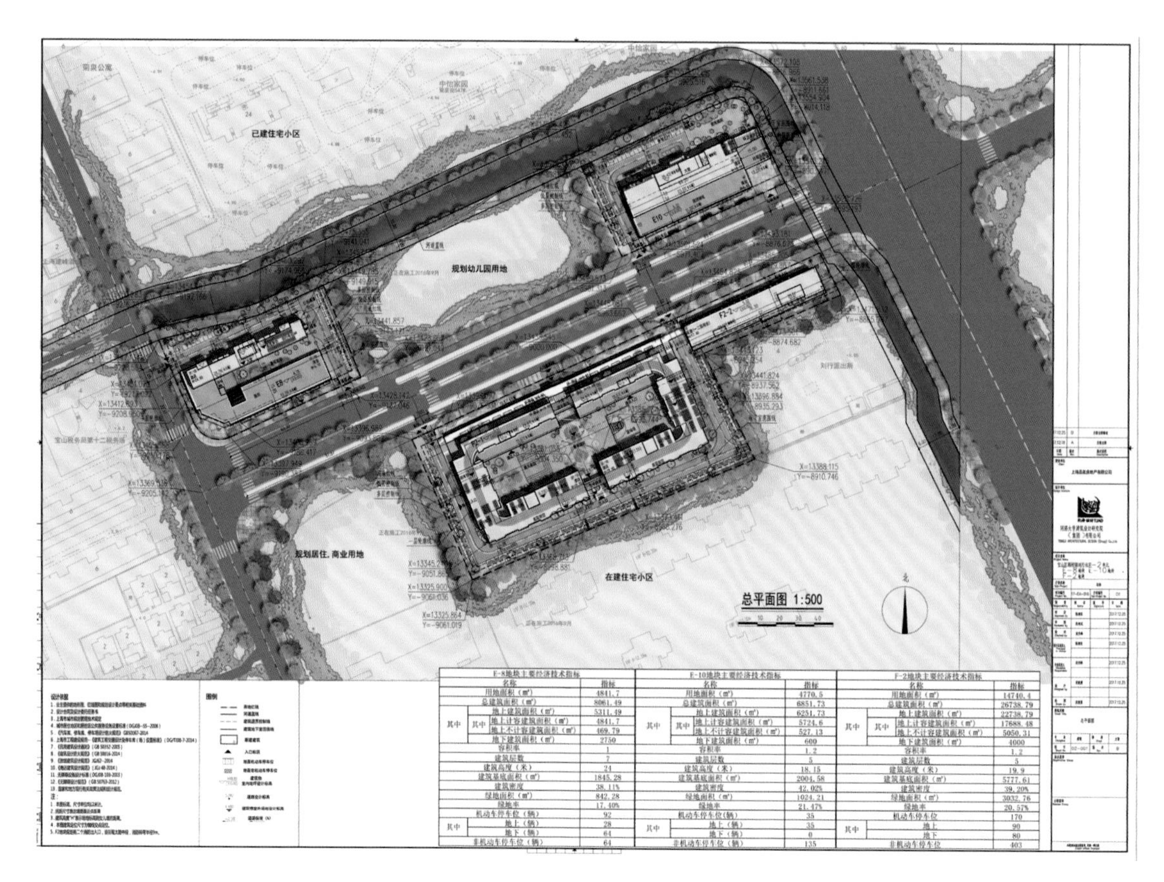

➤ 总平面图

▲ 整体鸟瞰图

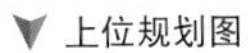

▼ 上位规划图

（3）采用简洁现代的设计手法，以浅色干挂石材、浅色涂料以及深色金属窗套形成稳重大气的建筑形象。对于造型及材料的不同表达，本质上追求与城市风貌相协调。作为功能主体之一的商业设施分布于三个地块沿街界面，为了化解商业裙楼的体量，F2 地块的设计采用了更贴近行人尺度的退台式布局，营造尺度适宜的商业街道，茂密的行道树覆盖着室外的街道，既增加城市景观又富有购物乐趣。同时，这些商业街道链接底层架空空间，形成向市民开放的城市空间。

景观环境设计：

在景观设计上，项目旨在打造顾村新地标，采用酒店式入口、管家式服务、全景化架空层、屋顶跑道、青年放映室等景观亮点，来打造具备品质、时尚、互动特质的青年社区，针对不同的客群以及三个地块的场地差异，品质奢华风、玩趣互动风、优享花园风分别打造三个地块，在功能上进行差异化处理，使场地参与者流动起来，达到互动与交融。同时利用酒店式大堂与管家式服务营造品质感，利用台地式景观来消除室内外高差，营造室内外互通感，利用商业立面和屋顶跑道营造竖向变化，利用互动装置、运动设施、文艺空间等营造动静结合的活动氛围。

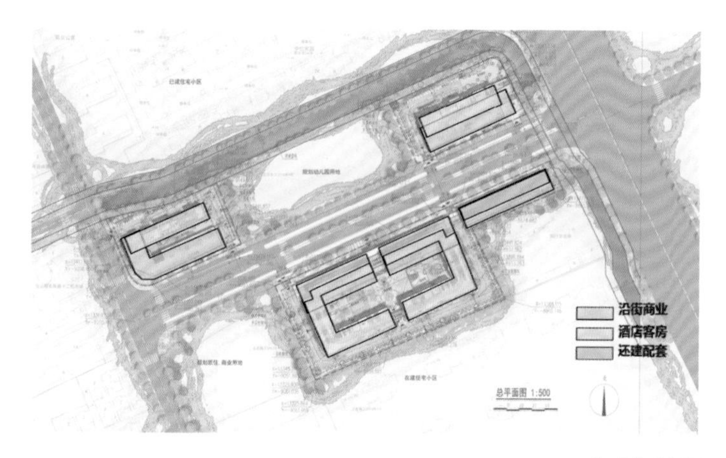

▲ 功能分析图

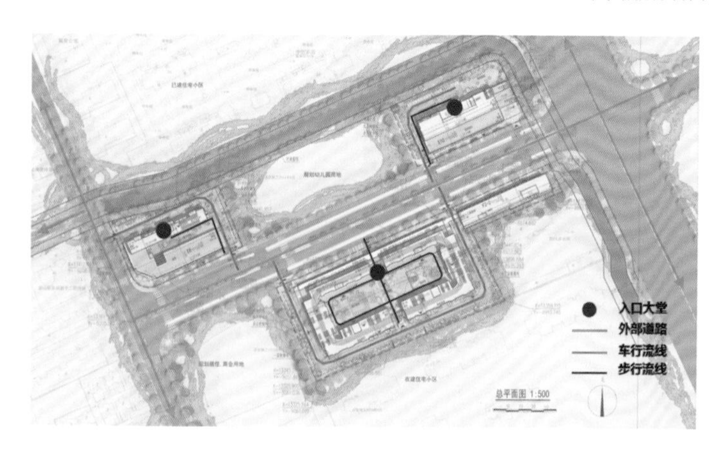

▲ 流线分析图

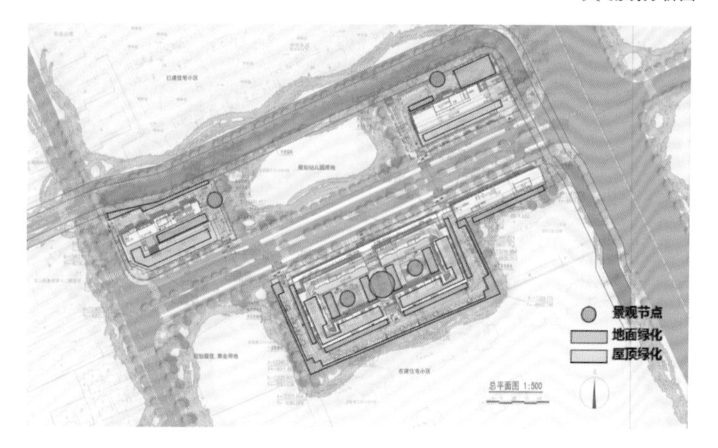

▲ 景观绿化分析图

▲ 沿街透视图

▲ 内庭院透视图

▲ 主入口透视图

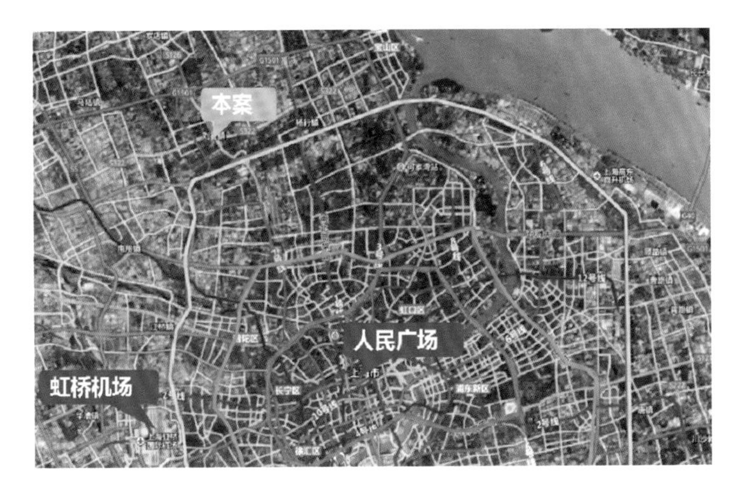

▲ 城市区位图

▼ 基地周边图

基地周边 SITE CONDITIONS

项目位于上海市宝山区顾村居住区，居住区以“四高”水准建设，同时兼顾局住动迁和商品房开发，是生态环境优美、可持续发展的大型居住社区，本项目周边居住区较多，以本基地为中心的居住区分别为菊泉新城（东区）莉泉新城（西区）菊泉小区、菊泉公寓、菊泉新村、宝翔苑、宝沁苑等。

基地周边新建已建大型商业有：沪太路以东的大型沃尔玛超市、龙湖北堰天街，北郊广场；沪太路以西的绿地缤纷城，菊泉文化街等，从现状看基地周边大型商业总量已趋于饱和，但是，从基地周边交通情况看，因为沪太路道路较宽，而且车流量巨大，使沪太路以西居民去沪太路以东购物不方便，而沪太路以西区域除两处集中商业以外，为居住区配套的组团商业明显不足，商业服务半径过大，小型组团配套商业需要完善。

▼ 屋顶平台图

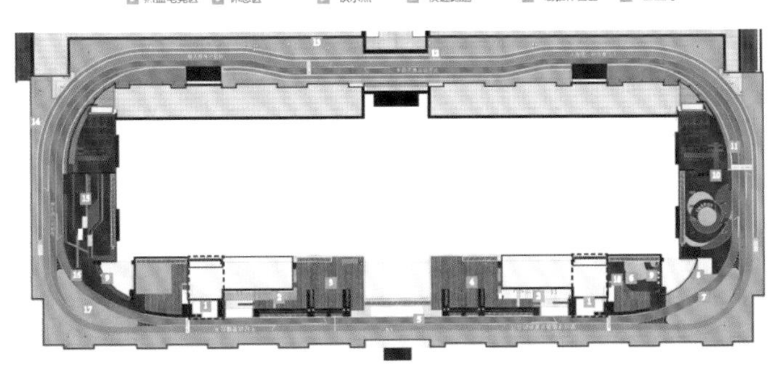

▲ 地块划分图

▼ 屋顶平台透视图

PROJECT NAME

天津融创·复康路 11 号

34

项目基本信息

项目名称：天津融创·复康路 11 号
设计单位：贝尔高林国际（香港）有限公司
主创团队：许大绚、谭伟业、左瑞华

设计文字说明

1. 区位介绍

复康路 11 号坐落于天津海鸥手表厂故址，比邻南开大学，直面水上公园，东邻天津网球中心，西邻天津图书馆。项目坐拥百年文脉与自然资源，是天津市中心绿化率最高且建筑密度最低、大隐于市的高端居住区。项目承法式建筑精髓，将深厚的历史文脉与土地价值融入作品之中，成为见证时间的经典之作。

1955 年，天津手表厂诞生了中华人民共和国成立后的第一块国产手表，四位机师仅凭着小车床、小台钻、小铣床和一台砂轮机仿制出了一块瑞士 sindacd15 钻粗机手表。从此，天津手表厂历经沉浮，相比全国几十个国营手表厂相继折戟，海鸥表率先飞出困局，绝地逢生，越飞越高……直至成为代表中国站在世界钟表之林的领军企业。

这里承载了几代人的回忆与心血，“复康路 11 号”这个楼盘的命名恰是以这种最庄重的方式将回忆保留了下来，那五六十年树龄的绿树也被最大限度地保留了下来，那标志性的门前大钟也被留了下来，而最宝贵的是原属于手表厂的对品质精益求精的态度也被保留下来了。

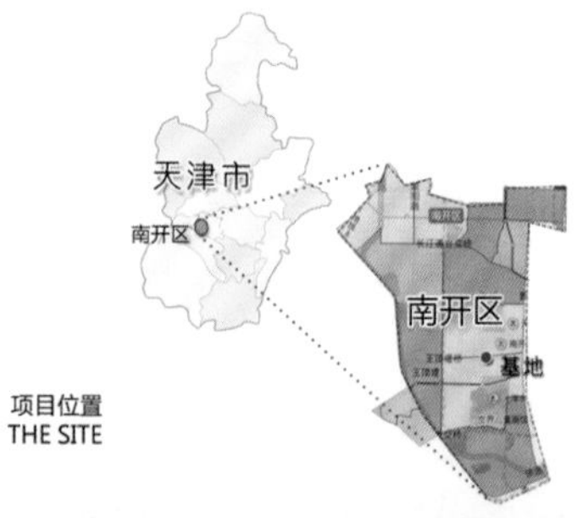

项目位置
THE SITE

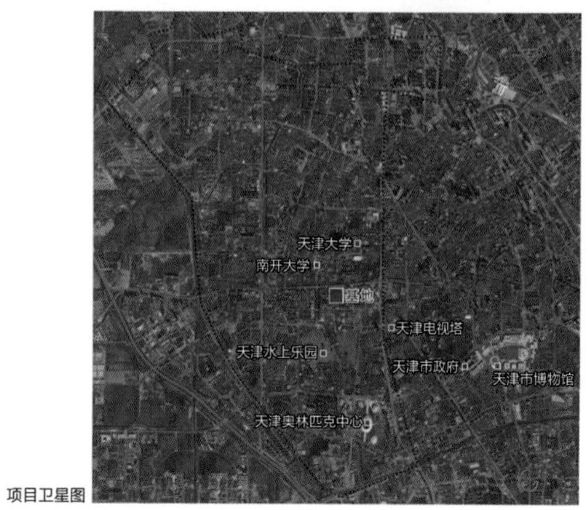

项目卫星图

项目地理区位概述

地块位于天津市南开区，地块距地铁3号线周邓纪念馆站不足700m，交通出行便捷；又西邻天津图书馆，北与南开大学本部隔街相望，人文气息浓厚。自然环境方面，该地块南向依托天津市区“绿肺”水上公园，西侧水上北路绿化优美，大有闹中取静之感。此外，手表厂地块又临近天津传统、成熟的富人居住区，具备突破地缘限制、吸纳各区客户的魅力。

区位分析图

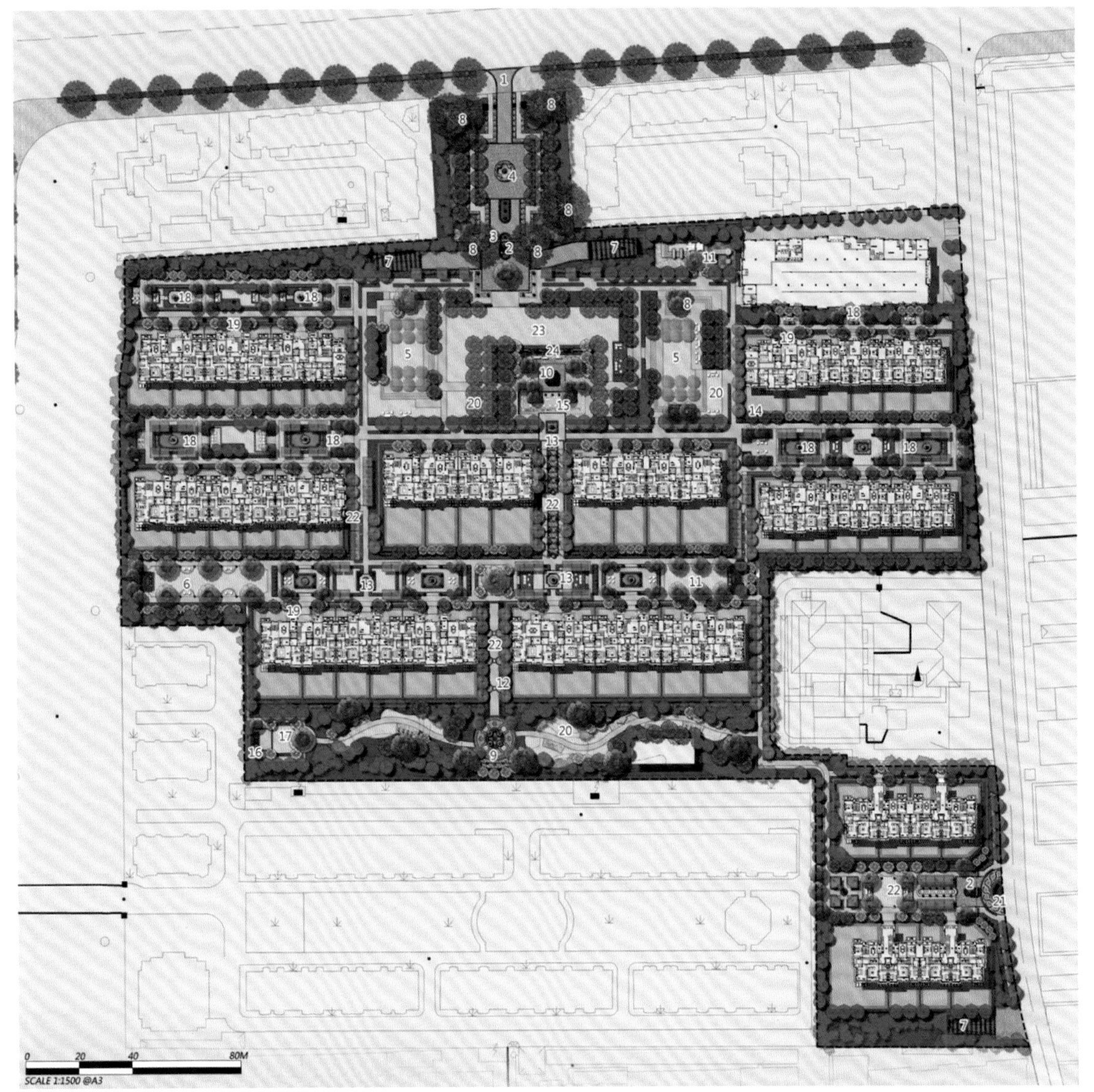

▲ 总平面图

2. 主入口

主入口景观为轴对称形式，入口处即可望见中心节点处精致的特色水景喷泉，道路延伸至富有礼仪式和尊贵感的中央台地式花园，整个空间更显庄重。入口处保留了原手表厂极具标志性的大钟，这不仅是对手表厂精气神的传承，更是对在此奋斗过的几代人的尊重。入口道路两侧做了人车分流的处理，法式浪漫的七重景致徐徐映入眼帘，让人仿佛置身极富异域风情的法式花园之中。

3. 中央花园

超大面积的中央花园简洁开阔，草坪空间让人豁然开朗。其间以小水景作为点缀，搭配季节花卉，黑、红、绿的搭配让尊贵感散发得淋漓尽致。

4. 下沉会所

看似平静的中央花园却总能为你带来惊喜，下沉会所的呈现，好似一个隐秘空间。从地面、立面的铺装，到水景、灯光、植物的细致搭配，待到夜晚来临，整个空间将变得金碧辉煌，不乏雅致与趣味。我们尽力保留却又不乏改变，以景观筑“臻贵”，以设计传承天津手表厂六十多年风雨却始终坚守优秀品质的精气神。

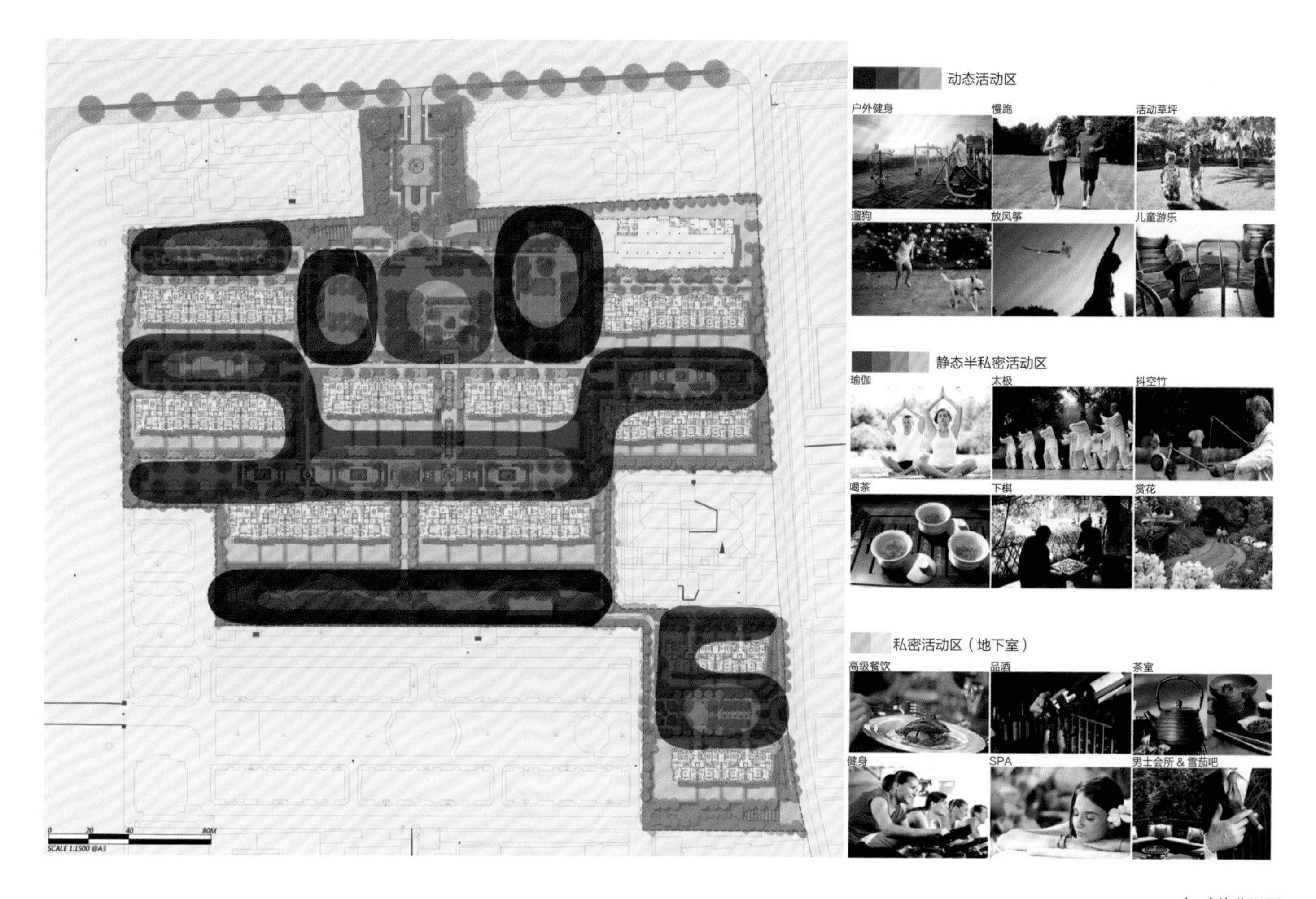

▲ 功能分区图

▼ 入口区域实景图 1

▼ 入口区域实景图 2

▲ 入口区域夜景图 1

▲ 入口区域夜景图 2

▲ 中央花园效果图

▲ 中央花园实景图 1

▼ 中央花园实景图 2

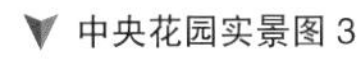

▼ 中央花园实景图 3

▲ 中央花园夜景图

▲ 下沉会所实景图

PROJECT
NAME

天津融创天拖旧厂改造

35

项目基本信息

项目名称：天津融创天拖旧厂改造
设计单位：深圳市华汇设计有限公司
主创团队：肖诚、廖国威、李志兴

技术经济指标

位置：天津市南开区
用地面积：1.38 万 m^2
建筑面积：1.49 万 m^2
计容面积：1.37 万 m^2
容积率：1.0
绿地率：18%
设计时间：2014 年
建成时间：2017 年

设计文字说明

天津天拖机修车间位于南开区城市主干道红旗路西侧，区内主要厂房保存良好；厂区内部绿树成荫，道路保存完整，地面基本无大高程变化。我们通过功能、尺度、氛围三大转换来实现对机修车间在空间形态上的重构，从而打造南开区新的商业、文化中心——集时尚消费、科贸创意、生态宜居为一体，体现天津工业历史风貌的区域中心。

（1）功能转换——从原来大跨度、无障碍的大型机械生产车间到现在的零售商铺、展览办公，这种转变主要体现在空间、界面等层次。

（2）尺度转换——旧有车间是排架式的大尺度厂房，高度为 6~20m 不等，跨度通常都以 6m 为模数。但商业空间需要较小的尺度，高度和面宽要重新界定，形成对人更有亲和力的空间。

（3）氛围转换——厂房的空间是严肃、紧张的，与之相反，商业空间是自由活泼的，这种转换就对厂房的界面、材料、场所提出了新的要求，通过细分界面、更新材料、营造景观来塑造商业氛围。

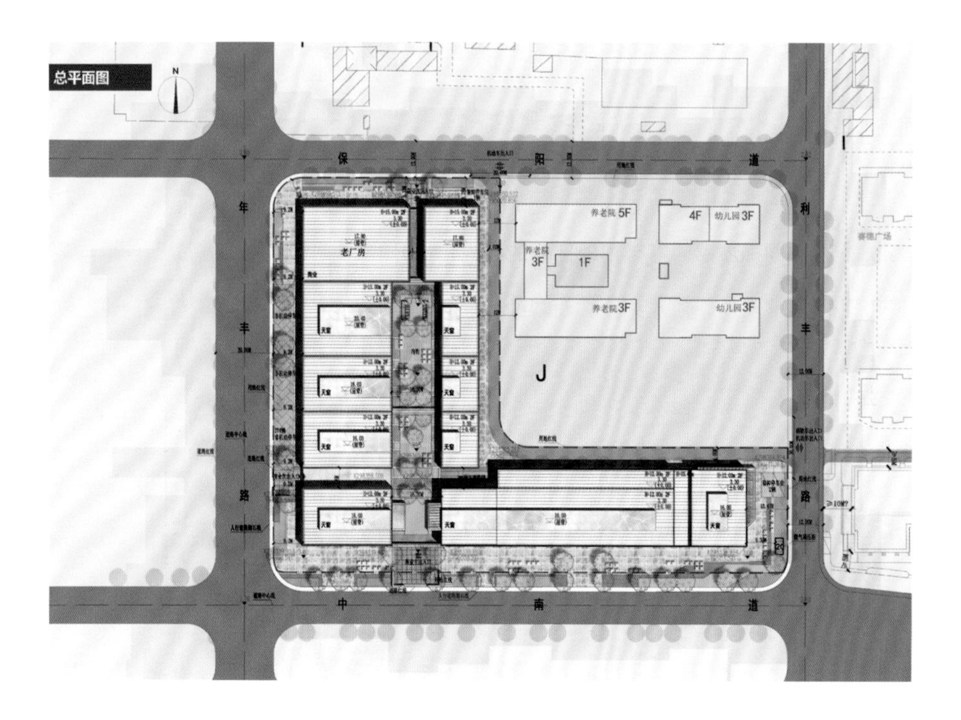

彩色总平面图

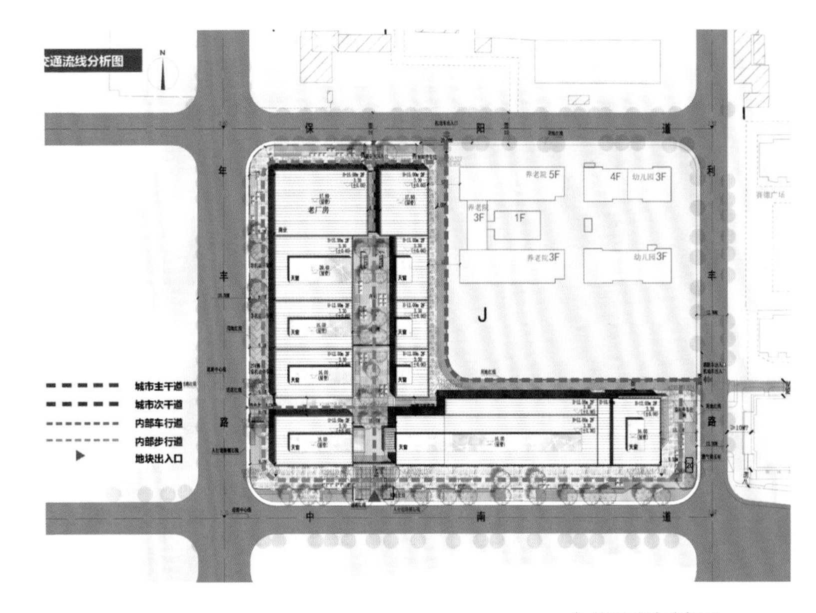

▲ 交通流线分析图

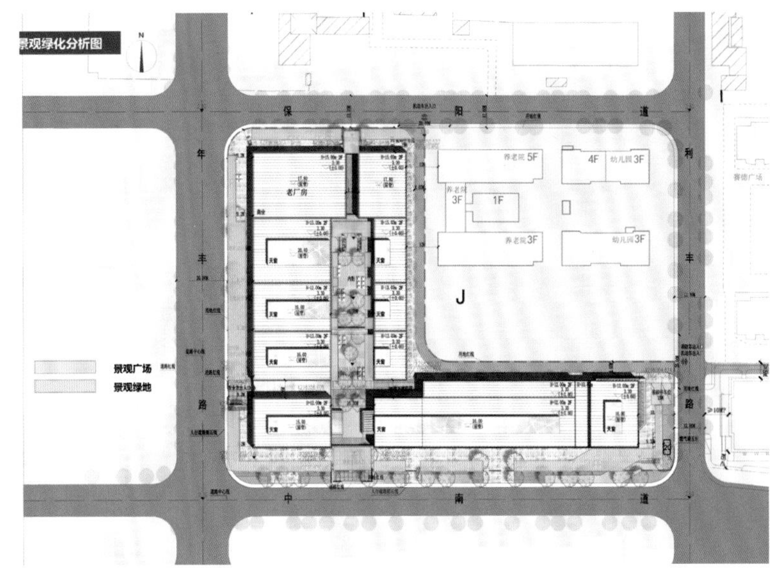

▲ 景观绿化分析图

设计对策

1. 合理保留

尽量利用现有的厂房结构，选择性地保留、改建有价值的厂房空间，使其能与新的功能交融并进。保留是一种对待城市记忆的诚实态度，是现实建构对城市历史的透明化覆盖，而不是断然清除，抹去城市记忆。在保留的基础上用现代语言重新诠释工业厂房，为其注入新的生命力。

2. 化整为零

商业空间要求亲切的尺度、灵活的展示面，因此我们采取化整为零的方式，化大为小、化长为短，化均质为特质，尽量减少大进深空间。

3. 新旧交织

我们尝试在削减后的体量中置入现代、轻盈的新体量，从而创造多种空间的漫游体验，提升空间品质感；打破内外空间的界限，提升内部空间可达性。

另外我们强调新旧肌体的对比，这种对比体现在材料的现代感、构成方式、美学特征等。新旧交织可使人对旧的历史文化氛围有更深刻、强烈而戏剧化的感受。外立面则遵循原有肌理，重新植入红砖构筑细节，延续工业建筑的秩序感与厚重感。

4. 场所再生

我们设想通过围合、内置、渗透的空间界面处理方式，以内外、新旧的对比重塑天拖片区的场所氛围。外部延续厂房的红砖界面，保持整肃的外部空间特质；内部空间形态则延续外界面的砖构材料符号，结合商业界面进行重构，形成一组具有强烈的工业文明的空间界面。

▲ 鸟瞰图

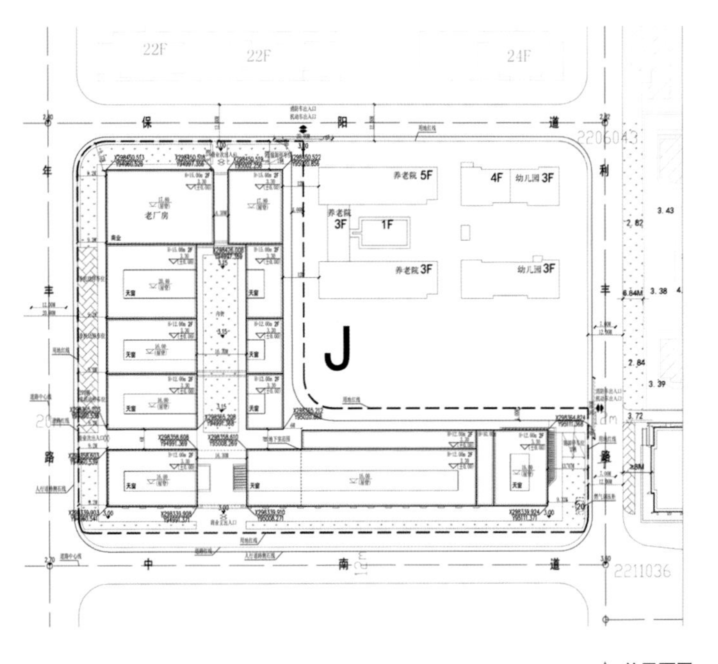

▲ 总平面图

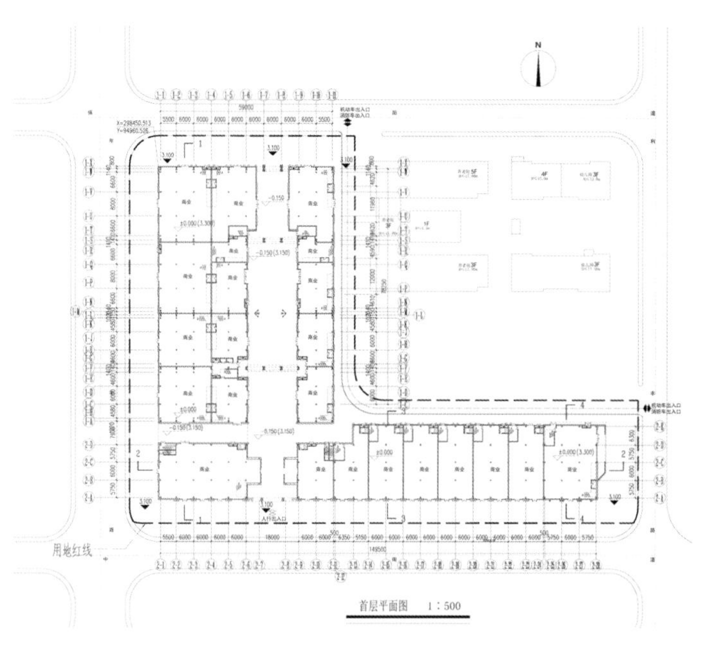

▲ 首层平面图

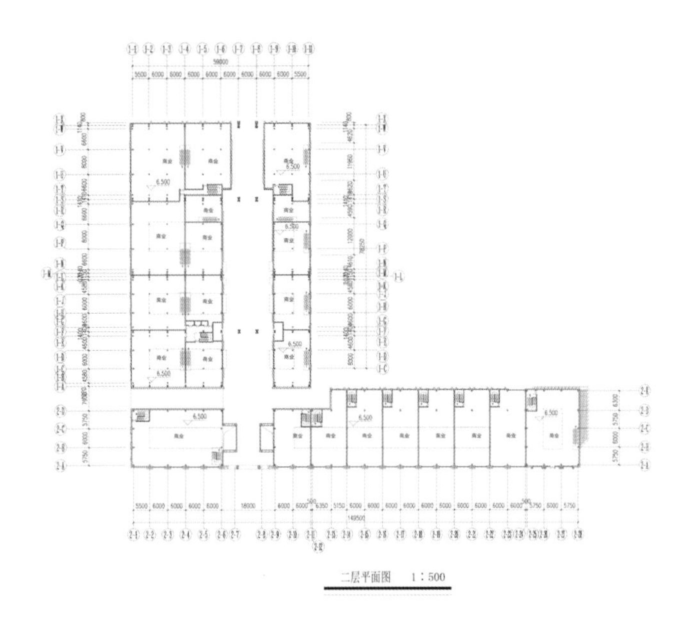

▲ 二层平面图

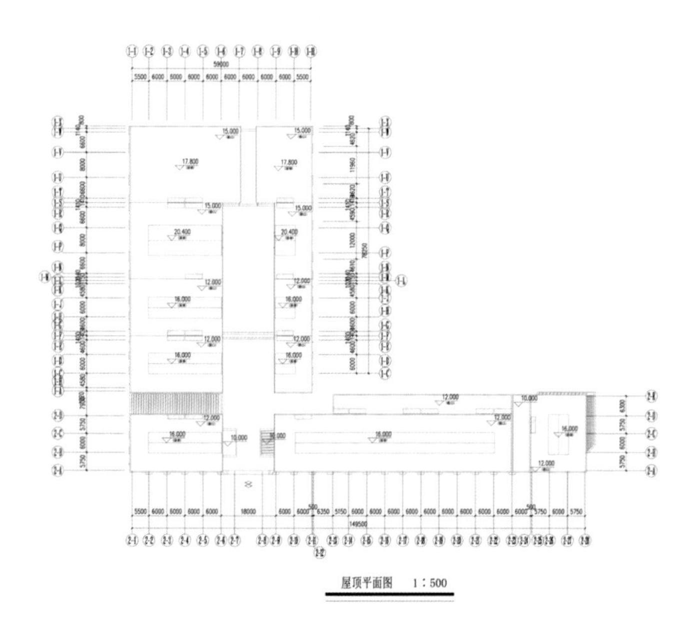

▲ 屋顶平面图

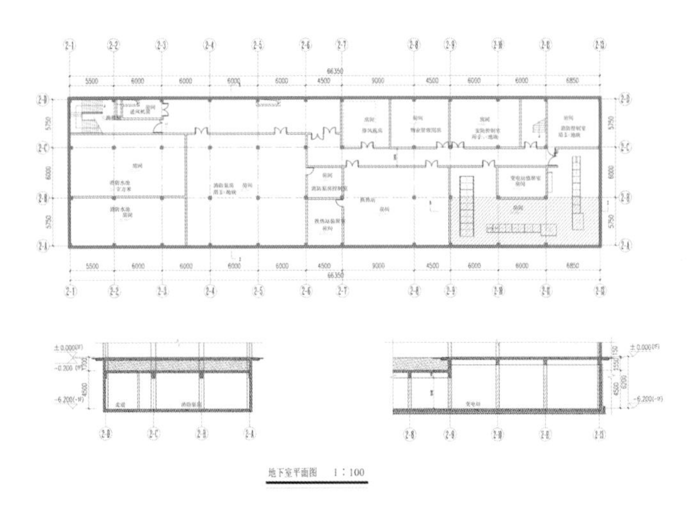

◀ 地下室平面图

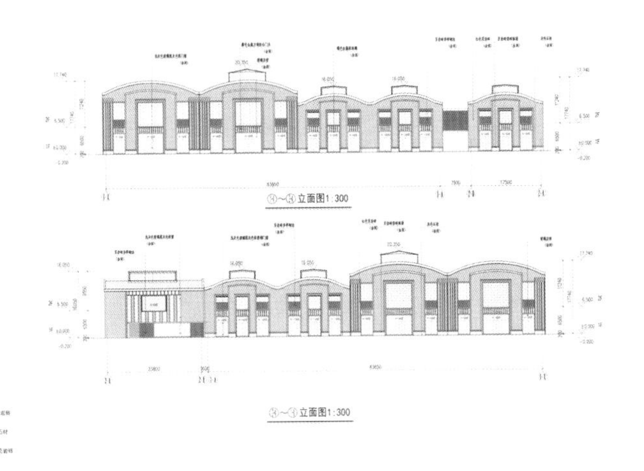

▲ 立面图 1

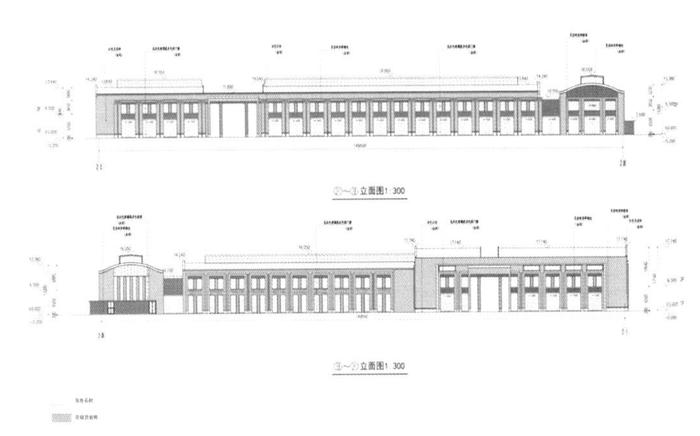

▲ 立面图 2

▲ 立面图 3

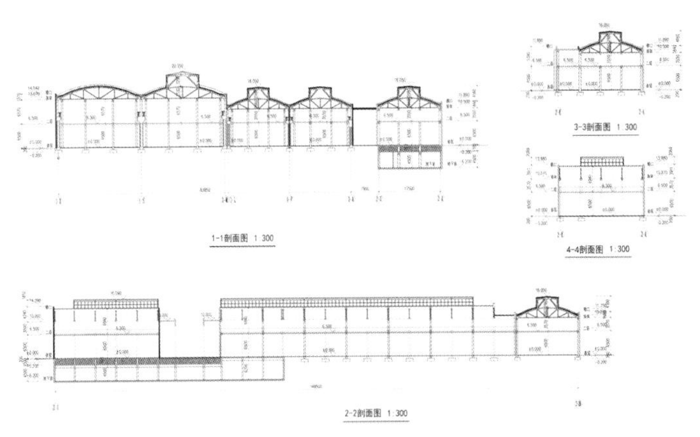

▲ 剖面图

▼ 实景图 1

▼ 实景图 2

PROJECT NAME

元升朗园项目施工图设计

36

项目基本信息

项目名称：元升朗园项目施工图设计
设计单位：上海瀚望建筑设计有限公司、中国建筑上海设计研究院有限公司
主创团队：朱中原、吴道远、李建军、赵鉴、薛海波、柴松、吴剑虹、沈正、杨伟、温连军、王杜佳

设计文字说明

1. 规划目标

（1）全局和战略性。
结合控规，研究整个如皋城市文化，要从宏观角度寻求居住区发展的战略和空间整合的策略。
（2）生态和可持续性。
贯彻“以人为本”的思想，以建设生态型环境为规划目标，形成生态生活环境，城市生活品质的优质社区。
（3）可实施和经济性。
提出具有可实施性的开发策略，同时采用新技术，达到节约能源的目标。

2. 设计理念

该如何来建设这样的社区?
我们要强调的是适于此时此地的社区，一个有丰富内容的社区。

这个社区以亲切怡人的水体景观、高标准的公共服务设施为形式；以丰富的城市街区形态，优越的生活质量为内容。

在总体概念的基础上，基于对城市生活的长期观察与理解，以及对理想社区的长期期许和设想，我们提出四个方面的宏大构想：社区以繁华的城市生活为外在表现；有多层次的景观构成，包括自然景观与人文商业景观的交错组织；从城市角度，丰富的城市街道景观将为城市建设增色；优越的生活质量是我们社区建设的最终目标。

我们希望将社区建设成为有着和谐生活氛围的大型社区。

3. 区位特征

项目位于如皋市中心西南方向，距市中心3.5km。在交通上紧邻花市大道，直通G15沈海高速，交通优势明显。

▶ 总鸟瞰图

夜景总鸟瞰图

4. 项目定位

打造如皋市国际化的生态高品质居住社区，形成有一定规模，有完善市政配套，环境优雅，节能生态的国际化社区。

5. 规划设计

（1）规划结构。

北地块：基地用地局限，整个地块的建筑排布是南低北高，由前端多排 3 层起步至 6 层再至 12 层排布，西侧为未来绿化带，东侧有十几米宽的景观带及河道，北侧同样是自然河道水系，景观视线开阔丰富。

南地块：基地用地局限，东侧布置高层与配套沿街商业建筑，西侧为低层住宅，各自自成体系。

（2）绿化景观设计：生态主轴，组团花园，简洁实用。

1）城市景观：地段内主要的周边景观有东侧、北侧两条自然水系，利用周边环境，同时建筑布局和建筑高度充分考虑邻市政道路的形态，形成错落的城市天际线。

2）景观特色：①运用简洁实用的造景手法，将简洁的元素贯穿始终。由整齐列植的树木、方向性的园路组成具有韵律感的构图，使人行其中，走在何处都可感受到具有运动感与韵律感的简洁之美。②小区组团内围绕道路体系，结合丰富的植物造景与人工造景，形成自然舒适的空间环境。在驳岸的处理上运用多种造景手法，创造出丰富多变的滨水绿化带。在植被设计上沿用疏林草地与疏密有致的观赏植物相结合的设计方法，营造出优美的景观步道效果。③突出人文景观。结合建筑空间布局，设计出具有强烈的地中海风格布局又不失历史主题性的广场空间。以绿地与铺装的划分引导人流，人们可以惬意地徜徉于林荫之间，感受半个世纪前的历史氛围。④设置步移景易的花园景观。设计中强调了空间中各景观要素组合搭配的层次关系，突出楼体、绿地及道路之间的整体和谐感。花园式的组团绿地，给人归家如至公园的感受，无比惬意轻松。

（3）交通：地下停车，人车分流。

1）机动车道路系统：小区内部交通以人车分流为主，机动车在小区入口进入地下车库，小区内部 6m 宽的车行环道，兼作消防道路之用，小区内部有少量的地面停车位。

2）人行道路系统：小区组团内部以人行交通为主，人行道宽 1~2.5m，小区内步行系统布局上以小区组团花园的中心景观、集中绿化为主，串联各组团景观系统，并通过广场、旷地节点，引导步行道路。在集中绿化方面，景观节点处设置人流集中的广场，作为社区人与人交流的中心，并与会所配合。

3）静态交通：区内停车位的设置比例为 0.8 个泊车位／ $100m^2$，商业为 0.6 个泊车位 /$100m^2$，配套公建平均按照 1.8 个泊车位／ $100m^2$。

4）出入口：根据小区规模并综合考虑疏散、城市道路和景观等方面的因素，小区的人行主入口和车行出入口主要沿中间区域布置。

5）住宅立面特征：

①建筑外形丰富而独特，形体厚重，贵族气息在建筑的冷静克制中优雅地散发出来。建筑形态围绕法式风格的理念进行精心设计，展示出法式建筑的多重魅力所在，力求使小区成为如皋市一个标志性的新住宅形象。

②在色彩和材质上选用质朴温暖的浅色调，使建筑外立面色彩明快，既醒目又不过分张扬，在建筑中融入阳光和活力。

③整个建筑多采用对称造型，气势恢宏。

④充分考虑室外空调机位的设置，利用凸窗之间的空间或者其他横板空间放置空调机位，避免今后对建筑外立面的人为破坏。

6. 建筑设计

板楼点式高层多样组合。

（1）住宅类型分类：小区内住宅由低层住宅和板式高层组成。

（2）住宅布局原则：高层沿东侧景观布置，西侧为低层住宅，中间通过小区景观车道隔离。

（3）日照和相互之间的间距：通过对小区的日照分析，满足大寒日 3h 的规定。

（4）住宅各类型的平面：住宅平面户型的选择根据因地制宜、品种多样的原则，户型品种多样，高层为两梯四户，保证所有的户型有朝南的房间，户型朝向优越，布局合理，功能流线畅通，分区明确。

（5）住宅立面材质：高层住宅 1~2 层局部 3 层为褐色真石漆，3 层及局部 4 层以上为黄色涂料，屋顶为蓝色筒瓦。低层住宅一层为浅黄色石材，2~3 层为浅黄色涂料。

（6）住宅层高：高层住宅层高为 3m，低层住宅首层层高 3.3m、局部 3.6m，二层层高 3.3m、三层层高 3m。

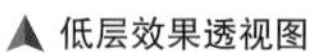

▲ 低层效果透视图

▲ 多层效果透视图

▲ 高层效果透视图

▼ 北地块彩色总图

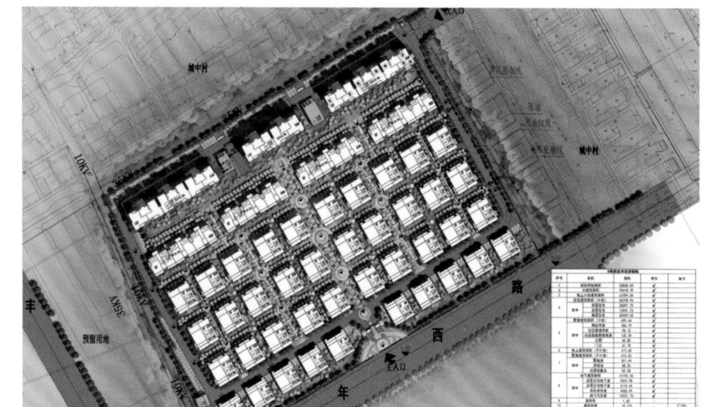

▼ 南地块彩色总图

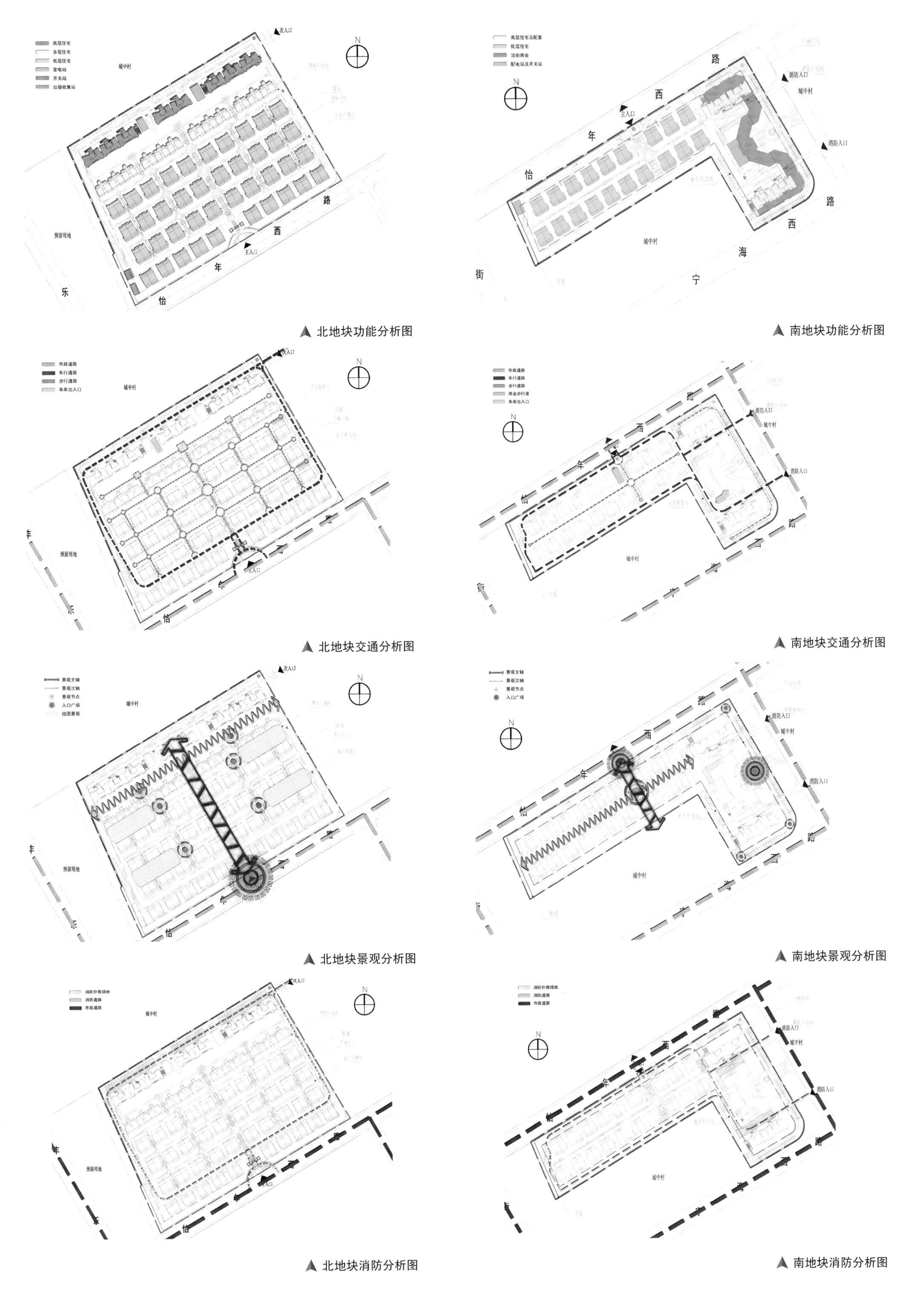

▲ 北地块功能分析图

▲ 南地块功能分析图

▲ 北地块交通分析图

▲ 南地块交通分析图

▲ 北地块景观分析图

▲ 南地块景观分析图

▲ 北地块消防分析图

▲ 南地块消防分析图

PROJECT
NAME

舒城远大·中央公园小区施工图设计

37

项目基本信息

项目名称：舒城远大·中央公园小区施工图设计
设计单位：安徽省城市综合设计研究院有限公司
主创团队：张超、高向鹏、张瑞峰、吴根宁、龚海波、范力、周康、胡智群

设计文字说明

1. 舒城县概况

舒城县是安徽省六安市下辖县，位于安徽省中部、大别山东麓、巢湖之滨，江淮之间，合肥、六安、安庆三市交会处，206 国道、105 国道、沪蓉高速公路、合九铁路贯穿境内。该县现辖21个乡镇和两个省级经济技术开发区、一个省级旅游度假区。城区常住人口22万(2010年)，距合肥市 48km，距合肥经济技术开发区 36km。舒城风景秀丽、区位优越，素有“安徽北戴河，省会后花园”“皖中花园，舒适之城”之称。该项目为优化项目，贝尔高林的设计师在建筑已完成、景观施工接近尾声的时候开始介入，希望通过对软硬景配置的优化处理，打造出更为理想的景观空间效果。

2. 区位与环境

本项目为舒城远大·中央公园小区，地块位于舒城县滨河路东南侧，七门堰路以北，春秋路以西，用地四面临路。本案北侧和西侧被南溪河公园环绕，自然景观优越；东南侧区域规划为教育配套服务中心。周边配套完善，居家、办公、购物、出行等环境优雅、生活便利。

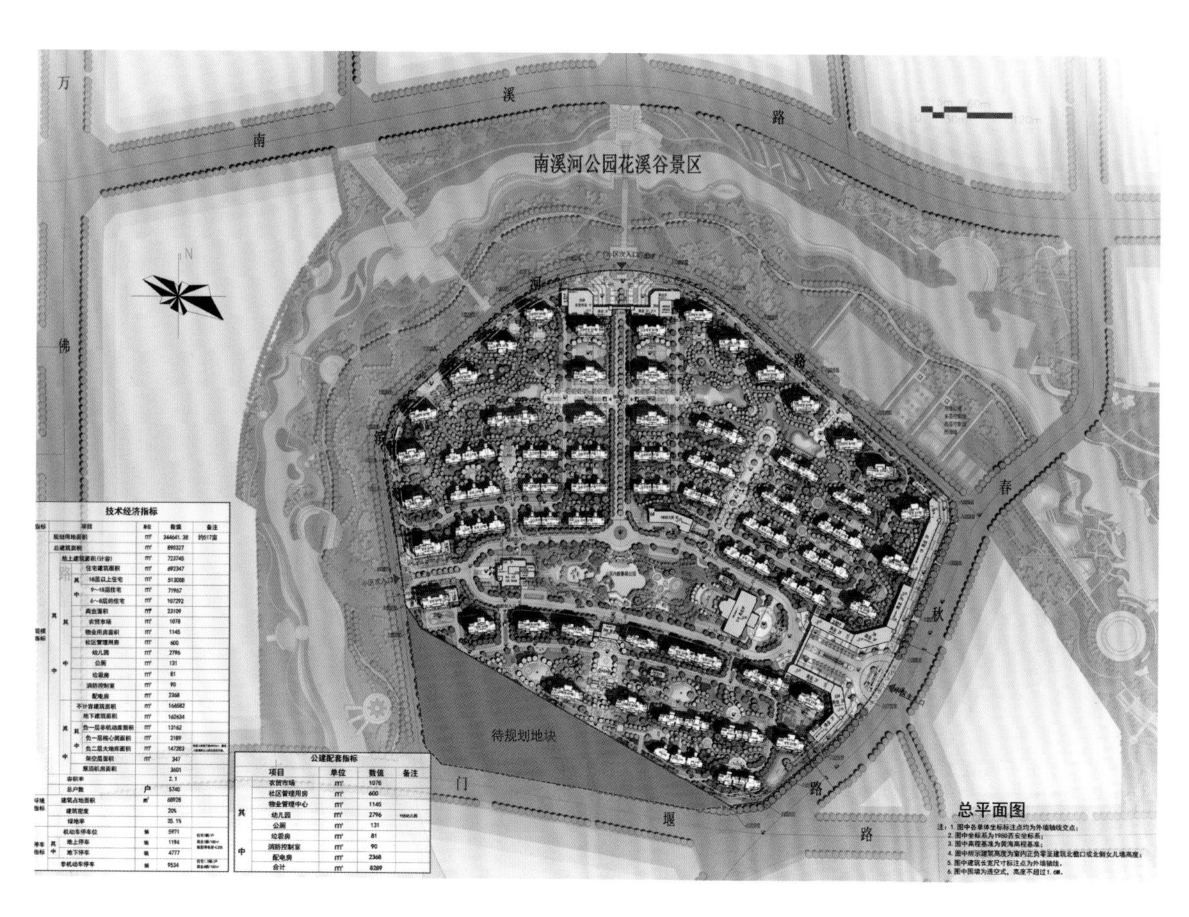

技术经济指标

指标	项目	单位	数值	备注
	规划用地面积	㎡	344641.38	约517亩
	总建筑面积	㎡	890327	
规模指标	地上建筑面积(计容)	㎡	723745	
	住宅建筑面积	㎡	692347	
	18层以上住宅	㎡	513088	
	9~18层住宅	㎡	71967	
	6~8层的住宅	㎡	107292	
	商业面积	㎡	23109	
	农贸市场	㎡	1078	
	物业用房面积	㎡	1145	
	社区管理用房	㎡	600	
	幼儿园	㎡	2796	
	公厕	㎡	131	
	垃圾房	㎡	81	
	消防控制室	㎡	90	
	配电房	㎡	2368	
	不计容建筑面积	㎡	166582	
	地下建筑面积	㎡	162634	
	负一层非机动库面积	㎡	13162	
	负一层核心筒面积	㎡	2189	
	负二层大地库面积	㎡	147283	[illegible]
	架空层面积	㎡	347	
	屋顶机房面积		3601	
	容积率		2.1	
	总户数	户	5740	
环境指标	建筑占地面积	㎡	68928	
	建筑密度		20%	
	绿地率		35.1%	
停车指标	机动车停车位	辆	5971	[illegible]
	地上停车	辆	1194	
	地下停车	辆	4777	
	非机动车停车	辆	9534	[illegible]

公建配套指标

	项目	单位	数值	备注
其中	农贸市场	㎡	1078	
	社区管理用房	㎡	600	
	物业管理中心	㎡	1145	
	幼儿园	㎡	2796	[illegible]
	公厕	㎡	131	
	垃圾房	㎡	81	
	消防控制室	㎡	90	
	配电房	㎡	2368	
	合计	㎡	8289	

总平面图

▲ 鸟瞰图

▲ 区位图

3. 场地现状分析

项目用地由六块地组成，分为两个部分：第一部分为正式出让的地块，分别为 2016-25 号地块、2016-26 号地块、2016-27 号地块、2016-28 号地块、2016-29 号地块；第二部分 2016-29 号南侧地块，为待出让地块。因为在第一部分五块地的出让公告中，规定了 2016-29 号南侧待出让地块正式出让时，按照市场评估价出让给第一部分五块地的土地竞得人。为了保证地块规划建设的统一性，在本次规划中，对这六块地统一规划。但是在计算规划各项指标时，本次只计算第一部分五块地的指标，第一部分共计 516.95 亩，其中 2016-25 号地块 108.12 亩、2016-26 号地块 104.14 亩、2016-27 号地块 105.04 亩、2016-28 号地块 99.36 亩、2016-29 号地块 100.29 亩。

项目用地南至七门堰路、东沿春秋路、东边和北侧毗邻滨河路和南溪河景观公园；其中七门堰路和滨河路待建设中，所以地块东边春秋道路为本地块的主要临接路面；对本案的建筑规划布局影响极大。地块周边现状均为空地，对本案规划的影响较小，且与西北侧景观水系相邻区域大，景观视野极佳。

4. 场地内部环境分析

本案地块为不规则五边形，南北间距和东西间距都较大，怎么解决场地内部的交通流线是本案规划的一个难点；地块各边朝向都有差异，如何协调住宅朝向和城市规划道路之间的空间关系，需要在规划中合理解决；本案地块内部地形高差不大，但与周边道路和沿河景观带有 2m 左右的高差，需要在规划中合理解决。

目前地块周边的开发建设已经基本成熟，地块周边区域的学校、农贸、城市公园等公共服务配套设施较为完善，其中滨河景观带的特色尤为突出。

5. 规划总体布局

总体概况：本案地块总用地面积为 344641m^2，合计 517 亩（已出让部分）；总建筑面积约 89 万 m^2，包括计容建筑面积 72.37 万 m^2，其中住宅建筑面积 69.23 万 m^2，商业面积 2.32 万 m^2，其他配建 0.82 万 m^2，不计容建筑面积约 16.7 万 m^2。功能构成上包含高层住宅、中低层住宅、小型沿街配套商业用房和必要的公共服务用房。

6. 规划理念

以用地规划条件和地块周边现状为依据，充分考虑小区建成后对于建筑及环境的影响；打造出既能体现优质的内部居住环境，又符合更高层次的规划要求的住宅小区。

多样住宅产品，满足市场的多元化需求。坚持“以人为本”，以创造生态型的居住环境和高质量的城市空间环境为目标，满足城市可持续发展的要求，力求提高居住环境质量，强调环境资源利用的公平性。

充分利用规划地块的区位条件、自然条件和文化条件，将此小区建设成为居住舒适、环境优美、服务便利，符合现代社会要求的综合性城市居住小区。

强调绿化与居民社区活动的融合，将住宅群与绿化融为一体，构建多层次、多样化的绿化空间。

图例 legend:

组团A　组团B　组团C

住宅组团的形成原则:

本案地块一为不规则五边形，南北间距和东西间距都较大，怎么解决场地内部的交通流线是本案规划的一个难点；地块各边朝向都有差异，如何协调住宅朝向和城市规划道路之间空间关系，需要在规划中合理解决；本案地块内部地形高差不大，但与周边道路和沿河景观带有2米左右的高差，需要在规划中合理解决。

目前地块周边的开发建设已经基本成熟，地块周边的区域的学校、农贸、城市公园、等公共服务配套设施较为完善，其中滨河景观带特色尤为突出。

▲ 组团分析图 1

图例 legend:

28-34F高层景观住宅区　18F高层景观住宅区　多层景观住宅区
公建配套区

本案在规划功能上可以概括为“三区，两带，一个中心”。“三区”：是指由南溪河主轴景观带延伸到本案小区所形成的主轴景观和本案小区东西向所形成的景观轴自然划分的三个组团景观住宅区，“两带”：是指由南溪河主轴景观延伸到本小区所形成的主轴景观和由东西向主入口所形成的次景观轴。“一个中心”：是指在地块中心由中心景观轴和东西景观带所形成的中心景观公园区。

整体规划上，根据基地内景观价值，相应布置大小不一的户型，高层和多层相结合，形成高地错落有致，天际线变化丰富的建筑群体。

▲ 组团分析图 2

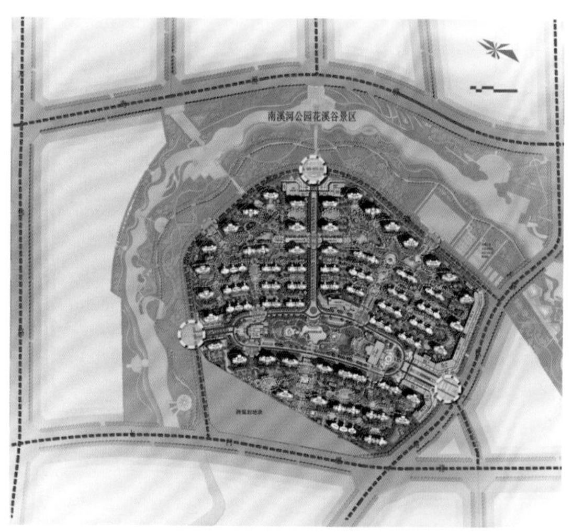

图例 legend:

城市道路　小区车行/人行道　沿街商业流线
组团车行道　组团人行道
组团出入口　小区出入口

本案小区设置三个主要出入口，分别在七门堰路、春秋路、滨河路上，这三个主要出入口围绕中心景观公园自然形成三个组团，三个组团各自有单独的出入口。

设计从车行交通和人行交通两方面进行了综合考虑，每个组团有独立的交通体系，同时在小区环道上各个组团又相互联系。

▲ 交通分析图

图例 legend:

88平方米　100/102平方米　106平方米　111/113/117平方米
124/125/126/128平方米　131/132平方米　140/142平方米
154平方米　177平方米

本案住宅建筑分别设计了满足不同住户需求的户型，同时在规划上尽量让每一户居民均有良好的景观朝向和日照通风朝向，户型设计中我们不仅对舒城县房地产市场销售较好的户型进行分析，然后进行针对性设计。

▲ 户型配比图

▼ 沿滨河路东侧效果图

▼ 商业会所效果图

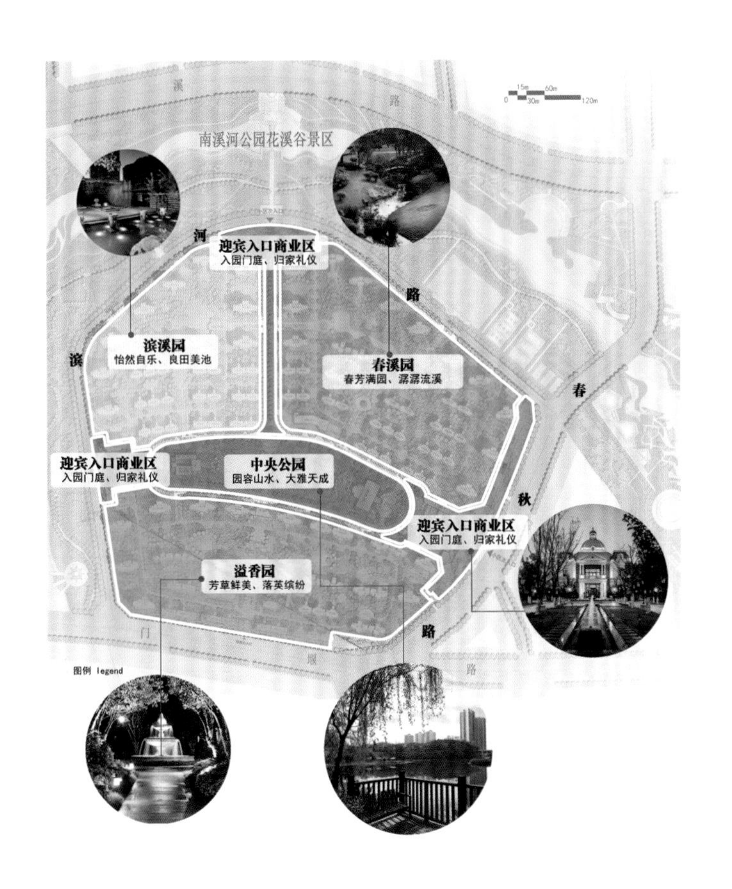

▲ 总体景观分区图

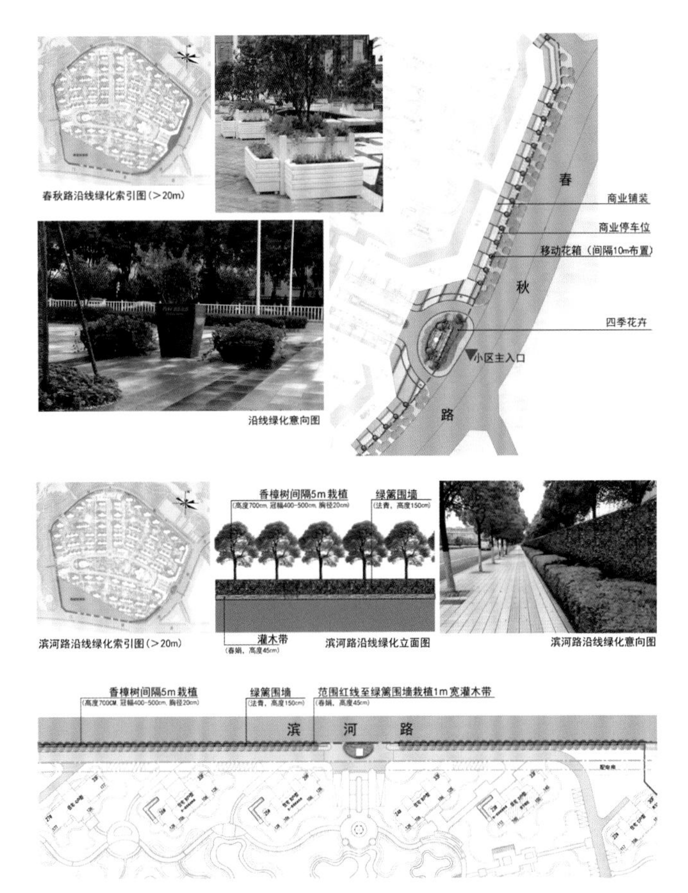

▲ 景观分段详图

7. 规划布局

本案的规划特点总体上可以概括为“三区、两轴、一中心”的规划结构。其中：

“一中心”，指的是小区内部景观公园，由于地块纵深较大，为了合理组织小区内部交通流线，在地块中心区域规划了一个内环道路，连接东西两条城市道路，然后将内环内部用地设计为景观公园。这样一来，小区外部有南溪河景观公园，内部有小区中心景观公园，“双公园”的豪华配置使得小区居住品质提升了一个大台阶。

“两轴”，分别指的是东西景观轴线和南北景观轴线。“东西景观轴线”连接了小区东西两个入口广场，串联了小区内部景观公园，是小区最为重要的一个规划结构框架。“南北景观轴线”的形成来源于城市规划肌理的延续，通过分析城市上位规划可见，城市南北交通干道高峰路到了南溪河公园就到了尽端，为了延续这种城市规划肌理，我们在高峰路的延伸方向设置了一条内部道路，连接小区内环道路和北部滨河路，小区南北景观轴正是以这条路为基础，向南贯穿南部组团，一直到南侧七门堰路。这两条轴线构成了本案地块的结构主线。

“三区”，地块被小区两条结构轴线划分为四个地块，由于南侧两块地面积相对较小，将南侧两块合并，小区就自然形成了三大组团。三大组团环绕中心景观公园布置，并在每个组团中都设置中心景观，对组团中心景观进行重点打造，使之成为组团的规划中心和景观中心。这样的规划布局使得各个组团中每一户住宅既能欣赏到自己的组团景观，又能享受到小区的中心景观公园，同时又被外围的南溪河公园环抱，这样的居住环境，真是名副其实的“中央公园”。三区中的建筑高度由南向北递增，既保证了日照光线不相互遮挡，又保证了每栋住宅有良好的观景视野。同时高低变化的建筑层次也丰富了该区域的城市天际线。

8. 建筑设计理念

高层住宅建筑以简洁大气的高层形体凸显地段标志和冲击力，竖向线条的造型组合提升了整体的建筑形象。点板结合的构成方式，在内部形成对比张力的同时，对外结成了更具特征的高层体量组合，对城市形象的影响完整且突出。中低层住宅及配套商业及公共设施高低错落，平面上带状、点式、板式结合，形式上平坡结合，尺度宜人，形态灵活。

9. 建筑风格

本案单体立面风格设计采用新古典主义装饰风格，和小区中高端定位高度契合，同时市场风险较小，建筑形象上高贵大气，整体造型秉承新古典主义建筑严谨的立面比例关系，以简洁的高层形体凸显地段标志和冲击力，竖向线条与横向线脚巧妙配搭的造型组合提升了整体的建筑形象。点板结合的构成方式，在内部形成对比张力的同时，对外结成了更具特征的高层体量组合，对城市形象的影响完整且突出。

PROJECT
NAME

无锡弘阳三万顷

38

项目基本信息

项目名称：无锡弘阳三万顷
设计单位：上海易境环境艺术设计有限公司
设计团队：刘琨、章浩、蒋志轩、潘康毅、曹逸云、刘宇、王炎梅、郁婕妤、雷红博、于红丽、姜俊、沈朝标

技术经济指标

项目地址：江苏无锡
建成年份：2018 年
项目类型：别墅
总占地面积：371365m^2
容积率：0.19
绿化率：35.00%

设计说明

弘阳三万顷隐于太湖国家 AAAAA 级旅游度假区生态腹地，穿越了一道道城市绿肺氧吧后，一座座别墅如一颗颗闪耀的明星印刻在眼前。以中心湖景为核心，强调湖、林、庭院与别墅的巧妙呼应。多种建筑形态，融汇中西建筑之精华，凝聚古典与浪漫的高贵气息。

选址研究：

项目位于江苏无锡有“天然生态公园”之称的马山太湖国家旅游度假区，地处环山东路旁，三面环山，一面望水，太湖风光与清丽山景水乳交融。紧临灵山风景旅游区，周边主要以旅游度假为主。距离市中心车程约 40min。

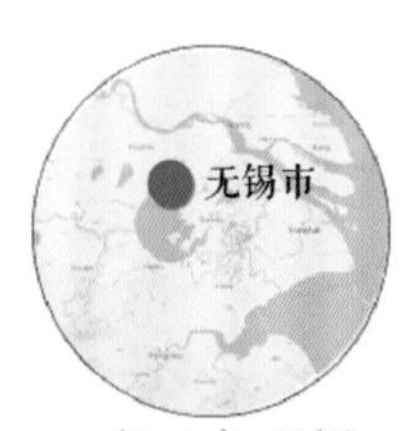

长三角·无锡

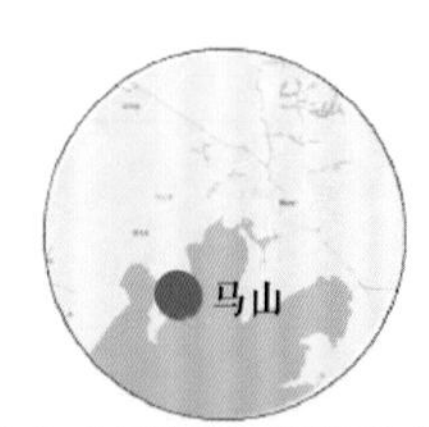

马山太湖国家旅游度假区

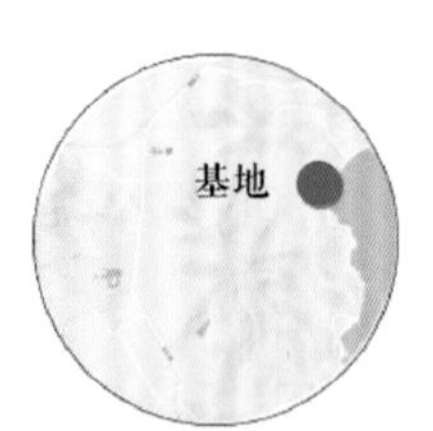

基地

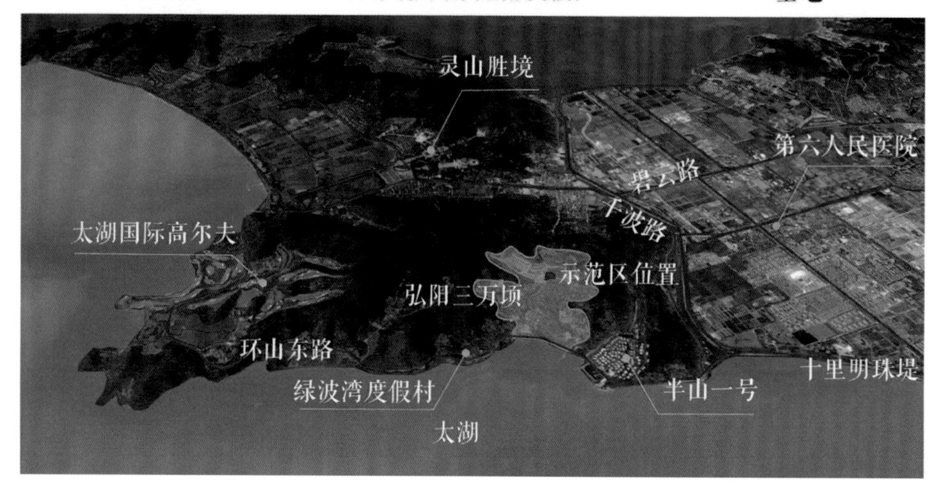

➤ 区位分析图

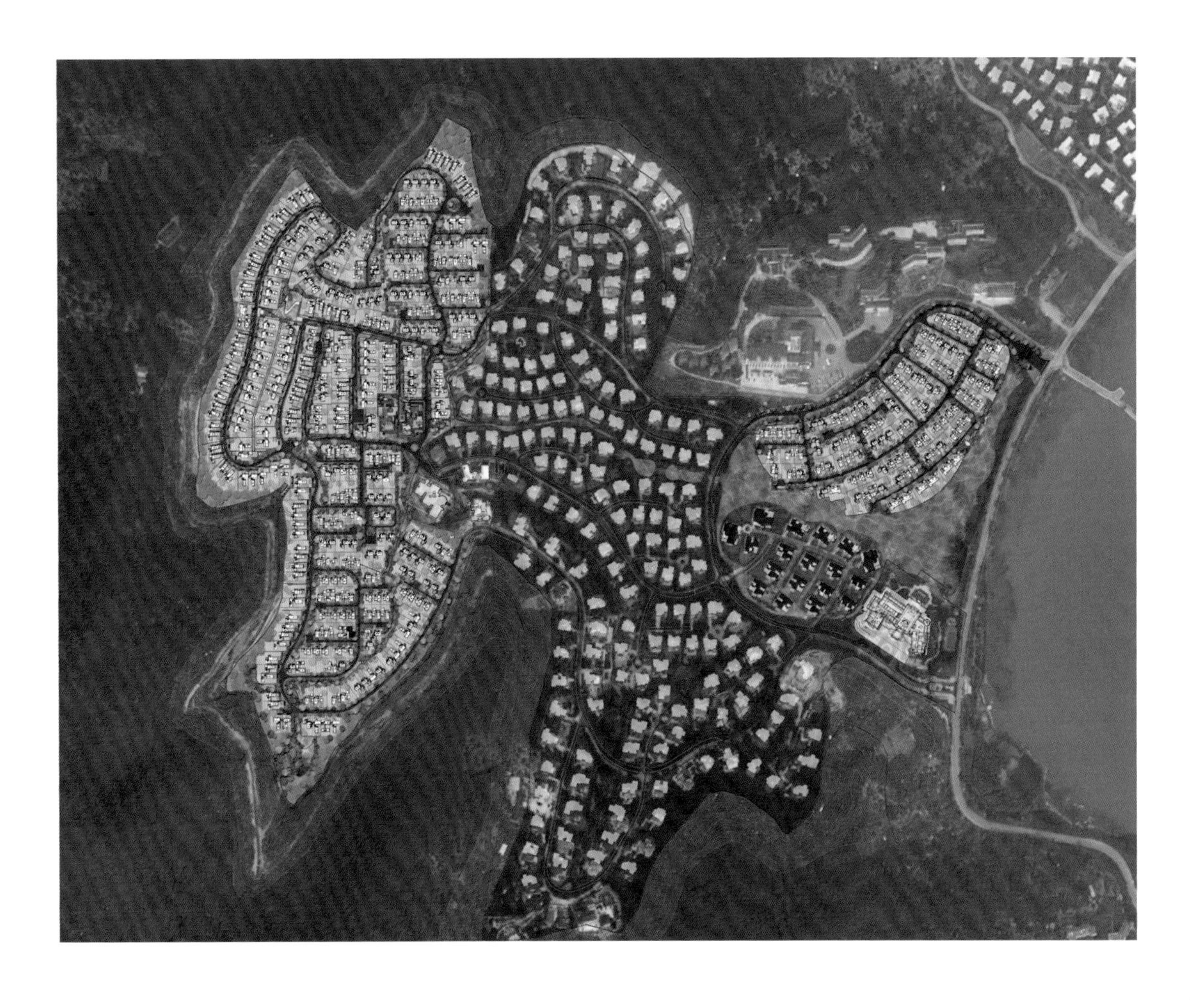

▲ 总平面图

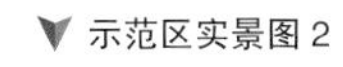

▼ 示范区实景图 1

▼ 示范区实景图 2

开发定位：

项目定位于高端群：从环境营造上，强调山体自然的保护与有机结合，环境与自然山体的相互融合。项目产品风格上：色系和材料以自然内敛，富含人文文化，体现返璞归真的极致奢华。项目以小户型别墅类为主，走高端精品路线和旅游度假路线。

设计主题：

项目以“山地豪宅不可复制的环境与文化之美”为景观打造要点。因地制宜，借山势，打造独有的人居环境，体现项目独有的资源优势。将文化植入其中，做文化，打造颐和系文化大宅，体现项目浪漫奢华。企业优势因此得到的体现与突破。

设计理念：

项目在 AAAAA 级景区旁，最大特色为湖山景色。如何趣味性地化解和利用好山地地形高差，保障每户别墅的私密性，并且让每户别墅享受最好的观湖视线，是项目景观的最大挑战。项目利用高差地形，形成丰富的山地景观，并且按传统礼仪制式，打造台地意境。项目景观设计运用筑高台、建深院、制礼门、御精奢、承造境的理念，主要分为一屿四台五部分，分别是掬月屿、印月台、皎月台、揽月台、抱月台。

项目根据地形与寓意设计了十个景点：泉语迎归，皎月湾，醉溪谷，怡然境，香草溪瀑，嬉乐园，枫舞灵鱼，素荷谷，镜池花谷，森语月迎。

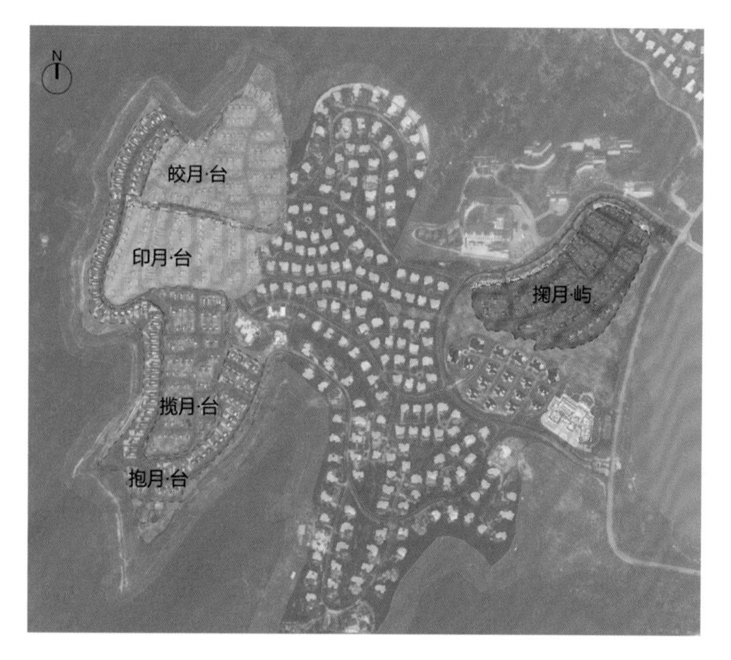

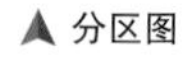
▲ 分区图

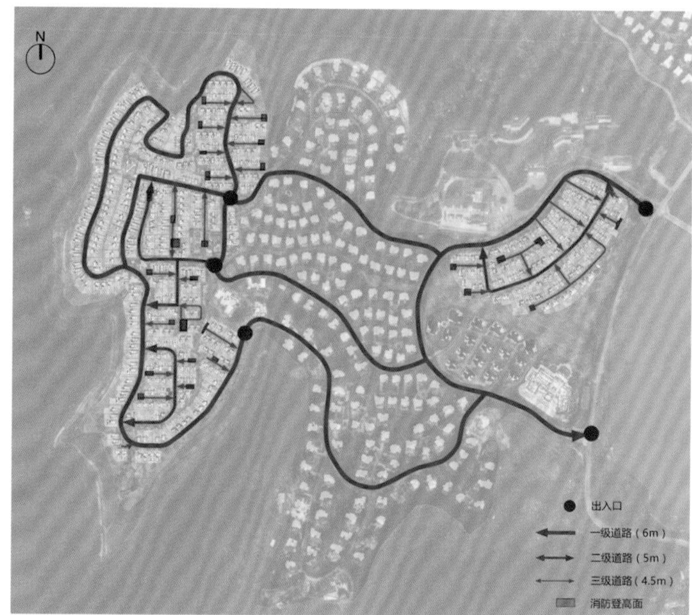

▲ 流线分析图

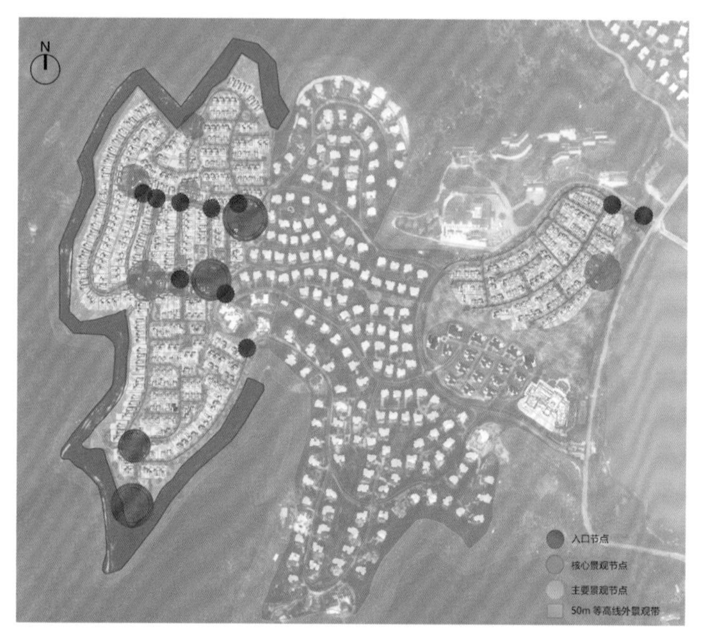

▲ 景观空间分析图

建筑设计：

采用简约现代的设计手法打造新中式江南建筑。建筑整体材质配色采用江南建筑的粉墙黛瓦，材质上运用现代化的质感，结合传统建筑的坡顶与飞檐的特点，突显出江南建筑风格。

景观设计：

皎月湾：水生植物与水中绿岛，打造意境门户景观，莎草茵茵，云烟漫漫，由此走入云湾秘境。
醉溪谷：曲折通幽，似醉步印于狭道，一溪、一屿、一亭、一瀑，在树影斑驳中熠熠生辉，美景醉人。
怡然境：以绿植为屏，引茵茵绿草为境，闲适雅座，静观山景。
香草溪瀑：高台眺望，寻着潺潺流水，越过月影疏枝，穿过斑驳景廊，追逐流水，一路向东。
嬉乐园：日暮时分静坐林间，身栖草海，远望余霞，孩童玩耍的身影忽隐忽现，笑闹声忽近忽远，天伦之乐不过如此。
素荷谷：荷花娇嫩似云霞翩翩，碧潭清澈见底，在粉霞掩映间缓缓流入山谷，景意悠长，令人神往。
镜池花谷：溪水的源头，烂漫的山花，登高望远，深处云雾如仙境。

植物设计：

根据道路空间变化，在同一园区内分别营造出各异的空间感受与景观效果。
6m 道路植物绿化设计以“五重式”组团为主，营造浓密的住宅区道路景观效果。
5m 道路植物绿化设计以“观花”为主题，实现“一台一花”，增加住户归家辨识度。
5m 道路单边入户采用简洁干净的设计手法；单侧绿化采用乐昌含笑为行道树，营造礼仪感。
4.5m 道路采用一台一景，硕果累累的设计手法。空间感受：一台一景，硕果累累，种植设计构想以精致小组团为主，绿化设计考虑宅间的识别性，并营造精致的住宅区植配景观效果。

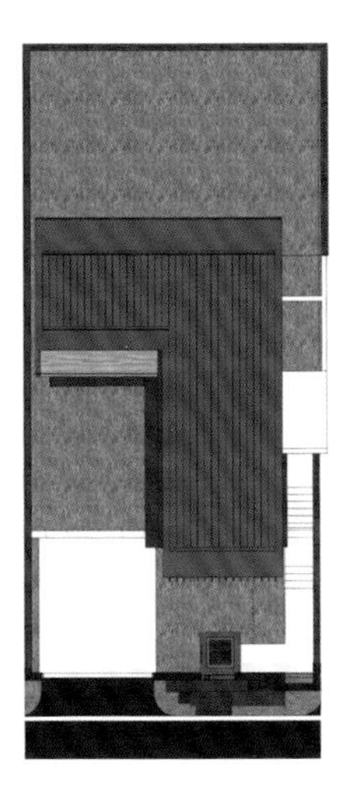

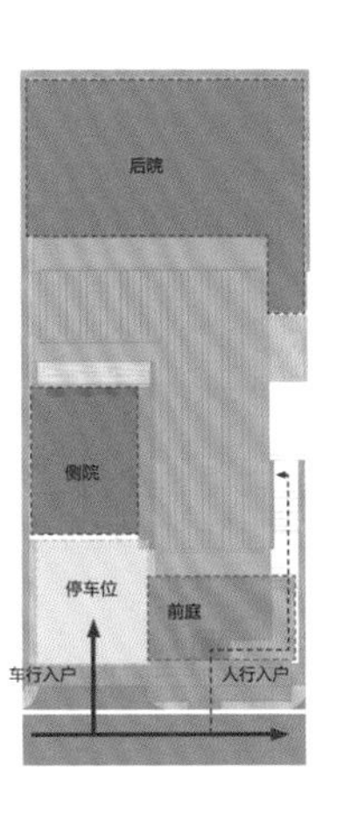

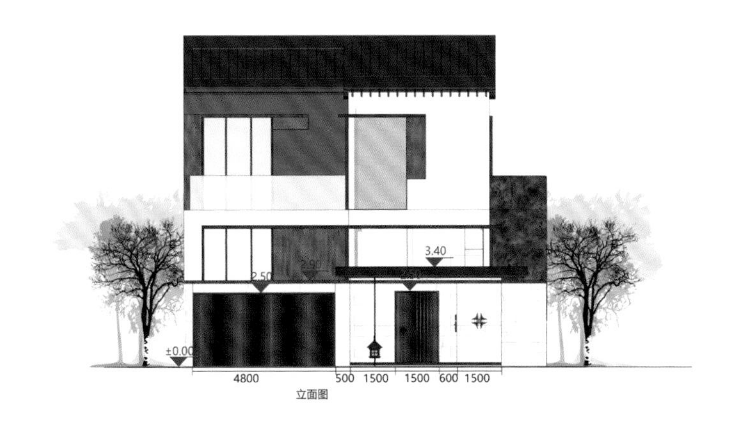

▲ C1 户型平面图

▼ C1 户型剖面图

▲ C1 户型立面图

▼ 园区大门立面图

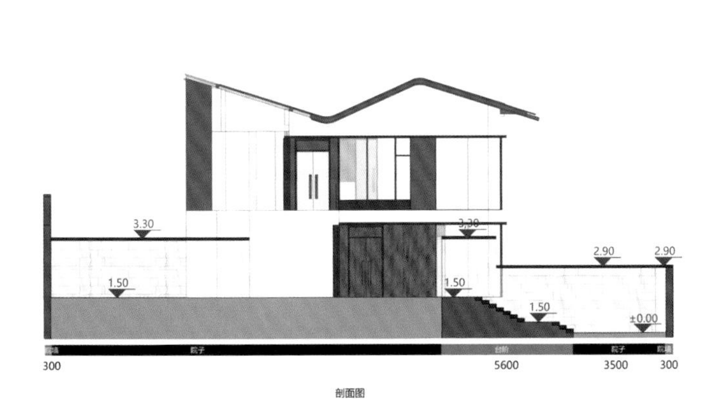

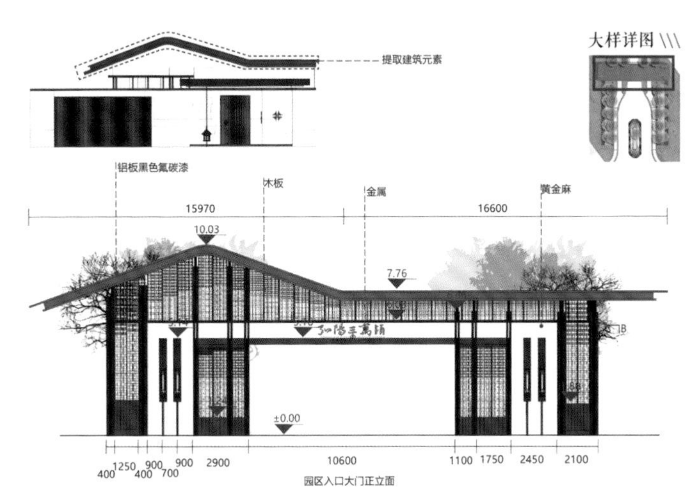

➤ 示范区实景图 1

➤ 大区效果图

◀ 示范区实景图 2

◀ 示范区实景图 3

PROJECT NAME

万宁融创·日月湾（日岛）

39

项目基本信息

项目名称：万宁融创·日月湾（日岛）
设计单位：贝尔高林国际（香港）有限公司
主创团队：许大绚、温颜洁、钟先权、黄摄秒

设计文字说明

1. 设计理念

日月湾旅游度假区依山傍水，北靠山岭环抱，南濒浩渺南海，自然形成半月形海湾。日月湾位于海中的人工岛上，海面风暴对于基地的稳定性将有极大的影响，所以景观设计并没有单纯地对规划和建筑进行填空式设计，而是重新规划建筑布局，对人工岛基底、海岸线侵蚀情况、抗盐碱材料、植物种植等问题进行研究及改良，以发展的眼光确保改良后的基地将自然风险降至最低，问题降至最少。

◀ 销售中心喷泉手绘设计图

▼ 日岛平面图

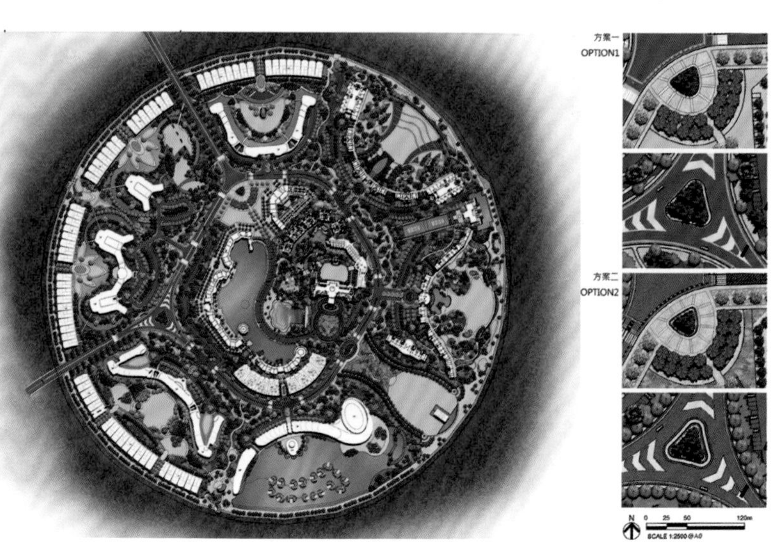

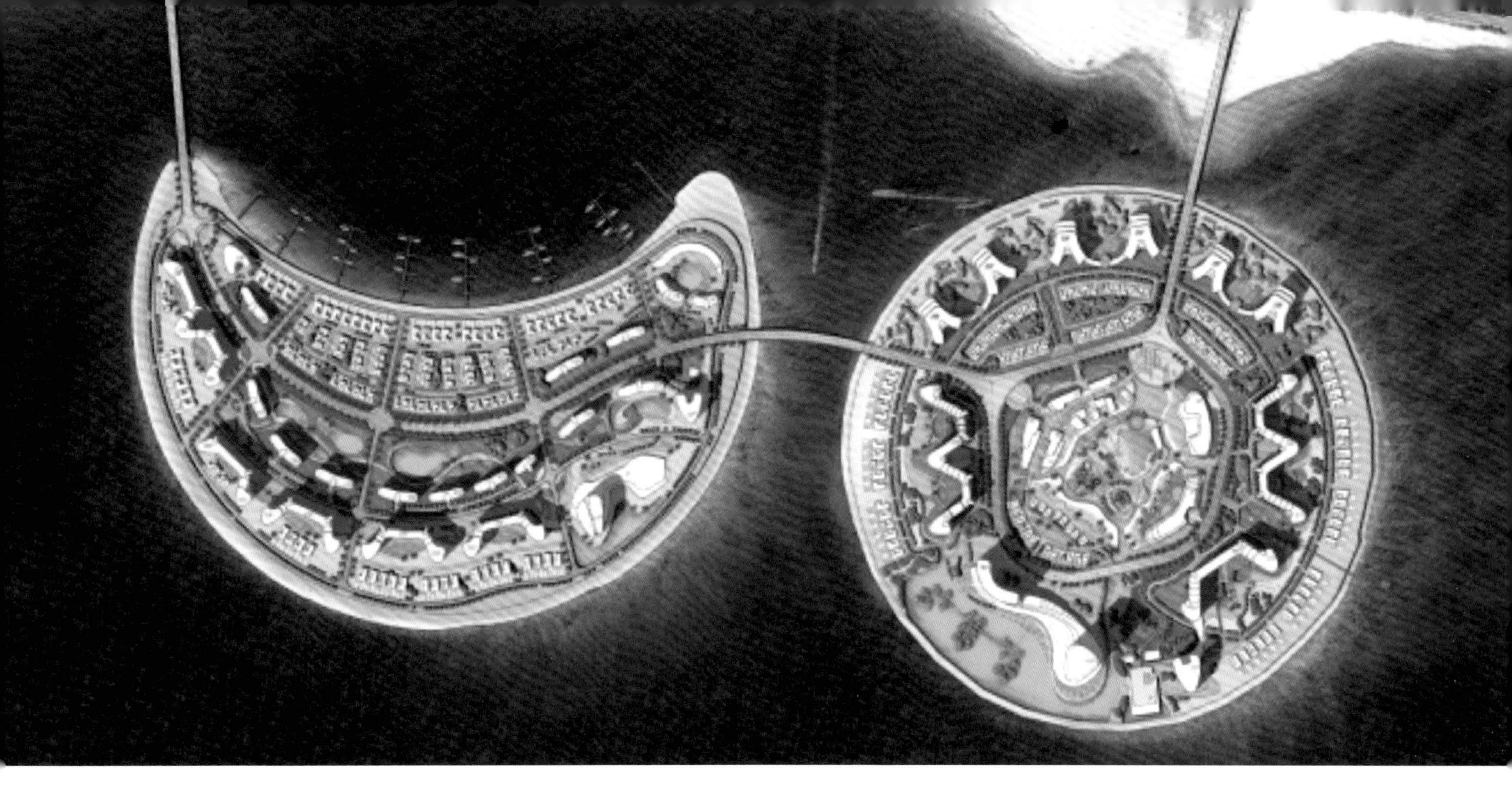

▲ 日月岛总体平面效果图

2. 商业街区

本案运用错落有致的水岸线条创造出尺度丰富与体验感强的临水商业空间，人形动线集中于骑楼下，与部分伸出水面的餐饮平台共同构成统一且富有变化的交通动线。将外摆区分成两个不同高差平台：靠近建筑外廊的外摆区与建筑外廊相平；而伸入水面的外摆区较之低 45cm；结合码头的概念让台阶入水。动线更加丰富，体验感更强。本案既延展了水岸线的空间趣味，也拓展了观赏水上表演的场地。

3. 销售中心及酒店花园

销售中心入口运用轴对称布局，打造出规整大气的迎宾氛围。酒店的植物配置方面，我们选择了极具海岛风情的地中海风格，以椰子树为骨干树种，配合第二层骨干木——凤凰木和中层的银海枣，构成“林上林”的景观。下层乔木则以黄色鸡蛋花、旅人蕉和朱蕉为主，这一层的郁闭度大，林冠连续，软化硬质景观。地被层主要选择常绿灌木，郁郁葱葱，四季为景观提供充足绿量，色彩的搭配上结合红色的凤凰木、朱蕉与黄色鸡蛋花。

4. 水上乐园

水上乐园作为酒店的功能配套，充分考虑了各种房型的景观视线，直接提升了酒店及私人别墅的景观价值。色彩斑斓的娱乐装置，活泼灵动的主题空间，成为大人与孩子的快乐源泉。

5. 别墅及私人泳池

私人别墅的入口在植物层次的包裹下增添了私密性，色彩绚丽的观叶植物让入口空间显得更加轻松与俏皮。
植物在竖直方向上层层覆盖，看似杂乱无序，其实乱中有序，无论是颜色还是树的形态，设计师都经过了精细的考量，力求根据植物的本身习性，布点最佳观赏位置。色彩鲜艳却不炫眼，颜色渐变缓和，偶尔跳出几株高饱和度的花朵，亦显得俏皮可爱。
园区道路突破了传统的平地种植方式，结合地势环境与高差关系，大胆地利用地形堆高，并结合植物对阳光水分的需求量和本身体量的大小形成景观各异的植物层次。
私人泳池区域，形态各异的飞鸟喷泉点缀其间，飞鸟宿水般轻盈的造型为泳池增添了一抹灵动的趣味，特色喷泉精致的线性水柱与泳池水面碰撞出层层欢快的涟漪。

6. 教堂区域

教堂设计主要体现“浪漫、干净与纯粹”，在日岛路 7.0m 高差基础上将教堂整体抬高 2.5m，通过一段 75m 长的热带植物花海进入开阔的草坪区，教堂犹如项链上的宝石坐落在草坪尽头的无边际水池上，倒影与水一线，与天空和远处的海景融为一体。
贝尔高林在通往教堂的道路打造了约 2 万 m^2 的特色平面混种花海，不同颜色的植物随着通往教堂的道路呈不规则曲线组合，好似一幅创作于大地上的印象派油画，让庄重与浪漫的婚礼气氛萦绕在每个人的心间。

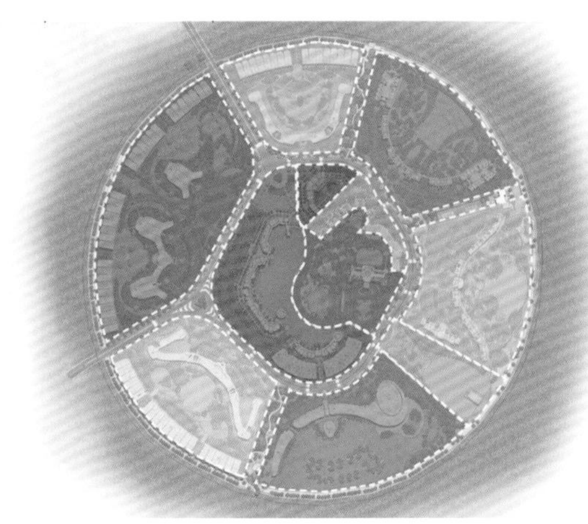

皇家加勒比 ROAY CARIBBEAN
皇家夏威夷 ROYAL HAWAII
皇家西西里 ROYAL SICIL
皇家亚特兰蒂斯 ROYAL ATLANTIS
皇家棕榈岛 BASEMENT ENTRANCE
教堂区域 CHURCH AREA
游客接待中心区 SERIVICE CENTER
主题商业街区 COMMERCIAL STREET
水上乐园区 WATER PARK
海洋酒店 OCEAN HOTEL

▲ 日岛功能分区图

▲ 教堂区域实景图

▼ 商业区域实景图

▼ 商业区域平面图

▲ 水上乐园模型图

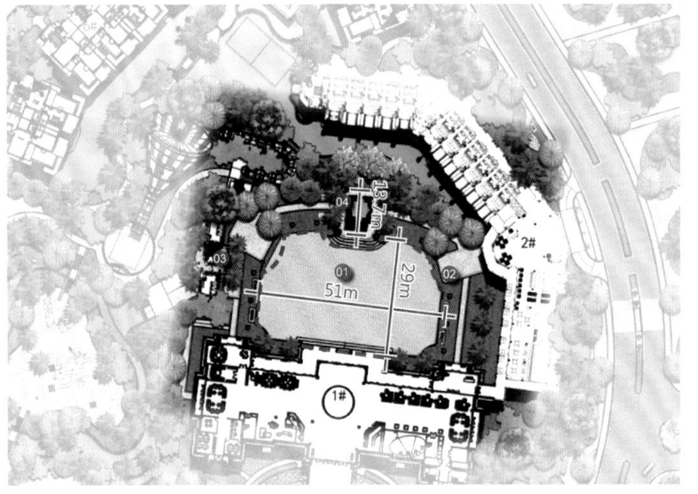

▲ 销售中心平面图

▼ 销售中心实景图

▲ 酒店花园平面图

▼ 酒店花园实景图

PROJECT
NAME

大连三寰牧场景观规划设计

40

项目基本信息

项目名称：大连三寰牧场景观规划设计
设计单位：澳斯派克（北京）景观规划设计有限公司
主创团队：李伦、李薇、隋艳华、欧鸥、韩秀兰、王志旺、杜本剑、徐圣洁、
贾晓凯、刘德宁、屈颖、田传芳

设计说明

项目简介：

三寰牧场位于大连市中心城区与旅顺口区之间，属大连市高新技术园区管辖，距中心城区约 23km，距旅顺口区约 12km。规划区紧邻旅顺中路，与大连英歌石植物园一路之隔，总规划面积约 $1.6km^2$。

周边资源：

三寰牧场的业态发展与周边旅游项目存在差异化，先行的 BBQ 等品质项目，为三寰牧场开了良好的头，对后续的项目开发有很好的宣传作用。

▼ 总平面图

▼ 基地现状

▲ 鸟瞰图

规划理念

项目核心理念："自然、人文、艺术"，演绎健康、智慧、幸福的生活理念。

项目定位：
精心打造一个国际领先且具有东方气质的"集文化、创意、旅游于一体的原生态山林文旅复合牧场"，结合自然，文创驱动，成为现代都市人生活方式的提供商。这个充满创意的四季牧场，将是一个"城市生活美学集合体"，一个"创意作品汇集地"。传递三寰的情怀——"温暖、和平、仁爱、美好"。

项目功能业态类型：
以中央湖区分界为两大区域、六个板块，构建农牧体验、创意养生、文创产业、文化体验、休闲游乐五大主题。规划区范围内根据不同的使用功能划分为十类共计十一个功能板块，包括：展销板块、健康休闲板块（两个）、住宿接待板块、科技农业板块、休闲体验小镇板块、特色种植板块、生态牧场板块、人工湿地板块、配套居住板块和教育培训板块。

景观设计核心理念：
（1）梳理山水，营造整体景观结构，在牧场原野的大场景下，呈现出密林、草原、溪谷、山丘的景观多样性和植被的季相变化。山：东、西为山峰，中部为山谷。水：中央水系贯穿区域。轴线：东、西山峰最高点相对，与中央水系形成山水轴线。整体把握：山水格局是区域主要特征，山谷地是牧场活动的主体，山顶平台是观景、休闲的最佳点。
（2）景观设计与经营活动密切结合，为之营造景观背景与情绪场景。
（3）景观设计与现状紧密结合，达到少由人作、宛如天成的效果。
（4）景观设计原则属性：原野牧歌，诗意生活。

景观设计重点

1. 整体旅游线路规划
以"文创旅游目的地"为发展目标，从旅游市场化运营的角度，针对目标消费群体，整合旅游主题、提升旅游产品、创新游憩方式、优化旅游要素，规划整体旅游路线体系，并对道路两侧相应景观等提出设计控制和引导要求。

2. 交通解决方案研究
结合上位规划与内部功能布局等要求，从不同人群活动的需求特点出发，对道路系统、设施布局进行规划，对区域的动态交通、静态交通系统进行分析，制订交通组织方案。合理组织慢行活动系统，强化其与城市公共交通、停车设施的衔接。

3. 合理的整体开发方案
依照整体开发原则，充分考虑到周边建设区域的协调发展，提出适宜的发展理念与开发方案。以满足区域范围内不同层次游客的需求为目标，进行项目整体运营的盈利模式分析研究，设置各类公共服务设施内容，并结合生态建设项目的工程进度及用地布局与空间结构组织，提出分期实施方案。

4. 互联网 + 的思维引导下科技优势的体现
依托国家科技发展战略，积极推进智慧基础设施建设，整合并创新应用先进科技，打造全方位服务平台。形成满足不同人群个性化需求的文创旅游产业典范。

5. 保留原有生态景观，设计优美、自然、可持续发展的景观
景观设计为牧场中各项旅游活动提供良好的载体。保留整个牧场原有生态景观，要求充分结合产业特点与园区风格定位，品牌特色鲜明，故事性、参与性强，考虑人性化设计，形成持久的吸引力，并区别于人为制造痕迹过重的公园式景观设计，设计因地制宜，与周边环境相协调，具有较强的可持续性。

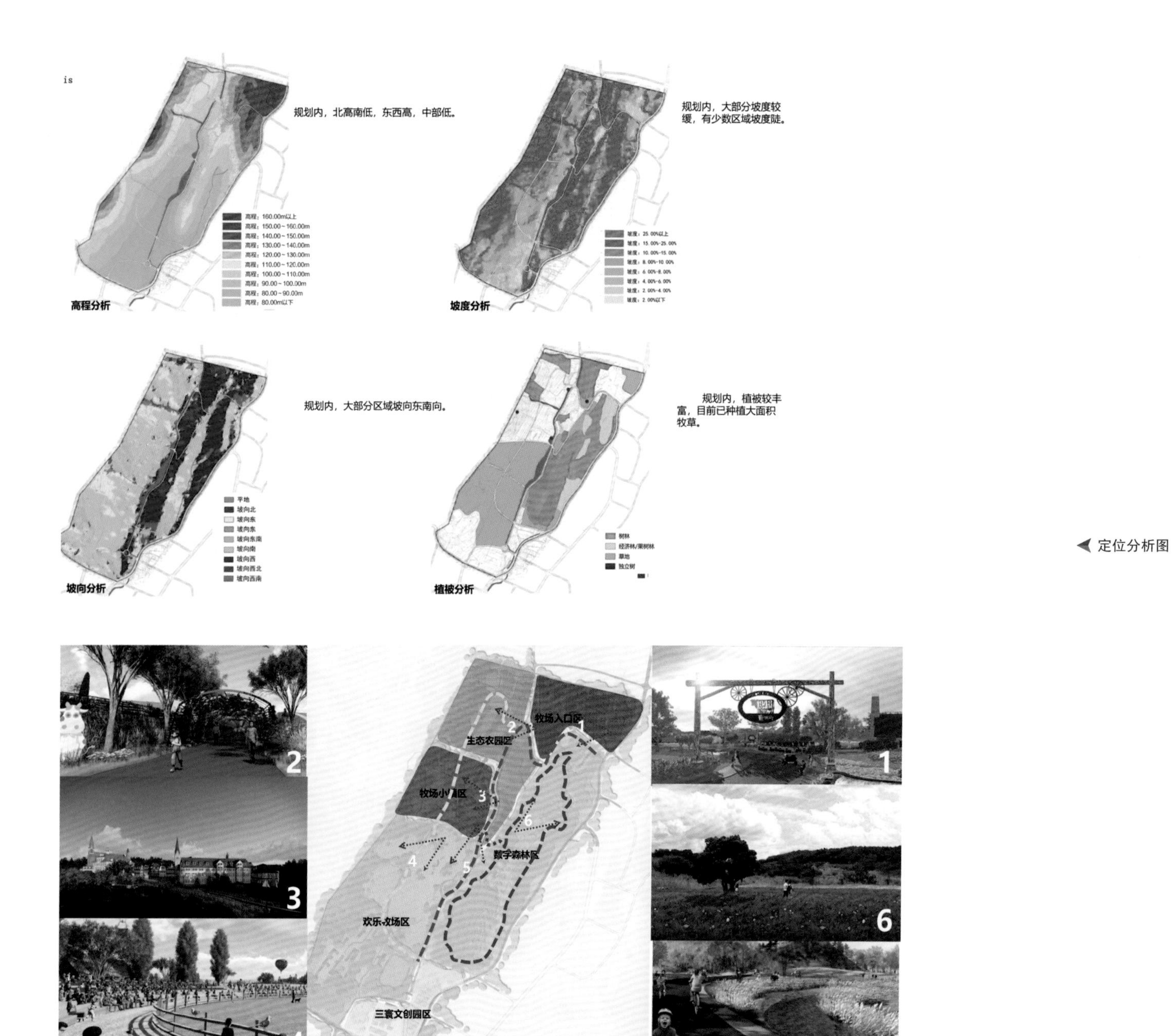

定位分析图

功能分区图

分期建设图

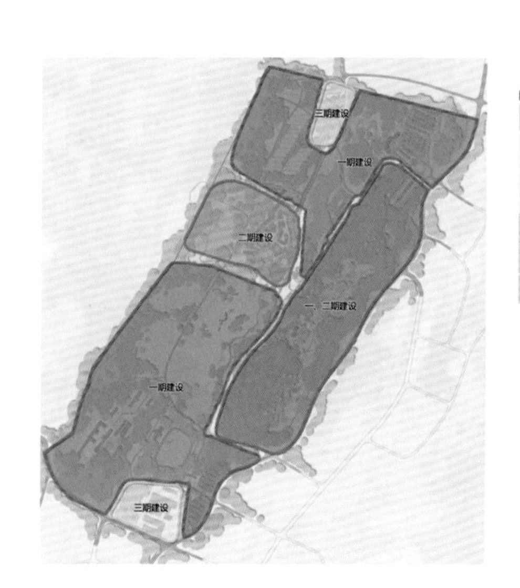

三衰牧场景观分期建设规划	
期数	项目
一期建设	北入口——停车场
	运动数字森林—主体
	动物牧区
	北入口—建筑（服务中心及配套设施）
	农园—大棚区包装
二期工程	中心小镇
	运动数字森林—东峰观景台
	运动数字森林—树屋
	西峰观景台
三期工程	农园民宿
	文创园

主动线设计图

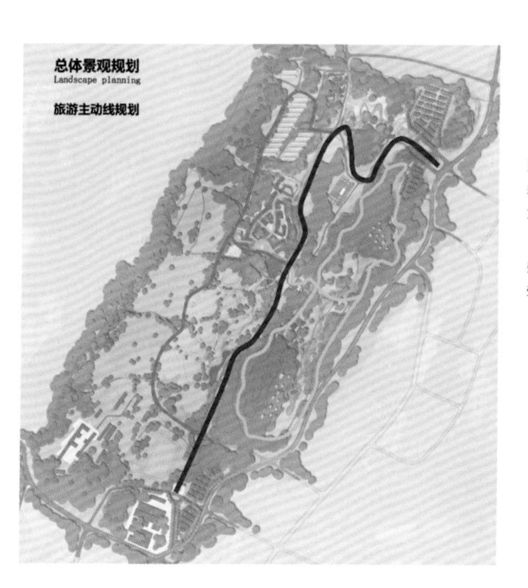

考虑到游客进入牧场的视觉感受，以及园区整个交通系统，确定园区旅游动线的主构架：旅游主动线、牧区农园支线以及数字森林支线。

我们在设计过程中，针对不用动线，景观上处理分别处理，让游客游览中感受到动线上的起承转合和节奏的变化。

图例：
旅游主动线
牧区农园支线
数字森林支线

▲ 南入口服务中心实景图

▲ 北入口服务中心实景图

▲ 水系效果图

▲ 牧场实景图

▲ 农园效果图

▲ 南入口效果图

▼ 主入口效果图

▼ 实体模型图

PROJECT
NAME

桃李园安置小区方案及施工图设计项目

41

项目基本信息

项目名称：桃李园安置小区方案及施工图设计项目
设计单位：湖南大学设计研究院有限公司
主创团队：秦涉、罗玉杰、王彬、汪玉华、吴天兆

技术经济指标

建筑面积：186296m^2
容积率：2.27
绿地率：35.2%
位　置：本项目位于六安市金安区承接转移集中示范园区，项目用地北至皋城东路，西至育才路，南至杭淠路，东至蓝溪路，规划用地 64909m^2（约 97 亩）。项目周边以规划居住和商业用地为主，项目用地东侧紧邻悠然蓝溪景区，景观环境资源极佳。

项目设计理念

随着人们对居住环境要求的日益提升，当代的安置房规划设计不仅要满足功能需求，更要提升居住环境和建筑品质，以适应“绿色生态＋人文关怀＋生活品质＋人居典范”的城市居住区发展规划。所以，我们针对本地块的区位及条件提出了“新典范，绿森林，慢生活，忆邻里”的设计理念。

地块技术经济指标

名称		数量	单位	备注
规划用地面积		64909	m²	约合97亩
总建筑面积		186296	m²	
计容建筑面积		147373	m²	
其中	住宅建筑面积	134898	m²	
	商业建筑面积	8836	m²	
	老年人活动用房	428	m²	
	社区卫生服务站	651	m²	
	社区用房配建	1070	m²	
	物业用房配建	1070	m²	
	公厕	60	m²	
	配电、门卫、燃气	360	m²	
不计容建筑面积		38923	m²	
其中	地下建筑面积	38323	m²	包括人防8843m²，以计容面积6%计，人防面积最终以人防办核定为准
	架空层面积	0	m²	
	屋顶机房	600	m²	
容积率		2.27	—	≤2.5
建筑密度		18	%	≤23%
绿地率		35.2	%	≥35%
户数		1246	户	
人口		3987	人	3.2/户
机动车停车位		1477	辆	1:机动车地面停车率不宜超过15%。2:机动车停车位：居住：1个/100m²；配建：0.45个/100m²；商业1.2/100m²。非机动车停车位：居住：1个/100m²；商业及配建：4个/100m²。3:100%建设充电设施或预留建设安装条件。预留建设安装条件的，应按小区规划停车位数不小于10%的比率配建公共充电桩
其中	地上停车位	200	辆	
	地下停车位	1277	辆	
	地下充电桩车位	160	辆	
非机动车停车位		1847	辆	

公建配套表

	公建配套		数量	单位	备注
社区服务	社区用房配建		1070	m²	总建筑面积（计容）≥15万小于20万m²按700m²配，超出部分按标准增加
	物业用房配建		1070	m²	服务面积25万m²以下按0.3%配置，超过25万m²的，超出部分按0.1%配置
	老年人活动用房		428	m²	25m²/百户
	社区卫生服务站		651	m²	最小规模200m²
市政公用	公厕		60	m²	结合社区综合楼设置
	配电		300	m²	2个，地块内均匀分布
	门卫、燃气		60	m²	
	机动车停车位		1477	辆	1:机动车地面停车率不宜超过15%。2:机动车停车位：居住：1个/100m²；配建：0.45个/100m²；商业1.2/100m²。非机动车停车位：居住：1个/100m²；商业及配建：4个/100m²。3:100%建设充电设施或预留建设安装条件。预留建设安装条件的，应按小区规划停车位数不小于10%的比率配建公共充电桩
	其中	地上停车位	200	辆	
		地下停车位	1277	辆	
		地下充电桩车位	160	辆	
	非机动车位		1847	辆	
	其中	地上非机动车位	400	辆	
		地下非机动车位	1447	辆	

户型配比

户型区间		比率	户数	备注
60~80m²		12%	142	高层住宅
81~100m²		23%	284	高层住宅
101~120m²		49%	616	高层住宅
121~140m²		16%	204	高层住宅
合计		100%	1246	

▲ 经济技术指标

▲ 鸟瞰图

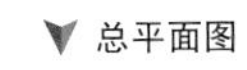

▼ 总平面图

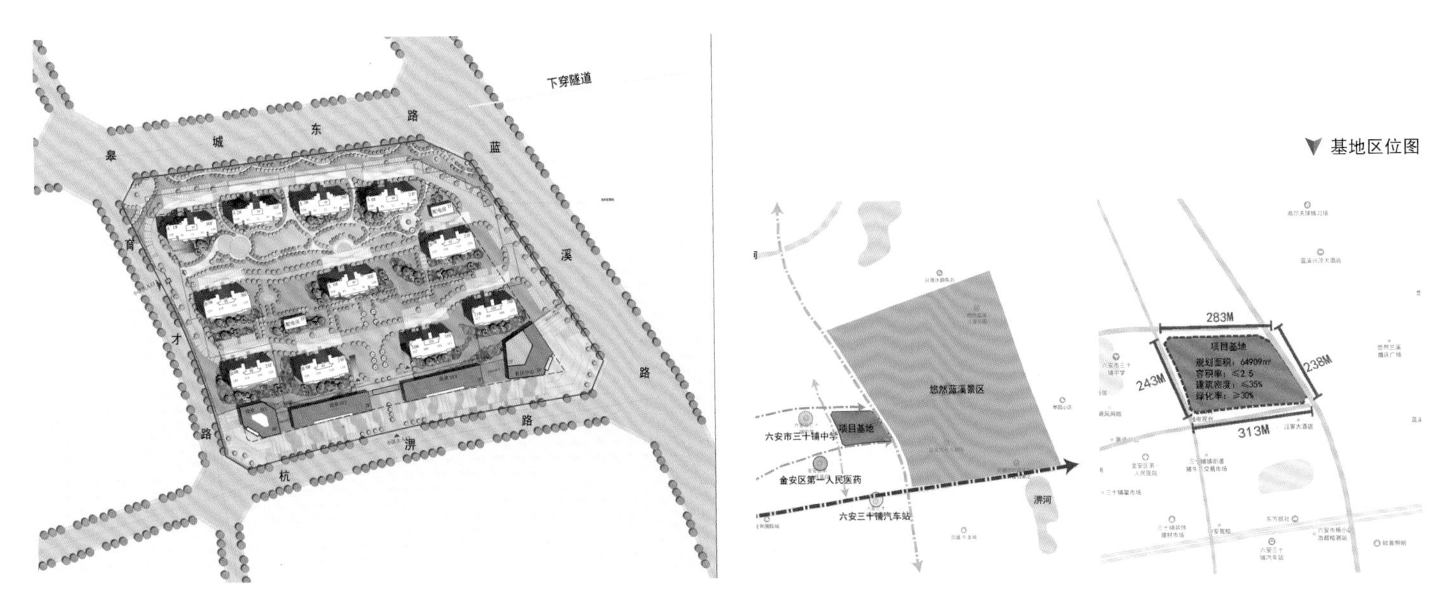

▼ 基地区位图

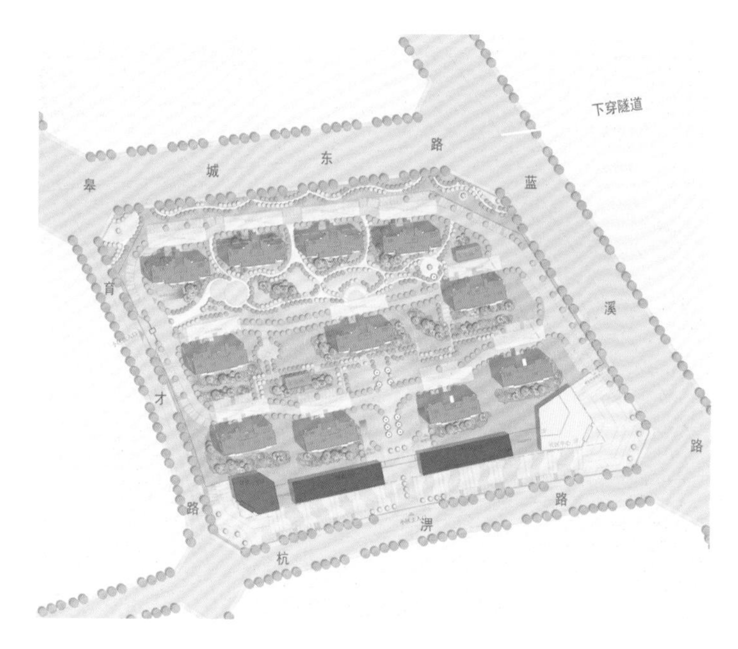

▲ 功能分区图

▲ 景观分析图

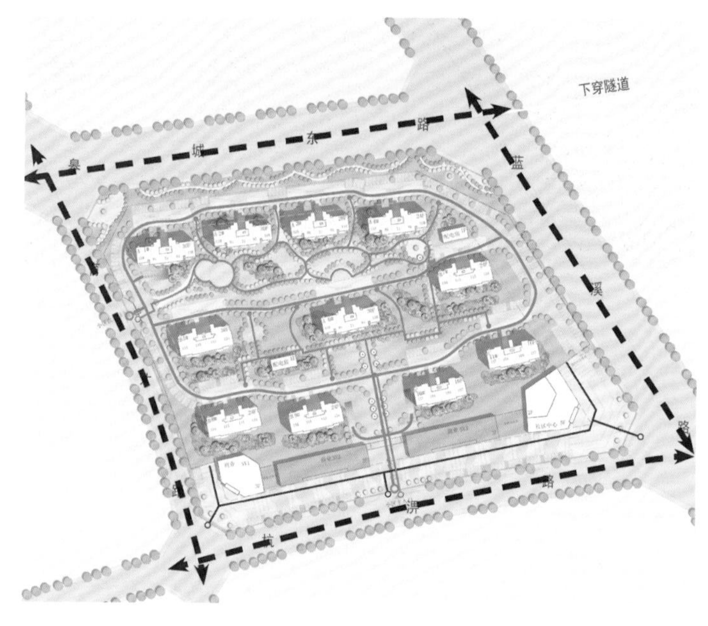

▲ 动态交通分析图

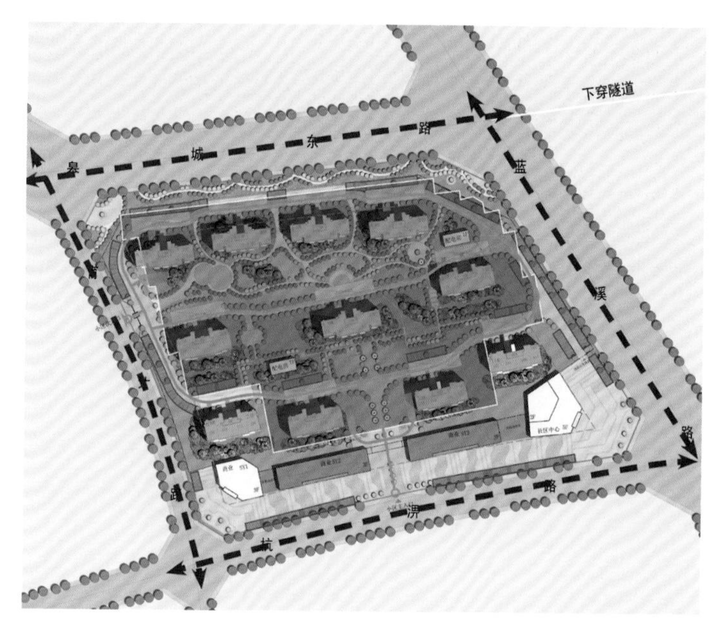

▲ 静态交通分析图

▼ 沿杭淠路夜景亮化效果图

▼ 主入口效果图

浅黄色与褐色的建筑色调

低层坡屋顶风格

➤ 周边环境协调性

➤ 商业、综合楼立面图

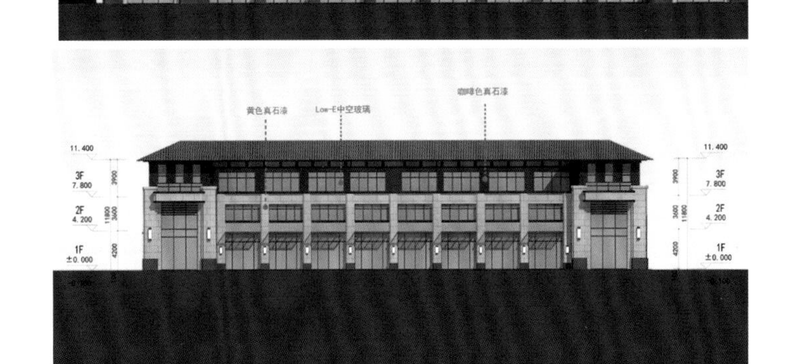

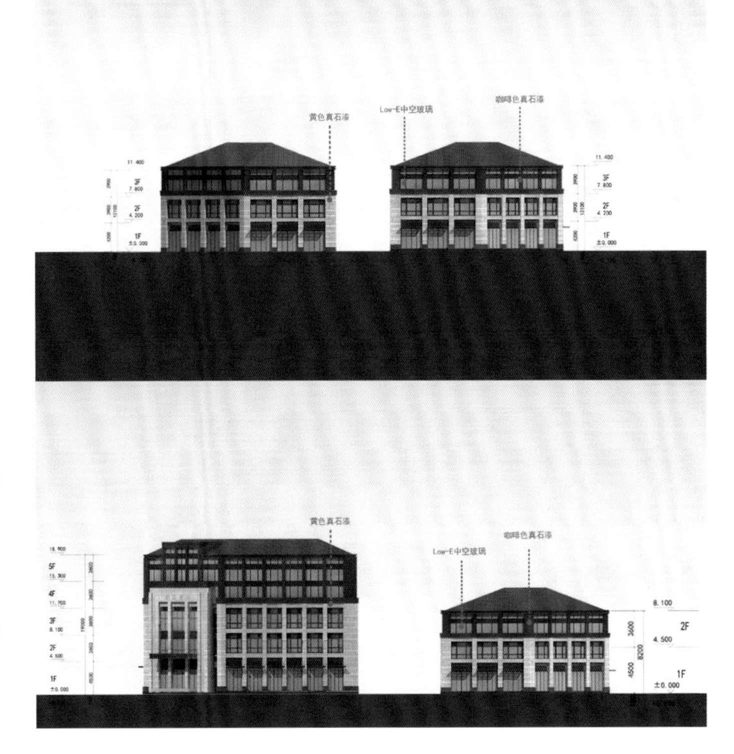

项目设计特色

本案周边已建高层住宅采用浅黄色与褐色的建筑主色调，悠然蓝溪景区的建筑多为低层坡屋顶风格。考虑风格的协调和沿城市主干道的建筑空间形象，沿杭泾路的商业街采用坡屋顶与之呼应，住宅造型设计在立面处理上进行优化升级，采用现代而不失素雅的新古典建筑风格，建筑形象高贵大气，突显城市形象。

总体功能布局结合地块特征和周边环境将建筑顺应地形布置，保证了建筑的最佳采光通风朝向。为营造优质的居住环境，住宅建筑的布置西北高东南低，既形成了空间上丰富的城市天际线，也使每一栋住宅都有良好的景观视野。

动态交通设计从车行交通和人行交通两方面进行了综合考虑。小区组团的内环路，与小区的车行出入口相连，车行交通进入小区，可以直接从小区主次入口附近的地库入口直接进入地库，或者沿环路在居住休闲区外围行驶，避免了车流与小区的人流和休闲活动区的流线交叉。

小区的静态交通，地上车位沿主环路和商业周边停放，地下车库设置在小区中间开阔地带，停车效率高，至各个住户的距离也最短。非机动车位利用住宅的地下空间和地上空间，分散式设置，使住户可以就近停车。

PROJECT
NAME

滨江区农转居拆迁安置房十区块北扩（七期）工程设计项目

42

项目基本信息

项目名称：滨江区农转居拆迁安置房十区块北扩（七期）工程设计项目
设计单位：浙江华坤建筑设计院有限公司
主创团队：任利民、张弘、鲁杨、王科、邱卫永、徐爱萍、吕丹、朱国良、马康乐

设计文字说明

1. 项目概况

（1）本项目位于滨江区农转居拆迁安置房十区块，距地块北面的滨江区东西向立交主干道滨文路仅 700m，地块东南远方为“冠山”“紫红岭”“黄山岭”“回龙庵山”组成的东北、西南走向的群山。
（2）本项目建筑整体风格定位为时尚大气、简洁流畅，与周边城市景观相协调，同时兼顾滨江老百姓的建筑文化习俗。
（3）小区景观怡然、优美，做到人与自然、文化的相映、融合。
（4）住宅配套功能完善，应用新型建筑节能材料、环保设施，配备现代建筑智能化管理系统，以进一步提升小区生活品位。

2. 设计总体构思及策略说明

社区品质的差异，除了建筑、景观等物质环境的差异外，更重要的是社区氛围的差异，社区公共生活品质的差异。高品质住区所具有的活力，以及温馨、宁静、幽雅的生活氛围，是当前社区营建所普遍缺乏的，特别是农转居住区更缺乏的。
基于对人文精神和人文关怀的理解，我们确立了以下四点设计策略。
（1）以“人”为本：关注生活需求的细节，从使用（户型设计、功能配置）与空间（视觉感受和体验）两个层面提高社区的整体品质。农转居的人们保留着许多农村的生活习惯，比如他们对户型有着特殊的要求，对红、白喜事要有大空间宴会厅等的要求，又比如有小型集会场所、运动场所的要求等。
（2）以“环境”为本：环境有两个方向，在大环境中如何融入当地的山水及肌理环境中，小环境如何营造一个宜人的社区内部环境。
（3）整体性与丰富性：对一个住区而言，整体而大气的形象至关重要，这关乎一个住区形象的建立；而从居住的角度而言，则需要丰富细腻的建筑与环境细节，从而提高居住的适应性、舒适性与社区的整体品质。
（4）均好性布置：消除地块死角，注重各住宅楼的均好性，通过均衡内部广场、绿化及楼栋之间的间距来避免各楼幢之间落差太大，影响后期分配安置。

➤ 鸟瞰图

技术经济指标

序号	项目		单位	数值	备注
1	总用地面积		m²	48810	
2	总建筑面积		m²	140280	
3	地上计容建筑面积		m²	107380	
	其中	住宅	m²	93140	
		配套公建	m²	2520	
		商业	m²	8220	
		幼儿园	m²	3500	
4	地下建筑面积		m²	32900	
5	建筑占地面积		m²	9217.7	
6	容积率			2.2	
7	建筑密度		%	18.9	
8	绿地面积		m²	16795.5	
9	绿地率		%	34.4	
10	居住户数		户	832	
	其中	A户型（150M²）	户	375	(45.1%)
		B户型（100M²）	户	170	(20.4%)
		C户型（50M²）	户	287	(34.5%)
11	机动车停车位		个	1027	
	其中	地下	个	905	
		地上	个	105	
		幼儿园	个	17	
12	非机动车停车位		个	2020	
	其中	商业及配套	个	520	
		住宅	个	1500	

总平面图

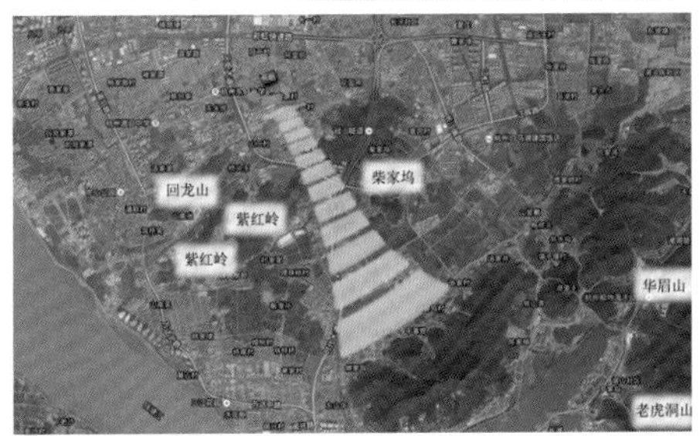

区域认知图

场地认知图

3. 规划理念

（1）走向布置。

在杭州这种冬冷夏热地区，最好的住宅朝向应该是南偏东 15° 左右，主要是为了在炎热的夏季能获得主导的东南风，以改善室内的小气候。本地块的走向为南偏东 23° ，基于以下五个原因我们决定建筑的朝向顺应地块的走向布置。

1）地理位置：地块正对的远山与地块相同走向，在远山的前面与地块之间正好有“冠山”“紫红岭、黄山岭”，犹有两个“阙”，地块正前方的视线正好可以穿过两“阙”到达远山。所以本设计要顺应大自然选择的朝向。

2）当地习惯：本地块是拆迁农居后建设新社区，而当地的农居朝向都是南偏东 23° ，当地人已经相当习惯于此朝向。所以还是顺应当地习惯为好。

3）与周边协调：地块周边新建的火炬小区同样也是南偏东 23° 。

4）大气与合理利用土地：建筑平行于道路布局，不会产生死角，能更合理地利用土地。主入口垂直于道路，社区更显大气。

5）节约造价：建筑平行于道路布局，会使地下室布局合理，主要的梁柱走向与建筑一致，平面规整，利于汽车停车位排布及各种管线布局，相对于不平行道路的建筑格局会节约很多造价。

（2）住区出入口。

一般住区主入口应与机动车出入口组合在一起，所以设计中把住区主入口结合入口广场设在地块南侧的彩霞路上。本地块主入口设在南侧中间位置，西侧在冠二路上对应六期设次入口，北面东冠路对应农贸市场设人行出入口，西北角邻里中心通过西侧次入口满足交通流、消防需求。

（3）合理分区。

通过住宅楼的合理布局，围合出景观空间，做出动静分区。留出足够的休闲、交往、运动健身、休息等各种功能空间。同时满足两幢楼里的居民能拥有良好的视野，保证住区的均好性。

（4）围合与通透。

农转居小区的商业配套相当重要，有量的要求，要做到总建筑面积的 8%~10%。为兼顾围合与通透，本设计中东侧信诚路按要求不设商铺，沿北侧东冠路、西侧冠二路、南侧彩霞路设沿街商铺以满足社区居民日常购物需求，其中可以设置净菜超市、小卖部、健身房、茶室、休闲、商务等相关业态。

（5）人车分流。

一个高品质的楼盘最好做到人车分流，但又必须保证商业及访客的停车。住房停车直接在南侧彩霞路主入口处下地库，商业及访客在道路一侧的用地范围内停车。

（6）邻里中心空间。

邻里中心做到内外兼顾，提供满足居民要求的大跨度空间。沿街商铺尽量采用大空间以便后期灵活分隔，并满足消防要求。

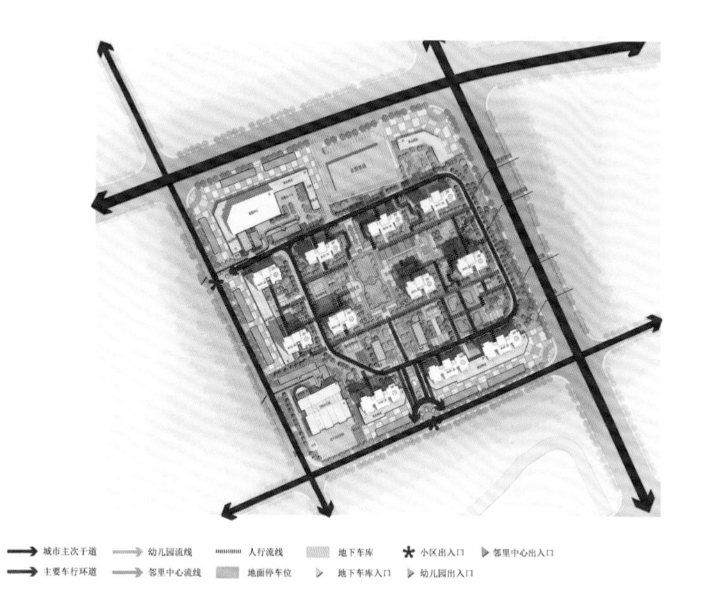

▲ 道路系统分析图

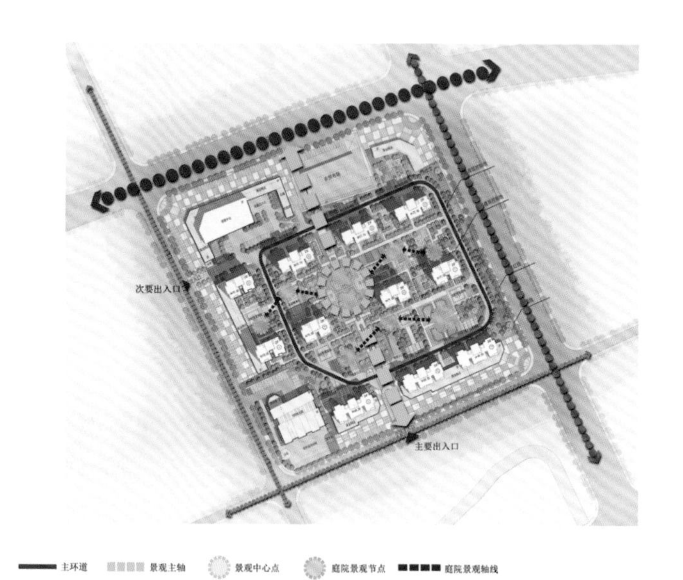

▲ 规划结构分析图

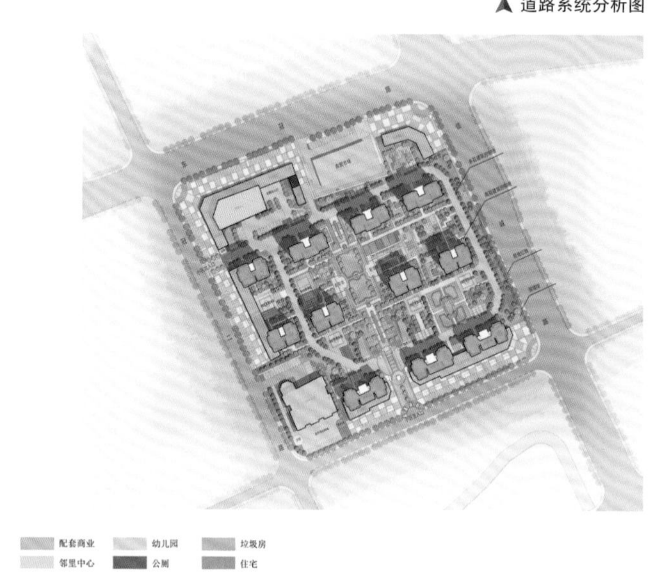

▲ 功能分析图

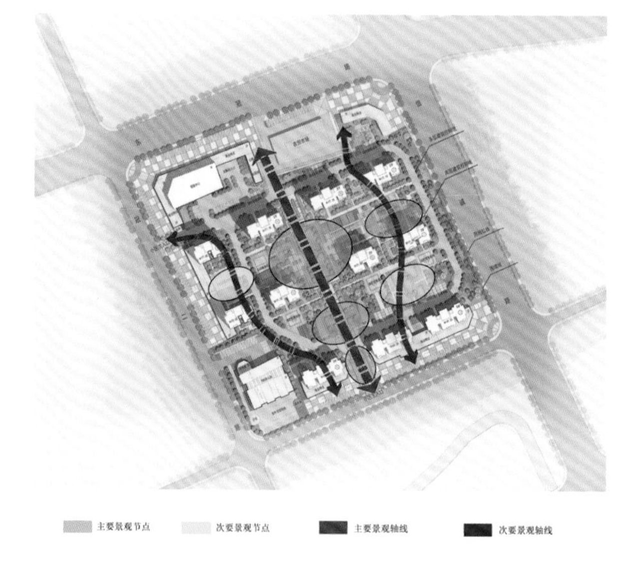

▲ 景观分析图

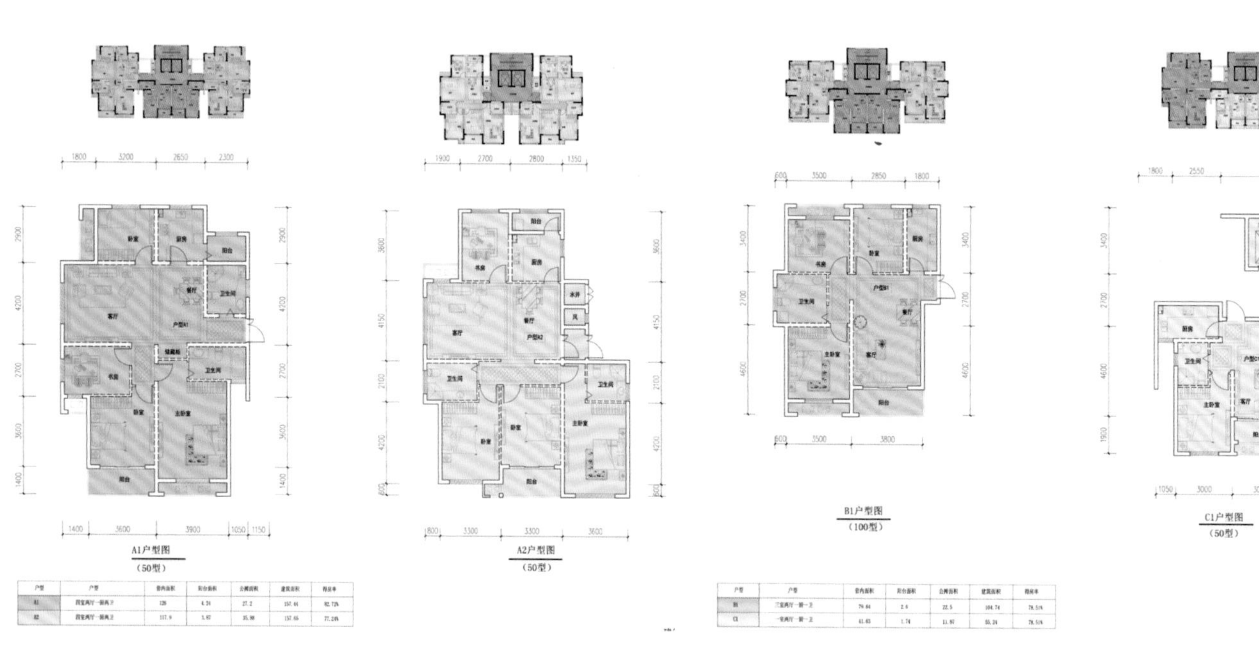

▲ 户型图 1

▲ 户型图 2

▲ 区域认知图

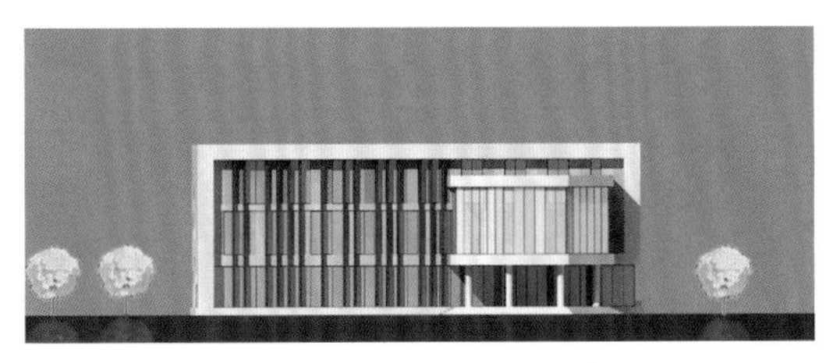

▲ 幼儿园北立面图

▲ 幼儿园东立面图

▲ 幼儿园南立面图

▲ 幼儿园西立面图

▲ 沿北侧东冠路立面图

▲ 沿南侧彩霞路立面图

▲ 沿西侧冠二路立面图

PROJECT
NAME

杭州莱蒙水榭山

43

项目基本信息

项目名称：杭州莱蒙水榭山
建筑设计：深圳市华汇设计有限公司
主创团队：肖诚、郭翰平

技术经济指标

项目地点：浙江省杭州市
用地面积：287192.69m^2
项目规模（总建筑面积）：535579.98m^2
建筑面积：305358m^2
景观面积：86157.81m^2
容积率：1.063
绿化率：30%
设计时间：2011 年

设计说明

项目背景：

本项目位于杭州富阳市，基地西侧为横山山峦，东临富春江北支江，风景秀丽。规划中设计了一条谷居人行流线串联别墅区不同类型产品。建筑立面风格定位于现代东南亚风情，力求于自然休闲的东南亚建筑风格中体现尊贵大气的建筑品质。原始地形形成“峡谷”，以“峡谷”划分出“岛居”“谷居”“街居”三种生活方式。
整体布局遵循“尊重自然、均好性”的理念，以用地现状及周边区域环境为设计的出发点。在详尽分析用地的条件与周边的环境后，得出最合理的建筑规划结构。整个规划由三大部分组成，分别是东面靠近富春江及湿地的低层“岛居”住宅、西面靠近横山的低层“街居”住宅和北面基地外围的高层住宅。总体布局上，低层建筑均位于南侧，临水而建；高层住宅位于北侧，依山而建，都享有良好的日照和景观。

▼ 实景图 1

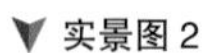

▲ 总平面图

沿基地北侧东桥路和杭富沿江公路相交处设计绿化节点，从该节点出发，在“街居”和“岛居”间营造了一条与基地原地形标高一致的峡谷，延伸至西南面的小区出入口处。另一条主要的景观轴线则从东面的湿地公园引入，穿过“岛居”并在住区的中央交汇，将这条峡谷打造成由茂密植被和水系组成具有东南亚风情的“生态绿轴”，形成支撑小区的主要骨架及灵魂。

小区住宅布局的基本形式为院落式。为了加强邻里空间的组织，增强居民归属感，设计中营造了大空间广场——组团院落——私家院落的空间关系变化，一方面有助于营造亲切的邻里互动氛围，同时也有利于小区分级管理。

高层高度呼应横山山峦走势，自北向南，由西往东，从百米高度栋栋跌落，形成丰富多变的天际轮廓线。

建筑物的排列遵循“均好性”的原则，通过低层和高层，行列与院落的对比，形成富于变化的空间，开合有序，步移景异。创造有现代生活和人文情调的住宅文化。遵循“以人为本”的设计理念，结合 21 世纪的居住心理，精心规划，力图将本项目规划成一个布局合理、交通便捷、生活舒适以及生态趣味、人情化、高质量的现代化居住小区。

▲ 交通分析图

▲ 分期开发图

▼ 实景图 1

▼ 实景图 2

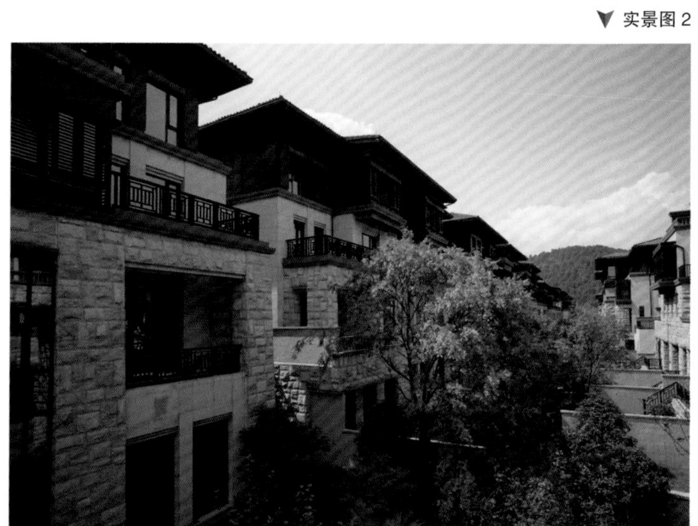

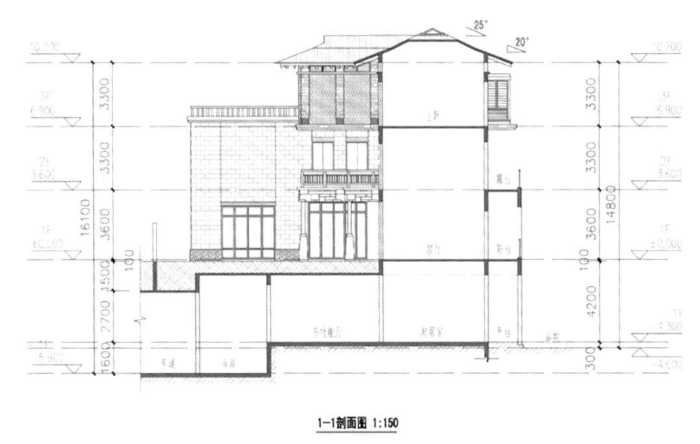

▲ 立面图 1

▼ 立面图 2

▲ 剖面图 1

▼ 剖面图 2

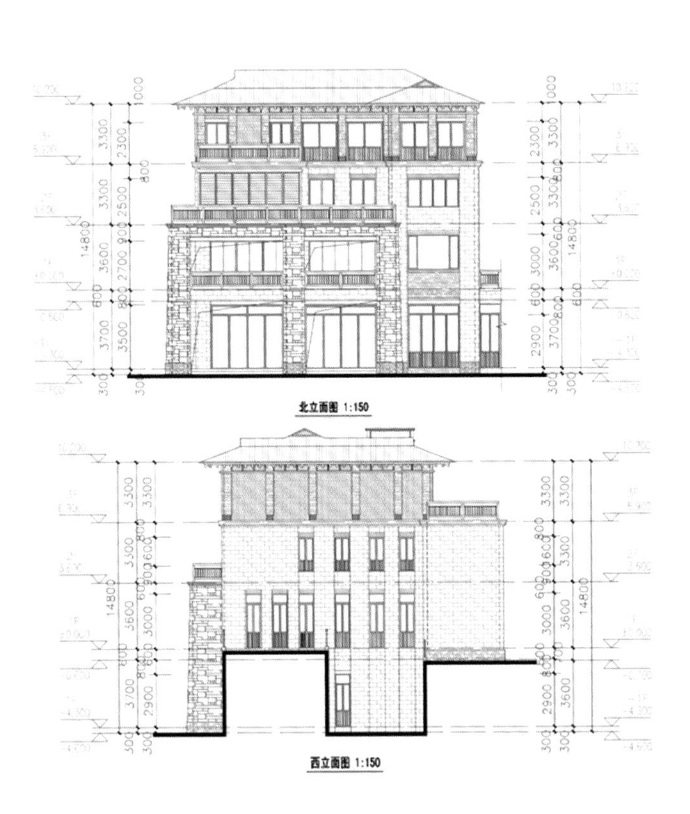

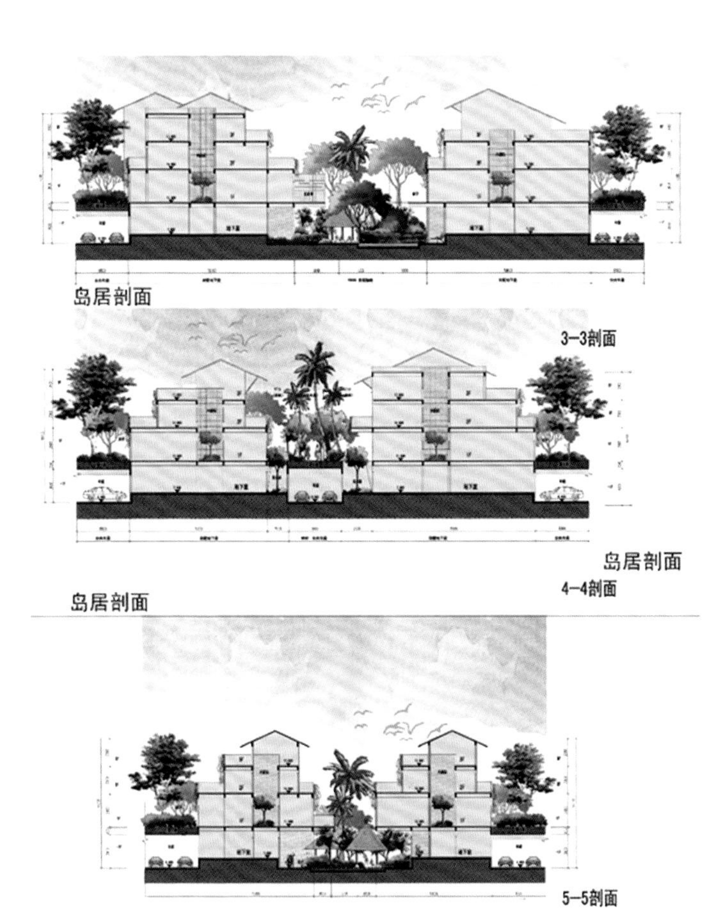

PROJECT NAME

广州尚东·柏悦府

44

项目基本信息

项目名称：广州尚东·柏悦府
设计单位：贝尔高林国际（香港）有限公司
主创团队：Ruben Henson（韩思聪）、顾甜、Genato Quevedo

设计文字说明

1. 背景介绍

广州城市中轴线以东，珠江公园西南侧，一座由三个塔楼组成的 198m 超高层全玻璃幕墙建筑，容纳了 99 户豪宅单位，因其建筑形体的轻盈优美与个性，一度成为广州乃至全国豪宅市场中的热门话题。尚东・柏悦府独具气质的建筑外形让人们很容易把目光聚焦于建筑本身带来的视觉体验，而忽视景观价值，这也是大多数单体超高层豪宅的共性特征。

随着城市核心区域土地资源的紧缺与都市更新压力的加大，市中心豪宅在高度上不断突破城市天际的同时，在建筑的形态上也下足了功夫。这一方面源自豪宅客户的个性化需求与到达体验，另一方面也因为在城市中，建筑一直作为空间纵向延伸主要方式的地位。

自成为人类最主要的聚落方式以来，城市最原始的空间秩序主要由建筑构成。而城市空间是一个发展的概念，城市地理学将城市空间的延伸分为横向与纵向发展，规划者也试图通过横向与纵向的手段延伸城市空间、缓解城市压力。

随着 Charles Waldheim 提出“以景观为设计单元应对城市问题”，人们逐渐跳脱出建筑与街巷构成的传统城市空间秩序，开始思考景观作为一种视觉单位对于城市发展的意义。

与尺度阔绰的住宅大区、公园、商业综合体不同，对于一座近 200 米高的纯住宅单体建筑来说，场地的限制留给景观设计发挥的空间不多。因此我们必须思考在这种纵向延伸的城市空间中如何布局景观，与建筑形成良性互动的同时，赋予景观最大的生命力。

▼ 鸟瞰视角下轻柔的景观曲线

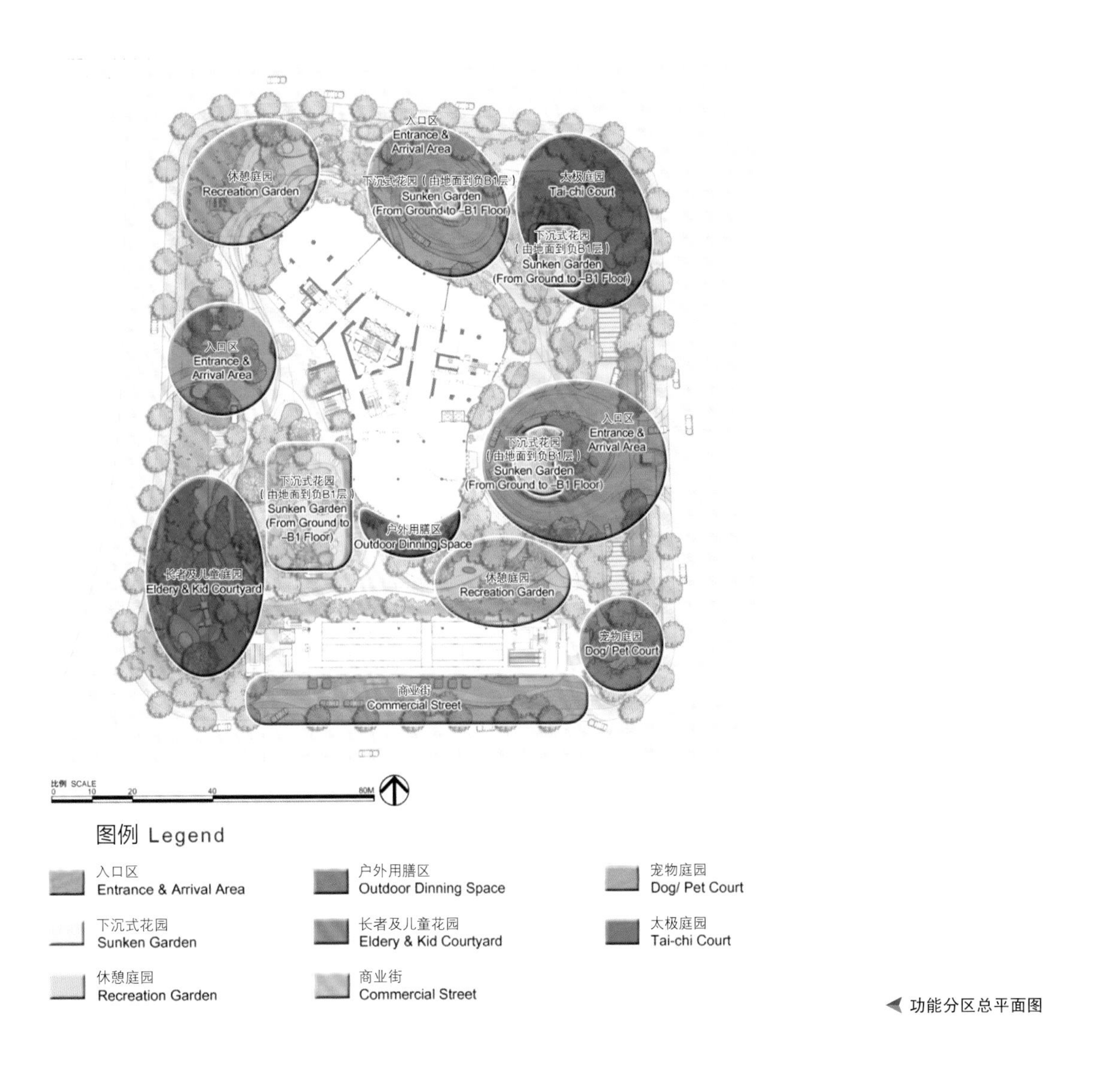

功能分区总平面图

2. 用适宜的景观尺度黏合建筑与土壤

从大环境来看，尚东・柏悦府是珠江新城城市中轴线边上最后一个住宅项目，拥有珠江公园、珠江沿岸乃至城市核心区等丰富的景观资源。而从小环境来看，则需要考虑建筑如何在有限的地块中绽放出来。

筑是向上的延伸，而一旦建筑脱离了与土地的黏合，则容易变成一个架空的空间。尚东・柏悦府项目在对建筑的描述中，有一句"在珠江新城一片方盒子的沉闷中突围而出"，意在打破传统、锐意创新，无疑它是成功的。

建筑要做到突围而出，一方面是打破大环境的制约，在城市天际线中形成独特的建筑肌理；另一方面必须思考建筑破土而出之后，其根基如何与土地形成稳固的关系。这种稳固的关系，离不开景观作为黏合剂的功能。

3. 为建筑保留柔和的根基

自然界中，一颗参天大树破土而出屹立千年，它的脚下不会是裸露的土层与龟裂的纹理，而一定是落叶铺就的柔软地表。正是这层柔软的落叶，让大树与土壤的关系变得柔和。我们在进行景观设计时，在各个节点便运用了大量轻柔的椭圆形状，来呈现这种源于自然的理念。

4. 动线：小空间中的灵动视野

在动线的规划中，考虑到建筑是由三栋塔楼构成的，拥有多个进出口，因此多条人形动线迎合建筑表面曲线，园中道路也使用柔和的曲线，作为一种勾勒，让建筑的横切面与动线自然地融合。

5. 下沉花园：平衡建筑与土壤的关系

由于基地横向空间有限，因此使用大量下沉式花园，在纵向空间上作为弥补，平衡了地面 198m 高的建筑与狭小平面的垂直关系。

园区入口处，椭圆形的下沉式花园不仅向下延展了景观的空间尺度，同时作为迎宾的视觉节点，带给人柔和的空间感受。椭圆的线条及其勾勒出的特色水景、种植区，柔化了巨大玻璃幕墙给人带来的压迫感。

跌水被大量运用在下沉式花园中，在纵向的空间上利用水景幕墙减轻空间深入地表的冰冷感，不仅呈现出高端的品质，更是对建筑与土壤的平衡手法。

水幕汇入阶梯式跌水，在下沉花园沉淀为平静的水景，让地面柔和的景观语言自然地汇入下沉区域，不仅在极小的下沉空间范围内容纳了完整的自然生态，更是让建筑与土壤的关系被黏合得恰到好处。

建筑、景观与城市的整体关系，这个讨论一直在持续，不同的观点，也不断被各种实践所证明。当地表以上的建筑在纵向空间上不断攀升的时候，景观要么跟随建筑延伸，如各种空中花园、森林城市、垂直绿化；要么沉住气，在被赋予的空间内以最适宜的方式挑战尺度、优化尺度、创造尺度，作为黏合的手段，稳固建筑与土壤的关系。

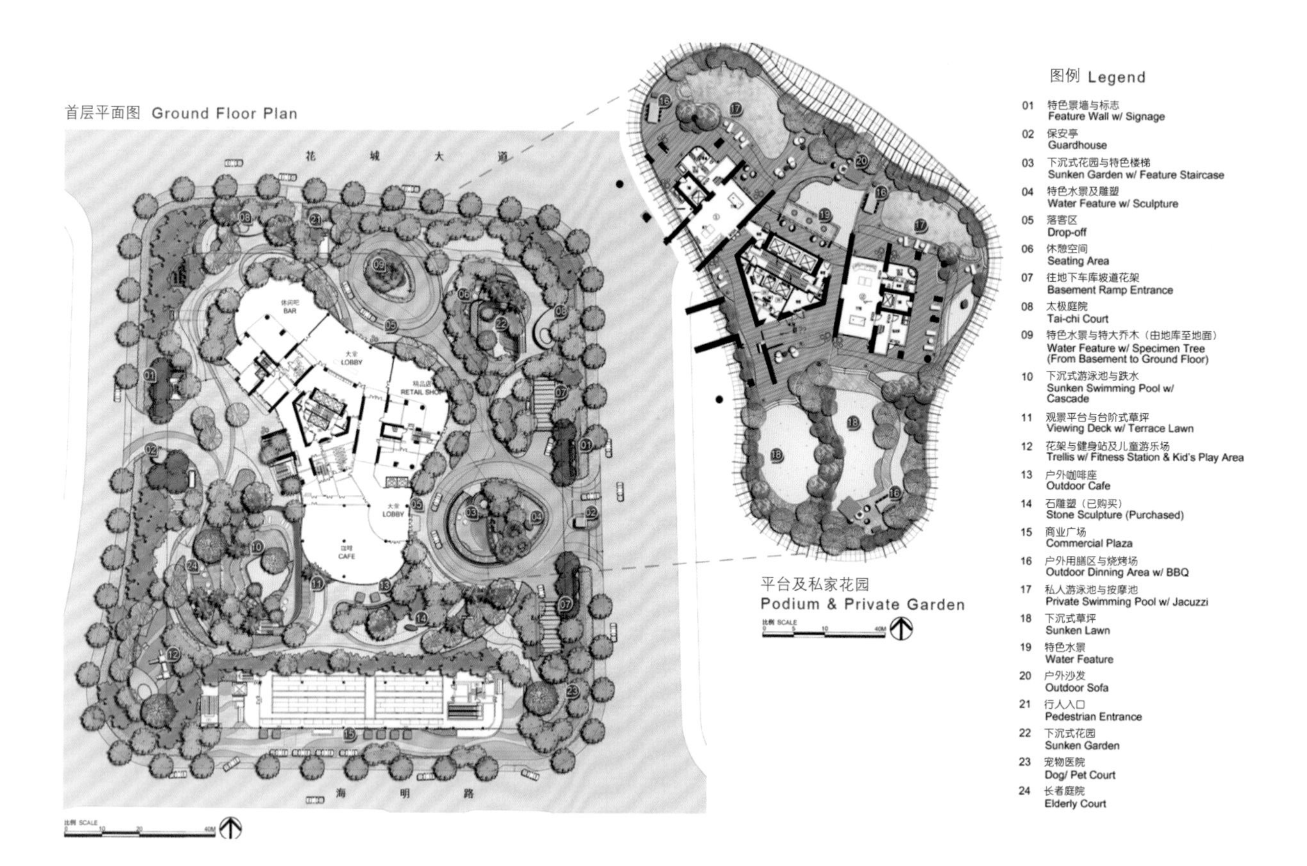

▲ 首层平面图

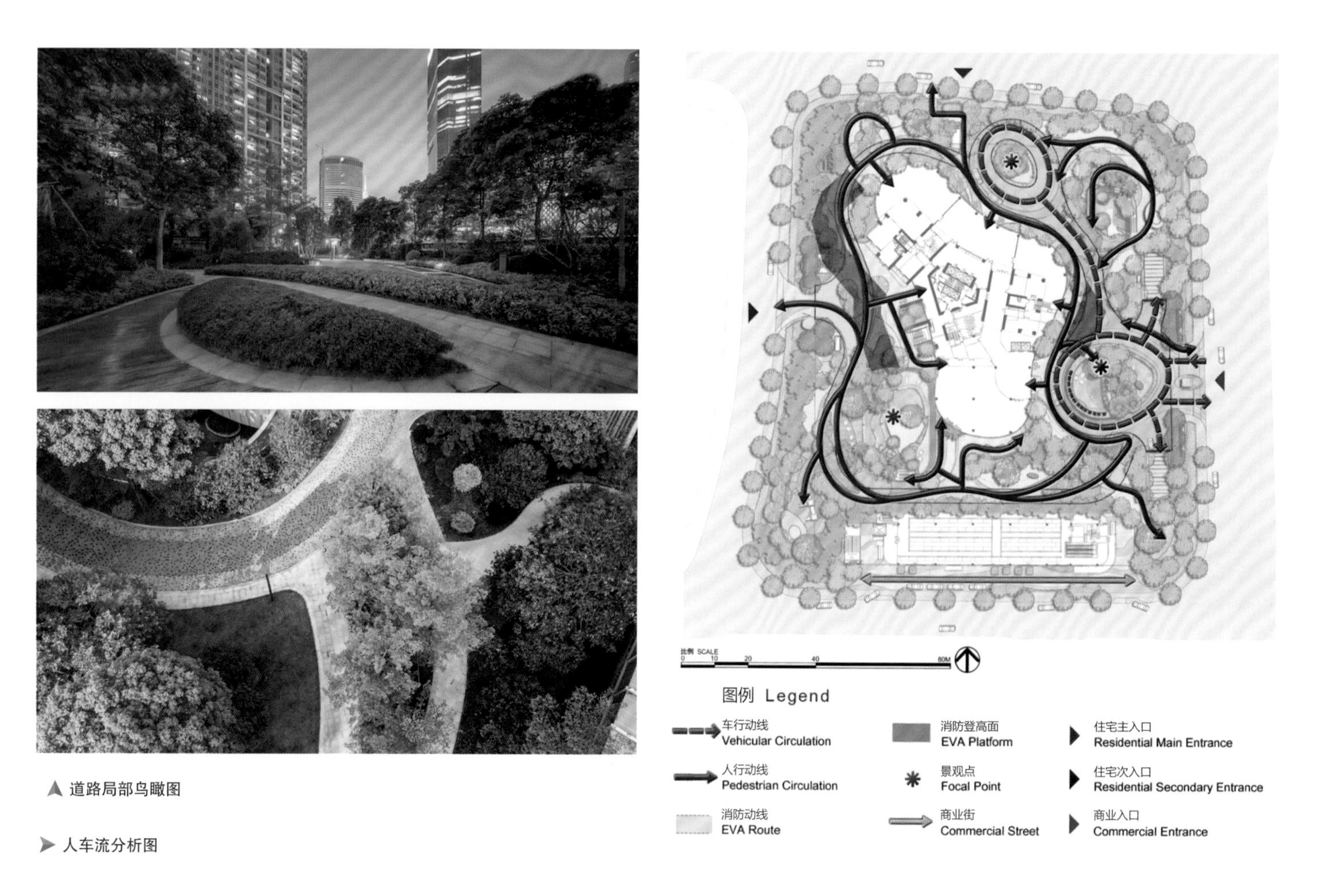

▲ 道路局部鸟瞰图

▶ 人车流分析图

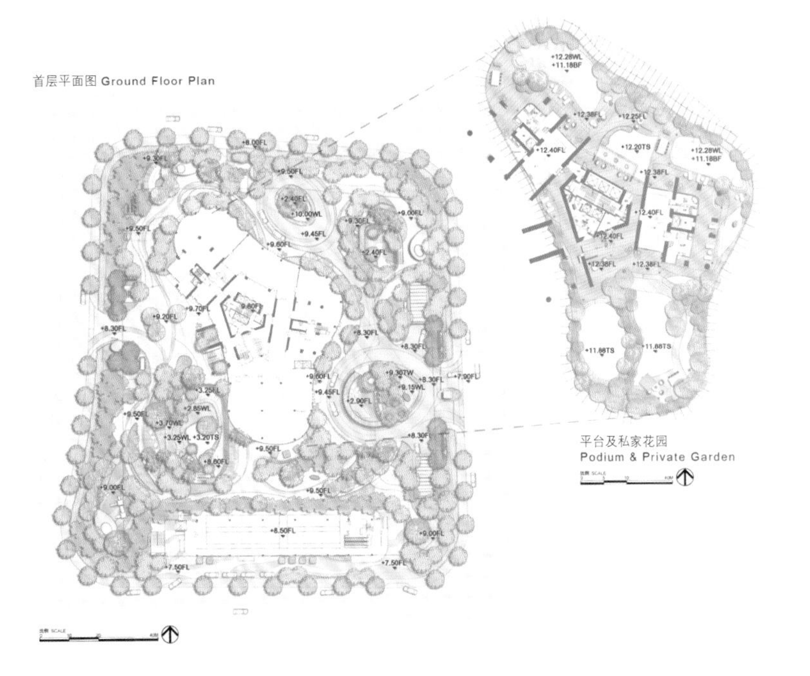

◀ 标高平面图

▼ 下沉花园剖面图

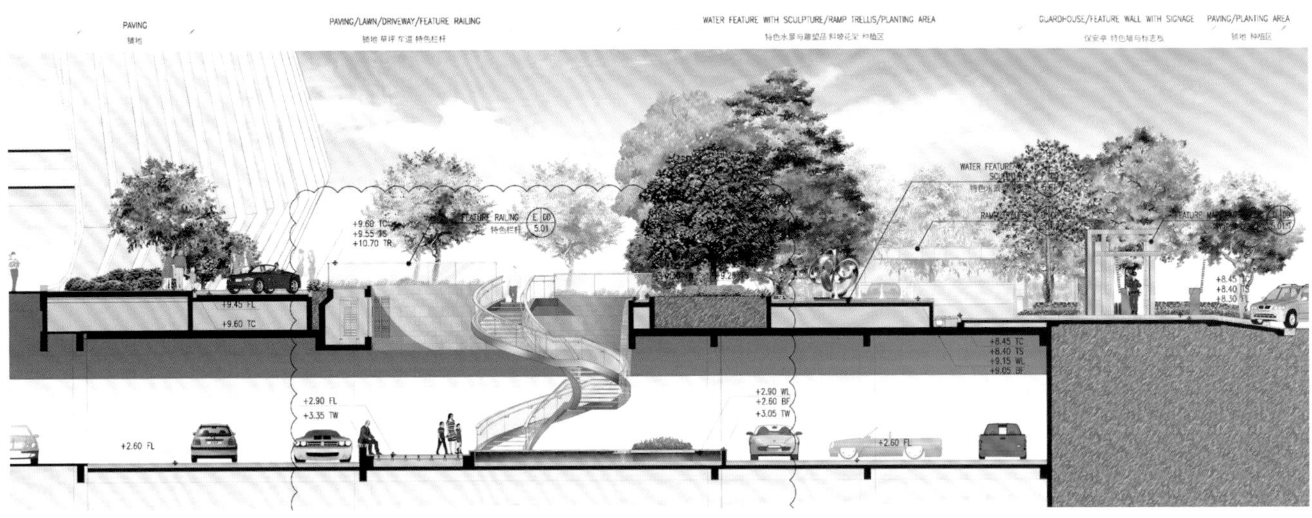

▼ 下沉花园实景图

➤ 入口花园鸟瞰图

➤ 下沉花园手绘效果图

PROJECT NAME

西安国际社区一期城市绿地景观设计项目

45

项目基本信息

项目名称：西安国际社区一期城市绿地景观设计项目
设计单位：广州筑原工程设计有限公司
主创团队：叶志明、柯煜楠、张宇、李颖甄、高月

设计文字说明

呼应国际社区“国际性、先进性、宜居性”的国际化功能新区发展目标，景观设计体现“低碳、生态、运动、休闲”的设计理念。

以线串点构建绿色廊道，提出“运动绿道，彩叶花廊，海绵绿基”三大设计概念，营造现代、运动、生态、休闲的绿地景观氛围。

“运动绿道”强调的是国际社区、哈马碧生态城“低碳、生态、休闲”的生活理念，将“体育运动”和“单车、慢跑”等低碳休闲运动作为公园绿地设计主题，形成“运动公园主题绿道”，倡导一种健康休闲的社区生活方式。

“彩叶花廊”强调的是国际社区道路绿地的景观效果，针对当前西安城市道路“绿化色彩单调”的问题以及当前国内外“彩叶苗木”的逐步推广，设计将“植物色彩”作为绿地景观的特色主题，选择“彩叶开花”的乡土植物作为基调树种，通过疏林草地、带状纯林等绿植形式表现 “彩叶花道”特色主题景观，凸显城市季相变化。

“海绵绿基”2013年的中央城镇化工作会议上，习近平总书记要求“建设自然积存、自然渗透、自然净化的海绵城市”。本案设计将海绵城市理念落实到场地中，因地制宜地将沙坑绿地和街道绿地建设成海绵绿基，通过系列下凹绿地雨水设施收集周边地块的地表径流，收集到的雨水在海绵绿基中过滤、净化、下渗，在避免城市内涝风险的同时，回补地下水。景观功能化，强调绿地的生态功能。

▼ 沙坑公园图　　▼ 社区运动公园图

▲ 棒球主体公园图　　▲ 景观水潭图

01 棒球公园西入口
02 棒球绿道文化走廊
03 棒球公园南入口
04 阳光雕塑草坪
05 树阵花园
06 棒球公园北入口
07 标准棒球训练场
08 棒球驿站
09 生态停车场
10 停车场预留用地
11 110kV变电站(预留)
12 市政雨水(预留)
13 沙坑艺术公园区(一号沙坑)
14 沙坑静湖
15 霓裳曲桥
16 高空廊桥
17 沙滩攀岩
18 沙坑雨水花园区(二号沙坑)
19 沙坑网球场
20 迷你运动场
21 沙坑极限运动区(三号沙坑)
22 沙坑驿站
23 休闲廊架
24 沙坑绿道
25 社区运动公园主入口
26 400米健步跑道
27 儿童天地
28 林荫绿岛
29 樱花林大草坪
30 社区驿站
31 社区篮球场
32 蔷薇花廊休闲广场
33 雨水旱溪
34 绿道驿站
35 驿站休闲广场
36 校园段北入口
37 校园段南入口
38 社区运动绿道
39 景观林带
40 疏林大草坪
41 足球场(预留)
42 网球场(预留)
43 篮球场(预留)
44 预留高线铁路
45 预留公交站
46 模纹花境
47 污水处理(预留)
48 舞蹈广场
49 泵站调蓄池
50 舞蹈广场入口
51 教堂花海公园入口
52 荷兰风车
53 花海栈道
54 东岸教堂
55 湿地沣河
56 国际学校
57 哈马碧生态城
58 奥特莱斯
59 三星专家公寓
60 沣惠渠商业街

▲ 总平面图

◀ 功能分区图

▼ 交通分析图

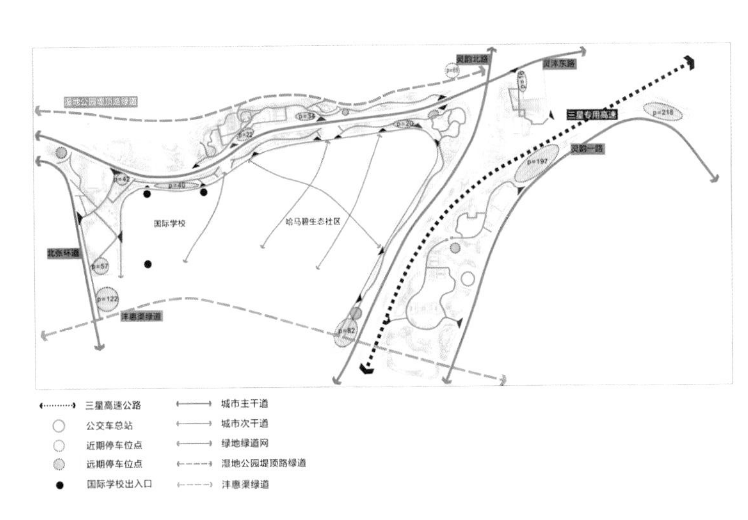

LANDSCAPE
RENDERINGS
主要景观效果图

霓裳虹桥是水中的一道彩虹，远处高地与集水潭通过一组人工假山跌瀑来衔接，让原本的一潭死水鲜活起来，仿若潭水从天而来。

◀ 霓裳虹桥图

◀ 南入口广场图

LANDSCAPE
RENDERINGS
主要景观效果图

南入口广场，位于棒球绿道南面，连接北张环道，以棒球场为背景引导人流进入，同样对入口标识进行景观化、主题化的设计。

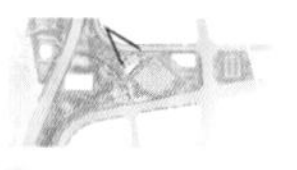

LANDSCAPE
RENDERINGS
主要景观效果图

棒球驿站，作为棒球场的设施配套，具备冲凉房、卫生间、小卖部、公园管理房、员工餐厅等功能；

设计上将建筑和景观有机融合，设计空中走廊和屋顶花园连接，形成行走在树冠上的独特体验，仿佛生长在树林中。

▶ 棒球驿站图

▶ 教堂纯林花海绿地图

LANDSCAPE
RENDERINGS
主要景观效果图

荷兰风车矗立在鼠尾草海之中，银杏林后的教堂、心形的廊架、浪漫的鼠尾草构成了一幅美丽的画面。

西安国际社区一期绿地雨水资源利用效益测算

海绵绿地的经济效益和生态效益

 经济效益

 生态效益

调蓄设施与城市绿地、景观水体通过景观手法进行融合"净增成本"低。

修复城市水生态环境。

减少城市中治理污水费用，有效利用再循环中水，降低灌溉、景观用水成本。

带来综合生态环境效益，明显增加城市"蓝""绿"空间，减少城市热岛效应，改善人居环境。

注重自然形式的雨洪管理和天然水系的保护利用，大大减少建设排水管道和钢筋混凝土水池的工程量。

为更多的生物、植物提供栖息地，提高城市的多样性水平。

海绵效益数据

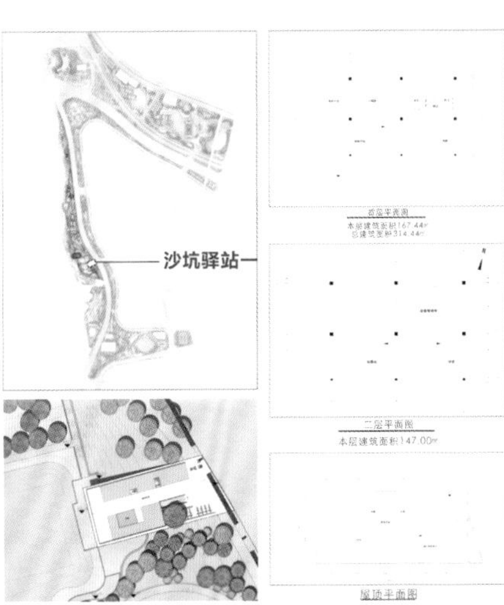

沙坑公园驿站 1

POST
STATION
沙坑运动公园驿站

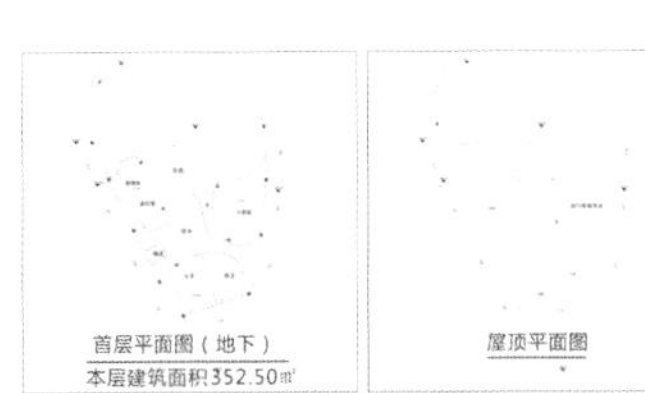

沙坑驿站二

沙坑公园驿站 2

PROJECT NAME

长沙君合·新城玺樾

46

项目基本信息

项目名称：长沙君合·新城玺樾
设计单位：武汉易盛和设计有限责任公司
主创团队：戴佳、柯欢、谭露、陈湑清、黄志华

设计文字说明

1. 区位

长沙为湖南省省会，古称潭州，别名星城，是长江中游地区的重要中心城市，全国“两型社会”综合配套改革试验区，中国重要的粮食生产基地，长江中游城市群和长江经济带重要节点城市。

本案位于长沙市长沙县，毗邻雨花区的位置，与机场和火车站的直线距离约为 10km，地理位置优势显著。

2. 周边资源

项目周边分布有住宅区、工业区和学校，周边配套较为完整，但有待完善提升。紧邻城市主干道，交通较为便利。

3. 设计理念

长沙是一座闻名中外的历史文化名城，悠久的历史创造了灿烂的文化。“西池借得麻姑爪，三丝五色夺天巧。停针罢绣看雄威，神采奕奕何牡佼。”

长沙还有优秀的手工艺术湘绣。其技法有：平绣、织绣、网绣、结绣、打子绣、剪绒绣、立体绣、双面绣、乱针绣等。

在今天，传统的手绣、湘绣工艺精美雅致，能为家庭带来与众不同的风格与品位。

➤ 商业街效果图 1

▲ 商业街效果图 2

▲ 商业街效果图 3

4. 主题来源

湘绣是中国优秀的民族传统工艺之一，是以湖南长沙为中心的带有鲜明湘楚文化特色的湖南刺绣产品的总称，也是在漫长的人类文明历史的发展过程中，人们精心创造的一种具有湘楚文化特色的民间工艺。有“绣花能生香，绣鸟能听声，绣虎能奔跑，绣人能传神”的美誉。

主题来源于：传统文化的传承与延续；湘绣的线元素与手法的运用；湘绣美妙的寓意。

提取湘绣的元素：线、针法、色彩，通过线的纵横交错组合，形成空间场地及立面细节。

功能化空间、形式化场景、艺术化装置，绣 · 风化——传统文化与现代生活的完美融合。

5. 五大亮点空间

突出园区的人性化和功能性。

亮点一：社区出入口空间
场地特色：“尊贵典雅”“仪式感受”“便民体验”“夜间关怀”“完善后勤配置”。

亮点二：全龄儿童乐园
场地特色：“分龄多重空间”“全龄儿童活动”“趣味跑道”“安全守护”。

亮点三：社区中心组团空间
场地特色：“共享驿站”“阳光草坪周末剧场”“儿童足球”“有氧运动”“社区活动”。

亮点四：入户花园
场地特色：“宅前会客厅”“休憩洽谈”“便民配套”。

亮点五：泛会所架空层
场地特色：“邻里会客厅”“阅读棋牌室”“活动区域”。

▲ 社区主入口效果图 1

▲ 社区主入口效果图 2

▲ 社区主入口效果图 3

▲ 社区主入口对景效果图

▼ 共享驿站效果图 1

▲ 现状分析图

▲ 共享驿站效果图 2

▲ 阳光草坪效果图

▲ 儿童活动区效果图 1

▲ 儿童活动区效果图 2

PROJECT
NAME

六安市君临龙府小区规划

47

项目基本信息

项目名称：六安市君临龙府小区规划
设计单位：广东宏图建筑设计有限公司
主创团队：张振洪、丁玲、张宗山、赖向农、刘原

设计文字说明

1. 项目概况

（1）位置。

基地位于安徽省六安市城市西南，地块东临六安市生活性主干道解放路，北靠龙河路。

（2）面积。

由于受规划道路分隔，基地自然形成东西两大块，东部地块用地相对规整，西侧地块呈不规则形，基地内高差较大，整体呈东北高西南低走向，高程在 49.1~54.2m 之间。

整个基地交通便捷，区位条件优越，地处六安市居住成熟地段，周边分布有六安市火车客运站、裕安区人民政府、六安市立第二医院、解放路小学、六安市第二中学、皖西中学、滨河公园等，生活居住配套齐全，是理想的居住之所。

基地用地总面积为 51139m^2，用地净面积为 38966m^2，其中东地块为 29082m^2，西地块为 9884m^2。

鸟瞰图

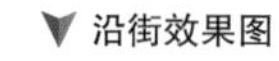
沿街效果图

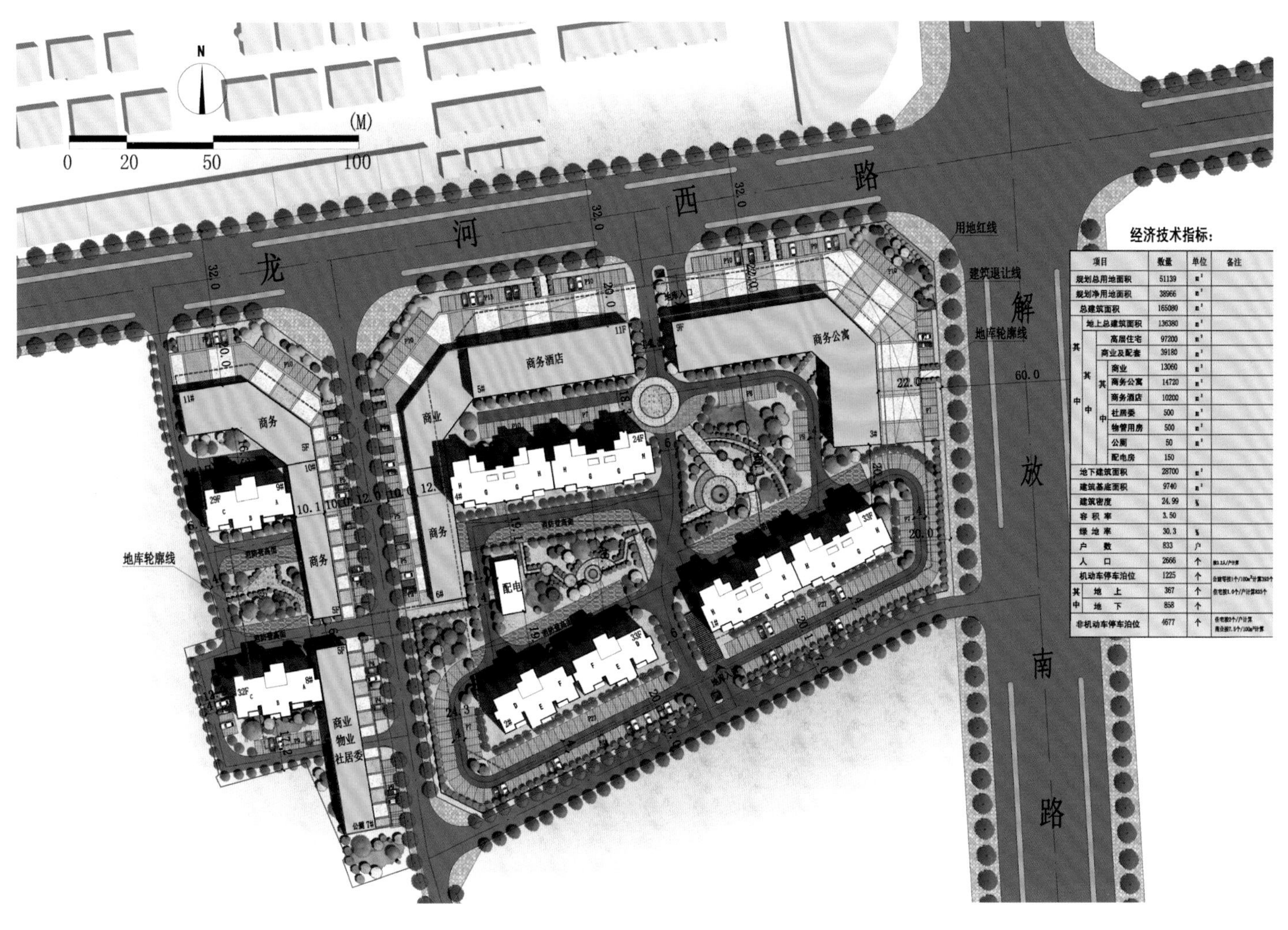

经济技术指标：

项目				数量	单位	备注
规划总用地面积				51139	m²	
规划净用地面积				38966	m²	
总建筑面积				165080	m²	
其中	地上总建筑面积			136380	m²	
	其中	高层住宅		97200	m²	
		商业及配套		39180	m²	
		其中	商业	13060	m²	
			商务公寓	14720	m²	
			商务酒店	10200	m²	
			社居委	500	m²	
			物管用房	500	m²	
			公厕	50	m²	
			配电房	150		
地下建筑面积				28700	m²	
建筑基底面积				9740	m²	
建筑密度				24.99	%	
容积率				3.50		
绿地率				30.3	%	
户数				833	户	
人口				2666	个	按3.2人/户计算
机动车停车泊位				1225	个	公建等按1个/100m²计算392个
其中	地上			367	个	住宅按1.0个/户计算833个
	地下			858	个	
非机动车停车泊位				4677	个	住宅按2个/户计算 商业按7.5个/100m²计算

▲ 总平面图

2. 规划总体布局

（1）总体规划与布局。

依据规划道路形成东西两大组团：

西组团用地小且狭长，规划布置一幢 29 层和一幢 32 层住宅，并沿街安排商业服务与社居委、物业管理等配套，本组团总建筑面积为 32449m²，其中住宅为 22707m²（183 户），商业为 8692m²，物业管理为 500m²，社居委为 500m²，公厕为 50m²。

东组团用地较为方正，规划安排三幢高层住宅（24 ~ 33F），一幢 11 层商务酒店和一幢 9F 商务公寓，本组团总建筑面积为 103931m²，其中住宅为 74493m²（654 户），商务酒店为 10200m²，商务公寓为 14720m²，商业为 4518m²。

（2）道路系统。

1）西组团。

沿北侧龙河路与东侧规划支路设两个出入口，另考虑消防车通行需要在商铺底层设置消防通道一处。

地面停车为主，利用沿街商业退让安排路边停车位 57 个，组团内设置地面车位 15 个，其他主要依托东组团地下车库解决停车问题。

2）东组团。

采用完全人车分流，沿北侧龙河路及南侧规划支路设置两个人行出入口，车辆则通过外围三个车行通道出入地下车库，减少对小区交通的干扰。

地上与地下相结合停车，组团内部不设置地面停车位，沿道路设置路边停车位 295 个，另规划双层地下车库 28700m²，车位 858 个。

3）消防系统。

社区内部道路（宽度不小于 4m）结合景观布置成环网状，满足了环形消防通道的要求，同时合理布置规划消防登高面和消防设施，单体建筑均满足消防规范的相关要求。

（3）景观设计。

与小区规划组织结构相呼应，形成“一轴双心”的环境景观系统

组团中建筑错落布置，相互围合，设置健身器械及幼儿活动设施，形成组团级绿化活动中心。

植物树种考虑其季相和色相的搭配，满足居民对环境行为的心理需求，同时使场所具有领域感和可识别性，用落叶乔木等遮阳树种创造“夏有荫，冬有阳”的生活环境。

3. 景观设计建筑风貌

高层住宅主体以朴实稳重的淡黄色真石漆为基调，辅以棕色外墙真石漆搭配，强调纵横向线条的对比，顶部标识性的建筑形体，以逐步上扬的态势赋予建筑简约、时尚、现代的都市化气质。

商务综合楼及配套商业建筑，立面设计整体采用现代简约的建筑风格，以简洁、人文、灵动的设计理念强调建筑的现代都市时尚气质与亲和人文气息，并保持和居住建筑的协调。

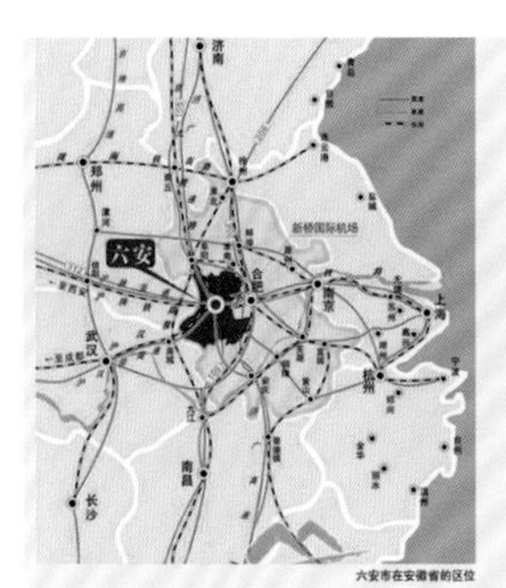

六安市在安徽省的区位

区位分析：

基地位于安徽省六安市城市西南，地块东临六安市生活性主干道解放路，北靠龙河路，交通便捷，区位条件优越，地处六安市居住成熟地段，周边分布有六安市火车客运站、裕安区人民政府、六安市立第二医院、解放路路小学、六安市第二中学、皖西中学、滨河公园等，生活居住配套齐全，是理想的居住之所。

六安市：

六安市位于安徽省西部，长江与淮河之间，大别山北麓，俗称“皖西”。六安为大别山区域中心城市，地处中国经济最具发展活力的长三角腹地，是国家级皖江城市带承接产业转移示范区的成员城市，安徽省会经济圈合肥经济圈的副中心城市，国家级交通枢纽城市。荣膺有“国家级园林城市”“国家级生态示范区”“中国水环境治理优秀城市”“中国人居环境范例奖”“中国特色魅力城市 200 强”等称号。

◀ 区位分析图

▼ 现状分析图

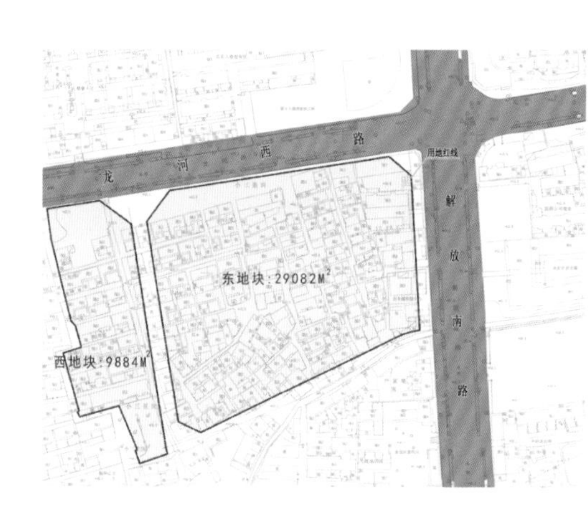

由于受规划道路分隔，基地自然形成东西两大块，东部地块用地相对规整，西侧地块呈不规则形，基地内高差较大，整体呈东北高西南低走向，高程在49.1~54.2米之间。

基地用地总面积51139平方米，用地净面积38966平方米，其中东地块 29082平方米，西地块9884平方米。

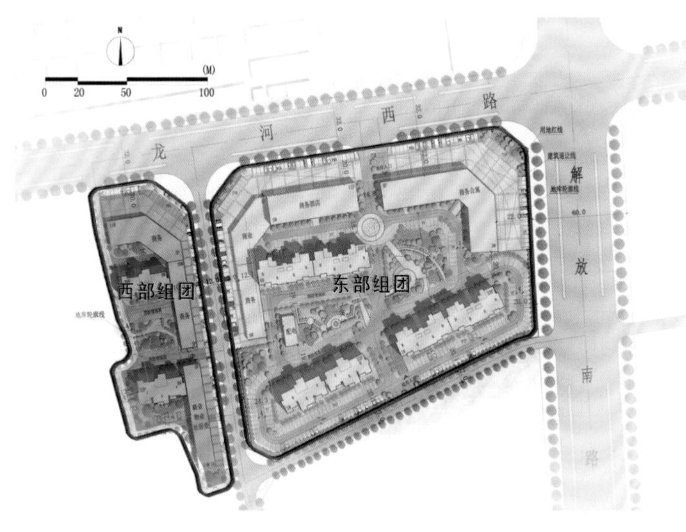

◀ 规划结构分析图

▼ 道路系统分析图

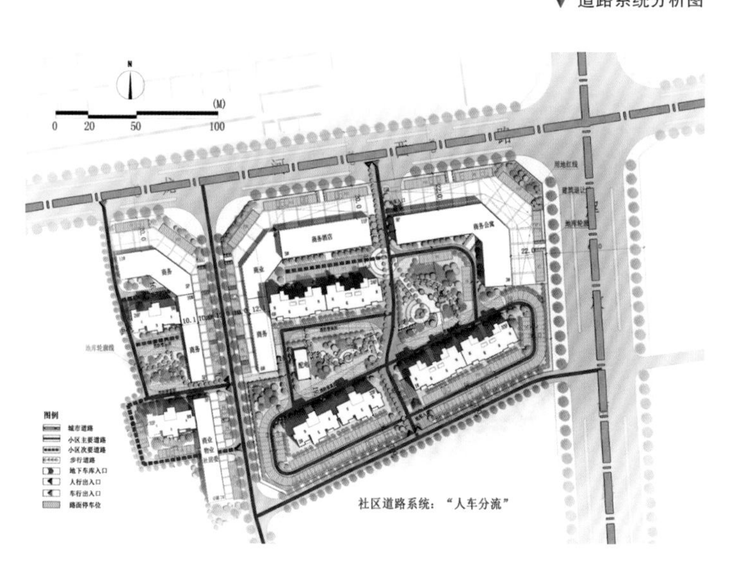

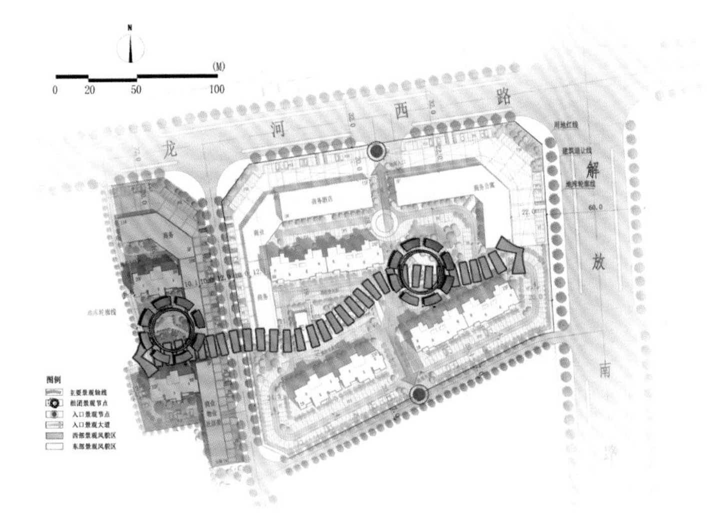

◀ 景观系统分析图

▼ 配套设施分析图

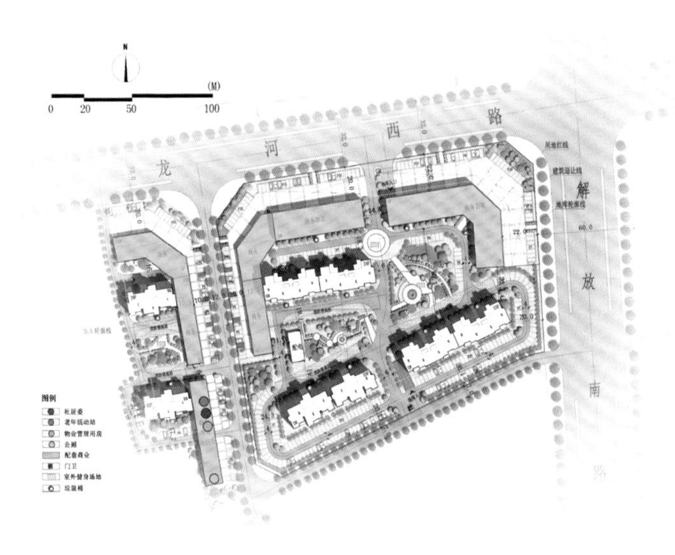

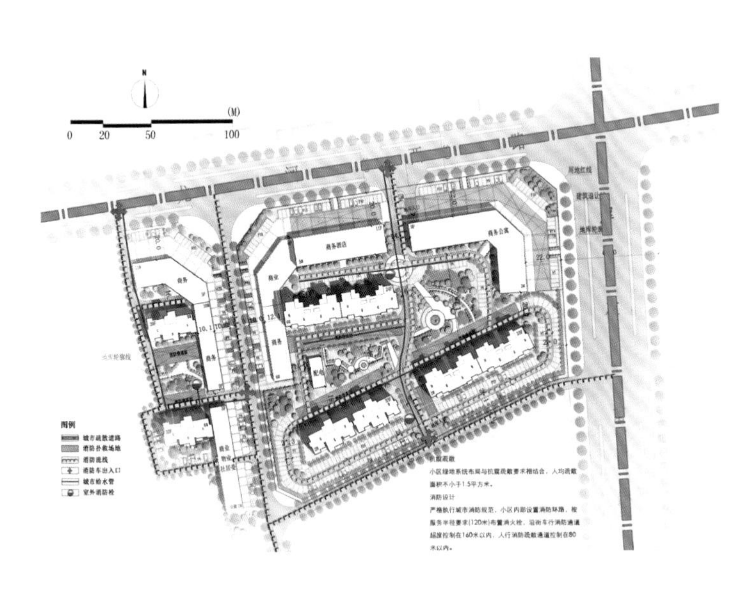

◀ 消防设计图

▼ 坐标定位图

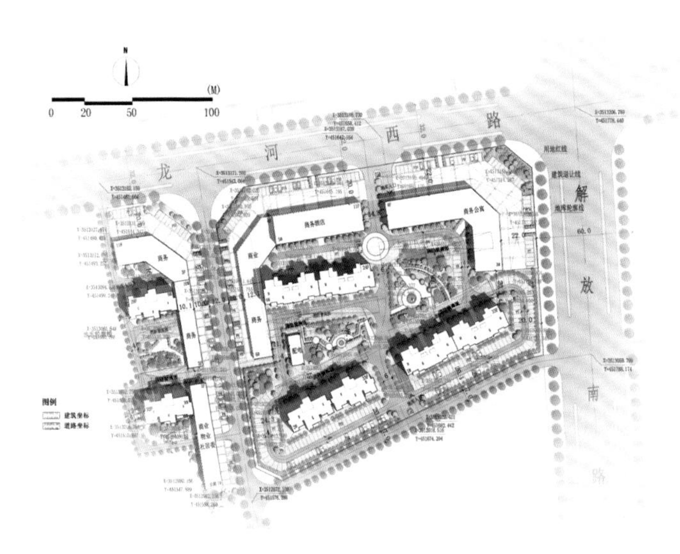

PROJECT NAME

青城山国际度假社区·豪雅青城项目

48

项目基本信息

项目名称：青城山国际度假社区·豪雅青城项目
设计单位：四川时代建筑设计有限公司
主创团队：朱星、傅彦博、王怀兵、胡垚

设计文字说明

1. 项目概述

本项目为四川经都置业有限公司开发的青城山国际度假社区，位于都江堰市玉堂镇，南北临城市规划道路、东临都江堰市二环路、西至螃蟹河及螃蟹河绿化带。项目地段为新开发区，市政设施及东侧二环路已建设完成，交通便利，可迅速连接城市主干道与快速路。距都江堰主城区 2km，区域交通十分便捷。

在整体方位上，项目位于都江堰市新区核心地带，具有强劲的发展优势。

项目占地约为 466.48 亩，一期总建筑面积为 340154.17m^2，由住宅和酒店两部分构成，其中住宅总建筑面积为 256059.56m^2，酒店总建筑面积为 84094.61m^2，住宅为地上 2 层、4 层的多层建筑；酒店为地下一层，地上 2 层、3 层、5 层、9 层的多层建筑和中高层建筑。

2. 建筑文化与创新

本项目用地方正、地势平坦，建设条件良好，同时项目分为住宅和酒店两部分。项目具备开发高尚居住区的先天条件。因此在规划布局上以塑造良好的居住环境为基本出发点。

➤ 总平面图

▲ 鸟瞰图

▲ 半鸟瞰图 1

▲ 半鸟瞰图 2

▲ 半鸟瞰图 3

住宅区：总体布局整体统一，结构明确。充分利用螃蟹河自然景观资源及区内人工湖景组织住宅分区，营造优雅、宜人的内部环境。低层住宅围绕中心湖区，成组团的布局形式。这种布局最大的优点在于既满足住宅基本的日照要求，又可以让绝大部分的住宅户型能享受到湖景景观，提升区域品质。住宅组团空间尺度宜人，组团间的空间组合又可以形成大尺度的中心景观带，方便二次景观设计，可为小区住户提供最优住区环境。

在建筑形态上，结合都江堰旅游条件及人文气息，采用东南亚建筑立面风格，外立面层次丰富、和谐，建筑尺度宜人，彰显度假风格品质，注重对人性的全面关怀，满足不同人的不同需求；以简约纯粹的东南亚主义建筑风格，结合旅游资源及契机，将该项目发展成都江堰市，乃至成都市具有创新居住空间和标志性外观的高品质社区。

在户型设计上注重每户的品质感及私密性，构建出院子的独立性，将业主从外部的喧嚣过滤到院子的静谧空间内，力求全面提升居住体验，提高人们的体验质量。

酒店区：酒店布置在用地的东南角。充分考虑地块周边自然环境条件，在环艺设计方面结合赵公山、青城山的远景，体现借景优势；引入螃蟹河的水资源进入酒店公共区域，建造人工湖景，营造出酒店在画中立、人在画中游的完美意境；注重酒店与未来社区环境的融合与共享，提升社区居住品质。

通过星级酒店较大体量的分散设计，形成与多层低层住宅相呼应的建筑体量关系。酒店由酒店主楼、独立式客房和用地东侧的度假商务楼组成。酒店主楼以 5 层为主，局部为 3 层和 6 层。独立式客房以 2 层为主，体量与低层住宅相当，形成酒店主楼与住宅区的平缓过渡。度假商务楼为 9 层建筑，程“Z”字形布置，既有利于组织内部空间关系，形成入口广场与内部休闲运动场；又减少了直接临近鑫玉大道的客房数量，同时结合景观绿色屏障等技术手段，降低车行噪声对内部环境的影响。

3. 项目反响

青城山国际度假社区自然环境优越，地理位置优势突出，社区配套完善，可满足长期居住生活所需，通过打造住宅及度假酒店集群，使之成为成都度假区闪亮的名片，聚集人气并为旅游业的快速发展发挥积极作用。结合旅游度假以及社区配套，营造一个集景观、生活、旅游及度假相得益彰的度假区域。

▲ 实景照片 1

▲ 实景照片 2

▼ 实景照片 3

▼ 实景照片 4

▲ 部分建筑立面图 1

▲ 部分建筑立面图 2

▼ 部分建筑立面图 3

▲ 现场照片 1

▲ 现场照片 2

▼ 现场照片 3

▲ 现场照片 4

▲ 现场照片 5

PROJECT NAME

陕西大剧院室内设计

项目基本信息

项目名称：陕西大剧院室内设计
设计单位：上海秉仁建筑师事务所（普通合伙）
主创团队：滕露莹、李晓军、王欢、李娜、黄立妙、瞿子岚

技术经济指标

项目地点：西安曲江新区大唐不夜城贞观文化广场
用地面积：23027m^2
建筑面积：52324m^2
建成时间：2017 年

设计文字说明

贞观文化广场是大唐不夜城的核心，包括四组公共文化建筑：西安音乐厅、西安美术馆、曲江电影城和陕西大剧院。作为建筑群中最重要、最复杂的一座，陕西大剧院于 2017 年正式启幕，与西安音乐厅共同成为中西部地区最大的国际化表演艺术中心。

陕西大剧院内设观众厅(1957 座)与多功能厅(525 座),室内设计从唐文化中汲取灵感,围绕“唐形”“唐意”“唐色”三大元素，试图用现代手法来演绎盛唐文化的神韵和风采，创造出戏剧性的空间感受。

1. 唐形

走进剧院，一个巨大的盘旋楼梯，如同壁画中的霓裳羽衣，两袖舒展，迎面而来，形成剧院空间的铺陈和引导。设计打破了矩形门厅空间沉闷、刻板的格局，将唐代乐舞的意象融入室内建构，在灵动、轻盈的流线中迂回辗转，凸显出空间的艺术性和戏剧性。

2. 唐意

剧院挑空空间四周延续了柔和的几何曲线，弱化了空间的紧张感，与庄重舒朗的外部形象形成视觉上的反差，却又在内部建立起一种动线上的关联；墙面与顶面交接处留有灯槽，通过灯光渲染，丰富曲面的光影关系。侧厅层高低于入口门厅，因而顶面采用阶梯式的几何单曲面处理高差衔接，使大厅与侧厅的过渡连续自然。

3. 唐色

从歌剧厅到戏剧厅，一种时空上的强烈对比充斥和刺激着感官。前厅，起伏的铝板内外跃动，定格出一张张戏剧式的面具，界定了空间的属性。戏剧厅是一个多功能剧场，可根据剧目进行灵活调整，包括电动伸缩看台和活动座椅。室内大面积运用黑色暗示空间的稳定性；座椅取唐三彩中的绿色釉彩，与整体氛围拼贴出一种超现实的意境。天面采用黑色穿孔金属板，与吸声材料结合，提供良好的声场效果。

公共大厅图

外景图

观众厅图

◀ 多功能厅前厅图

◀ 多功能厅图 1

◀ 多功能厅图 2

◀ 地下展厅图

▲ 侧厅图

▲ 衣帽间图

▼ 贵宾厅图

PROJECT
NAME

宜宾李庄王爷庙影剧院

50

项目基本信息

项目名称：宜宾李庄王爷庙影剧院
设计单位：成都天仝建筑设计有限责任公司
主创团队：王翔 (WANG XIANG)、田文沐、李百毅、倪燕

技术经济指标

建设规模：2000m^2
建成时间：2019 年
项目投资：10000000 元
建设地点：四川省宜宾市
容积率：1.07

设计理念及特色

建筑师王翔说："李庄的确是积淀深厚的古镇，看现场的时候甲方反复叮嘱设计一定要表现当地的文化以及与周边建筑的融合。我在脑子里一边因为身旁的唠叨而映射出各种斗拱穿梁，一边反复思量怎么把这些东西从脑子里赶出去：在古镇里再造'古建'，这个概念总让自己难受。要有趣，我心里这样想着，嘴上不断重复着没问题、没问题。

由于接受了太多的古建能量，回到公司，我感到有点儿疲惫和气馁。影剧院的体量结构一定是周边民居的数倍，让人感觉不到这个雄伟的体量，很难。古镇很美，不想破坏它。航拍的照片让我感到传统肌理自然的美，特别是青瓦屋顶，绵延在天空下，一缕青烟让古镇变得很亲切。

哎，这个感动我的瞬间是否可以感动其他人呢？
我们把建筑体量渐渐下沉，把整个公共空间都放在 7m 的高度上，形成一个公共的观景平台。我想让所有来这里的人都能像我们的无人机一样来观看古镇的美。"

总平面图

▲ 平行鸟瞰图

◀ 一江水堂室内效果图

▲ 剧场室内效果图

七米李庄简介

本建筑是一个藏在城市肌理中，除了面向王爷庙门的位置，几近没有城市外立面的建筑。基地处于镇中心地带，我们的设计希望在这样一个密集的地方安置一个能为游人和居民交流和静静观察李庄的场所，它应该有独特的视点高度和空间感受。我们为这个没有立面的建筑设计了它的第六立面：一个符合李庄传统的檐下空间，与“一江水堂”（公共交流空间）与从 7m 高台观察李庄的观景平台有机地结合在一起，将古镇最具特色但是往往缺乏高度我们很难看到的“绵延的屋顶”展现在眼前。

面对相对较大体量的屋顶，我们采用游动的造型，将其分解为似在空中漂浮的自由的屋檐，灵动的天际线表达更小的尺度，和周边的传统建筑和而不同，相得益彰。

最后为城市提供更多公共空间，分几个层次。一是建筑入口前区相对开敞，二是入口大厅的扩大，三是一江水堂的公共空间。

◀ 空间次序图

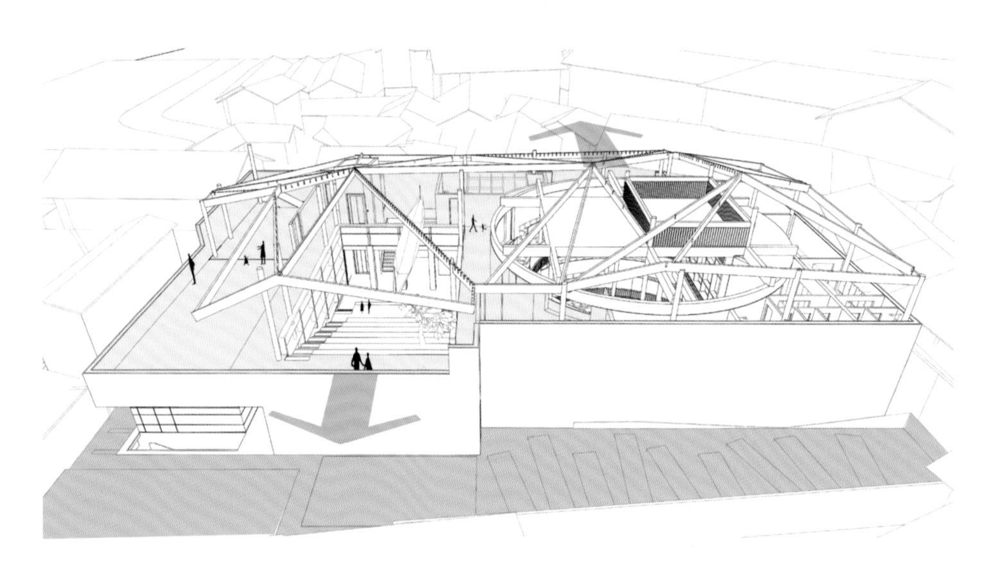

◀ 七米李庄鸟瞰图

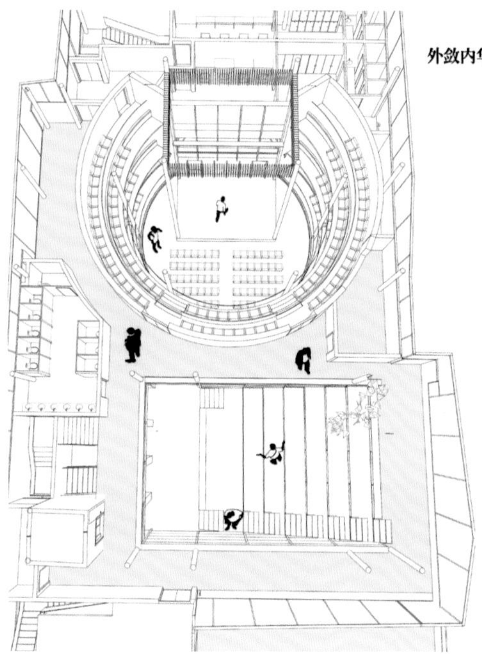

外敛内华 | INTROVERTED OUTSIDE AND RICH INSIDE

本设计在外采用谦虚简洁外形的姿态，内部空间采用“方”和“圆”这两个最基本的形态，形成丰富但又多功能的主要空间。为后期举办文化活动获得了李庄独特的空间符号。

一江水堂

圆形剧场

◀ 外敛内华平面布局图

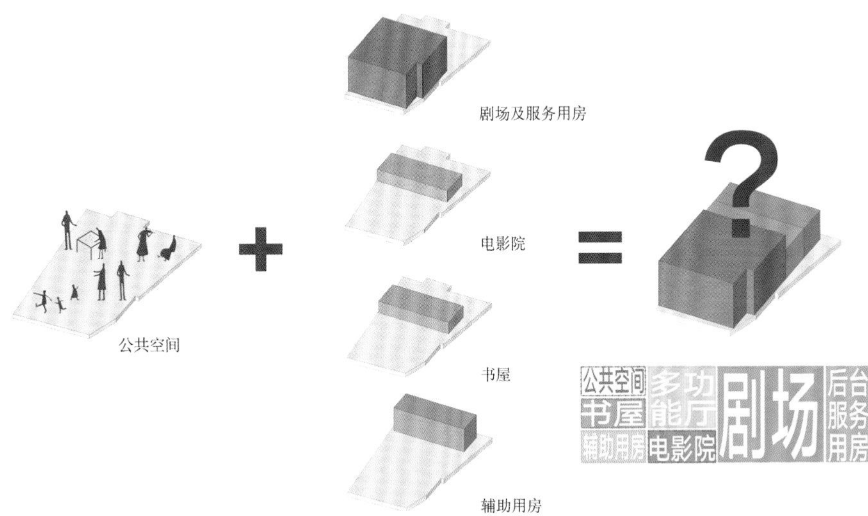

▲ 功能分析图

天然采光的优点

- 在相同照度水平下，人们在天然光环境下的视觉功效比在人工照明条件下高 5%~20%。
- 将天然光引入室内可造成丰富的光与影的变化，使室内空间更有活力。
- 在建筑物中充分利用天然光不仅可减少照明用电时间，达到节能的目的，还可以改善室内在光环境，使人感到舒适，有利于健康。
- 天然采光是绿色照明的重要组成部分。

▲ 剖面采光分析图

自然通风的优点

- 良好的自然穿堂风，在无须机械设备的情况下，能保证室内清新的空气质量；对流的通风，能随时带走室内污浊空气，送进室外清新的空气。

▲ 剖面通风分析图

保护性下沉空间设计

方案采用谦逊的下沉的形式，在争取更多的公共空间的同时，采用和周边建筑相适宜的体量和高度，汲取周边现状建筑的精髓，采用现代的方式来构建建筑既传承历史，又积极进取，充满活力的状态，其既体现了李庄起自宋代的悠久历史，又展现了李庄在中国近代文化史上代表的进取精神。

下沉空间的设计获得了承载功能的空间和更多的公共空间，其采用和周边民居建筑相同尺度的体量和屋檐形态，避免了大体量公共建筑对古镇景观的冲击。

◀ 设计策略剖视图

PROJECT
NAME

苍南旅游集散中心

51

项目基本信息

项目名称：苍南旅游集散中心
设计单位：浙江华坤建筑设计院有限公司
主创团队：任利民、林玺、林纯真、王科、邱卫永、徐爱萍、吕丹、朱国良、洪敏、脱燕燕

设计文字说明

1. 区位

本项目为桥墩镇旅游集散中心地块设计工程，位于桥墩镇横阳支江两岸地区控制性详细规划C-01~C-08地块。本区块西邻横阳支江，三面依靠玉苍山景区，北侧为玉苍山景区主要入口。南有中心路（G104），西临玉湖路，东北侧有环山路，环绕整个地块，而又被四条横向道路分割成五个功能区块。地块西侧玉龙桥横跨横阳支江，衔接周边地块。项目由旅游集散中心、旅游度假酒店，商业街区等组合而成。

2. 项目概况

本项目用地面积约为700亩，建筑控制规模约为11万 m^2，其中包括旅游换乘中心建筑面积约为2000m^2，停车位约为1000个，占地面积约为50亩；旅游服务中心建筑面积约为10000m^2，占地面积约为20亩；其他市政配套设施占地面积约为160亩；旅游度假酒店建筑面积约为30000m^2，占地面积约为100亩，其中景观占地为60亩；商业街区及村庄整治建筑面积约为68000m^2，占地面积约为300亩。

鸟瞰图

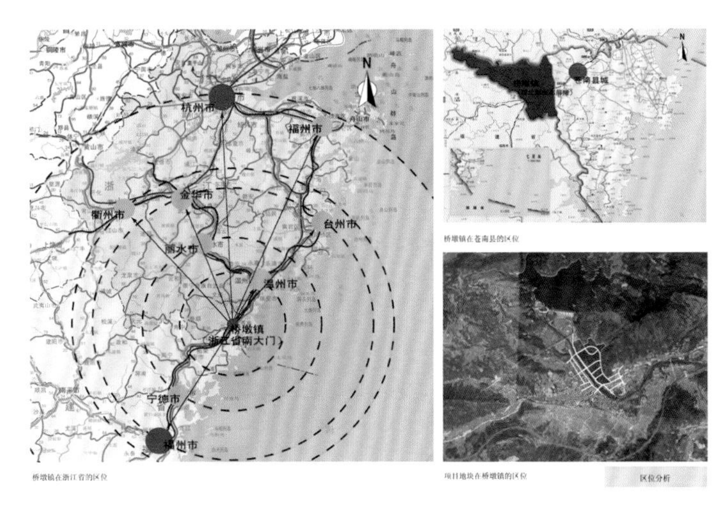

▲ 项目区位图

▼ 礼仪路口透视图

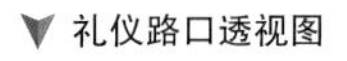

▲ 沿湖透视图

▲ 总平面图

3. 规划理念

本案的规划目标为：将桥墩镇建设成一个以石海奇石、山顶平湖为特色，集奇、幽、秀、野于一体，与其他风景区风格迥然不同的国家森林公园和省级旅游胜地，突显一幅“水随山转，山因水活”的湖光山色画卷，使之成为人们泛舟垂钓、游泳和观光的理想之地。

故本规划设计，以街道、院落、开放空间、节点构成人文脉络，以公共绿地、水系构成自然脉络，将人文脉络与自然脉络共同交织成具有特色的街坊商业空间结构布局。

拥山连城，山城共享——依山、面镇，旅游基地可以将山的景致与城市的设施连接于一体，实现山城共享，提升品质。

水绿一体，特色独具——山与水的融合，绿色与生态相辉映，独具特色的旅游基地将呈现在游客及市民眼前。

4. 规划设计理念与构思

（1）形式生成及寓意解读。

“北斗七星——引领未来发展，带动时代步伐”

本项目位于玉苍山门户位置，故其对整个桥墩镇乃至苍南县旅游业都具有举足轻重的作用，并指引旅游业的发展方向。对于本项目运用建筑抽象手法“北斗七星”的概念：北斗星在不同的季节和夜晚不同的时间，出现于天空不同的方位，所以古人就根据初昏时斗柄所指的方向来决定季节，在远洋航线时判断南北方向。本项目中以会所、沿湖商业带北端景观节点、酒店、换乘中心、集散中心、居住区广场、沿湖商业带南端四个主要建筑单体的主入口及广场集散空间，无形连接形成“柄勺”，引申为“北斗七星”。在设计上，结合建筑物、廊架、屋顶、铺地等元素，时隐时现，以人为本，亲近自然。

（2）建筑立面外形及肌理寓意。

本方案的造型设计考虑了新中式风格，整体建筑采用灰瓦白墙斜坡顶，结合现代元素的玻璃、外廊、亲水平台、露台，使得整个周围静中有动，动中有静，动静结合，烘托周围商业价值与氛围，人文与自然景观相融合，相互统一。本项目位于玉苍山脚下，西临横阳支江，景观资源优越。建筑外形流畅，北侧景区入口的酒店采用围合方式，更好引入滨水景观，同时以硬质铺装与场地内道路整体考虑的形式衔接酒店及住宅区，形成主线上的景观及建筑重点。建筑整体采用坡屋顶的形式，与自然山体轮廓相呼应。同时，为适应不同建筑高度和室内空间需求，对屋顶进行了多重拆分，形成了层次丰富的轮廓界面，与玉苍山的山势高峻、连绵山峰相呼应。

（3）与周边建筑、环境、景观等的关系。

1）体现“自然—融合—和谐”的基本理念。

2）充分利用设计区域的自然条件和城镇格局在传承桥墩镇地域特

地块的北侧为玉龙湖，风景优美，湖光山色。

桥墩水库，水质极好，是桥墩镇居民生活用水的供给点。

地块的东侧主要为山体，地势高低不齐，植被丰富，是本地块开发较可贵的自然背景资源。

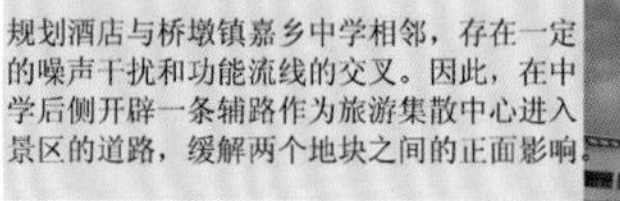

规划酒店与桥墩镇嘉乡中学相邻，存在一定的噪声干扰和功能流线的交叉。因此，在中学后侧开辟一条辅路作为旅游集散中心进入景区的道路，缓解两个地块之间的正面影响

本地块地势复杂，标高参差不齐，地块内有山体、有水体。在方案中将水体山体相结合，创造与水网相融的绿色空间和生态联系廊道，体现生态环境品质良好，宜居的风貌特色。

横阳支江，水质清澈，环境清洁。

地块南侧的道路为104国道，交通便利，是对外交通的主要道路之一，可直达苍南县城。

周边环境资源分析

▲ 周边环境

▼ 集散中心鸟瞰图

色基础上，赋予其新的环境内涵，营造玉苍山门户的景观风貌，体现现代化旅游接待基地标志性形象展示区。

①将部分空间设计成公共景观空间，并组织视线通廊，将景观向街区内渗透。

②多层次的公共空间以旅游集散中心为核心向四周辐射，开敞与半开敞的空间形成丰富的基地形态。

③塑造沿路建筑富有韵律和节奏的竖向空间特征。

④塑造标志性节点，打造具有特色的公共空间节点。另外，景观设计与建筑密切配合，在小院中、平台前、墙根下遍植各类植物，让建筑充分与自然贴近。

3）满足了“水随山转，山因水活，显山露水”的规划要求，充分融合了自然景观，有创新性，场地设计思路开放，形式自由多样，充分体现了桥墩镇自然气息与城市并轨的新时代契机。

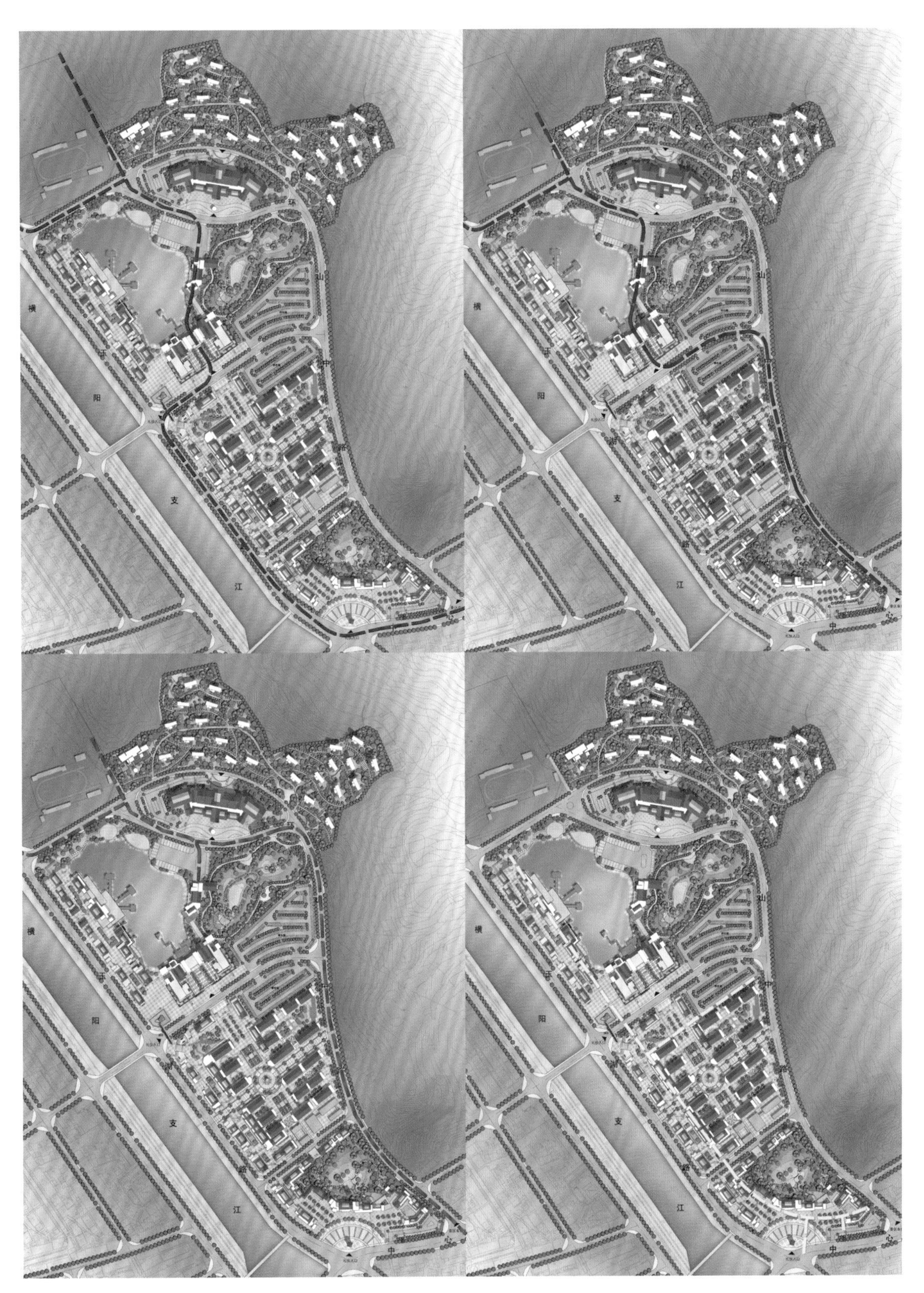

旅游集散中心主要为外来游客服务，针对其功能特性，本次设计对外来游客的游客到达方式进行以下几点规划建议：

1. 休闲赏景型路线：基地南侧景区入口进入—南侧1号专用停车场停车—沿中心路玉湖路游览特色商业街及餐饮小吃街—进入旅游服务中心购景区门票—通过湖景连廊—到达换乘中心—换乘景区专用游览车—进入景区。

2. 便捷直达型路线：基地南侧景区入口进入—通过环山中路—将自驾车停在景区大型停车场—进入旅游服务中心购景区门票—通过湖景连廊—到达换乘中心—换乘景区专用游览车—进入景区。

3. 精细游览型路线：地南侧景区入口进入—通过环山中路—进入酒店，停车休息，游览周边商业街，小吃街等—次日可通过酒店与换乘中心的连接道路直接到达换乘中心—换乘景区专用游览车—进入景区。（可以通过导游，网络等订购旅游套票，不需要通过服务中心单独分别购票）。

图例

- 休闲赏景型路线
- 便捷直达型路线
- 精细游览型路线
- 商业街步行路线

▲ 流线分析图

PROJECT NAME

山东省蓬莱第一中学

52

项目基本信息

项目名称：山东省蓬莱第一中学
设计单位：山东贝格建筑设计有限公司
主创团队：李晶玉、郑晓艳、周成龙、韩国卫、林小十、林洪林

设计文字说明

1. 项目概况

项目位于蓬莱市城区西部紫荆山街道，小泰山南路以北，规划小泰山东路以西，西北侧为规划盘山路。基地西接小泰山，北临大海，东接蓬莱阁景区，自然景观优越。基地东西长约为 660m，南北长约 330m。占地为 270 亩，在校生 4600 人，92 个班，总建筑面积约为 7.39 万 m^2，总投资约为 2.88 亿元。

2. 理念衍生

蓬莱是一座历史悠久的城市，在大海之滨，经历了两千多年的风雨洗礼，具有丰厚的文化积淀。透过时光隧道，可以窥见许多中国历史上的第一源于蓬莱，既印证了蓬莱昨天的辉煌，也昭示着蓬莱为华夏历史和人类进步所作出的巨大贡献。

山东省蓬莱第一中学始建于 1864 年，前身为 " 登州文会馆 "，1904 年秋改为蓬莱第一中学，1954 年，校址迁至登州古城西的紫荆山上至今。在多年的办学历史上，蓬莱一中为社会培养出大量人才，其中不少名列史册。蓬莱第一中学项目，作为蓬莱市重要的文化项目，具有突出的引领作用，为城市功能、文化发展提供了有力支撑。她既是一座现代开放的书院，又传承当地文脉，为该区域注入时代感和人文气息，成为当地的地标，成为莘莘学子舒展青春与活力的现代书院！

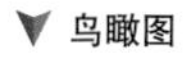
鸟瞰图

▲ 广场效果图

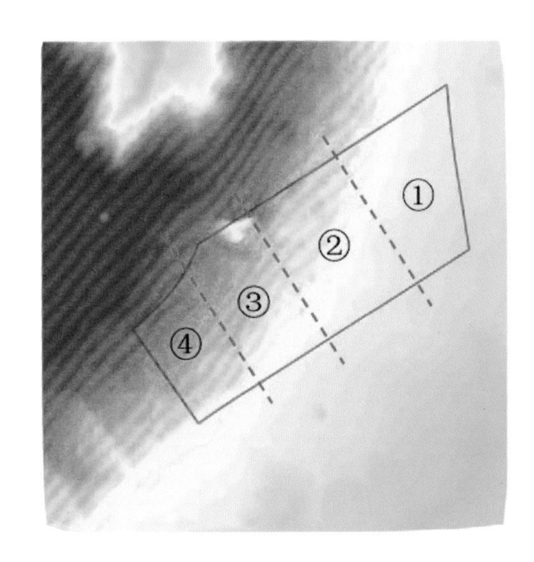

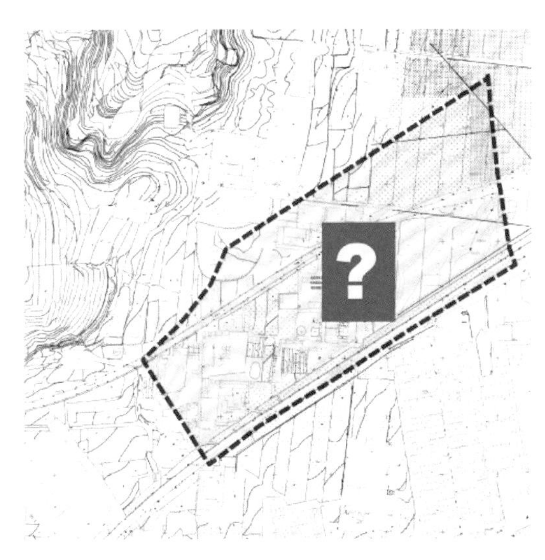

◀ 基地图

3. 依山而建，顺应地形

基地位于蓬莱市小泰山脚下，山脚下的地势造成了高差较大的地形，南北高差 10m，东西高差 24m。设计之初重点分析地形特点及高差变化，将整体地形根据特点归纳为四个区段，分析地势特点，结合校园各组团功能特点，利用地形合理布局，最大化节约土方量，达到与周边保护山体（小泰山等）自然景观的和谐统一。

4. 结构清晰，顺势生长

采用经典的绿十字轴规划布局，以小泰山为背景，由南至北经校园大门、校前礼仪广场、图书楼、校园文化广场形成南北公共活动轴，体现城市文化、书院文化和校园文化。由西向东经副运动区、生活区、教学行政区、主运动区形成东西功能联系轴，体现活力与智慧。两条轴线相互辉映，形成了结构清晰、井然有序的空间格局。

5. 平正大气，传承文脉

以“山海书院，红映诗香”作为设计主题。书院代表蓬莱一中历史的传承，从明代书院，到当代名校，铭记历史，续写光辉。红色是建筑的主色调。红色是民族的颜色，是丹崖的颜色，建筑主体采用红色主基调，寓意着一中积极、主动、刻苦、求实的治学态度。诗香寓意并体现着蓬莱乃至一中深厚的文化积淀与历史情怀。苏轼登州五日，留下千古诗篇，名满天下。蓬莱一中千古流芳、桃李满天下。校园建筑形象风格以平正大气为特征。外墙采用红砖材质，屋面采用双坡及局部简化的四坡屋顶，细部精美简洁，带有中西合璧的特色，呈现现代开放的学府气质。

6. 技术领先，绿色环保

蓬莱一中采用装配式建筑体系，装配率达到 61%，评价为 A 级装配式建筑，成为省级装配式工程示范基地。结构体系采用矩形钢管混凝土框架体系，该体系耐火、耐腐蚀性能较好，用钢量少，维护墙体变形较小。墙板及门窗安装方便，外包装饰便捷，节省资金。

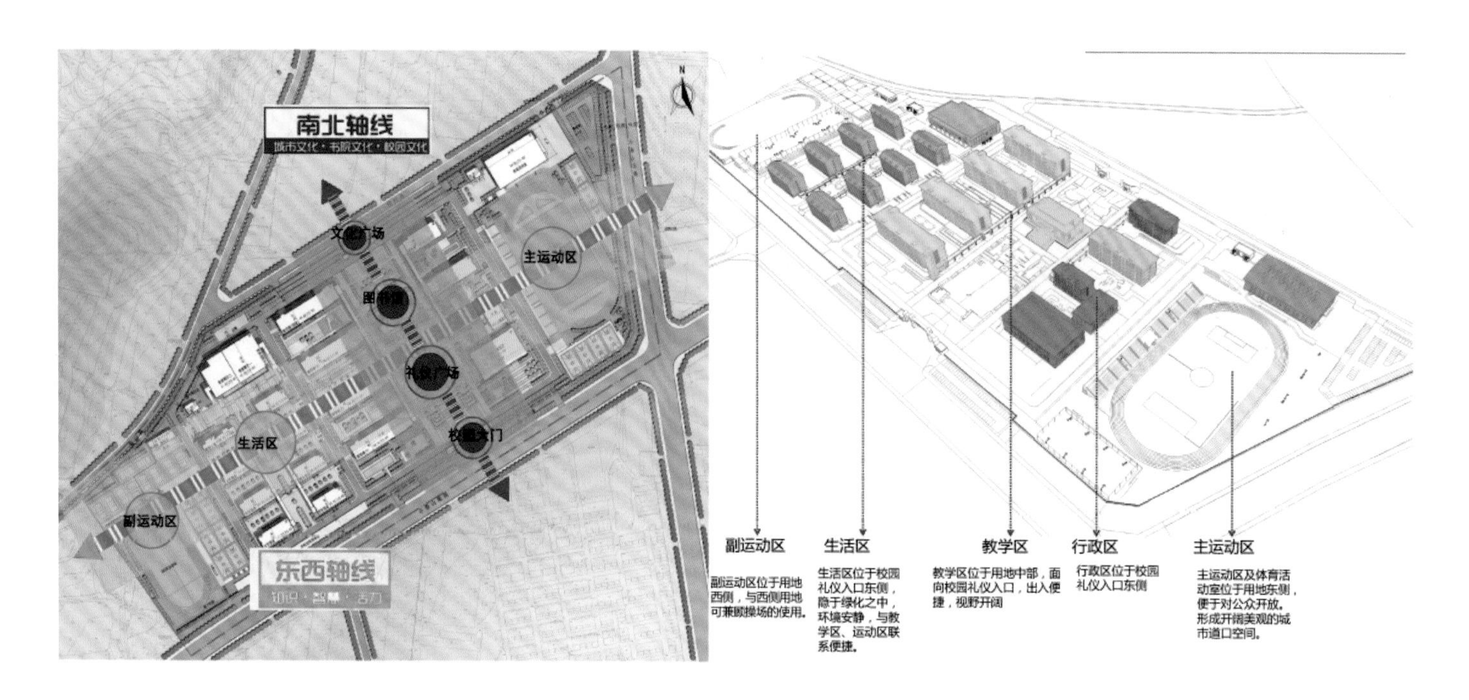

▲ 规划结构图

▼ 理念图

▲ 装配式技术图

▲ 教学区效果图

▲ 大门效果图

▼ 校园次入口效果图

▼ 食堂效果图

▲ 宿舍效果图

▲ 报告厅效果图

PROJECT NAME

皖北卫生职业学院扩建项目

53

项目基本信息

项目名称：皖北卫生职业学院扩建项目
设计单位：安徽省城市综合设计研究院有限公司
主创团队：张超、卢建华、高向鹏、张瑞峰、宛延、范力、周康、胡智群

设计文字说明

1. 项目背景

皖北卫生职业学院是皖北地区唯一一所专门从事医学人才培养的全日制高职院校。学院前身为宿县地区卫校，始建于 1949 年 8 月，1999 年随着撤县建市更名为宿州卫校，2014 年 2 月经省政府批准升格为皖北卫生职业学院。升格以来，在市委、市政府及相关市直属部门的领导和关心支持下，学院抢抓国家发展职业教育和安徽建设职教大省的机遇，以提高人才培养质量为核心，加大投入，逐步改善办学条件和校园环境，各项事业发展取得明显成效，当前为迎接 2019 年教育部评估验收正全力扎实做好各项准备工作。

学院设有临床医学、护理、助产、药品经营与管理、医学美容、口腔医学技术、医学影像技术、药物制剂技术、康复技术、医学检验技术 10 个专业，现有 95 个全日制高职与中专学历教育教学班，在校生近 8000 人，预计“十三五”末，在校生将超过 12000 人。学院目前占地 481 亩，总建筑面积为 11.5 万 m^2，其中教学行政用房面积为 6.3 万 m^2，生活用房面积 5.2 万 m^2，固定资产投资为 4.5 亿元，其中教学仪器设备价值 8000 万元。院外实习基地有 39 家，省内 33 家、省外 6 家，其中三级医院 15 家，二级医院 14 家，有 10 家医药公司为药剂专业实习基地。

学院现有教职工 260 人，专任教师 180 人（含兼职教师、试验员）。教师中有研究生学历的有 69 人，在职读博 2 人，教授、副教授 21 人，双师型教师 38 人。近三年有二十余名教师参加国家卫生部或省级规划教材编写，其中 7 人担任主编与副主编。学院每年在省级以上医学核心期刊上发表的教学学术论文有三十余篇。

社会服务方面，学院按照省、市主管部门要求还面向农村在岗卫生人员举办中医、护理半脱产学历教育教学班，面向社区基层开展全科医师、社区护士培训，面向宿州市各级医疗机构在职卫生技术人员开展医学继续教育培训。每年完成半脱产学历教育班和省市卫计部门下达的全科医师、社区护士、乡镇卫生院全科医生转岗三项培训任务近 1500 人次。

景观设计鸟瞰图

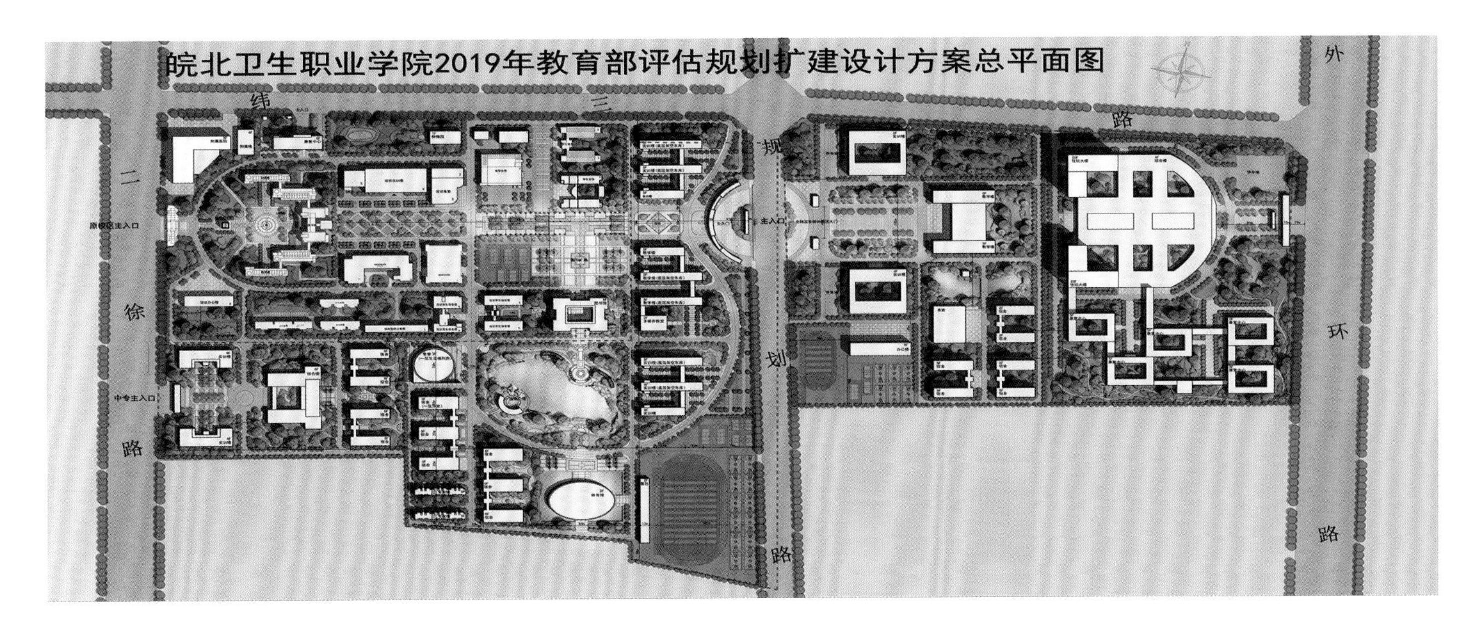

▲ 总平面图

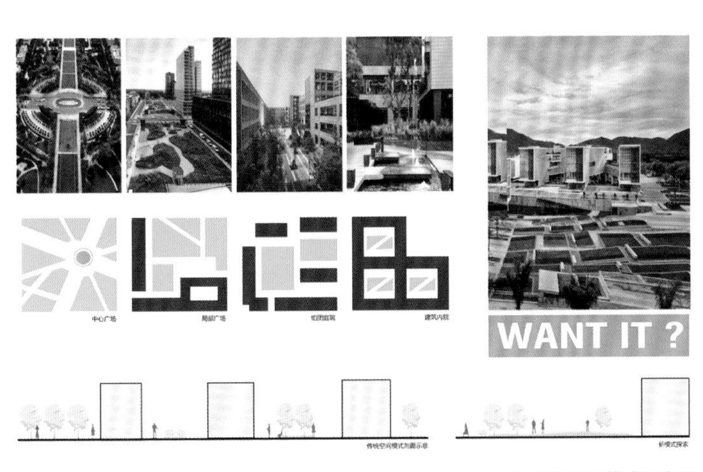

▲ 校园空间模式研究图

▲ 项目概况图

2. 未来发展及规划设计条件

目前，皖北地区基层医疗卫生服务整体水平较为落后，乡镇卫生院、社区卫生服务中心、各类居民养老机构的卫生专业技术人员数量严重不足。为满足社会需求，学院近年来不断加大对基层卫生专业技术人才的培养力度。教育部高职院校评估中对办学条件的相关内容要求：医学院校生均占地面积要达到 $59m^2$，生均教学生活面积要达到 $30m^2$。因此，本次规划将分别按照近期规划（2019 教育部评估规划）和学院远期规划两个方面进行规划设计。

（1）近期规划（2019 年教育部评估）。
本项目范围在老校区东南侧和东侧，规划用地面积为 348 亩。

（2）远期规划。
本项目按照《国务院办公厅关于深化医教协调，进一步推进医学改革与发展的意见》中“高校要把附属医院教学建设纳入学院发展和整体规划，明确附属医院临床教学的主体职能，将教学作为附属医院考核评估的重要内容”，同时考虑到“十三五”末学院学生人数将超过 12000 人的规模，需增加全科医生培训基地、蕾娜范国际卫生学校、附属康复医院、康复中心和中专部，项目设计在老校区南侧和规划路以东区域，规划用地面积 502 亩。届时，学院生均占地面积以及生均教学生活建筑面积均能达到专升本的要求。

3. 建筑设计

建筑设计以创造和谐舒适的教学氛围为主要目的，着力于塑造建筑内外空间的意境和趣味性，以获得高质量的教学环境。建筑整体布局灵活，打破常规，用富有韵律的建筑躯体肌理组合体现出大学校园所特有的青春活力。

教学楼、食堂外立面采用暗红色面砖和米白色涂料并点缀有褐色面砖；体育馆屋顶采用银白色铝合金材料，墙身采用暗红色面砖；图书馆采用暗红色花岗岩及米白色花岗岩贴面。整体塑造一种简洁现代的校园氛围，使校园建筑庄重且不失活泼，简明而丰富，形成纯净本质的建筑美，符合校园建筑的特点。采用实用性的设计理念，即对保温、采光、视线、声学合理性的追求贯穿始终。建筑单体的美观是以适用为内涵的外在表现，功能的内涵表象与建筑的形象，形成的建筑美是纯净而本质的。从室外至室内空间设计，通过玻璃借到的室外景观，都是美观范围的扩展。

校园建筑力求统一完整，以图书馆为中心建筑，建筑采用顶部镂空构架，使得建筑显得现代、轻盈、形式开放，符合大学生心理特点。每个学区形成内向的开放空间。

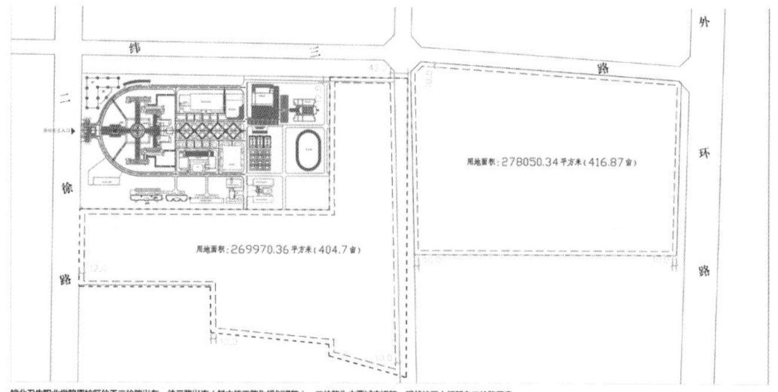

皖北卫生职业学院原校区位于二徐路以东，纬三路以南（其中纬三路为规划道路），二徐路为主要城市道路，现状校区大门朝向二徐路开启。
本次扩建规划用地位于原校区东南侧，共两块地，分期开发。近期开发用地占地213383.36平方米，为大专发展用地；西侧56587平方米作为中专部发展用地，作为远期开发；
东侧远期开发用地占地278050.34平方米，作为全科医生培训校区用地，以及未来学院附属康复医院与康复中心用地；
两块发展用地被规划道路分割，东侧用地毗邻宿州市规划外环路。

▲ 用地条件分析图

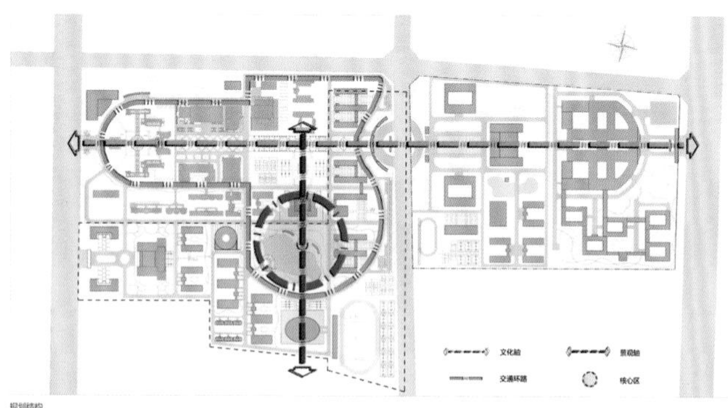

规划结构
在本方案规划设计中，形成了“一心、一环、两轴、六区”的总体规划布局。
一心：新规划的图书馆作为校园规划构图的核心，通过图书馆北侧的广场，与图书馆南侧的湖景，将该区域塑造成整个校园规划之“源”，也是与其他分区相链接的心脏；
一环：新扩建规划校区的各个分区由一条交通环线串联，新的环线与老校区原有的交通环线结合形成了一个更大的交通回路，大环线提升了校园内各功能分区的可达性，且有效控制校园内部的人车分行。
机动车流主要集中在环线上，各功能分区内部以步行交通为主；
两轴：从老校区大门，经过老校区图书馆，一直到扩建校区新大门，形成校园内链接新老校区，东西方向的文化轴线，统领校园形象；
以图书馆为中心，结合北侧文化广场和南侧景观广场，体育馆与图书馆隔湖相望，构成校园内的景观轴线；
六区：包括公共教学区、生活服务区、体育运动区、全科医生培训区、附属医院区、行政办公区。

▲ 规划结构图

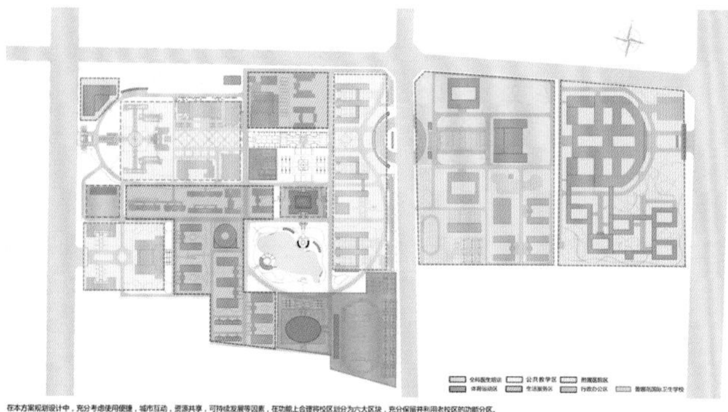

在本方案规划设计中，充分考虑使用便捷，城市互动，资源共享，可持续发展等因素，在功能上合理将校区划分为六大区块，充分保留并利用老校区的功能分区。
扩建后布局紧凑相互关联，形成有机统一的整体。
公共教学区：沿东西向文化轴线两侧，是老校区的教学区，扩建部分的教学区，沿景观轴线布置，呈南北走线，与东西走向的教学区构成校园内“T”字型的教学空间结构。
生活服务区：老校区的生活服务区分布在中轴线的南北两侧，为最大化的利用和保留老校区的功能布局，扩建方案将生活服务区布置在校园的中间部分，镶嵌在“T”字型教学区中间，学生的上课流线便捷。
体育运动区：结合校园内的两个生活服务区，设置体育运动区。在校园的东南角设置主要的运动区，保留老校区的运动场，作为北侧生活区的运动区；
行政办公区：利用老校区的行政办公楼，做为办公区，扩建校区的办公区结合图书馆设置；
附属医院区：在老校区的西北角，按照二甲标准设置实训附属医院，近期实施，远期规划在用地东侧，设置附属康复医院和康复中心；
全科医生培训区：位于远期三甲医院和主校区之间，设置全科医生培训校区；
蕾娜范国际卫生学校：为加强国际合作，皖北卫生职业学院与德国企业合作设置的蕾娜范国际卫生学校；

▲ 功能布局图

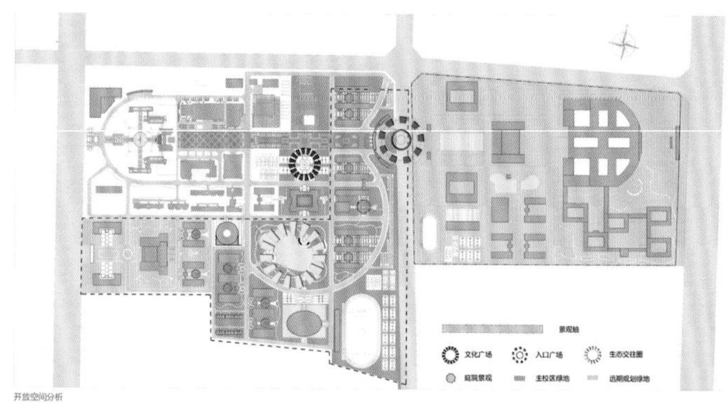

开放空间分析
以规划、建筑、景观三位一体化为指导，实现校中有园，园中有校，校园共生的格局。同时，注重景观的地域性、独特性和鲜明特色。
景观轴：三条景观轴形成仪式性空间。主轴线串联了中央核心区和周边功能区，形成相互交织、关系紧密的脉络；次轴线串联起入口校园广场和中心景观绿地，形成校园礼仪景观主脉络。
生态交往带：核心区外围形成生态交往带，一方面保证了各区景观的均好性，另一方面由于其处于教学与生活区之间，为户外交往活动的发生创造了良好的积极空间和精神场所。
景观节点：沿主要景观轴和生态带设置多处景观节点。并借鉴园林空间意向，通过空间围合、标志性建筑的设置，形成了方院、广场、街道、林荫道、湖面、庭院等各具特色的校园景观，满足礼仪、交流、休闲等多种校园活动。

▲ 开放空间设计图

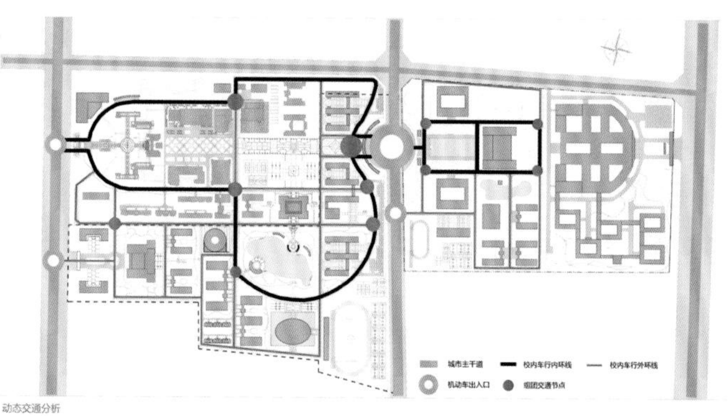

动态交通分析
本规划设计中，车行系统为环形路和网状支路相结合的模式。主要环路车行宽度9米，人行道宽度2~3米；支路道路宽度7米，小路的宽度为4米，保证消防通行的要求。
大环路链接新老校区，同时将校园内生活区，教学区，行政办公区和体育运动区串联起来；
各分区内部由支路连接，且步行系统渗透其中，人车分行。

▲ 动态交通分析图

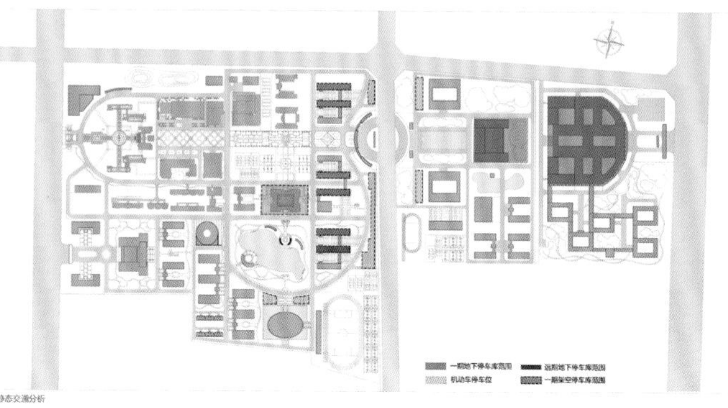

静态交通分析
机动车停车以地下停车为主、地上地下结合的停车方式。
机动车停车：机动车地面停车主要位于车行干道两侧和各组团的周边，结合建筑功能合理布置，不进入核心景观区也不进入各组团。
自行车停车：公共教学楼、院系楼、学生宿舍等有大量学生出入的建筑周边均设置地面自行车停车区。

▲ 静态分析交通图

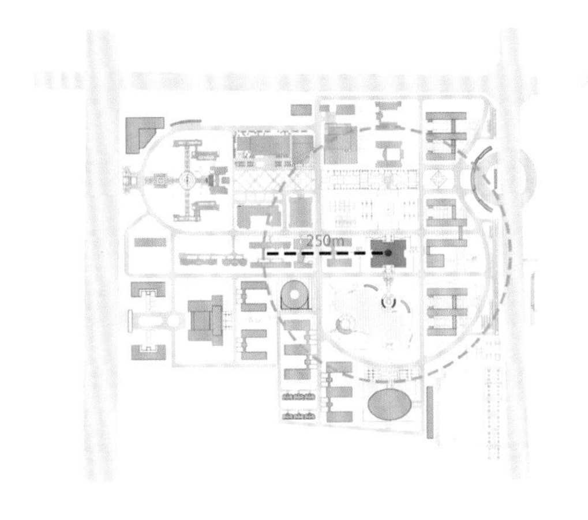

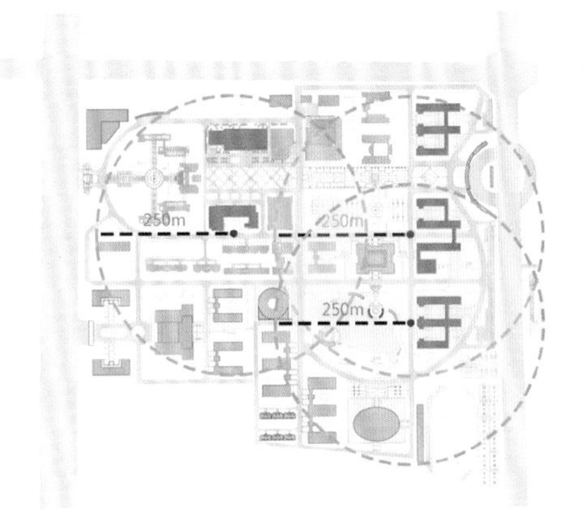

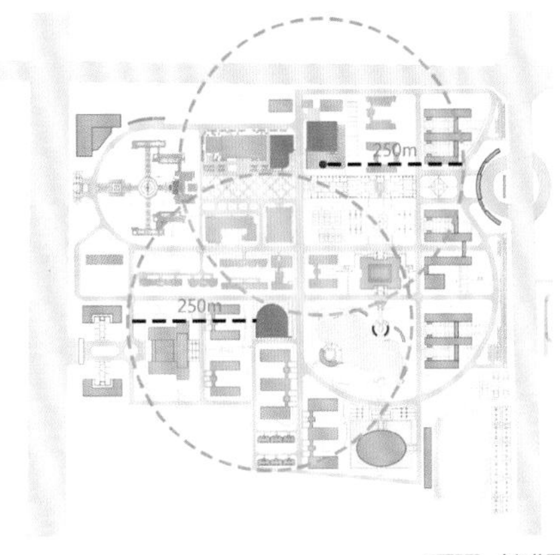

步行范围

图书馆步行距离控制在 250 米，步行时间约为 5 分钟。

公共教学楼步行距离控制在 250 米，步行时间约为 5 分钟。

食堂步行距离控制在 250 米，步行时间约为 4 分钟。

▲ 景观节点图

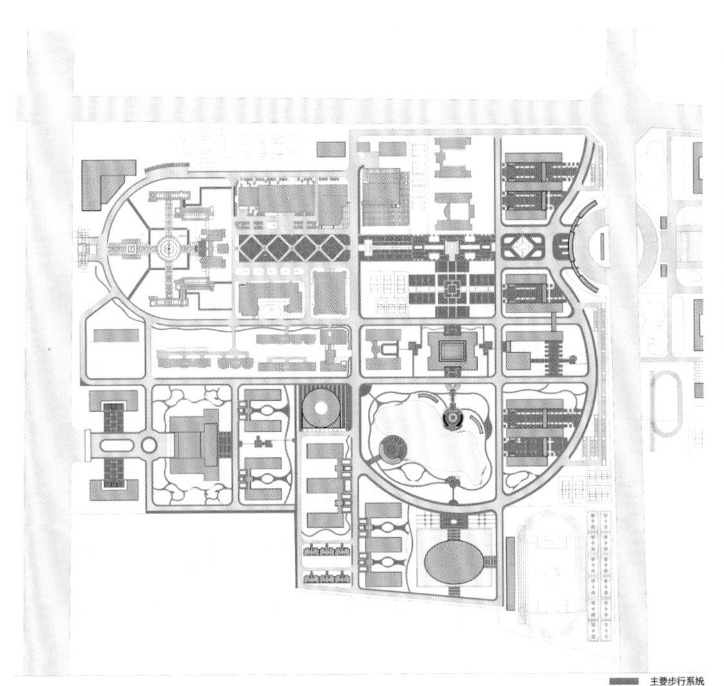

主要步行系统

步行系统分析

步行交通是校园最主要的交通方式。为塑造高品质、富有特色、人文气氛浓郁的校园形象，以及适应学习、交流活动的需求，结合校园建筑、交往空间、绿化系统设立步行系统，保证校园内部步行交通的安全性、便捷性、完整性、宜人性。

连续的步行网络：步行在保证可达性的基础上，形成连贯的网络系统。步行系统基本线路主要由校园礼仪轴、功能轴、生活轴、景观共享带、核心教学景观区结合各组团内部及绿化内部步行小环境组成。在步行系统的局部设置广场，滨水，林荫道等空间，将步行空间与场所体验相结合，创造校园的人文氛围，形成校园创新交往网络，为建设创新型校园奠定基础。

产学研结合型的高等院校注重学生自学、交流学习的模式，尤其是发生在课外的非正式交流，是激发创意产生的重要途径。网络化的开放空间、分布合理的交流场所，为学生的交流活动提供了便利。

▲ 步行系统分析图

PROJECT NAME

宁波周尧昆虫博物馆

54

项目基本信息

项目名称：宁波周尧昆虫博物馆
设计单位：上海秉仁建筑师事务所（普通合伙）、席地建筑工作室
主创团队：马庆禕、徐震鹏、赵颖、黄紫璇、徐荣耀、林采轩

技术经济指标

项目地点：浙江省宁波市
项目功能：文化
用地面积：3169m^2
建筑面积：2986m^2
设计时间：2018 年
容积率：0.94
绿化率：31.30%

设计文字说明

周尧昆虫博物馆位于有宁波“城市绿肺”之称的鄞州公园内。设计从历史中寻找灵感，以“蝶形三角”为原型，并将其充分运用到场地、空间和形体中。在平面布局上通过大小变化将各功能空间有序地组织起来，北侧以展陈及附属功能为主，南侧布置科研及辅助功能，相互关联又各自独立。与此同时，利用高度差异将“蝶形三角”立体化，夹层被巧妙地隐藏在南侧，而建筑的两侧分别形成门厅和“蝴蝶谷”两个通高的交通空间，在丰富内部游览路线的同时，也使得建筑的各个角度呈现出翩翩起舞的动态美。

▼ 鸟瞰图

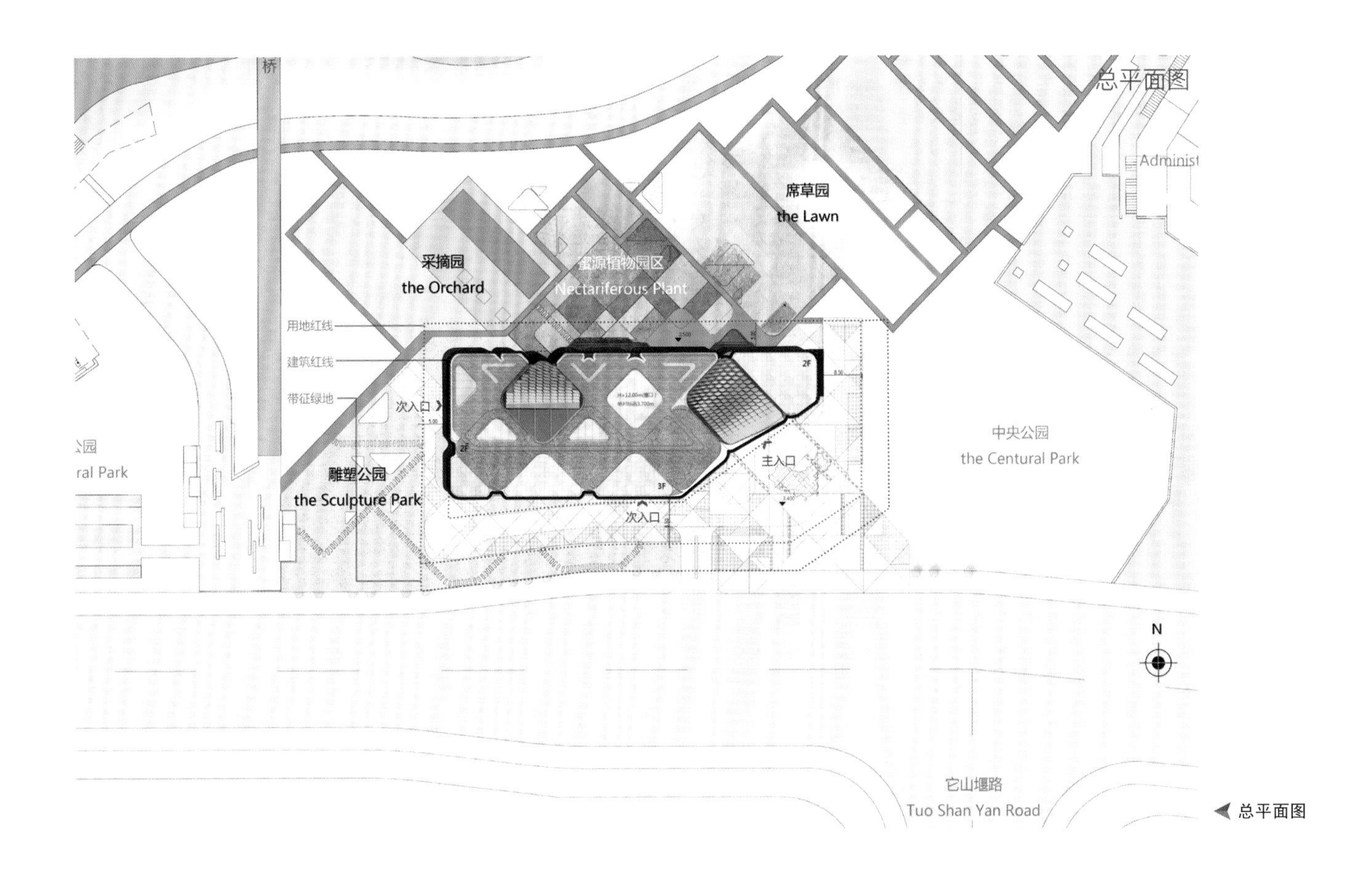

总平面图

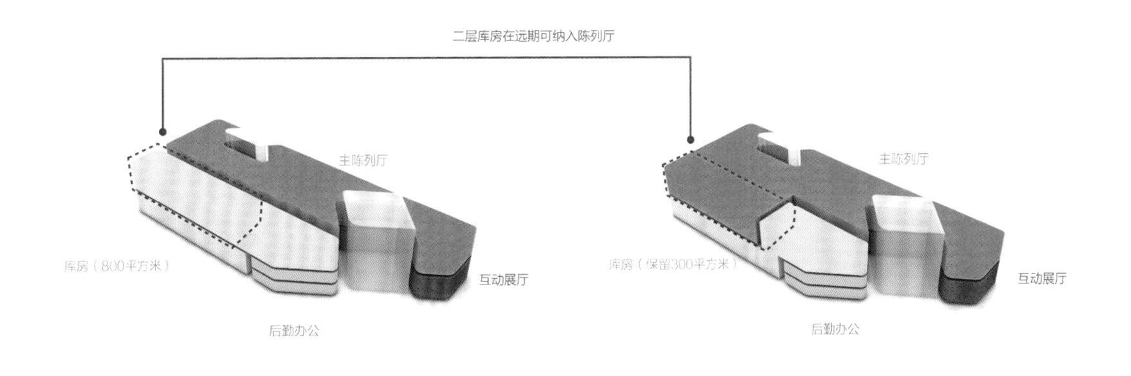

功能分区图

立面的白色半透明玻璃构建出一种柔和消隐的氛围，与表皮单元的渐变控制形成交错的编织，好似羽翼般轻盈，构成了建筑序列中一个特殊的层次。建筑好像被轻轻放置在自然的界面上。“蝴蝶谷”这个彩色的空间围合出另一个世界。建筑的生命力通过动态的自然图景表达出来，蝴蝶的斑斓羽翼在眼前织成一张张网，充盈至天顶又顺势倾泻至地面，形成一个流动于上下又穿梭于内外的连续整体。

在这样修建的路径上游览将是一种穿插并行的双重体验，以此提示建筑、自然和环境的不可分割。叙事在两个时空里进行——建筑内部的展览空间和面向外部环境的公共空间，它们一同界定了整个场地的格局。

在满足高品质的展陈需求之外，设计构建了一个更多参与性、更强互动性、更大开放性的博物馆，一个集展览、教育、社交和自然体验为一体的公共平台。在这里，人们看展、漫步、学习、体验、分享、休憩、拍照……博物馆的属性向多重语义的城市蔓延。建筑不只是一个静止的物体，而是城市语境下由人的多样性行为所引导的动态空间，这也赋予了博物馆未来更多的可能。

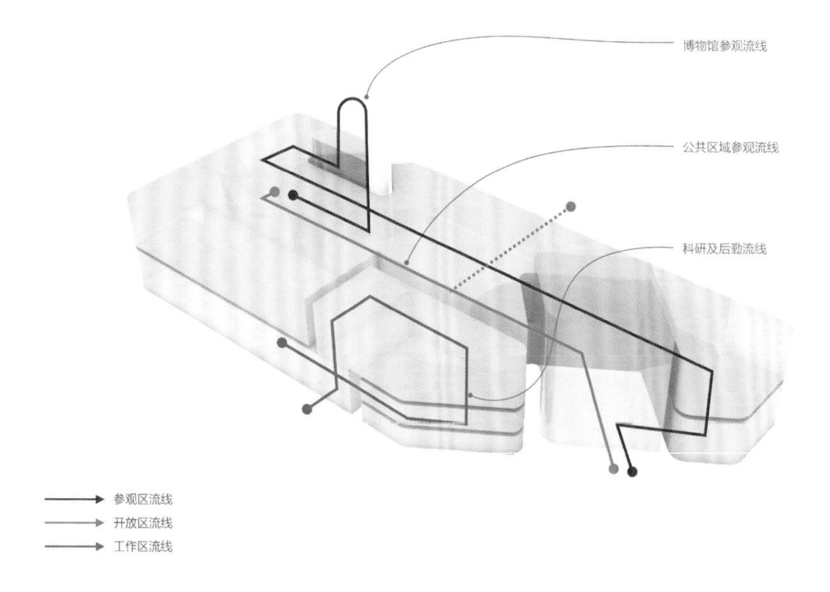

交通流线图

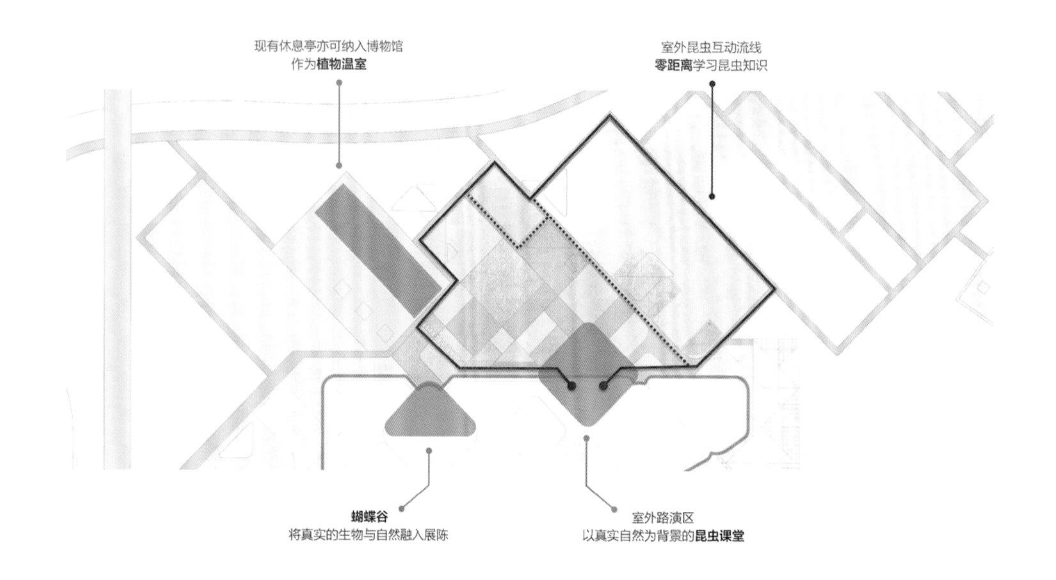

景观分析图

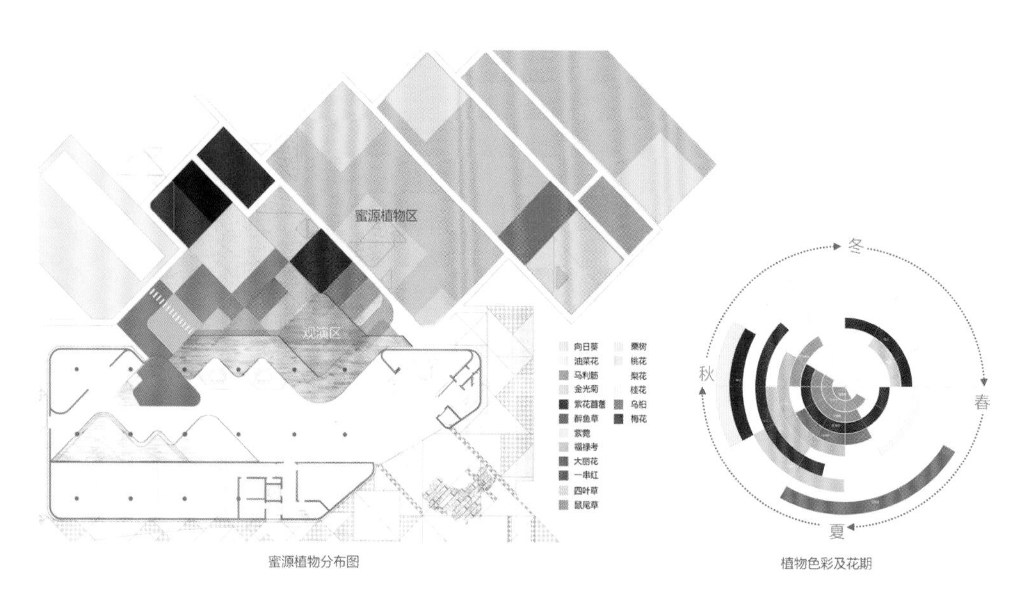

蜜源植物分布图

植物色彩及花期

植物分布图

▲ 室外环境图

▲ 建筑外观图

▲ 室外互动区图

▼ 主陈列厅图

▼ 蝴蝶谷图

▲ 开放式展区图

▲ 屋顶图

PROJECT NAME

宜宾江安竹博览馆

55

项目基本信息

项目名称：宜宾江安竹博览馆
设计单位：成都天仝建筑设计有限责任公司
主创团队：王翔 (WANG XIANG)、姚润明、田文沐、李百毅、倪燕

技术经济指标

项目业主：江安县丽雅竹源置地有限公司
项目性质：公共建筑
设计任务：景观设计，建筑设计
建设规模：1500m^2
项目投资：9000000 元
建设地点：四川省宜宾市江安县

设计理念及特色

在 2018 年春节后出现的一批竹景区、竹园区里，我们设计的江安竹岛开始建设了。江安毗邻蜀南竹海，拥有悠久的加工竹与使用竹的历史，其临近县城的竹岛在这个浪潮中自然是一枝独秀。竹博览馆也就是这个重点文化旅游项目中重要的参观节点。

在竹岛上建设竹博览馆是很难的：每个与项目相关的人心中都有着一个“竹屋子”的印像。设计时间很紧迫，我们还需要应付多个想象丰富却难以描述自己想法的客户：他们着急设计的成型而不断给我们发来各式各样的建筑照片，虽然这些细部照片都很有意思，但碎片化的信息只能让我们在猜测甲方想法的路上越走越艰难。竹岛公园的工地开工以后，客户更是越来越急迫：从回廊式的建筑到相互独立的建筑群，甚至开始思考是否应该把传统的四合院群落搬到岛上。我们内部的讨论越来越冗长，心情也越来越沉重。6 月底的一天，我们去竹海寻找灵感，我忽然意识到在竹海这样一个纯净、禅意的空间里，我们需要的房子一定不是一个奇奇怪怪、突出自我的建筑。我们需要一个安静，能静心体会竹林中婆娑风声的空间，一个放空的空间。

▼ 总平面图

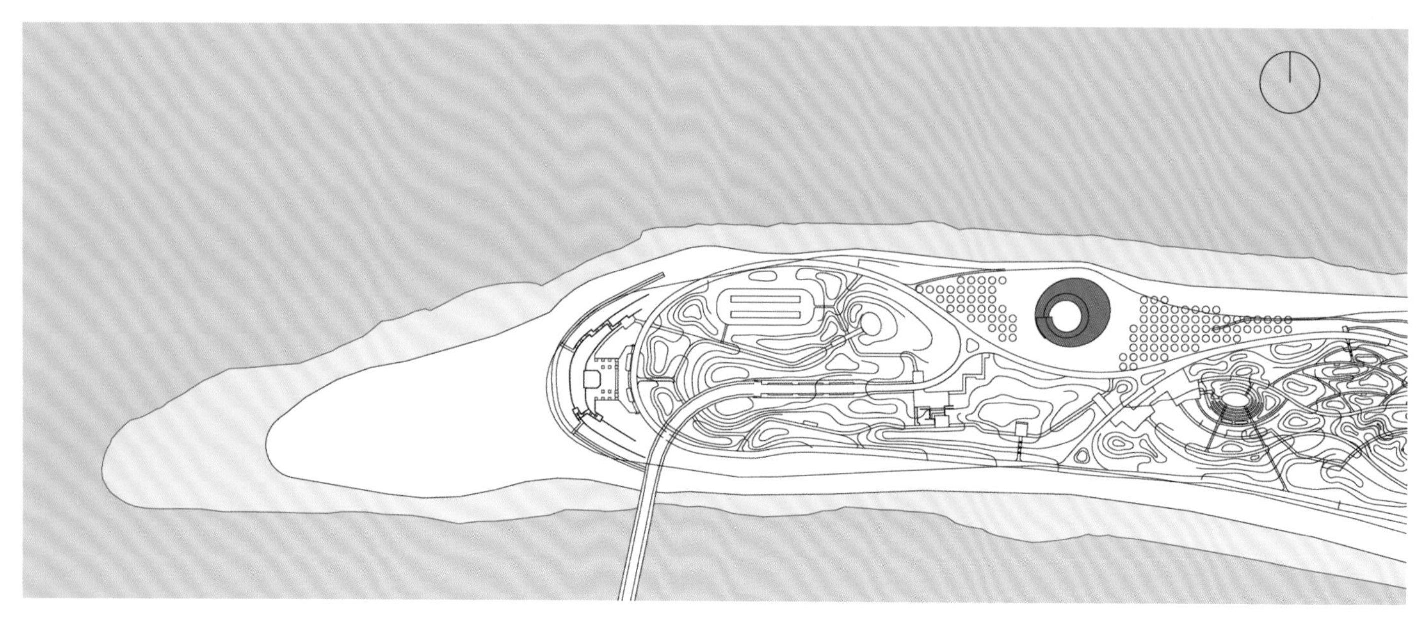

▲ 鸟瞰图

▼ 黄昏出口效果图

▲ 中庭透视效果图

风景惯见，可是我们很少去关注平时最大的背景——天空。中国人传统思维里讲究“象天法地”，天代表这世间万物最根本的“道”。我们想给参观者一个剪切出来的、最纯净的天空。从“太极”的形态中提取出日、月的形态，如同阴阳鱼一般相互咬合，我们塑造了一个禅味的空间。流线非常简单，从入口进入以后，走过一个完整的圆周，游客从江景一侧走出。从中经过“竹林之间”“禅茶之间”“语林之间”“格物之间”和“息声之间”。五个空间相互独立，又由中间的水庭联系。水庭是整个参观的中心，也是高潮所在，依据小天井和水体位置的变化，水庭的空间感受一直在变化。竹子不在建筑空间中处处呈现，但建筑外竹岛上竹林嘶嘶的声音一直陪伴着游人。临近尾声，因为不断靠近江岸，江流的声音逐渐代替竹林的声音，最后以一个观澜长江的平台结束。

于是我们取太极之圆，用天的形状定义合院，以天合院；取长江之水，把江水引入合院，以水为心；以人之游览路径，环绕合院自下而上组织流线，以人画径；在大合院中塑造一系列小的庭院，以竹为邻。

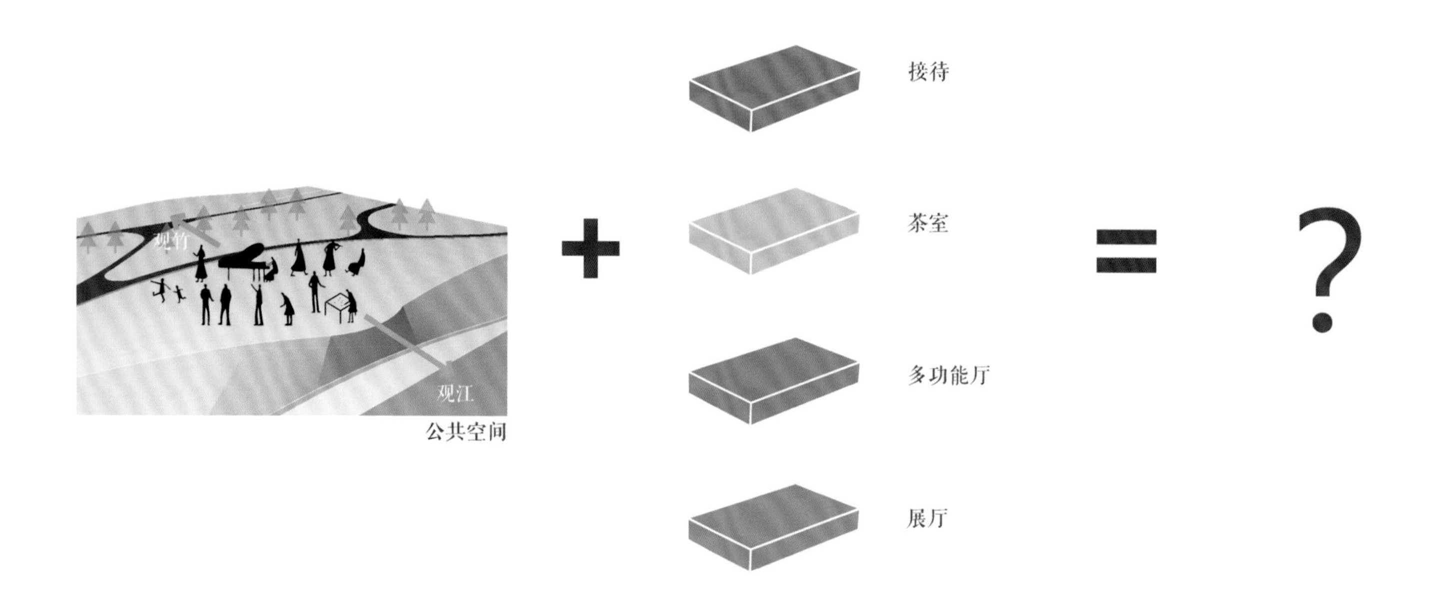

▲ 功能分析图

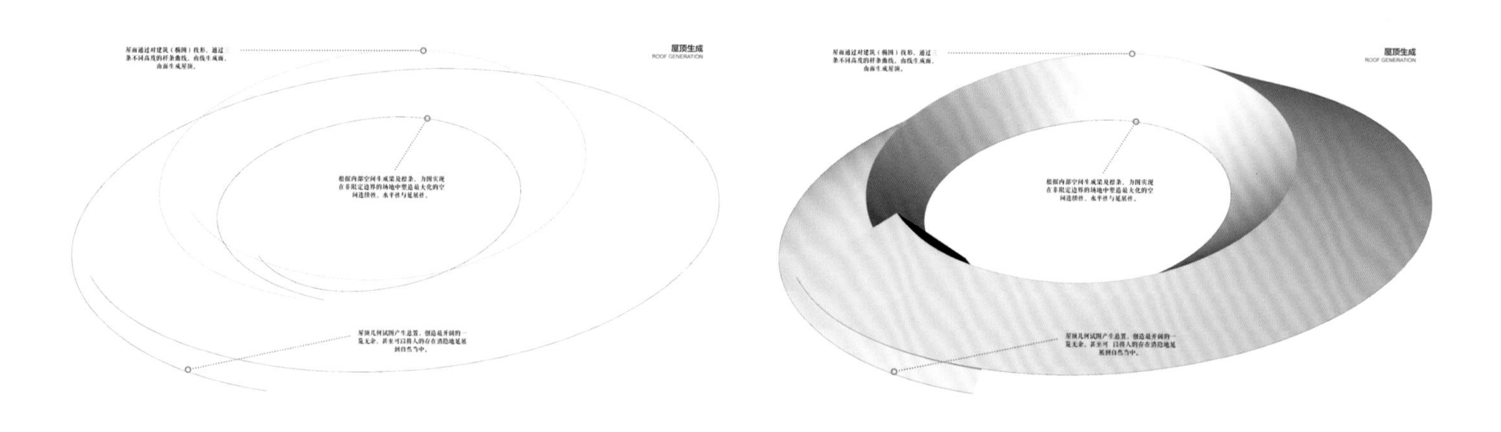

▲ 屋顶生成图 1

▲ 屋顶生成图 2

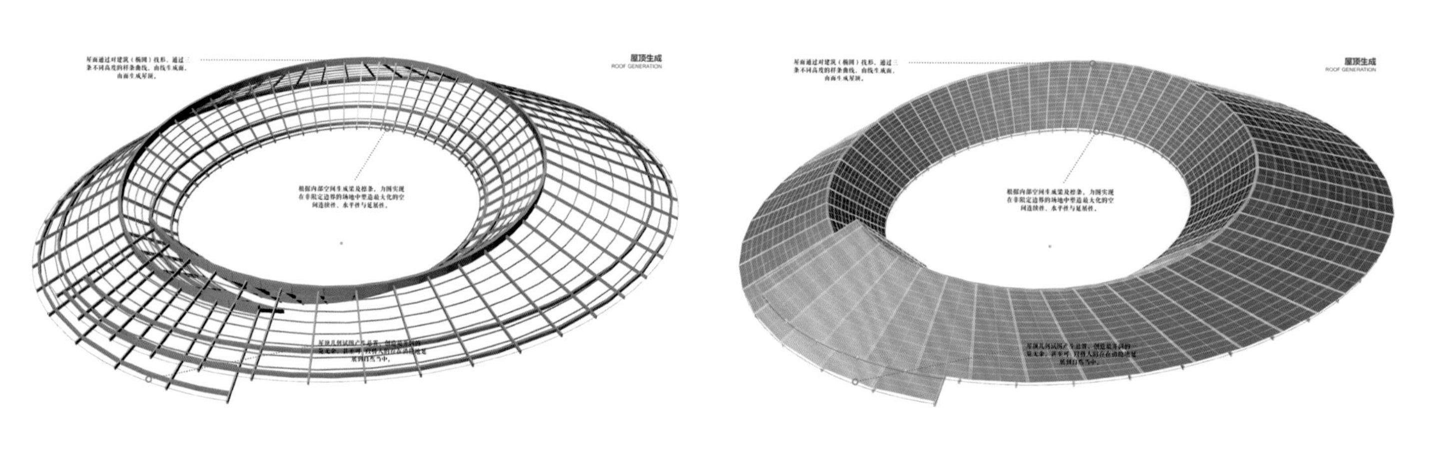

▲ 屋顶生成图 3

▲ 屋顶生成图 4

▲ 剖面透视效果图

▲ 夜晚入口透视效果图

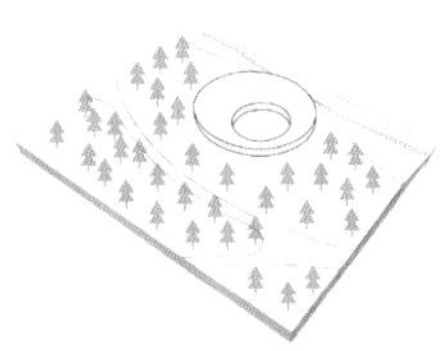

用天的形状定义庭院

▲ 设计构思以天合院

PROJECT
NAME

澄城新城展馆项目

项目基本信息：

项目名称：澄城新城展馆项目
设计单位：西安建筑科技大学建筑设计研究院
主创团队：张伟、王超、徐婧、艾宏波、刘丽萍、李武民、贾孝义

设计理念及特色：

1. 基地概况

澄城是黄河流域的古老县，已有四五千年的历史，这里土厚水淳，风和俗美。项目位于澄城县县城新区，东至光华街，西至晖福街，南至迎宾大道，北至阳光路。总体规划用地面积约为 467 亩，其中用地南部为城东公园（占地 332 亩），北部为新城展馆用地（占地 135 亩），新城展馆设计内容主要包括会展中心、城市展馆两部分内容。

基地北侧为居住以及商业区，西北侧为烟厂家属区，西侧为已建成使用的烟厂，东北侧为办公商务区，东侧为居住区。南侧为城东公园，是未来新城区的中心公园。

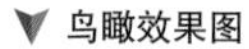

▼ 鸟瞰效果图

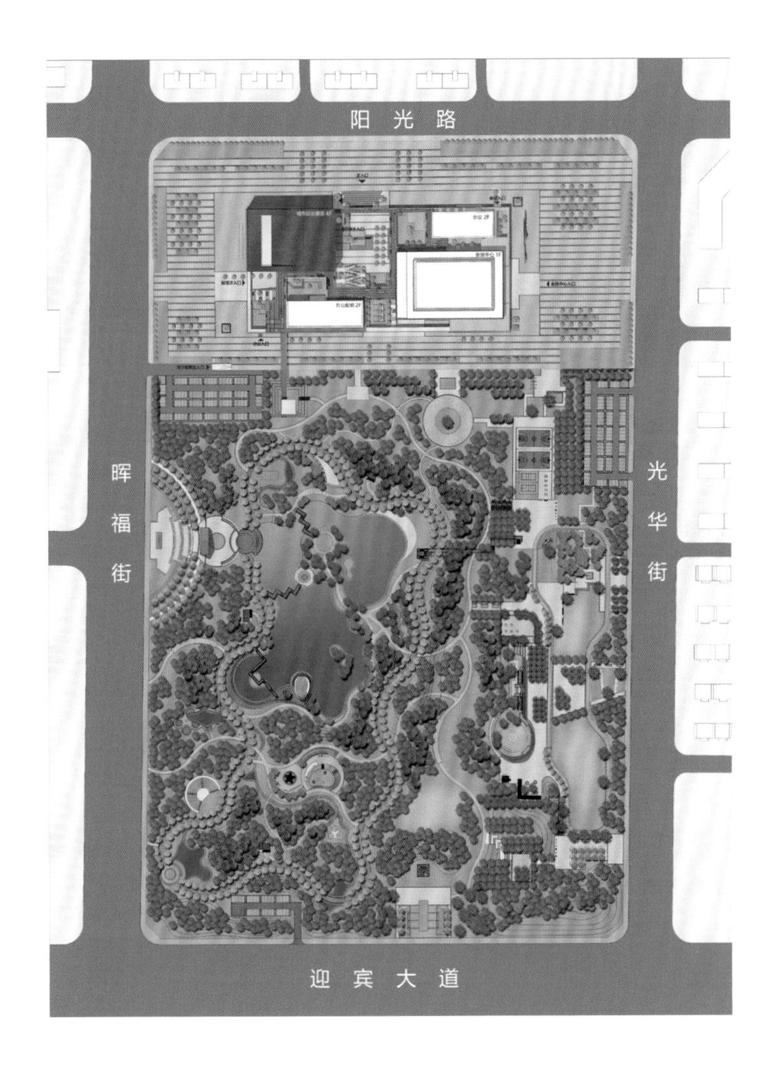

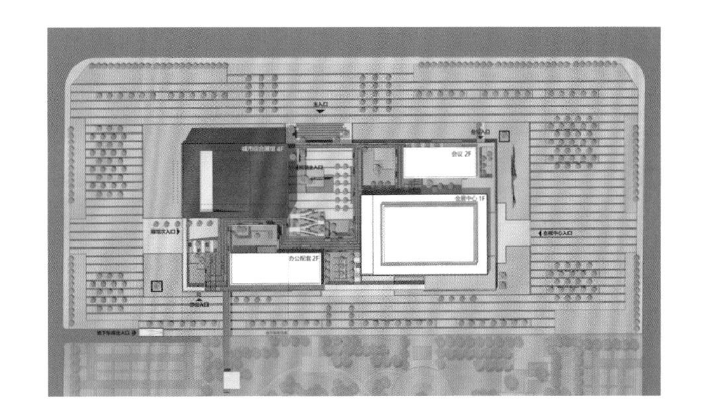

▲ 总平面图

◀ 总平面（含公园部分）图

▼ 项目区位图

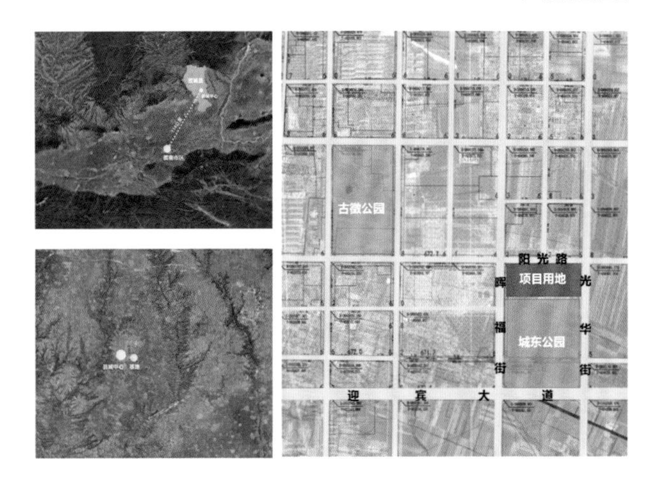

2. 设计构思

设计中涉及三个主要问题：

（1）与城市空间关系。
建筑基地北侧是城市空间，南侧为城东公园。会展功能、展馆功能相对分离设置，西侧布置会展展馆功能、东侧布置会展功能，划分清晰便于各自管理和功能转换。两个功能体之间留出空隙，建立城市与公园的活动链接路径，保持城市和公园之间的连通性。

（2）与公园场地关系。
利用连廊和院墙将展馆两功能体块围合，利用院落式空间布局，消解场地的空旷性，同时在内部利用院落空间组织交通，连接各个功能空间。建筑体型呈现出开敞、外向的空间特征，整体公共性及趣味性大大增强，化解了内向的建筑实体与公园的疏离关系。同时，设计中将建筑的周边用地作为公园景观的延伸，互为借景，使建筑成为公园的园中院，公园成为建筑的院外园。

（3）与地域文化关系。
形：建筑整体形体为方正的体块错落，与澄城当地山地台源的地貌相呼应，通过院落的布置关系，形成“建筑—景观—院墙”多重层次展开的山水画卷。
橙：建筑主展馆材质选用耐候钢板，色彩偏向橙色，既是澄城的城市主色彩，也是澄城厚重黄土文化。
瓷：黑瓷是澄城的特色工艺品，黑瓷朴素沉静，是一个区域文化特征的表达。建筑院墙采用深灰色砖材料，体现内敛含蓄的建筑气质。景观中利用澄城尧头窑烧制匣钵作为建筑材料，废料再利用，通过材料与细节体现区域特色。

3. 总结

新城展馆设计方案以公园中的“叠山置石”作为设计出发点，建立连通公园与城市空间的“市民游园”，将公园景观与建筑充分融合，设计呼应澄城地貌的特色，建筑形体采用院落式布局，营造园中院、院中园的环境氛围，充分汲取澄城当地的文化元素，营造朴素、沉静的建筑氛围，让建筑不仅仅是建筑体功能本身，也是代表城市形象的“雕塑名片”。

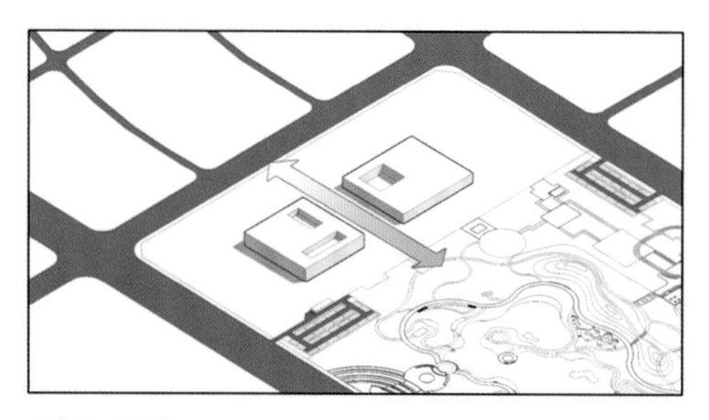

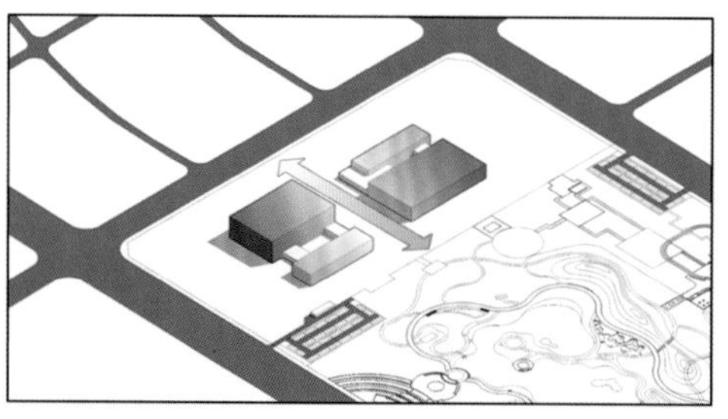

城市/公园

建筑基地北侧是城市空间，南侧为城东公园。两馆相对分离设置，功能划分清晰便于各自管理和功能转换。建筑之间形成城市和公园的连接空间，保持城市和公园之间的连通性。

功能拆分

对展览建筑的功能进行分析，将城市综合展馆和会展中心内的办公及辅助用房功能脱离主体，形成单独的体块。两馆形成各自的院落围合空间。

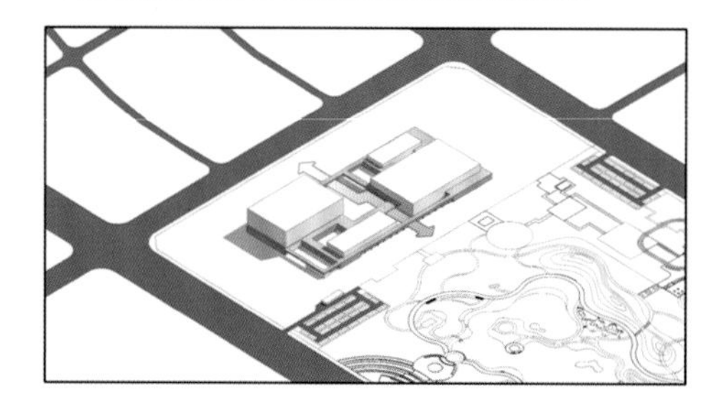

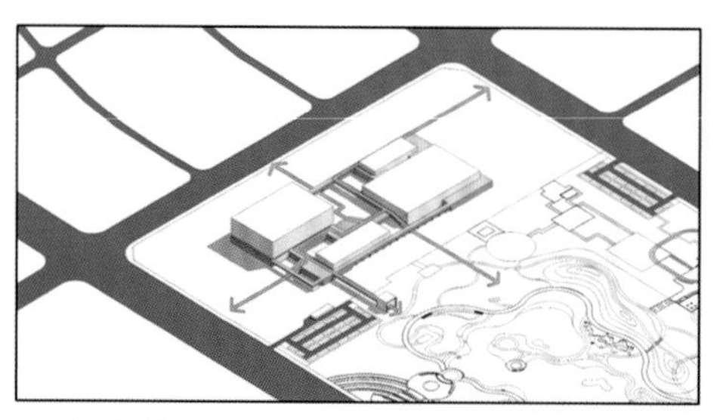

围合/连接

利用连廊和院墙将两馆不同功能体块围合，利用院落空间组织交通，连接各功能。此种方式便于远期加建和结合商业经营，组合模式丰富，互相联系性强。因各体块功能相对分离，功能单元可变性强。同时保留了城市和公园的连通性，中心院落底层保持贯通。

平台/交通

通过二层平台，将基地东南西北的交通进行连接，也进一步提升了建筑的城市公共属性。市民在二层平台游走经过不同的院落，时而视野开阔，将公园的景观也纳入为建筑的一部分；时而视野受到遮挡，发现一院春色。

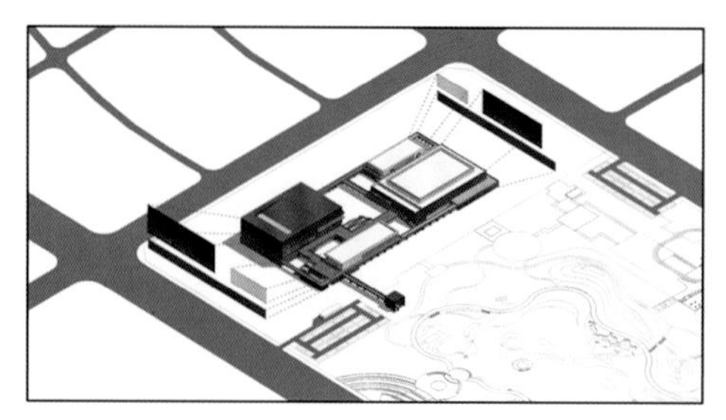

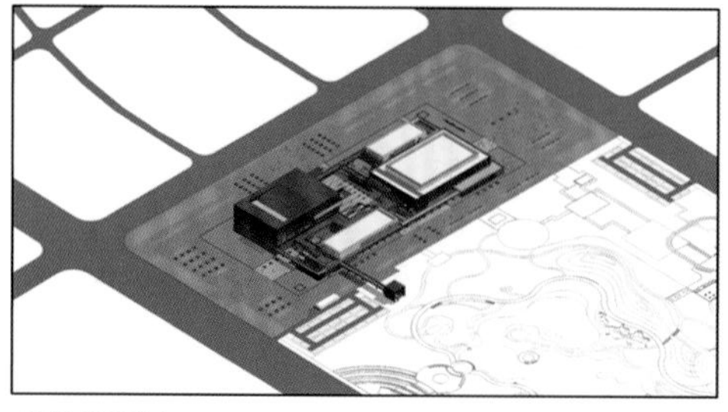

橙/黑/白

建筑主展馆材质选用耐候钢板，色彩偏向橙色，既是澄城的城市主色彩，也是澄城厚重黄土文化。底层院墙采用深灰色砖材料，二层辅助体块用白色石材点缀。形成属于澄城的城市绘卷。

景观/广场

将广场和景观同公园景观统一考虑，使建筑的广场成为公园景观的延伸，建筑成为公园的标志，公园成为建筑的景观。

▲ 方案生成图

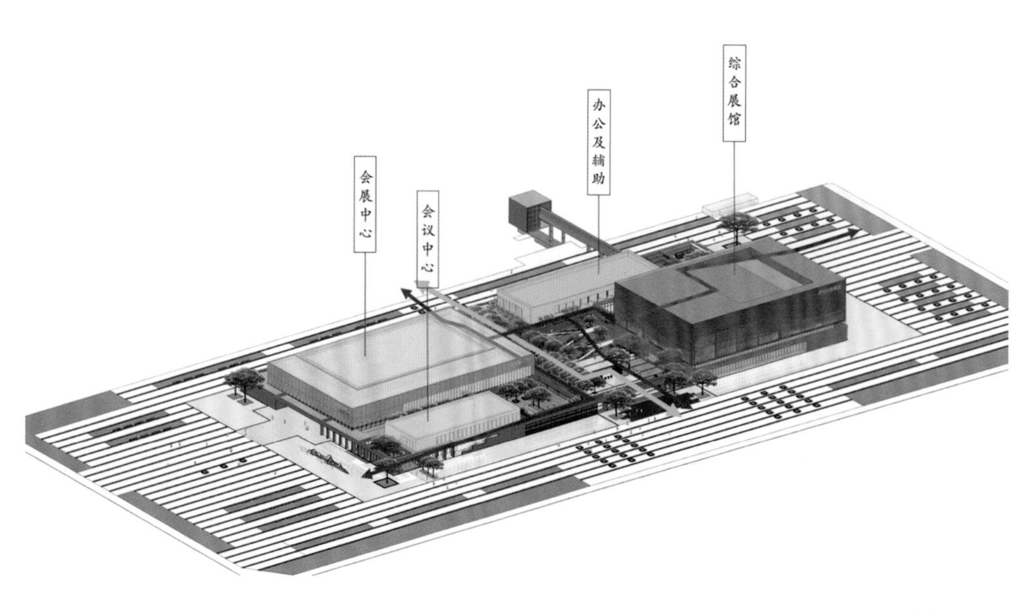

▲ 功能分区图

▲ 整体外观图

▲ 入口透视图

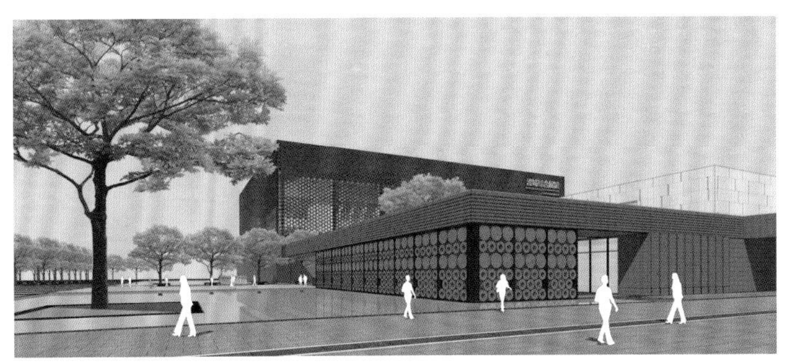

▲ 西南角透视图

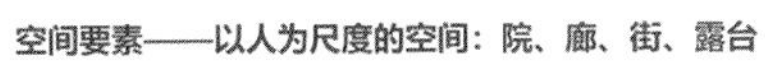

空间要素——以人为尺度的空间：院、廊、街、露台

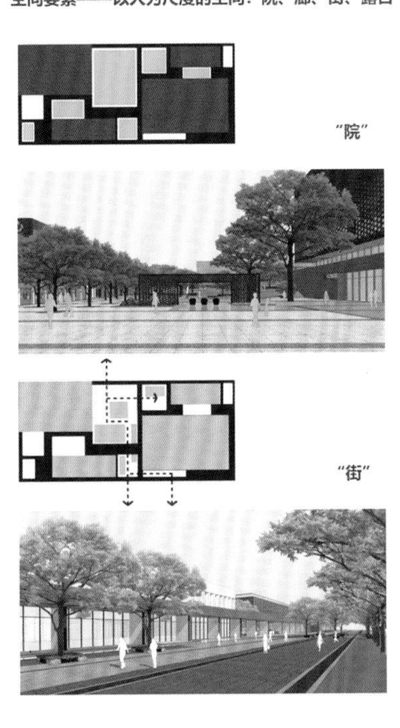

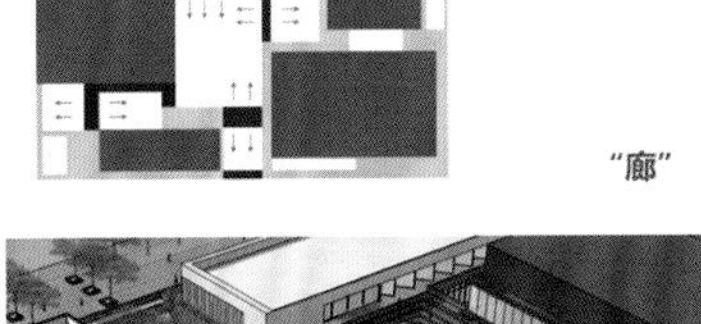

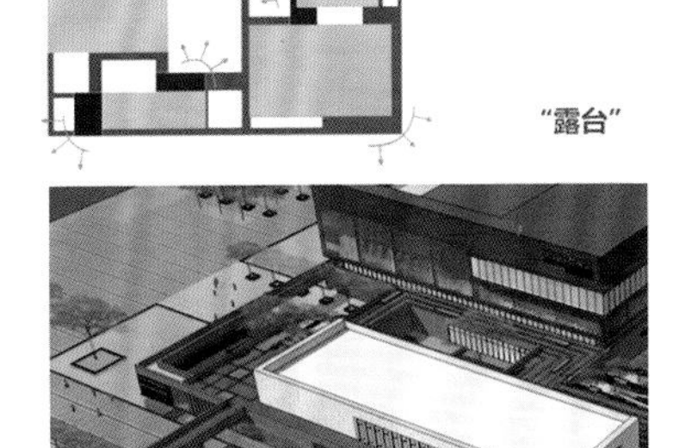

◀ 空间要素图

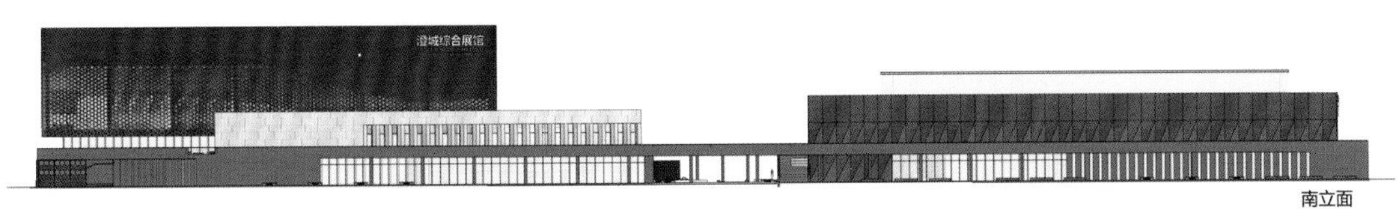

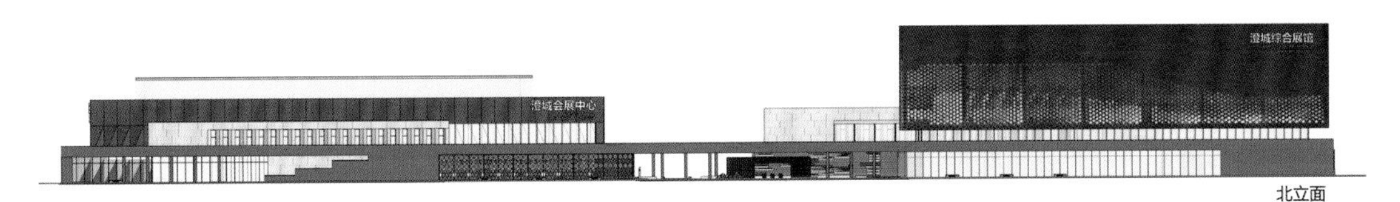

◀ 立面图

PROJECT NAME

杭政储〔2013〕104号地块·昆仑中心

57

项目基本信息

项目名称：杭政储〔2013〕104 号地块 · 昆仑中心
设计单位：航天建筑设计研究院有限公司
主创团队：王飞、王琦、史海波、叶城康、孙杰

设计文字说明

该项目位于杭州市上城区富春江路与望潮路交界处，地块东面为稠州银行用地，南侧为富春江路，西面为 C-19 横店集团办公用地，北侧为 C-16 规划办公用地。

基地毗邻地铁 1 号线、4 号线，周边为两条区域主干路，对外交通十分便捷。距离地铁 1 号线近江站仅 250m 左右；距离最近的公交枢纽约 300m；通过最近的快速路匝道可便捷地驾车前往市中心、机场及周边省市。该区域是钱江新城望江核心区块，区域已建成杭州市广电中心、上城区区政府、市消防指挥中心、市妇女医院等公建，以及蓝色钱江等高端商业住宅项目。

本项目总用地面积为 8390m^2，总建筑面积为 51892.73m^2，其中地上面积 37594.02m^2，地下面积 12125.04m^2，定位以 AAAAA 级甲级写字楼为标准的具有经典标志性的现代办公建筑——昆仑集团总部大楼。

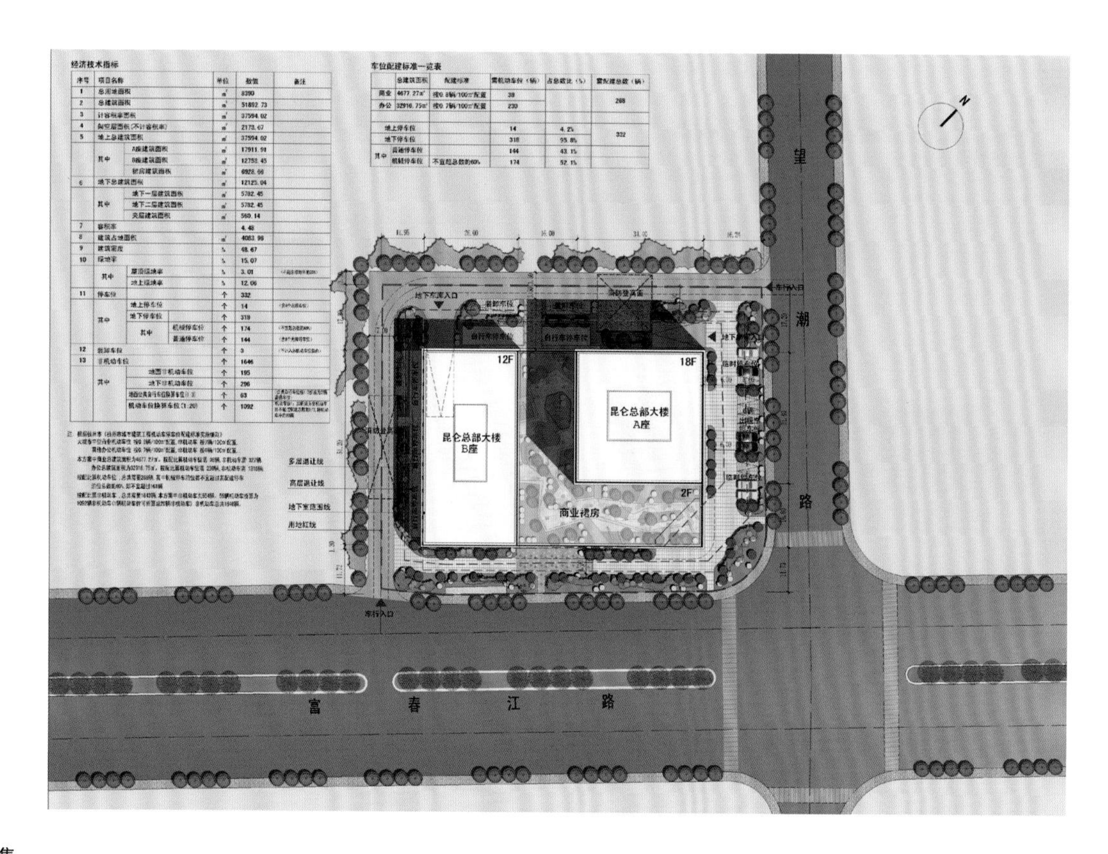

➤ 鸟瞰图

▲ 总平面图

场地道路交通方便，公交车站点较多并且该地离地铁站较近。现状交通环境充分表现了该地区位的优势。

Convenient road venues, bus station more and the site from the subway station close. The performance of the current traffic environment full advantage of the region bits.

场地周边服务设施完善，处在杭州繁华地带，更东临钱塘江水，环境优美。

The site Perimeter service facilities,and in the downtown area of Hangzhou, More East of the Qiantang River water, beautiful environment.

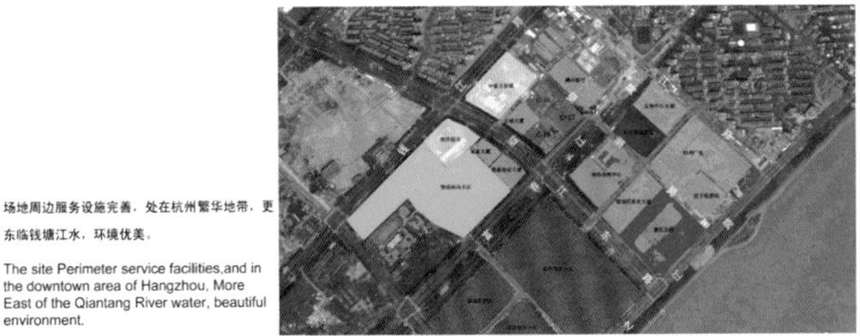

▲ 基地现状图 1

▼ 基地现状图 2

设计内容
Design content

1. 该建筑定位为办公，局部配置办公配套所需等业态：
2. 该项目将成为昆仑集团总部大楼，按照杭州顶级写字楼标准设定，外立面设计要求具有经典标志性的现代办公建筑，符合高端定位标准：
3. 建筑层高应考虑智能化办公所需：
4. 停车位标准符合高端写字楼定位：
5. 建筑内垂直交通考虑高效运输：

1 The building is positioned as office, local catering equipped office supporting the necessary formats;
2 The project will become the Kunlun Group headquarters building, in accordance with the standards set top office in Hangzhou, facade design requirements with classic iconic modern office buildings, high-end positioning in line with standards;
3 Storey building office needs should be considered intelligent;
4 Parking standards with high-end office location;
5 The vertical transport considering building efficient transport;

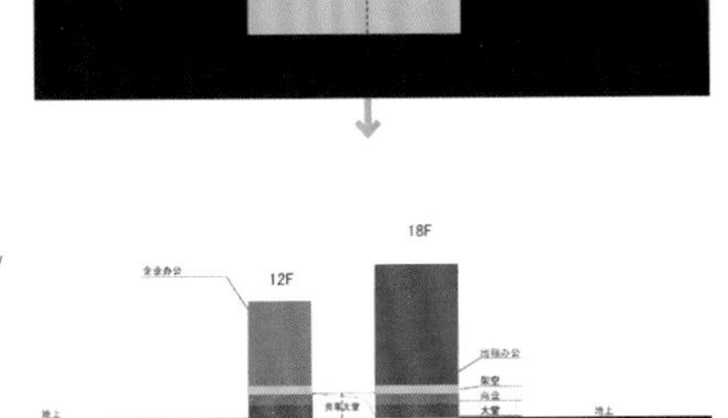

▼ 项目概况图

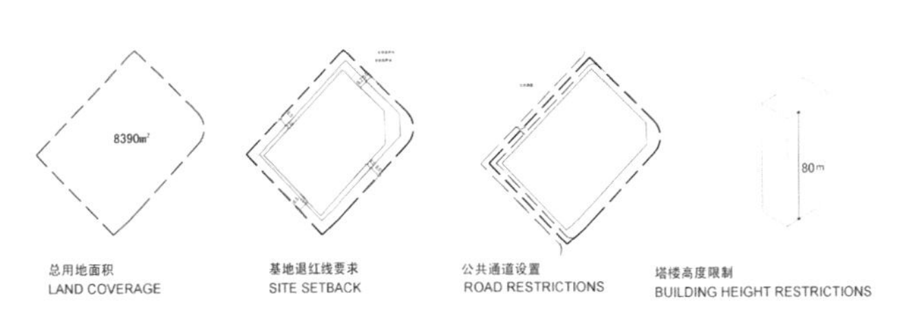

项目概况
Project Overview

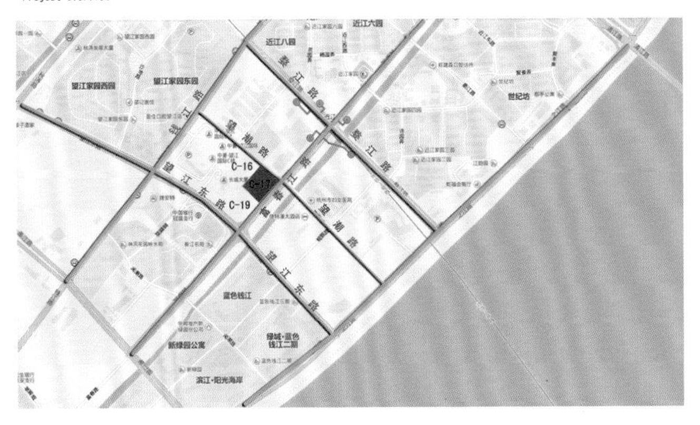

该项目位于江干区富春江路与望潮路交界处，地块东面为稠州银行办公用地，南侧为富春江路，西面为C-19横店集团办公用地，北侧C-16为规划办公。（红色区域C-17为建设用地）

This project is located in Jiang Ganqu fuchunjiang road and wangchao road intersection, on the east is chouzhou bank office space, south the fuchunjiang road, west to C - 19 hengdian group office space, the north C - 16 is planning office. （The C -17 of the red area is construction land)

由于进入场地的人流集中在南北两侧，我们将车辆出入口布置在东北两侧，使其就近进入地下车库，减少对人流的干扰。共享大厅北侧与办公楼入口大厅结合设置临时落客区。

The stream of people entering this field are mainly on the southern and northern sides, we arrange the vehicle entrance and exit to the eastern and western sides, in which case vehicles can enter into the underground garage without having to go far and disturbing people stream.

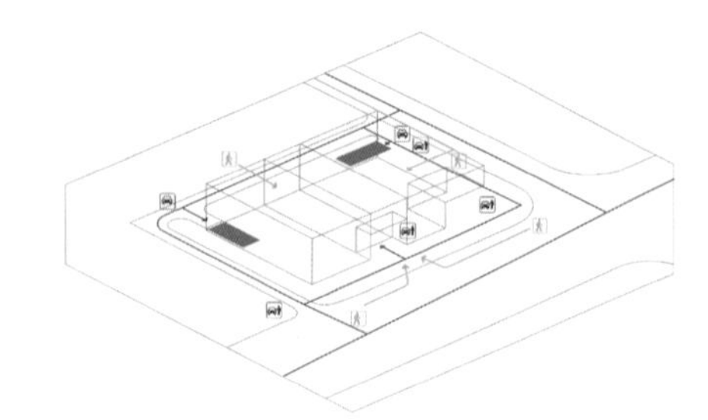

城市景观由广场延伸至共享大厅中央，增强主入口的领域感，两栋办公楼人流独立清晰。

Set up a provisional reception area combining the north of shared hall and VIP hall of Minsheng Bank. The cityscape extends from the square to the center of the shared hall. Enhance the territoriality of main entrance and the people stream of two office buildings are separated and clear;

▲ 流线分析图

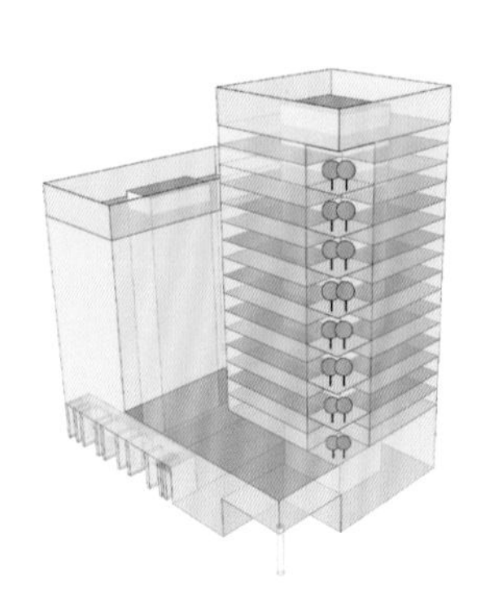

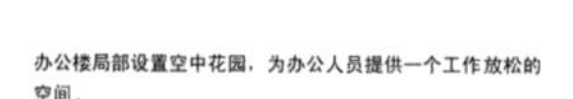

办公楼局部设置空中花园，为办公人员提供一个工作放松的空间。

In office buildings, we sectional set up a hanging garden which is a relaxing space for the office staff;

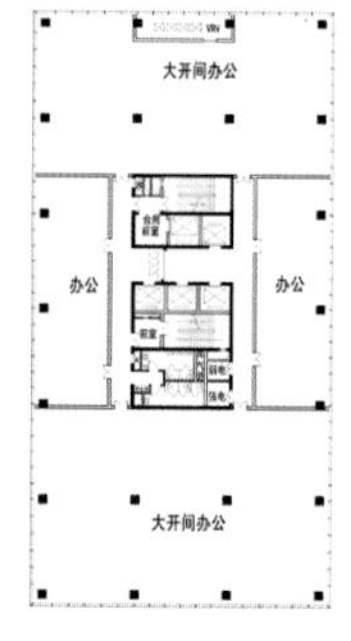

办公层采用合理进深，采光通风良好，平面方整，实用率高达85%左右。

The office floor has a proper depth, perfect lighting and good ventilation. It has upright and foursquare flat surface which is practical and high effective.

▲ 功能分析图 1

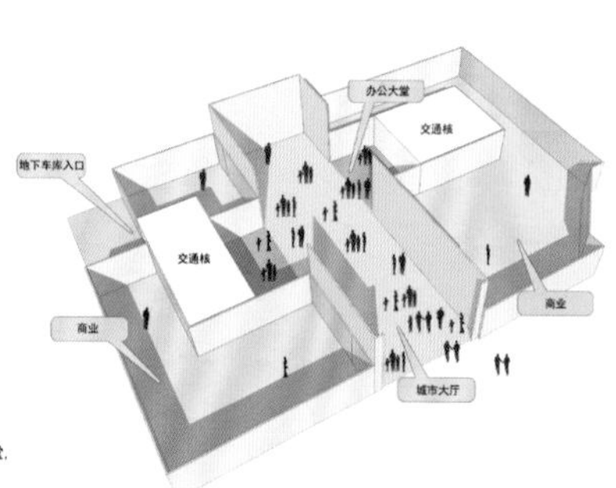

建筑一层围绕城市大厅展开，由门厅，办公大堂，商业组成一个复合的城市活力空间。

The ground floor of the building is extended around the city hall which is a live city space composed by hallway, office area and shopping center.

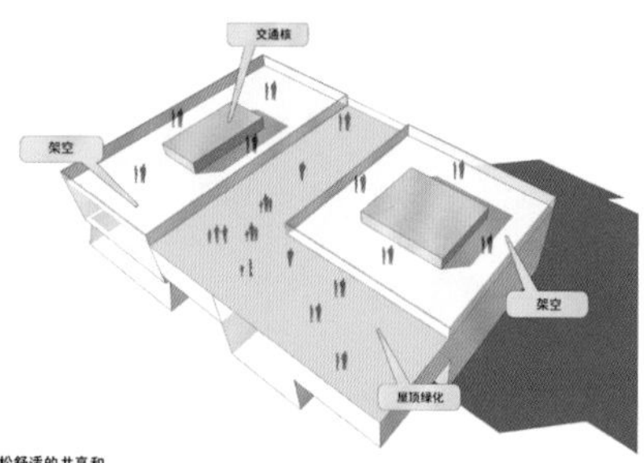

两栋办公楼的架空层与屋顶绿化结合设计，营造一个轻松舒适的共享和交流环境。

Office of two buildings are both designed combining the roof greening in order to create a comfortable and relaxed environment for working and communication.

▲ 功能分析图 2

▼ 设计生成图 1

昆仑山

钱塘江

以昆仑山的形态来展现我们建筑的形体，外立面采用透明玻璃幕墙和有色玻璃幕墙相组合的形式。立面通过色块宽窄疏密的变化，使得立面显得灵动且富有动感，与钱塘江水的波纹相呼应，展现了昆仑集团江海一样的胸怀。

Kunlun Mountains in the form to show our buildings shape, Wailimian using transparent glass curtain wall and colored glass curtain wall combination method. By changing the width of the facade color density,the facade is smart and dynamic,corrugated and Qian Tang River echoes, show KunLun group Jianghai mind.

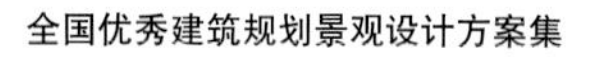

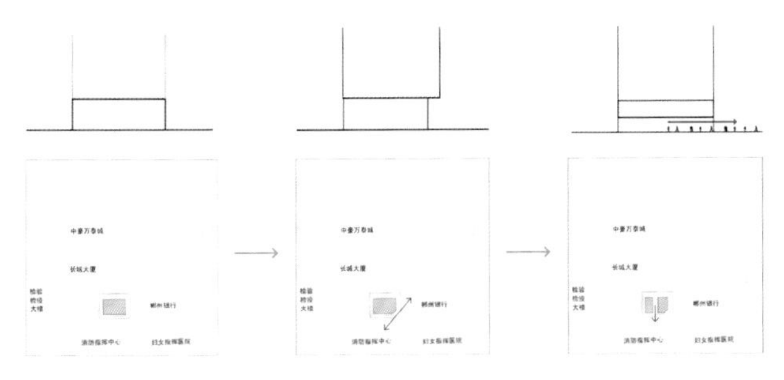

现状街道格局

Status street pattern

在南侧十字交叉口处，斜切一角，缓解了直角界面对着拐角处的生硬感，同时退让作为对外开放的城市广场，为底层商业注入活力。

In the south of the intersection of the cross, miter corner, facing stiff interface to ease the sense of right angle corner at the same time as the opening of the city square concession for the underlying commercial energize.

在裙房中央打开 16 米宽的通道，形成对城市开放的场所，与城市广场融为一体。

Open 16-meter-wide channel in the central podium, the formation of urban open spaces, integrated with the city square.

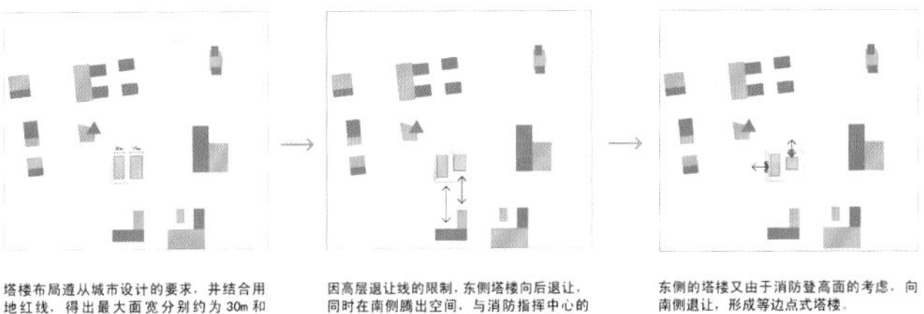

塔楼布局遵从城市设计的要求，并结合用地红线，得出最大面宽分别约为 30m 和 35m。

Tower layout comply with the requirements of urban design, combined with land red line, the biggest draw of approximately 30m wide and 35m.

因高层退让线的限制，东侧塔楼向后退让，同时在南侧腾出空间，与消防指挥中心的塔楼相互错位，形成更加开敞的竖向空间，消减塔楼的体量感。

Senior concession lines due to restrictions on the right top back concessions, while freeing space on the south side. Mutual dislocation with fire command center, more open form of vertical space, a sense of body mass reduction.

东侧的塔楼又由于消防登高面的考虑，向南侧退让，形成等边点式塔楼。

The east side of the tower and fire climbing surface due consideration to the south of the concession, form an equilateral point tower.

▲ 设计生成图 2

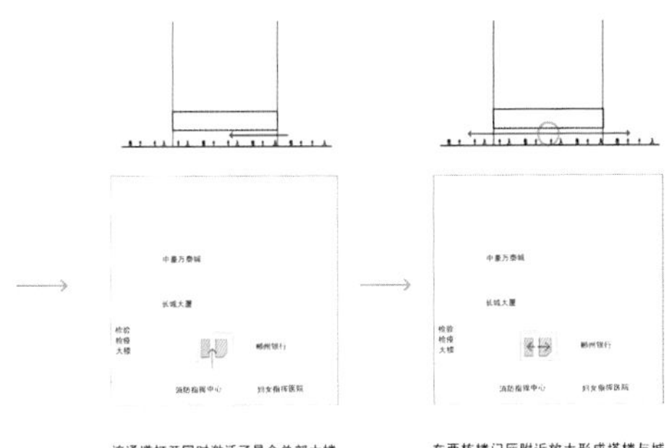

该通道打开同时激活了昆仑总部大楼底层裙房的室内空间。

The channel is opened while activating the Kunlun headquarters underlying podium interior space.

在两栋楼门厅附近放大形成塔楼与城市共享的大厅。

Two buildings in the vicinity of the foyer is enlarged to form shared with the city hall tower.

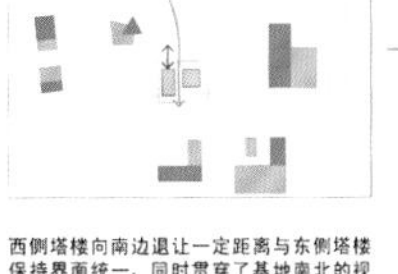

西侧塔楼向南边退让一定距离与东侧塔楼保持界面统一，同时贯穿了基地南北的视觉通廊，对办公楼的通风、采光问题也大有改善。

The west side of the tower also concede a certain distance to the north and east side of the tower to maintain a unified interface, while the north-south through the base of the visual corridor of office building ventilation, lighting problems are greatly improved.

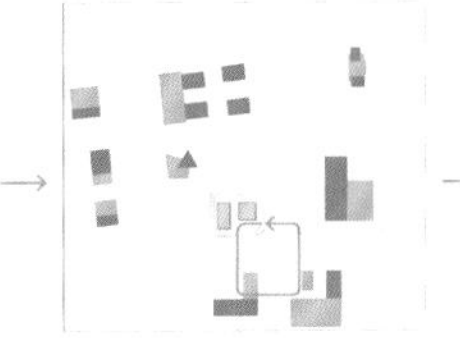

整个建筑布局与周边建筑形成具有围合感的城市空间。

And forming a sense of enclosure of urban space and surrounding buildings.

一高一底，点板结合，更加突出了昆仑总部大楼高大的建筑形象。

One high and one end point plate combination, a more prominent image of a tall building Kunlun headquarters.

昆仑总部大楼西侧的楼利用高度优势凸显挺拔感，东侧的楼则加大稳重感和更宽的景观视野。两塔楼在视觉力量上获得一种均衡，避免了一主一次的形象。塔楼设计将实用性、企业形象、城市性三个方面的目标相融合，通过共同创造积极的城市空间，形成一种新的标志。

Kunlun headquarters building on the west side of the floor height advantage in the use of forceful sense, on the eastern side of the floor, then increase the sense of steady and wider landscape view. Two towers to get a balanced on the visual power to avoid the image of a main one. Tower design will target practicality, corporate image, the city of the three aspects of integration, to create positive change through joint space, the formation of a new flag.

▲ 设计生成图 3

▼ 透视效果图

PROJECT
NAME

六安市恒远·汇金广场

项目基本信息

项目名称：六安市恒远·汇金广场
设计单位：广东宏图建筑设计有限公司
主创团队：张振洪、丁玲、张宗山、赖向农、刘原

设计文字说明

六安市恒远·汇金广场建设用地位于六安市中心城区，规划地块南邻大别山路和紫竹林路，北到皖西路，东临六安市第二中学，西隔规划道路与浙东商贸城相望。

规划体系结构：
以城市规划道路为分隔，采用从社区—组团的规划组织结构，整个项目形成“一大社区四个组团”。
建筑空间形态布局：
（1）整体空间形态：住宅建筑整体上以高层为主，商业建筑以多层做沿街布置，形成高低错落的高层建筑群。
（2）组团建筑空间形态：商业及公建沿城市道路布置，住宅尽量沿基地边沿布置，形成环绕之势，基地内部形成一定的凝聚空间，构建以组团中心绿地为核心的建筑空间形态。

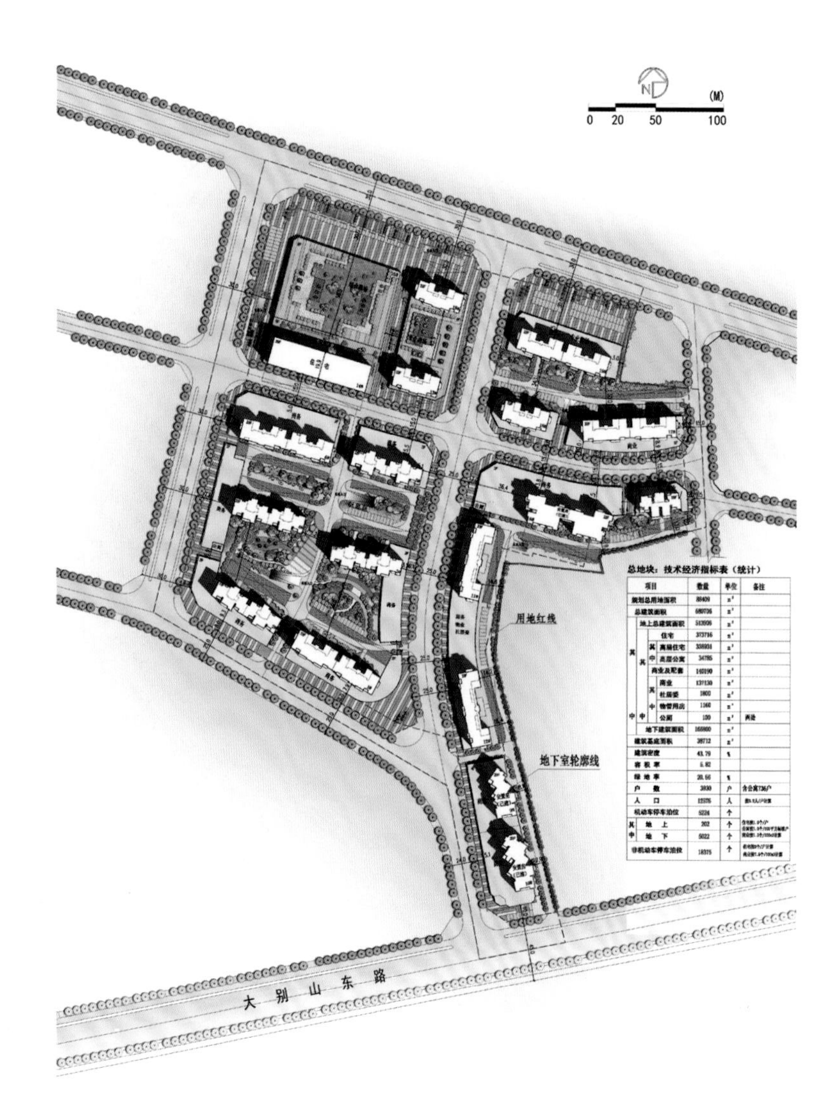

总平面图

▲ 鸟瞰图

▼ 区位图

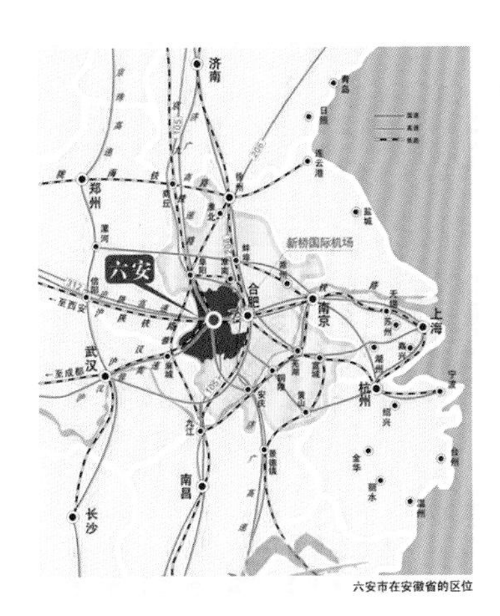

位置

项目地处六安市城区核心，交通便利，区位条件优越。东距新淠河带状公园约500m、北距九墩塘公园仅200m，周边分布有皖西路小学、六安市第二中学、六安市人民医院、六安市百货大楼、六安西都时代广场、皖西宾馆等，周边良好的环境景观公共服务设施、城市商业中心都为该项目的发展提供强有力的配套设施支撑。

位置

六安市恒远·汇金广场项目，——建设用地位于六安市中心城区，规划地块南邻大别山路和紫竹林路，北到皖西路，东临六安市第二中学，西隔规划道路与浙东商贸城相望。

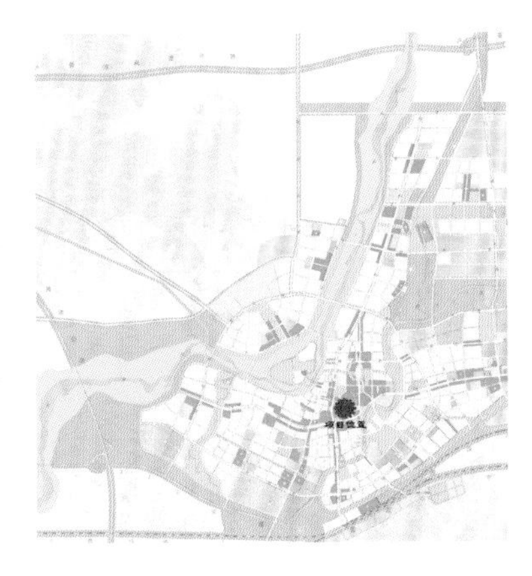

道路系统：

以城市道路为依托，社区各组团步行主入口与车行入口分开设置，设置集中地下车库，机动车可就近驶入地下车库，不进入院落或组团内部，人车实行局部分流。

景观绿地系统：

以项目周边淠河带状公园、九墩塘公园等城市大型绿化空间为依托，以社区内沿线道路绿化带为纽带，以各组团中心绿地景观为重点向宅间渗透，形成丰富的绿化层次，为居民创造多种活动和交往的场所。

建筑单体设计：

（1）公共建筑：作为综合商业社区，规划安排了一处大型综合商场、两处中型专业商场及沿街商业网点，规划商业建筑面积为137130m^2，大型综合商场功能包含儿童娱乐、影院等体验性文化休闲项目；中型专业商场以特色商品经营为主。根据项目配套管理需要，规划配建了社区用房（包含社区医疗用房）1800m^2，物业管理用房1160m^2，公厕两个100m^2。

（2）住宅建筑：本规划安排的安置户型18个，建筑面积为55～125m^2，满足安置需求；安排的商品房户型10个，套型建筑面积分别为38.0m^2、50.0m^2、86.0m^2、99.3m^2、99.6m^2、105.0m^2、109.5m^2、110.2m^2、117.4m^2、134.0m^2，满足大众消费的需求。

（3）建筑造型：综合体及配套商业建筑，立面设计整体采用现代简约的建筑风格，以简洁、人文、灵动的设计理念强调建筑的现代都市时尚气质与亲和人文气息，并保持和居住建筑的协调。

高层（小高层）住宅主体以朴实稳重的淡黄色真石漆为基调，辅以棕色外墙真石漆搭配，强调纵横向线条的对比，顶部标识性的建筑形体，以逐步上扬的态势赋予建筑简约、时尚、现代的都市化气质。

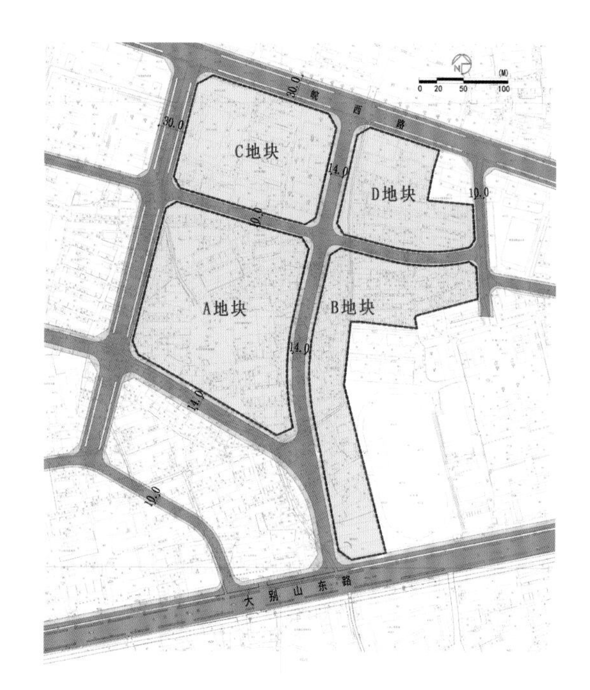

用地现状分析

该项目范围总用地面积 119130m^2，规划净用地面积 88409m^2（含安置房用地）。整个项目用地呈不规则 L 形，东西长 370m，南北宽 515m，受城市道路分隔形成四大地块，其中 A 地块净用地面积 32679m^2，B 地块净用地面积 21970m^2，C 地块净用地面积 20173m^2，D 地块净用地面积 13587m^2。

改造项目为烂尾楼项目，按照原规划位于 B 地块的安置房与 C 地块的商业主楼已开工建设，并基本封顶，地块东北角 C 地块（部分）与 D 地块居民小区尚未拆迁。整个项目场地高低起伏较大，东北高西南低，高程在 52.5~58.0m 之间。

▲ 现状分析图

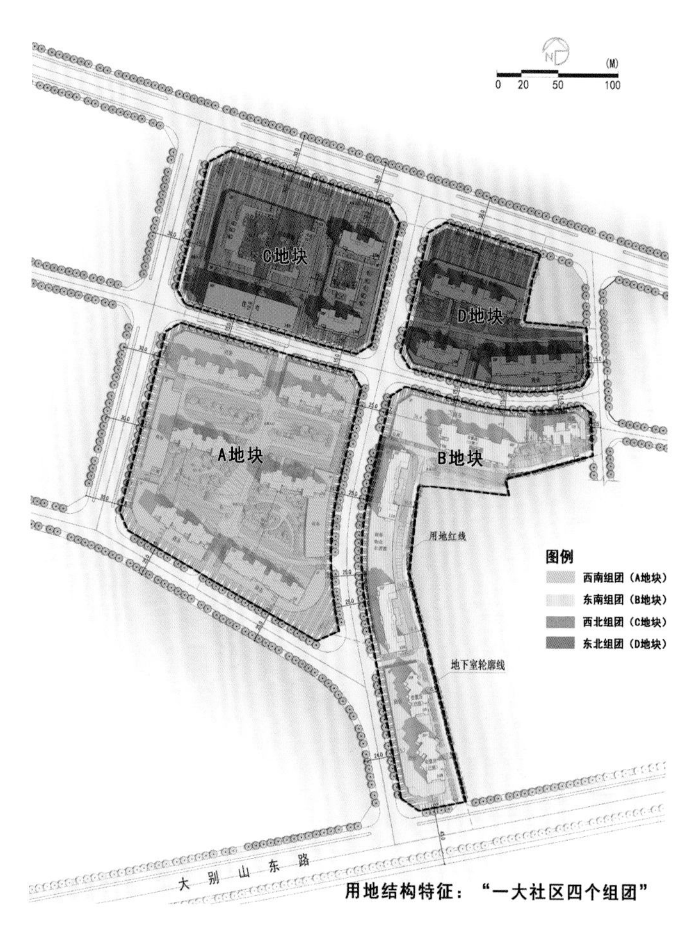

▲ 规划结构分析图

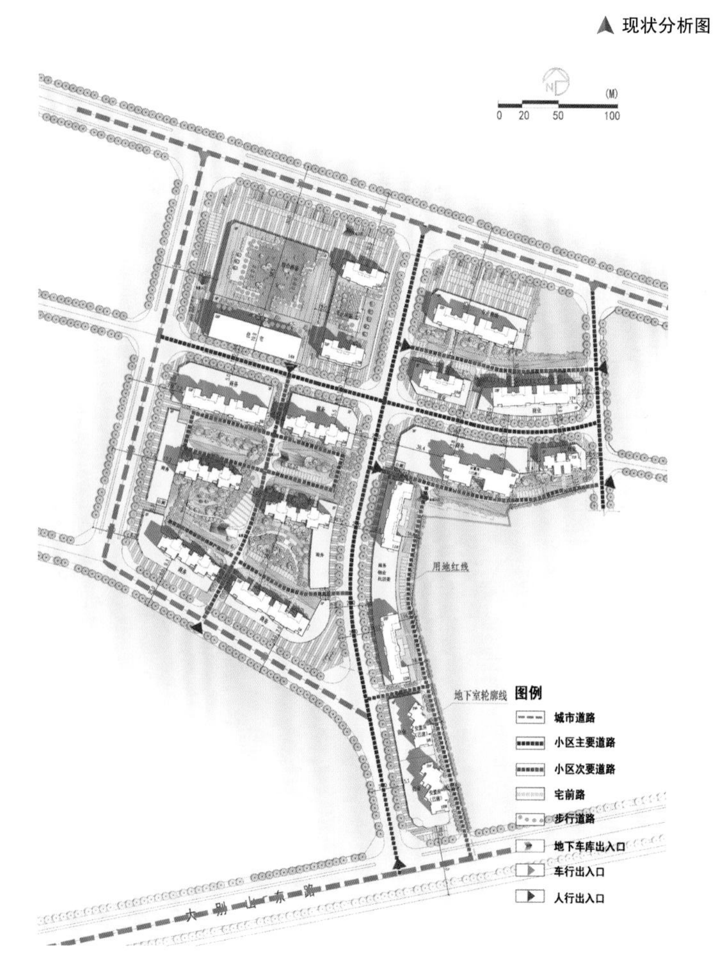

▲ 道路交通分析图

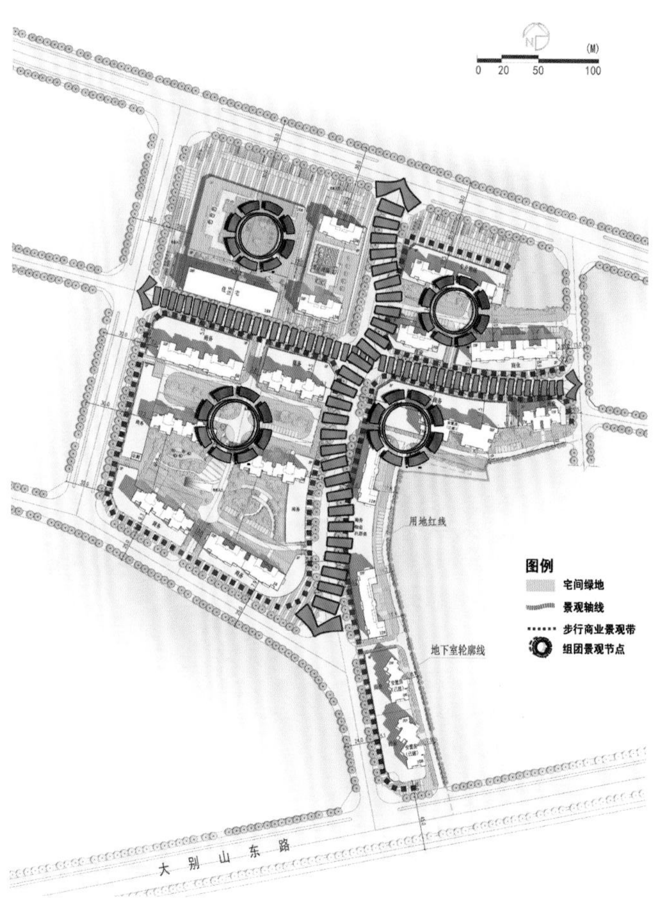

▲ 景观系统分析图

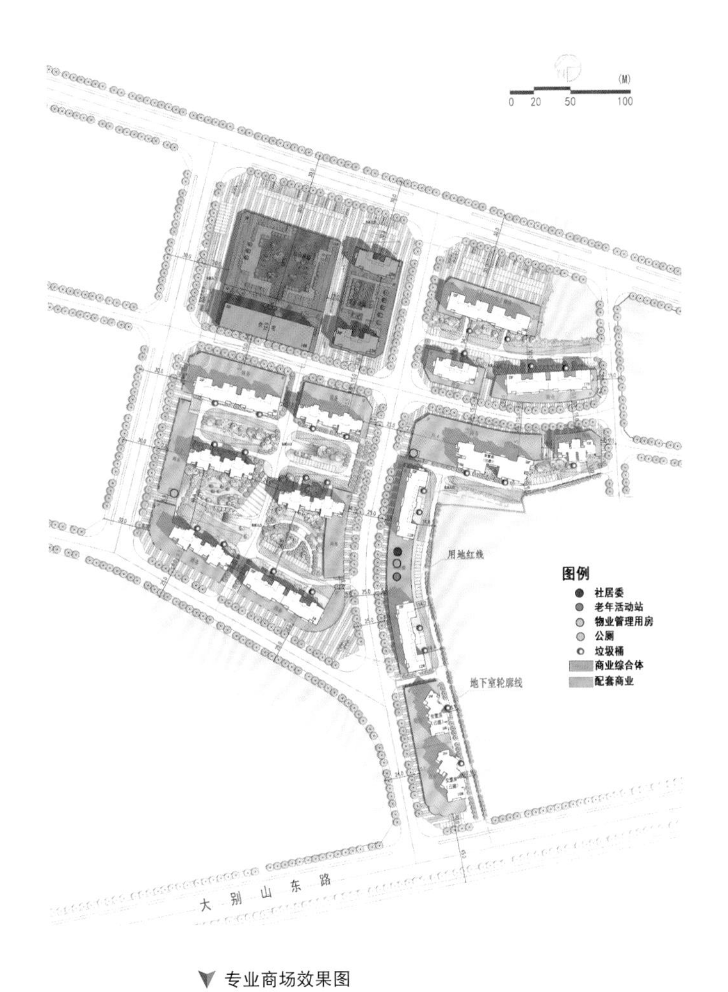

◀ 配套设施分析图

▼ 专业商场效果图

▼ 综合商场效果图

▲ 建筑立面图 1

▲ 建筑立面图 2

PROJECT NAME

四川省隆昌市白塔森林公园修建性详细规划

项目基本信息

项目名称：四川省隆昌市白塔森林公园修建性详细规划
设计单位：泛亚勘察设计股份有限公司

设计文字说明

1. 设计说明

本设计以还原历史、以人为本为原则。一个“驿”字拉开了设计主线，古城楼的设计可以让路人在此稍作休息，观景以怡情，一段残缺的城墙把云峰关门衬托出来，残垣断壁让人回想起驿道的兴衰历史。地面浮雕铺装刻上描写驿站的古诗，让我们的设计更增添诗的韵味。一个个梅花桩为休息的人们增加一些趣味性。主要设置“驿”字特色铺装、牌坊大门、古城楼、古城墙、古井、套马杆、弧形景墙、特色小品。本设计以人为本，体现了强烈的人文文化。

2. 单位简介

泛亚股份、泛亚设计股份、FINYA 商标为泛亚勘察设计股份有限公司所有。泛亚设计股份属于勘察设计行业领先的大型综合性专业设计公司，尤其在景观规划设计领域，有显著成就。泛亚股份由著名景观师、高级建筑师、高级规划师加东先生发起，整合境内外资深设计大师、注册建筑师、注册规划师、注册结构师、注册造价师、注册建造师和各类高级工程师的一个为梦想奋斗的全国性平台。目前，专业合伙履职人员大约 300 名，包括海内外著名勘察设计大师和享受国务院津贴者、教授级高级工程师，主要分布在纽约、北京、成都、重庆、贵阳、南昌、绵阳等地，专注于各类人居环境工程项目的策划、规划、勘察、设计等全产业链的服务。

2018 年，泛亚股份在国内领先建立设计技术研发机构——产品设计研究总院，主要弥补国内大型工程和高端领域的勘察设计中技术表现与品质项目落地的问题，也承担着设计行业高

▼ 总平面图区域分析图

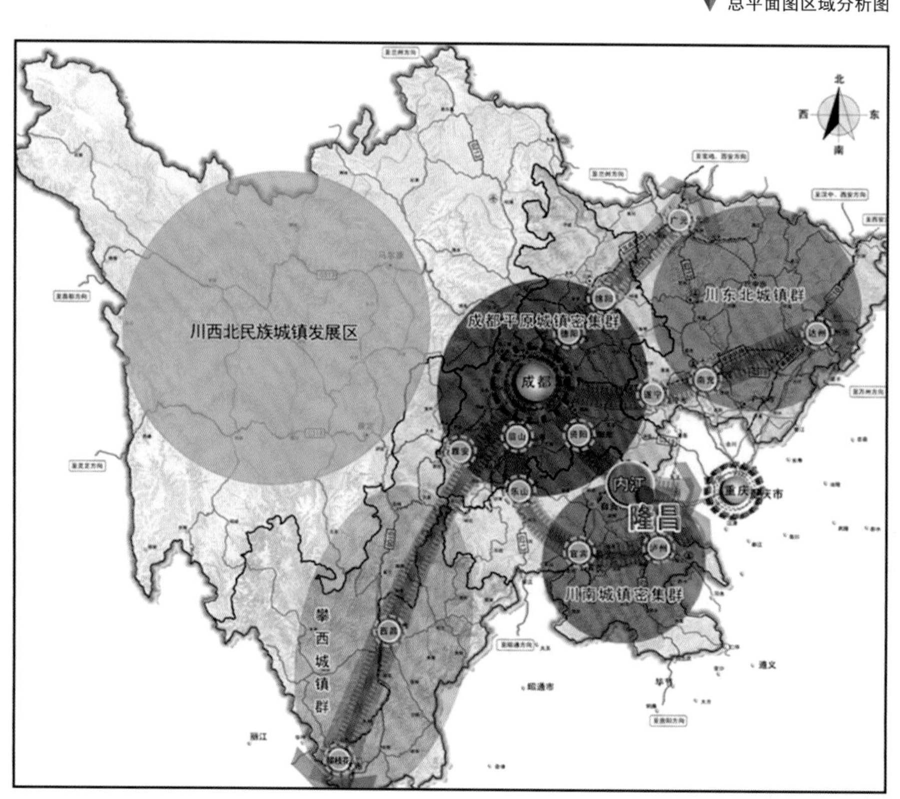

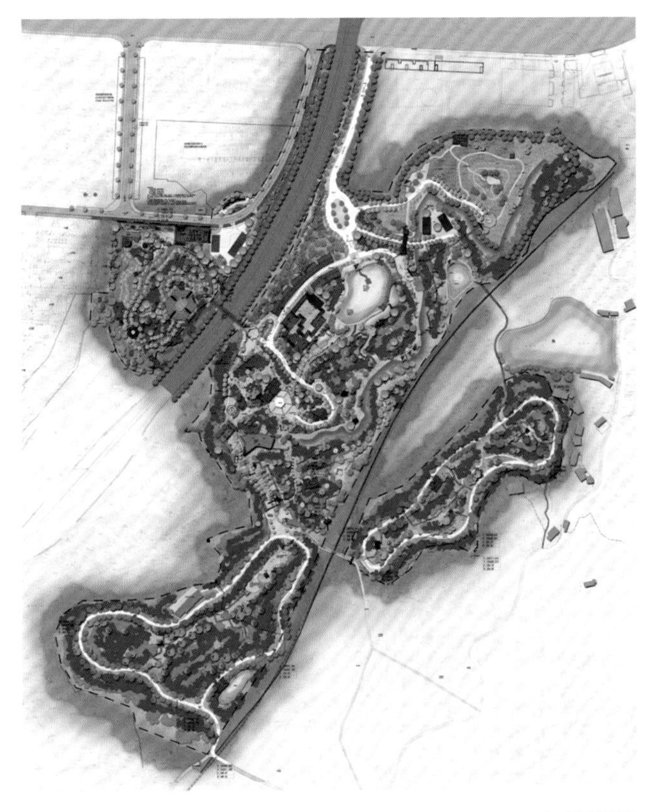

▲ 总平面图

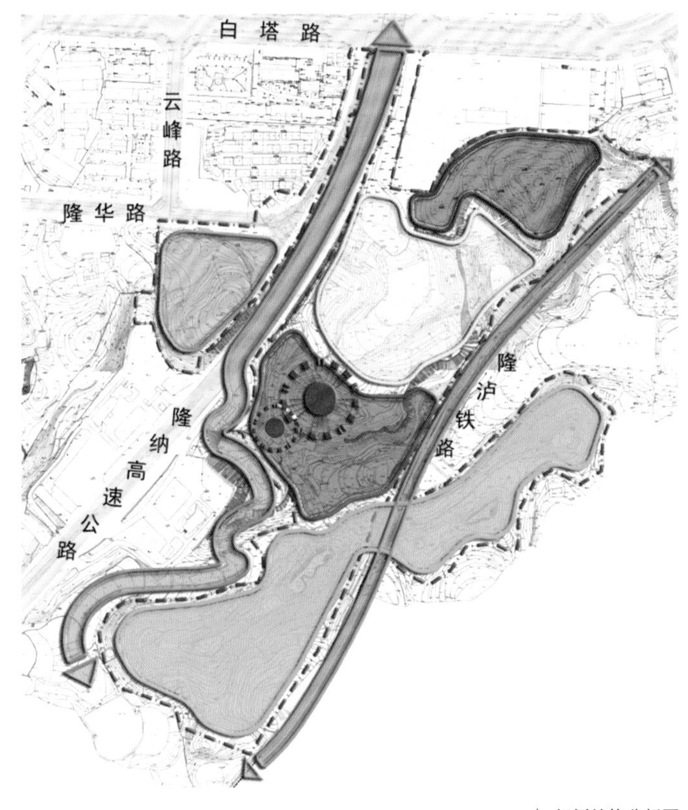

▲ 规划结构分析图

◀ 效果图

新技术转化的使命。总院下设八大院，即城乡规划研究院、景观园林设计院、房屋建筑设计院、市政设计院、水利设计院、公路交通设计院、文保古建研究院、地质勘察研究院。

泛亚股份是一个供有才之士施展才华的平台，是一个充满激情和技术创新的优秀团队！我们有着共同的事业追求和历史使命，正在打造最具专业水准、最具创新能力、最具国际视野的一流设计品牌公司。设计诠释美好生活，我们为客户的荣誉而战！

单位所获荣誉：
2018 年全国人居生态年度优秀设计机构
2018 年企业信誉 AAA 等级资格认证
2016 年设计影响中国十大影响力设计企业
2016 年中国诚信企业认证
2015 年全国十佳优秀园林设计企业
2014 年建筑文化中心中国景观最佳设计机构
2013 年国际景观协会优秀设计机构
2012 年中国人居最佳景观设计机构
2011 年中国人居典范最佳设计机构
2010 年世界现代田园城市规划（成都）单位
2009 年中国最佳园林景观设计机构
2007 年全球化人居生活方式十大设计品牌公司
2006 年中国地标建筑景观设计 10 强单位

▲ 效果图

▲ 效果图

PROJECT
NAME

金融街听湖小镇项目

60

项目基本信息

项目名称：金融街听湖小镇项目
开发单位：金融街（天津）置业有限公司
主创团队：李一凡、李路、张丽丽、徐强、郑晓波

设计文字说明

金融街听湖小镇项目位于天津市东丽区东丽湖区域，距天津市中心直线距离约 20km，距天津机场约 10km。

项目所处的东丽湖区域，是天津市八大旅游景区和七大自然保护区之一，水域面积为 $8km^2$，湖岸周长为 12km，是天津市区东部为数不多的大型湿地。

项目在规划上，秉持尊重自然环境的设计理念，以水网绿岛为主题，进行合理的规划分区。在规划道路体系的设计上，采用“树枝型”路网体系，道路层级主次分明，交通组织井然有序，使得居住者在归家感受上实现更为舒适的居住体验。

在住宅立面设计上，以仿木屋顶和毛石基座为基本设计元素，力求打造一个朴素、自然的北美风情特色小镇，以实现和项目所处环境的协调统一；与此同时，使用红砖，让住宅本身进一步增强温暖宜居的效果。

在小镇示范区的塑造上，以通透性的软隔断手法及室内外一体化设计，强调建筑内部空间与外部环境的紧密联系，并运用合理的视线设计，使得参观者无论在建筑内还是在建筑外均能体验到良好的景观氛围，从而加深对于项目所处区域优质自然资源的认识。

▼ 东丽湖规划总平面图

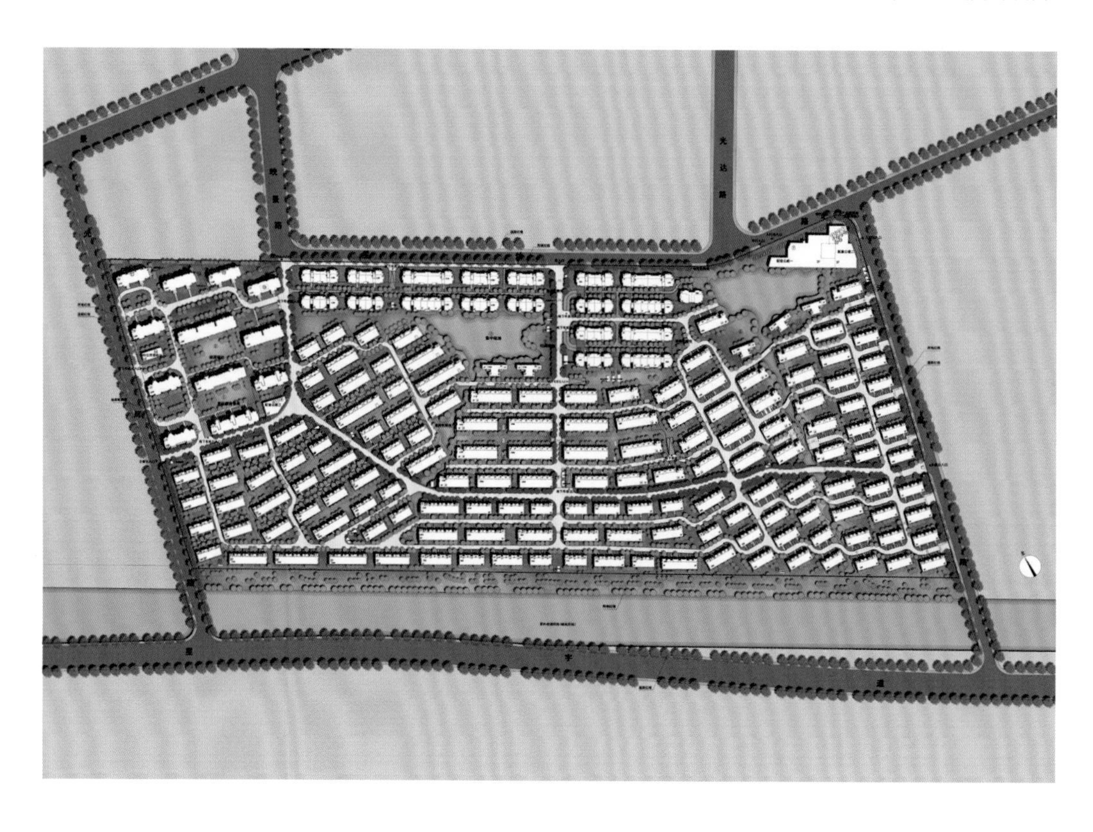

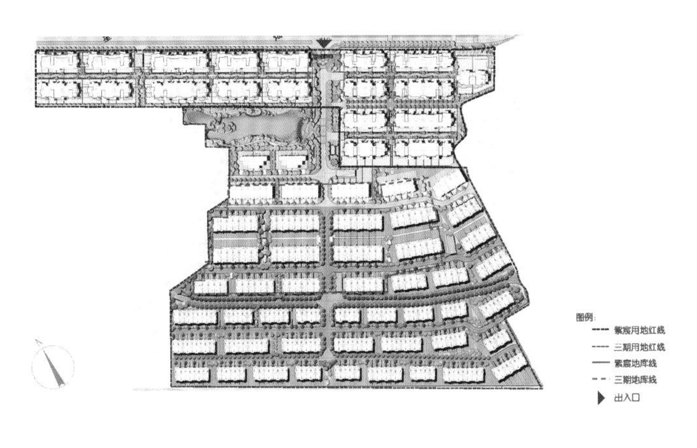

▲ 东丽湖三期景观总图

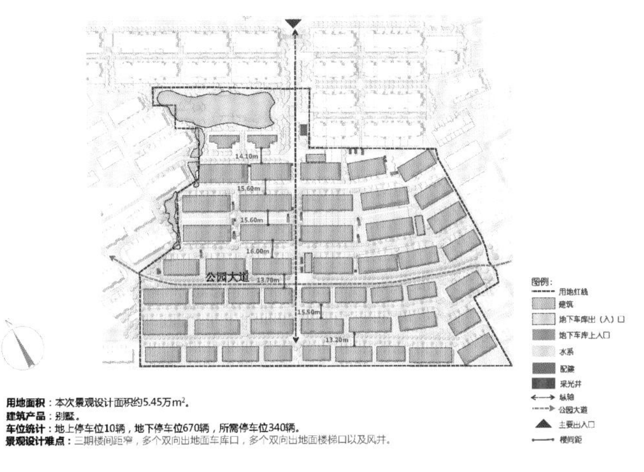

▲ 东丽湖三期平面布置图

▼ 东丽湖三期平面布置图

▲ 分区开发示意图

▼ 交通分析图

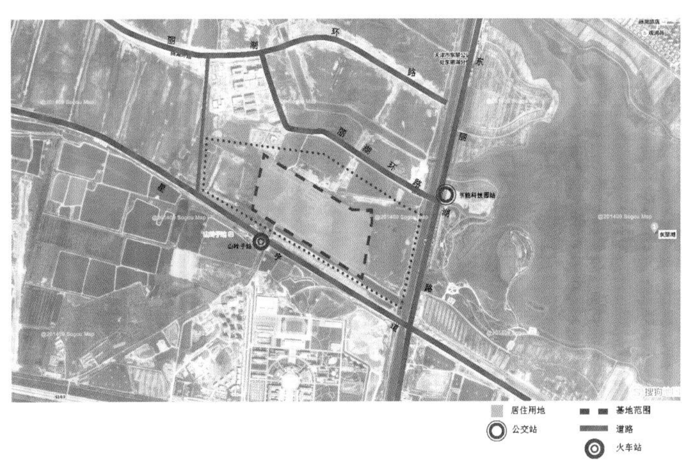

总图

MASTERPLAN

规划遵循自然生态理念，在现有路网的肌理上植入多种自然形态的景观道路，并引入周边优质水资源，

使原本僵化固定的地块划分变成自然生长的绿岛小镇，最大化的还原自然形态.

地上总建面：74万m²

别墅总建面：27.4万m²

洋房高层总建面：36.5万m²

商业配套总建面：5.7万m²

学校总建面：4.4万m²

▲ 功能分区图

▲ 景观图纸呈现效果图 1

▲ 景观图纸呈现效果图 2

▲ 景观效果图 1

▼ 景观效果图 2

▲ 景观效果图 3

▲ 景观效果图 4

▲ 景观效果图 5

▲ 景观效果图 6

PROJECT
NAME

山西·大同府

61

项目基本信息

项目名称：山西·大同府
设计单位：广州市弘基市政建筑设计院有限公司
主创团队：刘伟、段鹏、冯雪光、蒋明伟、王振华、刘建军、任强、王兆

设计文字说明

1. 项目区位

大同是山西省第二大城市，省域副中心城市，是中国首批 24 座国家历史文化名城之一、中国首批 13 个较大的市之一、中国九大古都之一、国家新能源示范城市、中国优秀旅游城市、国家园林城市、全国性交通枢纽城市、中国雕塑之都、中国十佳运动休闲城市之一。
项目位于大同市御河以东的云州区，周边拥有丰富的生态资源和重要的交通体系。“绿肺”文瀛湖、高铁站、飞机场等均在 5 千米范围内，地理位置优越。

2. 理念衍生

府隐于“城市的尊贵府邸”，“隐于府，静于心”乃是文人雅士的追求……
追溯光阴，再造文脉风华。
山西人有着浓重的院落情怀：外雄内秀（梁思成语）。多采用四合院，院落一进到三进，规范、朴实、端庄，体现空间次序、等级次序、围合私密的共同特性。在高楼林立的城市空间，人们更注重生活品质与精神交流，当古时庭院生活越来越远，“宅院园”及居于其中的天伦之乐，就成为当代人向往的居住形式、生活标签和中国情怀。
是时候，为大同人复兴一座城市的院子梦想了！

▼ 总平面图

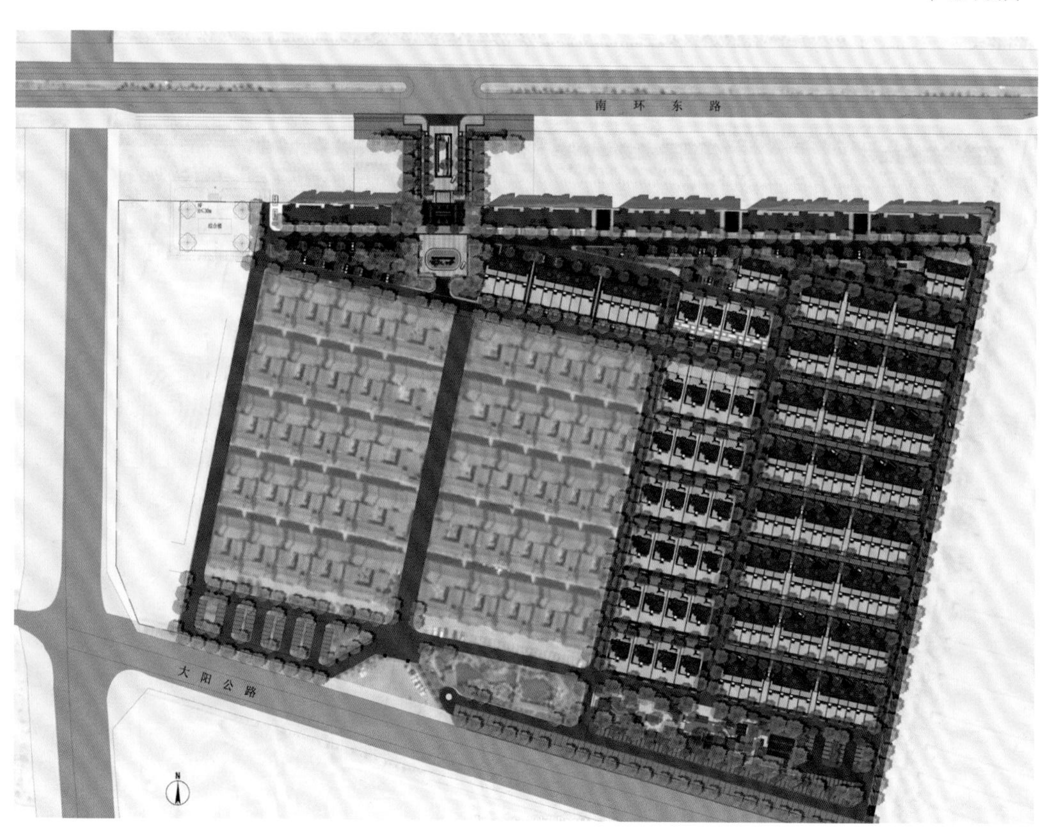

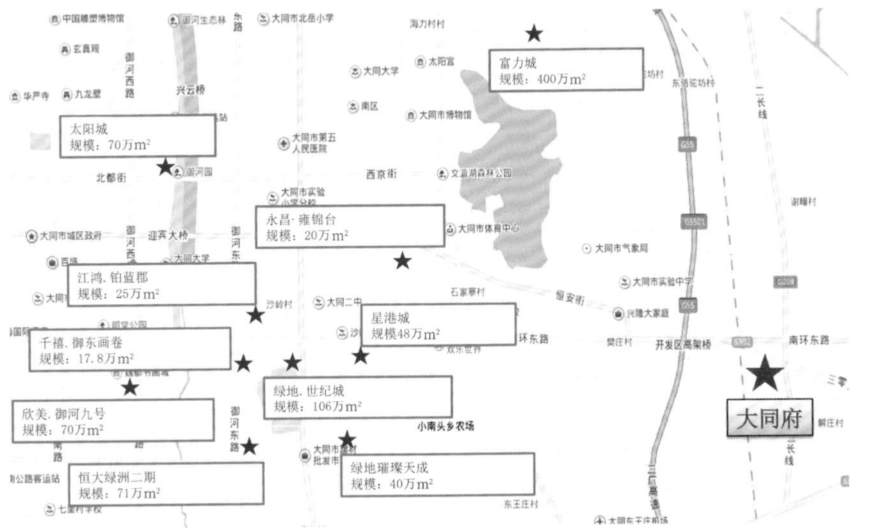

▲ 全景鸟瞰图

◀ 项目区位图

3. 规划体系

规划体系由北侧山园、南侧水园及中部街巷空间构成，衔接传统四合院区、新中式别墅区、北部小高层居住区、配套休闲区及生态景观区。行进礼序从北入口向南依次为礼→门→庭→园→坊→巷→院→园，依传统空间布局。规划体系充分利用基地本身赋予的有利条件及景观要素，追求项目的舒适度与品位，通过建筑与景观的完美融合，形成具有区域特色的高品质生活院落。

山园——“江山长卷”。通过强化长向的建筑景观，营造山影松间的视觉效果。道路两侧的景观绿植形成由低向高的开放空间，干净整齐，辅以白鹿、景观石、音箱等细节小品，体现生活的静谧、安详。徜徉其中，归家时的工作疲惫感慢慢得到释放，回归“采菊东篱下，悠然见南山”的生活状态。

水园——“戏水流长”。通过强化小景点的处理，如壶中天地、古木交柯、碧水楼台、小蓬莱等创造出精致环境，阅览室、茶舍等休闲功能建筑布局其间。身处其内，用心体验，时间慢了，生活慢了，彷佛整个世界都安静了，这才是厌倦了都市化生活的人群所应该拥有的生活状态。

街巷空间——“三坊七巷”。三坊依纵向主干道自然划分，九御坊街巷宽度为4m，翰林坊街巷宽度为5m，鸿儒坊街巷宽度为6m。七巷依横向支道从北向南依次为云锦巷、云深巷、云影巷、云合巷、云起巷、云腾巷、云涛巷。名称均由典故名句凝练，凸出“大同府”厚重的文化韵味。

4. 建筑体系

传统四合院区为砖木结构，严格按照中式建筑的古法呈现，府门、抱鼓、照壁、灰砖、青瓦、朱柱、雕梁、画栋、游廊等无一不体现出中式建筑的精致与恢宏，尽显中华传统大院风范。

新中式院落区为混凝土+新材料结构，蕴含着传统中式生活的理念。房型面积从170~320m²，更贴近现代人的生活需求。铜门、壁灯、浮雕、石材、平瓦、三层中空玻璃等现代装饰材料被合理利用，既体现出建筑的传承，又营造出别样的精彩，“仿古而不古，照旧而不旧”。

文化挖掘

1. 放眼全国：因地制宜，继承和发扬中国传统建筑文化，挖掘精髓。
2. 聚集大同：传承城市记忆，采撷城市历史沿革、地理地貌、城市肌理，融入项目。

文化理念

1. 传统山西的宅院生活：围合、礼序、邻里。
2. 现代语境下的新中式：归属、安全、幸福。

空间构造

1. 联排：创造类独栋体验，有天有地有院，空间感开阔。
2. 高性价比：多重庭院、露台赠送、地下室利用、3+1 房。

规划类型

1. 纯低密，3 层 +1 层地下。
2. 资源最大化：根据地块条件合理分布产品。

街巷布局

1. 街巷布局体系："坊巷－宅－院－园"的完整规划格局，宅间巷道尺度适宜，组团营造。
2. 归家流线体系：序列安排"归家礼仪、门第等级、入户礼序。"
3. 宅院园体系：风格统一、主次有序。

建筑单体

1. 立面："中而不古、新而不洋"的新中式，不是完全的传统元素。采用现代材质 + 中式细节构件。
2. 户型：尺度符合精英阶层有院子梦想的人的居住需求。

景观体系

1. 宅院园景观体系安排有层次，有序列。
2. 主要景观体系：集中场地、展示丰富、中式意境营造、儿童适老活动空间。
3. 次要景观体系：多主题、展示中式细节、灰空间利用。
4. 庭院景观体系：体现归属与私密，多重院子情景回归自然。围合院子形成独门独户感、主庭院（前后院）生活场景设置、侧庭院、采光井、露台功能设置。

归家流线体系：序列安排"归家礼仪、门第等级、入户礼序。"

细节简化

1. 提炼中式意境：灰墙黛瓦、曲径通幽、雕梁画栋等。
2. 中式符号简化：山、水、门、亭、廊、檐、窗棂、砖雕、门当、户对、影壁、铺装等。

文化输出

1. 场景展示：通过入口、景观主轴、中心园林、小品、庭院、立面、室内等展示。
2. 概念包装：进行案名、主题园林及街巷概念、院子生活等方面的可视化演绎。

精神堡垒

1. 民间博物馆：文化人的精神家园。
2. 慢生活街区：满足人与繁华的亲近。
3. 地下保险箱：收藏宝库的安全无忧管家。

人性服务

1. 物业服务体系：管家物业，智能服务，全方位呵护一生。
2. 社区圈层文化：以兴趣和圈层搭建邻里生活平台，共创和睦友好。

设计理念图

传统人居需求

传统人居需求：人的居住离不开家庭、社会、自然三个元素，其也对应着满足人不同的需求。

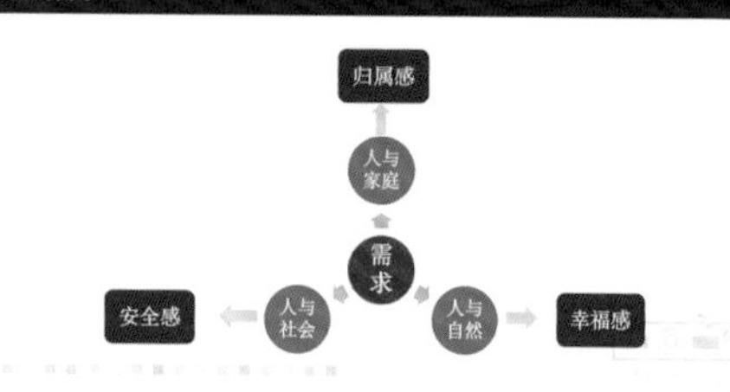

现代需求的环境

现代需求的环境：现代社会，人们的归属感、安全感、幸福感有了更丰富的内涵，院子也应随着现代城市人群的新的诉求而相应变化。

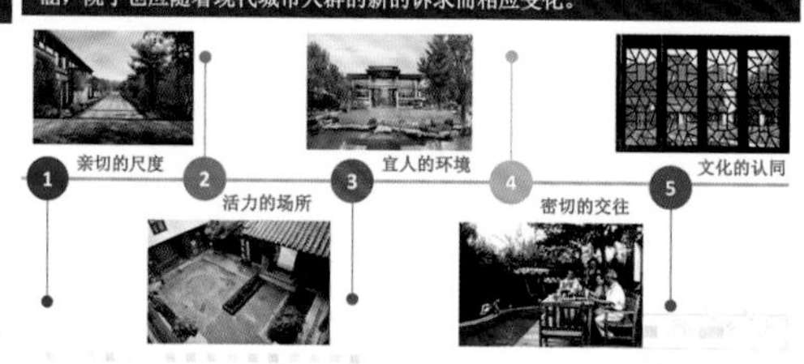

场景体现

场景体现：宅、院、园（三级体现，坊巷串联）

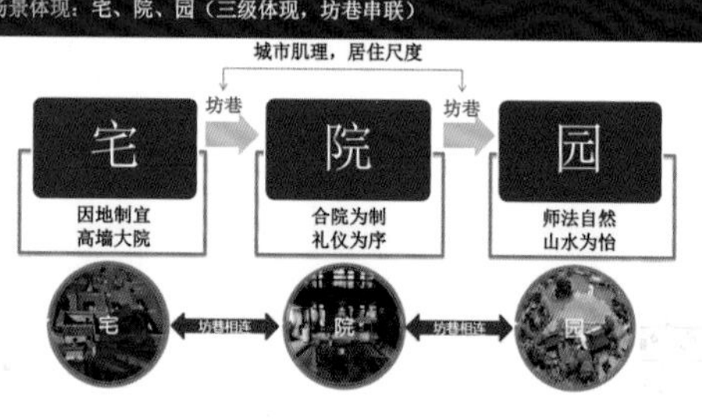

项目整体定位推导

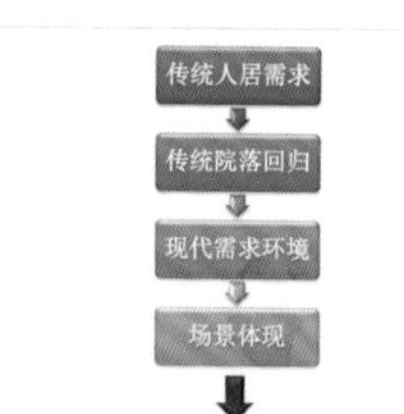

项目整体定位：区域新核心 * 新中式 * 院子情怀塑造

新中式：非古旧，中而不古，新而不洋。
院子：体现坊巷-宅-院-园传统布局。
情怀：实现不同阶层的院子居住梦想。

设计定位图

大门效果图 1

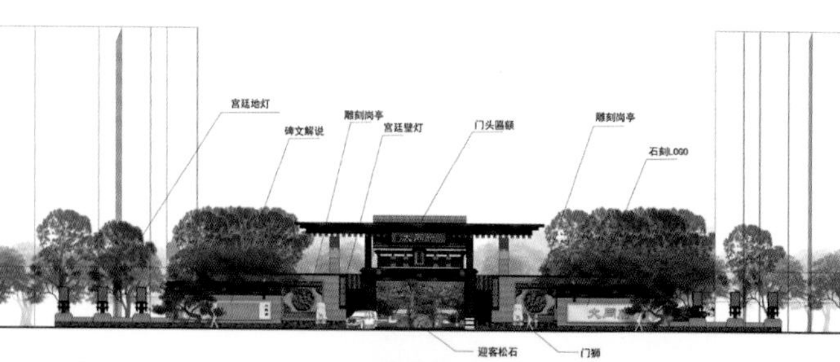

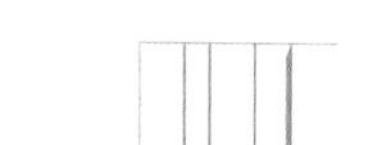

大门效果图 2

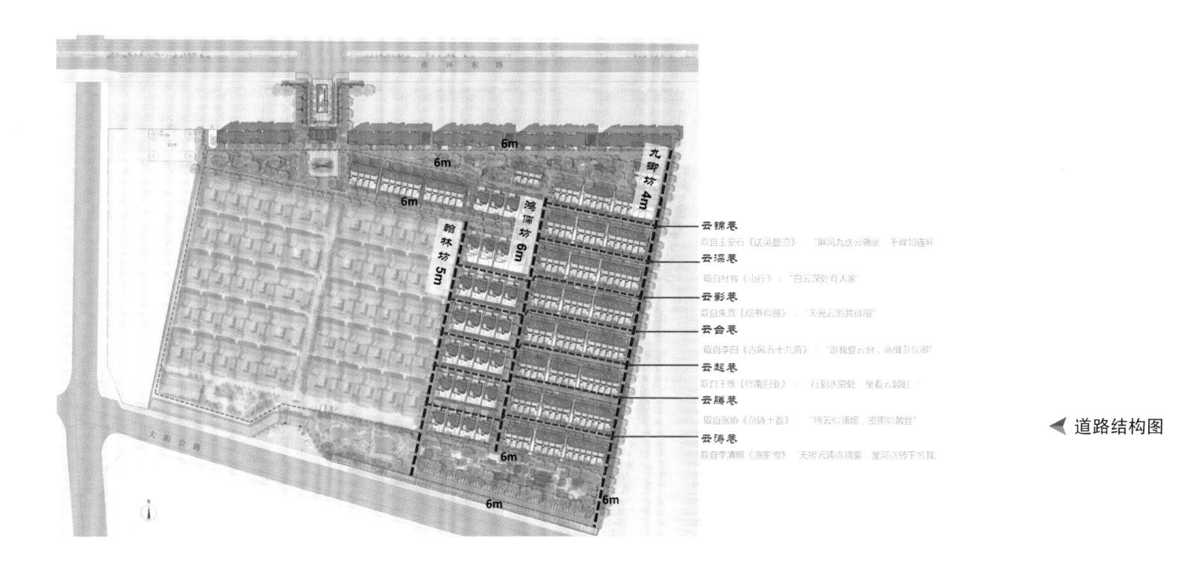

道路结构图

景观效果图

规划结构图

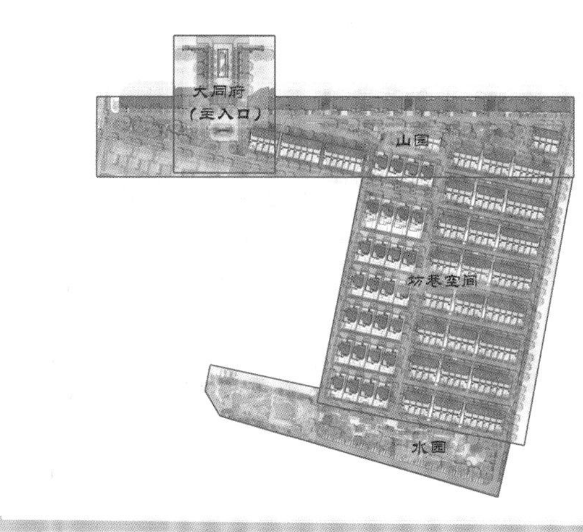

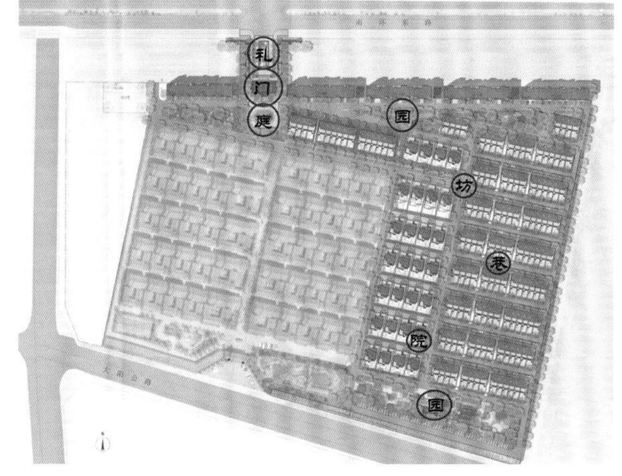

PROJECT NAME

62 中建有机岛项目概念规划设计及建设区域城市设计

项目基本信息

项目名称：中建有机岛项目概念规划设计及建设区域城市设计
设计单位：北京清华同衡规划设计研究院有限公司
主创团队：刘智斌、胡庆涛、韦永超、王心韵、张德民

设计文字说明

中建有机岛项目的时代背景：国民消费追求“健康、安全、闲适”，“品牌、绿色、信用”将成为消费主流；国家与省市在农业产业化发展中进一步鼓励规模化、特色化生产与经营，鼓励产业的融合，鼓励技术与制度的创新；企业自身发展多元化的需求与土地发展调整的窗口期。该项目依托基地农田基础，以有机农业为特色，打造有机生态的自给自足型产业模式。

基地位于基地西北的 083 乡道。对接拟建的天子山大道，从而强化与武咸城际铁路土地堂站的联系，可大力提升基地的通达性。基地范围内总用地面积为 9375 亩，土地以大规模的基本农田为主，面积较大，水旱田互相交融，农田与乡野融合度较好。目前自然风光极好，大片丘陵地带，三面环湖，气候凉爽宜人，是极佳的造景之地。目前有部分橘林和茶园，但普遍产能低，处于无人管理的状态，人工养护成本高。规划范围内目前路网不成体系，现有机动车道路路况较好，各景观视野较佳处的道路尚未形成，需要进行一定的改造或新建，道路配套设施、停车场设施及沿线景观还有待建设。

后湖海区域属于梁子湖水系。梁子湖设防水位 19m，警戒水位 20.5m，保证水位 21.36m。梁子湖在 2016 年暴雨期间水位最高达到 21.52m，创历史纪录。根据《武汉市全域生态框架保护规划》与《武汉市第三批湖泊“三线一路”保护规划》，梁子湖为生态保护型湖泊，项目用地全部位于梁子湖周边绿线控制范围内，基地被划为生态底线区与生态发展区。

▼ 实景图

刘智斌简介

“设计即理解人类的欲望、需求及追求美的愿望，并将它们融合在一起，创造一个更加美好的人本环境。”

刘智斌为重庆大学学士，国家一级注册建筑师，中国建筑学会会员，高级工程师，现任北京清华同衡规划设计研究院建筑分院副院长。

刘智斌从事建筑设计行业 15 年，曾任 CallisonRTKL 建筑事务所（中国）北京公司执行总监；北京市建筑设计研究院刘智斌建筑工作室主任；主持完成了十余项城市地标级建筑；对建筑、区域、城市的多维需求及远景定位有着全面的掌握和精准的判断，擅长进一步发掘建筑及场地的潜力并赋予新的价值；通过他及团队高完成度的设计，使项目成为该区域的新魅力和新地标。

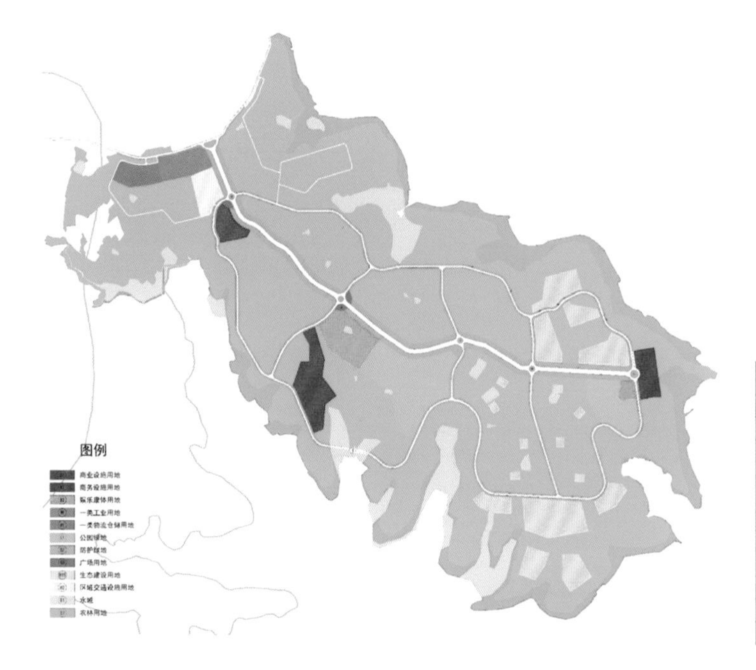

城乡用地汇总表

用地代码 大类	用地代码 中类	用地名称	用地面积(hm²)	占城乡用地比率(%)
H		建设用地	98.71	15.79%
	H1	城乡居民点建设用地	33.34	5.33%
	H2	区域交通设施用地	13.05	2.09%
	H9	其他建设用地	19.70	3.15%
	H15	生态建设用地	32.62	5.22%
E		非建设用地	526.29	84.21%
	E1	水域	35.18	5.63%
	E2	农林用地	491.11	78.58%
		城乡用地	625	100.00

建设用地平衡表

用地代码 大类	用地代码 中类	用地名称	用地面积(hm²)	占建设用地比率(%)
B		商业服务业设施用地	25.84	77.50%
	B1	商业用地	13.39	40.16%
	B2	商务用地	2.68	8.04%
	B3	娱乐康体用地	9.77	29.30%
M		工业用地	4.00	12.00%
	M1	一类工业用地	4.00	12.00%
W		物流仓储用地	3.50	10.50%
	W1	一类物流仓储用地	3.50	10.50%
		独立建设用地	33.34	100.00

▲ 土地利用规划图

▲ 动物养殖场效果图

▲ 农产品集市效果图

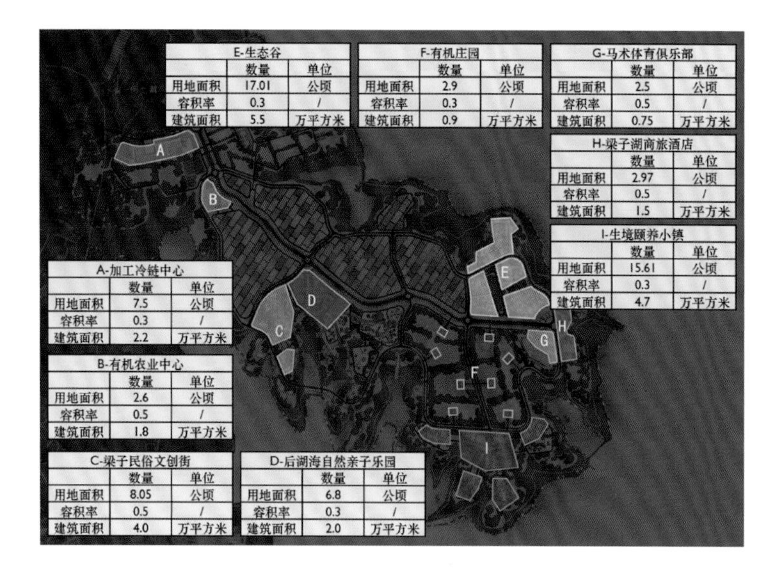

总体经济技术指标表		
项目总用地	9375	亩
	625	公顷
项目建设用地面积	989	亩
	65.96	公顷
总建筑面积	23.05	万平方米
容积率	0.036	/
容积率（建设用地）	0.35	/
建筑密度	1.76	%
建筑密度（建设用地）	10.21	%
平均层数	2.2	/

经济技术指标表

总平面图

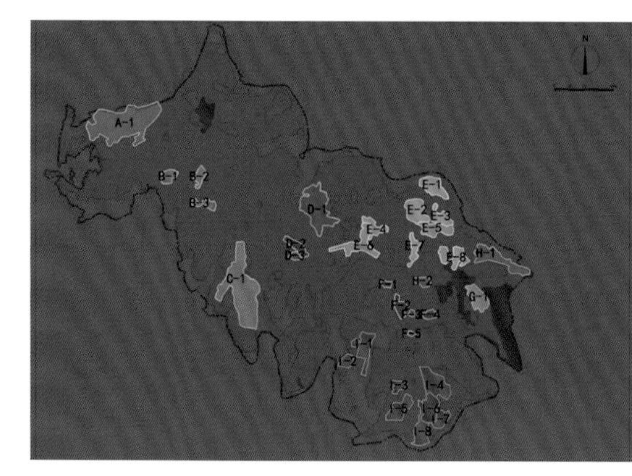

土地指标调控图

项目围绕“一轴、两核、四大主题、八大重点工程”，发展以下三大产业：

有机农业——建立以有机果蔬种植、加工，有机农业科技研发与服务为主，包括生产资料加工、仓储物流、技术培训、科研试验、展示推广为一体的现代有机农业体系；重点加强对特色有机农业的研发生产、展示培训；

生态体验——建立以有机生活方式为主题的亲子教育，生态村落体验，农业文化体验、休闲运动俱乐部为主的观光/教育/体验旅游体系。

健康养生——建立以休闲运动、生态文化为主的康体养生体系，进一步拓展康体养生与生态文化庄园。

基地划分为四大片区：

生物工程基因培育片区：

将该产业园区建设成为武汉地区规模最大、功能最全、辐射能力最强的农业产业科技园区。其中主要包含综合服务中心、中国种苗培育研究中心、加工冷链中心、高新农业种植、院士站等项目。

生态特色生产加工片区：

位于规划基地北侧，该片区具备景区有机农业观光、旅游接待服务、交通集散等功能。其中主要包含动物养殖、水产养殖、农作物种植、有机农业观光等项目。

生态民俗体验片区：

位于规划基地西南侧，该片区主要以大李普村新建改造的梁子民俗文创街、后湖海自然亲子乐园、梁子湖自然学校等功能为主。

生态康体颐养片区：

位于规划基地东侧，三面环湖的优越地理位置提升了片区的品质，将养老、庄园、生态结合，打造生态养老新模式。

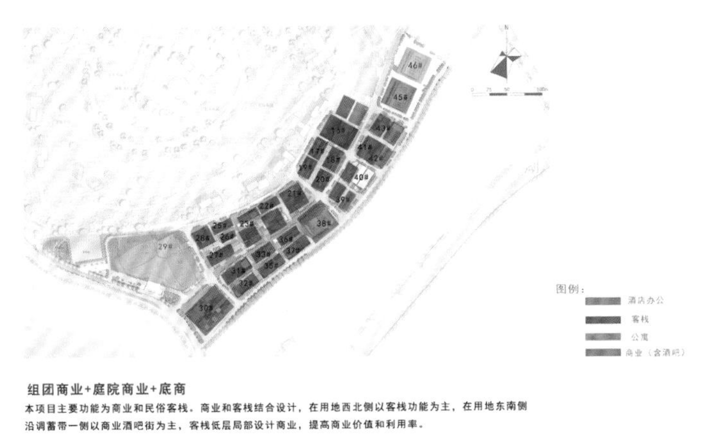

▲ 功能分析图

人行道路
宅间道路

▲ 人行交通分析图

▼ 规划结构分析图

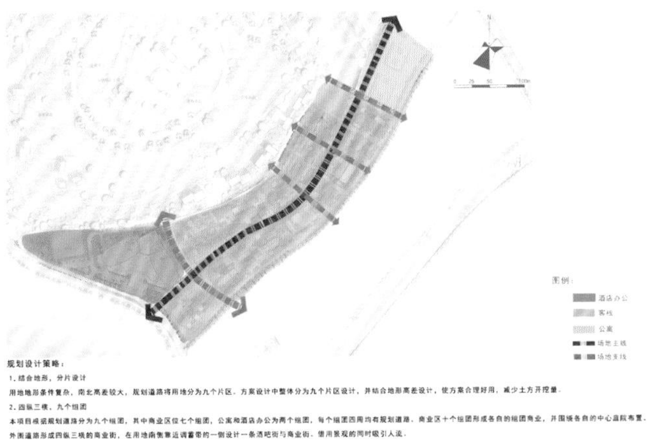

▼ 绿化分析图

地下车库入口
车行道路

▲ 车行交通分析图

景观系统-纵横交错、情景交融

绿脉成网，结点成心。打造市政绿化、中心绿地、广场绿化、组团绿地等多元化、多层次绿地系统构架，形成建筑泡在绿地中的景观意向。

▲ 景观分析图

▼ 地块楼栋编号图

▼ 节点分析图

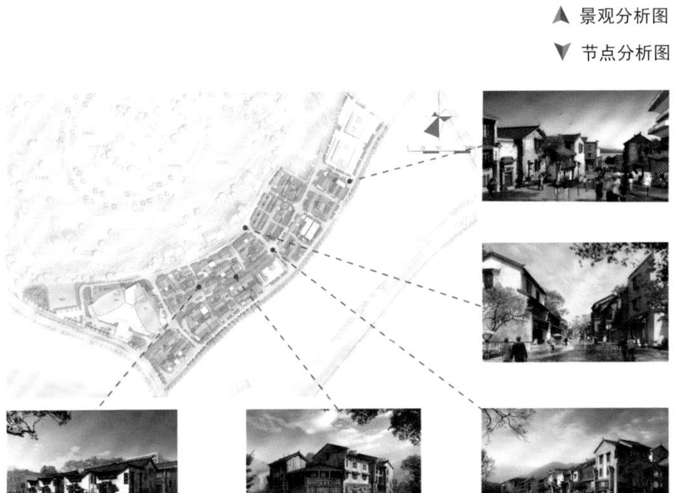

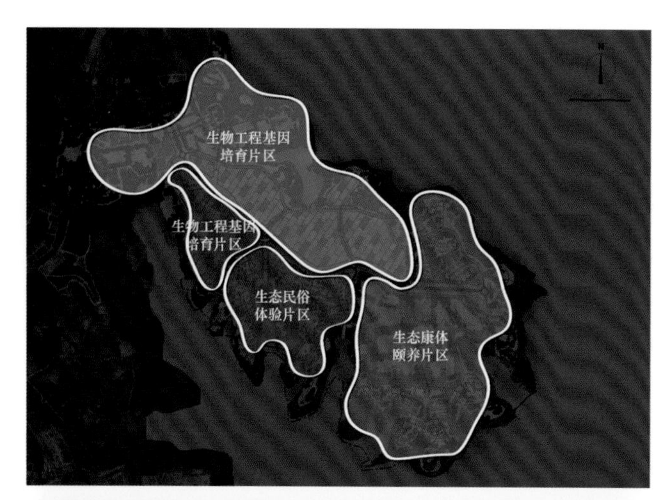

基地划分为四个片区：

生物工程基因培育片区

将该产业园区建设成为武汉地区规模最大、功能最全、辐射能力最强的农业产业科技园区。

其中主要包含综合服务中心、中国种苗培育研究中心、加工冷链中心、高新农业种植、院士站等项目。

生态特色生产加工

位于规划基地北侧，该片区具有景区有机农业观光、旅游接待服务、交通集散等功能。

其中主要包含动物养殖、水产养殖、农作物种植、有机农业观光等项目。

生态民俗体验片区

位于规划基地西南侧，该片区主要以大李普村新建改造的梁子民俗文创街、后湖海自然亲子乐园、梁子湖自然学校等功能为主。

生态康体颐养片区

位于规划基地东侧，三面环湖的优越地理位置提升了改片区的品质，将养老、庄园、生态结合，打造生态养老新模式。

功能分区图

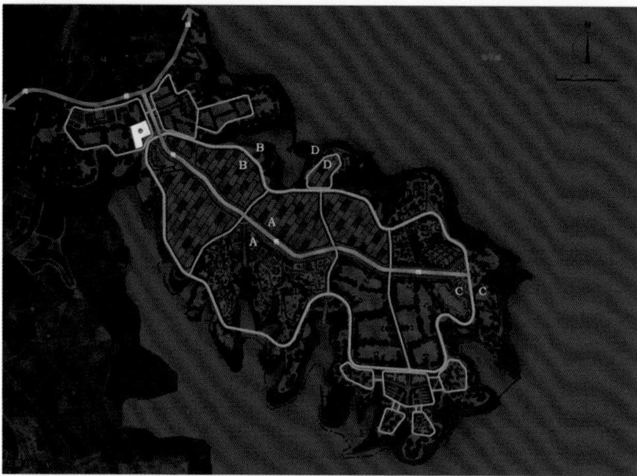

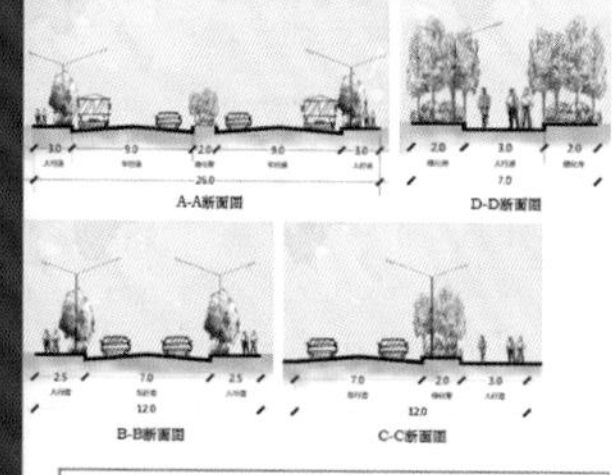

景区以景区环线及特色绿道为骨干，观光游览车为特色，具备完善的自行车及步行系统的景区综合游览交通系统。

交通设施布局

在基地北侧，景区入口西侧规划大型停车场一处，作为进入景区的交通换乘中心及商业营运车辆、自有机动车停靠点。

道路交通系统图

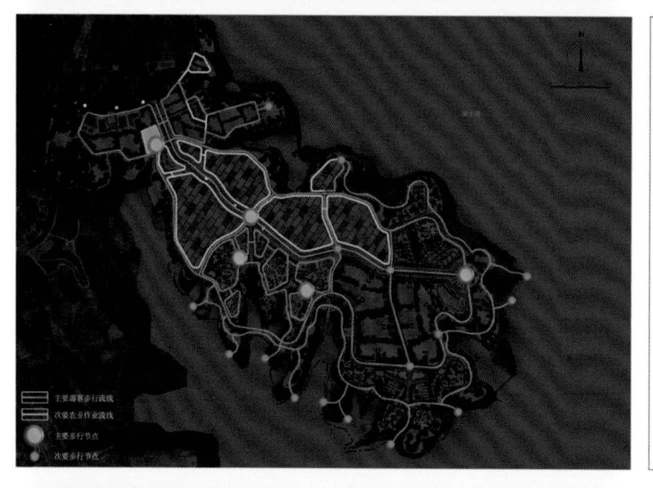

步行道路

步行道路根据区域特点组织线路，充分利用景区绿道系统，与各个区域内步行路线自成体系，形成完整的步行系统。

其中，考虑基地大部分为有机农业，需要专业人员进行施肥、养护、收割，因此将步行道路分为游客步行道路、农业作业步行道路。

动态交通人行系统图

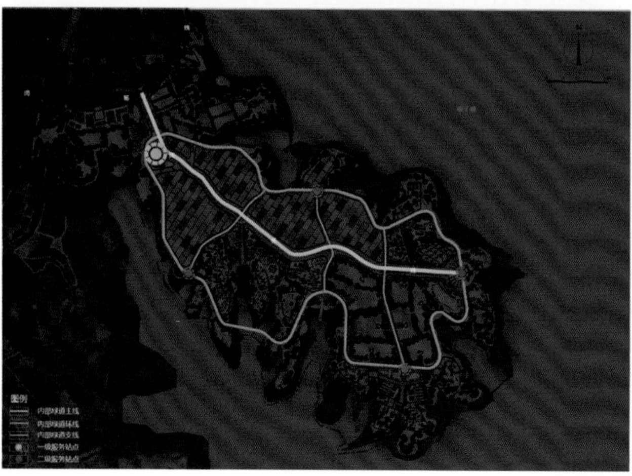

以闵杨线为贯穿景区内部绿道主线，景区环线为内部绿道环线，三条景区纵线为内部绿道支线。

另配置一级服务站点位于综合服务中心处，选取部分绿道相交点作为二级服务站点，以服务于环岛自行车、游客步行等活动。

绿岛系统与服务站点示意图

绿地系统图 ➤

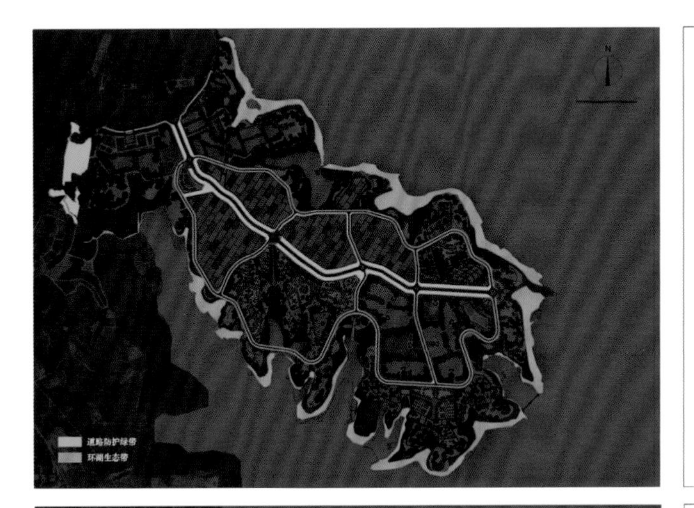

道路防护绿带

依据现状条件和道路等级，将内部主干道两侧保留30米宽的绿化控制带，根据植物季相变化、造形和色彩等进行配置，形成因时而异、步移景异的多层次林荫道。其余次干道支路根据日后建设设置绿化带和隔离带，建议主干道为10米、支干道为8米。

环湖生态带

以武汉“三线一路”的绿线与规划范围之间作为环湖生态带。

农业观光线图 ➤

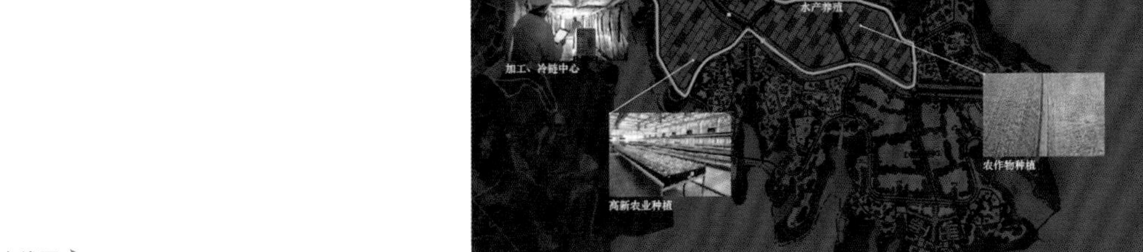

农业观光线

景区北侧农业观光线主要以景区观光换乘中心为起点，经过动物养殖、水产养殖、农作物种植、综合服务中心，最后参观加工、冷链中心继而回到观光换乘中心。

整条线路从有机农业的种植，到加工运输，使游客更好地了解农业的运作。

湿地观光线图 ➤

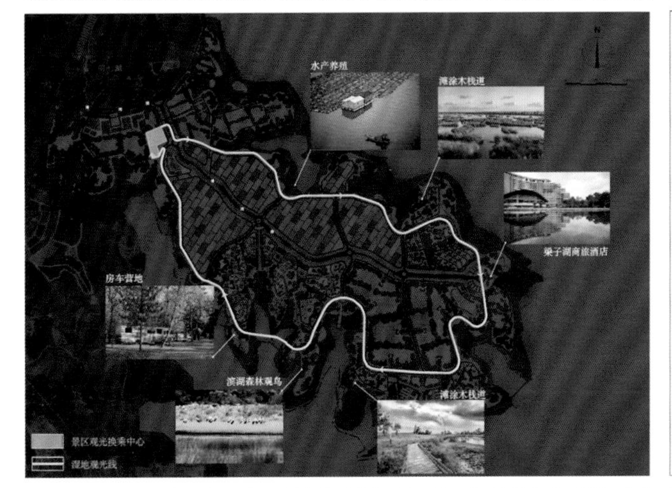

湿地观光线

景区内部环线作为湿地观光线，湿地生态旅游开发的宗旨是让游客认识湿地、享受湿地的同时提高湿地生态环保意识。

文化观光线图 ➤

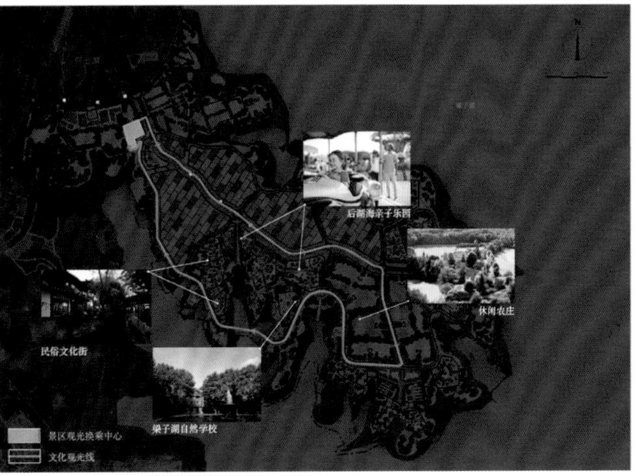

文化观光线

景区西侧文化观光线以梁子民俗文创街、后湖海自然亲子乐园、梁子湖生态学校、休闲农庄为主要观光游览点。

PROJECT
NAME

冠县辛集镇美丽乡村建设规划

63

项目基本信息

项目名称：冠县辛集镇美丽乡村建设规划
设计单位：泛华建设集团有限公司
主创团队：李丁、刘仁帅、张乃禄、王俊东、张宽、汤学成、赵吉鸿、鹿群

设计文字说明

项目地理位置：

辛集四村以及野屋村、柴庄村、邱庄村共七个村位于辛集东北侧，临近省道 259，交通比较便利。野屋村由东野屋村、西野屋村组成，村庄规模相对较大，邱庄村规模相对较小。

区位：

地理位置优越，交通便捷，距聊城、临清 45min 车程，距冠县 0.5h 车程。
毗邻省道 S259，距离南侧省道 S309 仅 7km，交通便捷，距离南侧 S1 济聊高速出入口 8km，车行交通方便。

资源优势：

（1）周边优势：韩路村的梨花节为辛集带来大量客流量，均是潜在消费者、旅游者。
（2）景观优势：辛集的坑塘水系资源丰富，部分水质较好，具有较大挖掘价值。
（3）交通优势：辛集整体区位较好，紧邻省道，交通便捷，村内主要道路也已硬化。

辛集镇发展展望

四村定位：各取所长，错位发展
功能布局：预留空间，井然有序

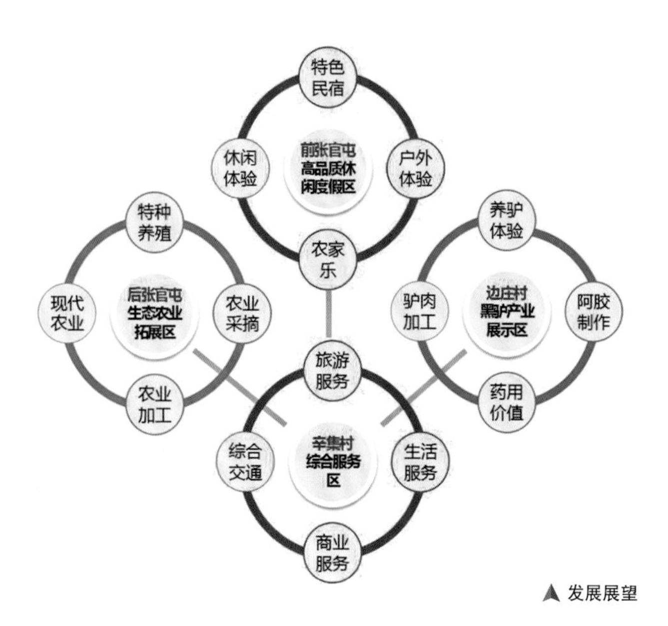

▲ 发展展望

区位图 ▼

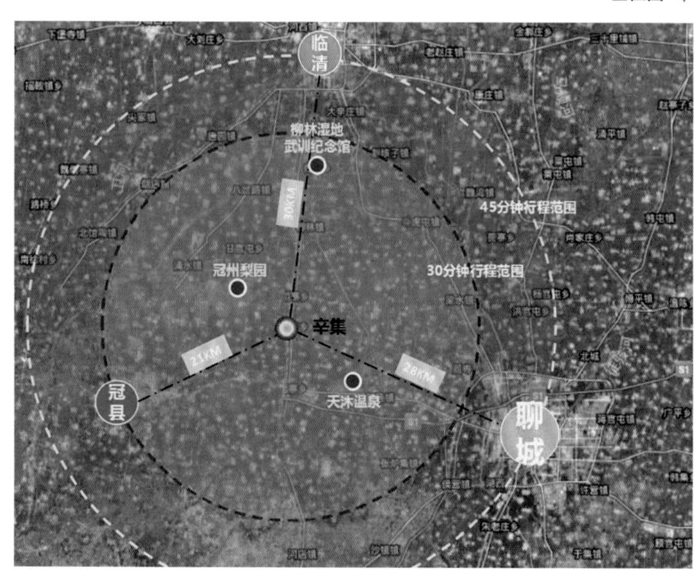

▲ 葡萄小镇中心鸟瞰图

项目定位：
以湿地景观为特色、以赏花垂钓为核心的生态宜居型海绵小镇。

开发思路：
（1）策略一：亮水。
辛集镇，一个过去、现在、未来都与水密切相关的小镇，其潜力在水，魅力在水，希望在水。巧用、活用丰富的坑塘水系资源打造生态水链、休闲水链。
还水于民、沟通水系，还绿于民、做强景观，打造以开放式生态水体公园及广场为核心的公共游憩空间。

（2）策略二：促旅。
梳理、整治现有自然水系和景观，规划串联各个观光景点，实现乡村观光旅游的整体布局，导入休闲产业，将景观及现代商业元素融合在一起，拓展乡村休闲旅游新格局。

（3）策略三：拓农。
为整合、集约化利用村落建设用地和闲置用地，增加农田面积，土地通过流转给企业，村民获得流转土地收入外还可以到流转企业就业。吸纳部分村民发展果树种植、蔬菜种植等产业，利用辛集镇这个广阔大平台，将果树、蔬菜展销给人群。

（4）策略四：兴村。
加大辛集镇建设，优化公共服务设施配置结构，提升中高端商业业态，促进农业发展新方向，兴富饶美丽之村。

理念衍生：
（1）规划的统筹性。
以“现代农业产业化、旅游化”的眼光和视野，注重果树种植、养驴产业，实现生产、生活、生态的完美结合，将前屯的湿地公园景观，作为片区形象展示的大舞台，展示作物类、水果类、蔬菜类等。

（2）规划的创新性。
借鉴国内外新农村建设的成功经验，突出新理念、新机制、新产业、新农民，全面解决农民的生产、生态和高品质生活问题，将海绵小镇理念融入辛集镇的建设。

（3）规划的个性化。
发挥高效农业、金针花种植、休闲观光与其他资源的互动和拉动效应，突出农业科技化、精品化、景观化、艺术化、体验化，同时提炼乡村文化以及生态人文资源，创造个性及特色。

（4）规划的特色化。
规划采用“织补旧肌理，营造新环境，展现特色文化”的理念：
规划格局——补旧织新，自然生长的布局模式。
文化内涵——和谐邻里，活力家园，营造多元公共空间，展现鲁西地区文化特色。
建设方向——有机更新，完善设施，以和谐、文明、整洁、优美、配套齐全为理想的村庄建设。

文明研究：
村庄文化的体现主要以文化墙、文化宣传栏等为主。
材质选择上就地取材，采用低成本建筑材料。
宣传内容以村史村纪、乡俗民约、社会主义核心价值观、计生、环卫宣传、美丽乡村宣传内容等为主。
形式采用能够展现民俗风情的结构形式。
整体结构应坚固耐用，外表面需做防锈和防水处理。

景观设计：
将前屯的坑塘打造为在冠县具有影响力的特色湿地公园。
（1）一期：整治道路，提升坑塘的景观性；
提升水质，设置污水集中处理设施，通过水生植物（芦苇、荷花等）以及鱼类净化水体；
改善景观，合理配置与设计植物，达到三季有花，四季常青。
第一期结束后，坑塘整治基本完成，这里将成为辛集村民娱乐休闲的好去处。

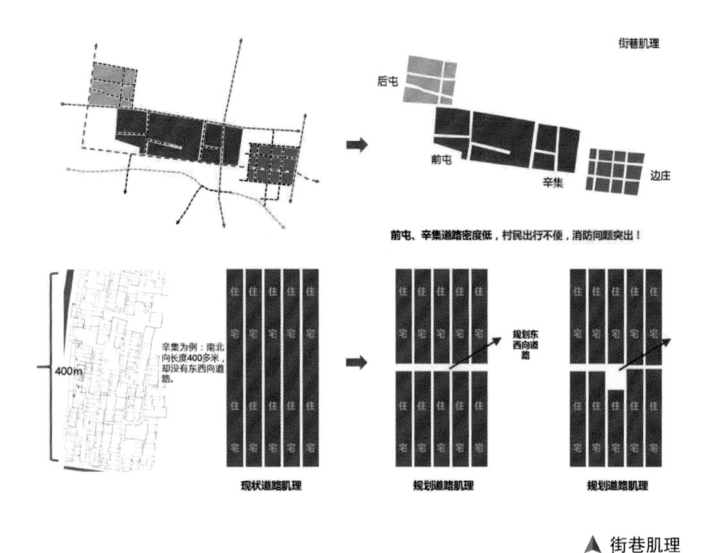

▲ 街巷肌理

村居改造建议
一层住宅改造建议

建议户型A，建筑面积110㎡。

建议户型B，建筑面积160㎡。

▲ 一层住宅改造建议

（2）二期：整理用地，通过新建的 9m×15m 住宅，提升居民居住环境，节省村庄建设用地；
建设广场、凉亭等，增加村民的公共活动空间；
建设停车场等配套服务设施。
第二期结束后，公园景观基本形成，可以服务辛集甚至更大范围内的游客。

（3）三期：农房功能提升，改造为农家乐餐厅、小型客栈、特色民宿等，实现休闲、度假、住宿多元化发展；
利用坑塘周边空间开发户外体验活动，如野炊、露营等；
建设旅游服务中心，提升乡村旅游服务水平。
第三期结束后，积极引导市场力量，形成完善、成熟稳定、独立运营的乡村旅游产品体系。

交通组织：
保持肌理，梳理路网，形成村主干路、次干路、巷道三级路网体系。
解决停车问题，结合景点、服务中心、公共建筑设施等位置，合理组织停车，减少车辆对村庄生活、生产的影响。
改部分枝状道路结构为网状结构，将现状尽端路规划打通成环形路，部分路段实现不了的可采用回车场方式。
进一步提高村庄对外通达水平，在村庄主路路边设置公交站点。

建筑特色：
改建的住宅外立面延续鲁西风格与特色，采用围合式布局，多为双坡屋顶，宅基地一层采用 13.5m×15m 的标准，面积为 $110m^2$ 和 $160m^2$ 两种；二层住宅采用 9m×15m 的标准尺寸，面积为 $160m^2$。
优点：居住、休闲交通、休闲绿地空间以及附属空间的划分丰富了院落空间层次，汽车可以直接入户，二层晾台可以作为粮食晒场。
居住空间——居住与交通功能脱离，提高居住使用效率，降低建设成本。
附属空间——包括室内与室外的过渡空间、地面与屋顶的过渡空间两部分。
交通休闲空间——砖石铺地，并结合交通空间，在临近居住空间布局休闲空间，设置座椅。西南栽植高大落叶乔木，夏季遮挡阳光，冬季树叶掉落亦能满足阳光需求。
绿化休闲空间——乔灌木结合，丰富院落层次，建议栽植果树，绿化与经济效益可兼顾。

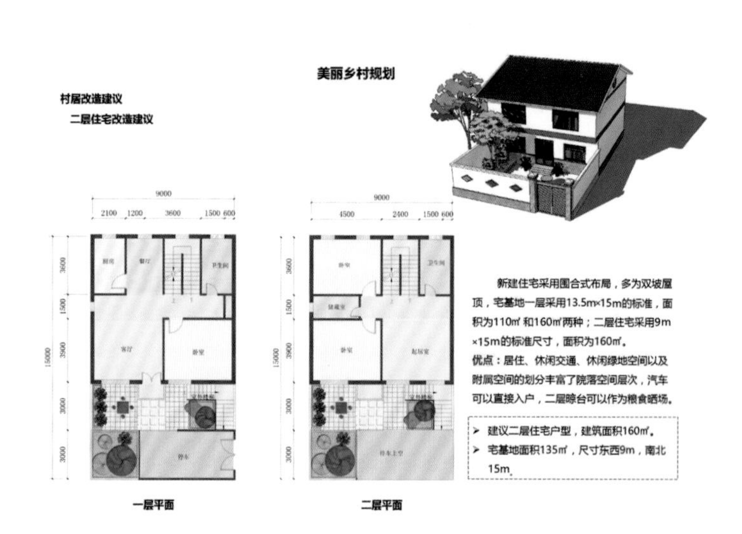

▲ 二层住宅改造建议

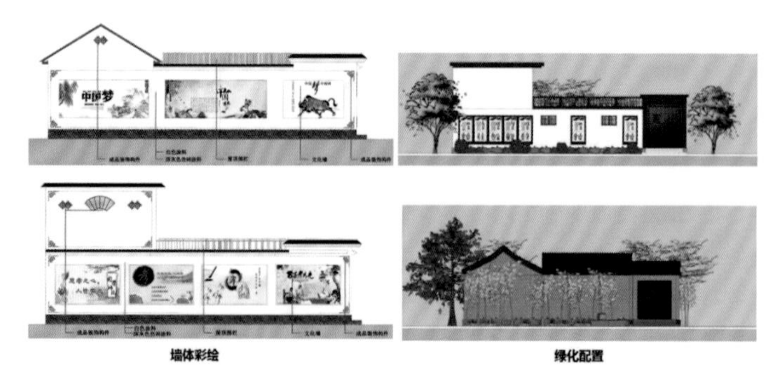

▲ 建筑立面改造

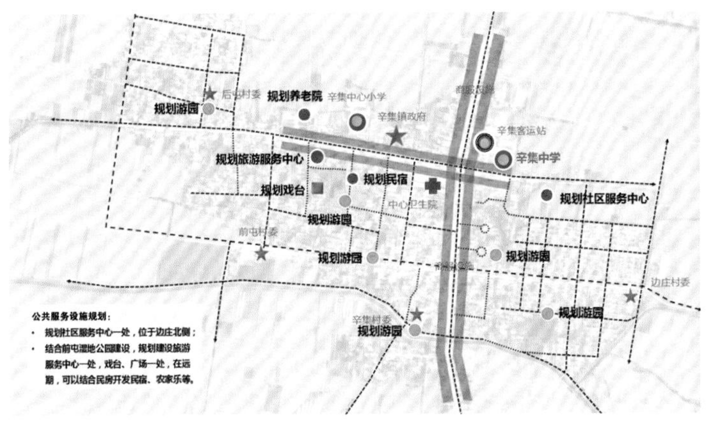

▲ 公共服务设施规划图

▲ 道路规划图

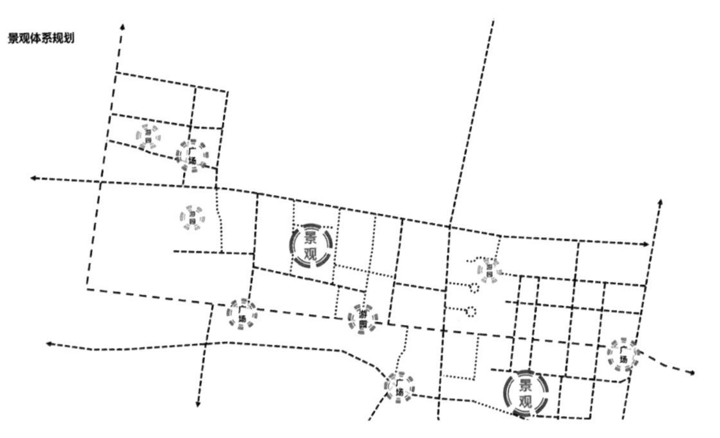

▲ 景观体系图

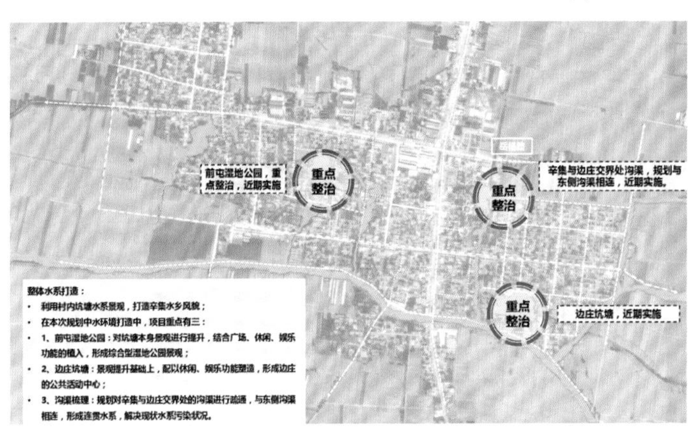

▲ 整体水系规划图

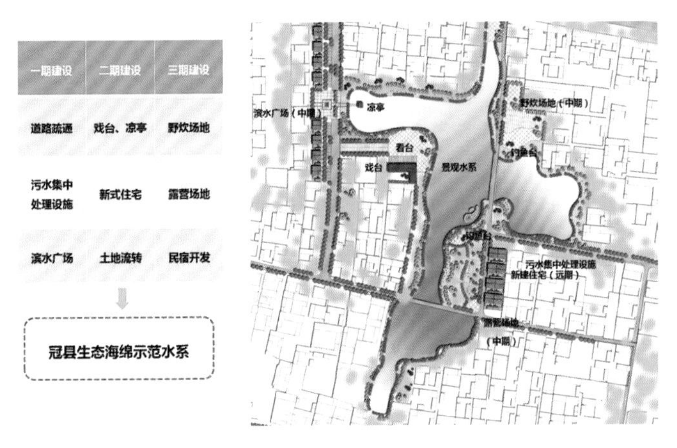

一期建设	二期建设	三期建设
道路疏通	戏台、凉亭	野炊场地
污水集中处理设施	新式住宅	露营场地
滨水广场	土地流转	民宿开发

▲ 前屯湿地公园规划总平面图

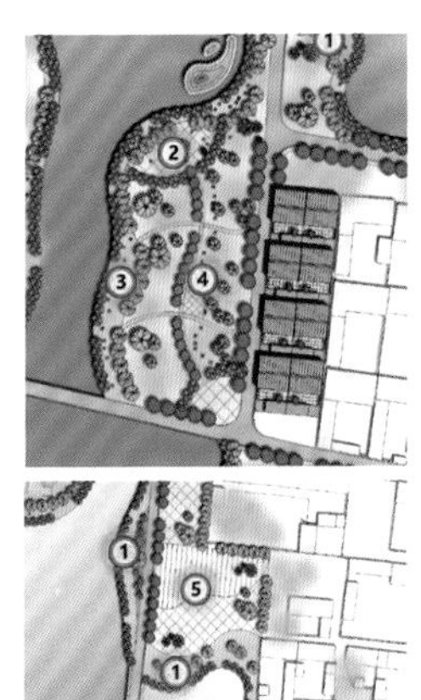

①处，主要打造滨水垂钓空间，设置围栏等保障措施，保证垂钓安全；
②处，为滨水广场空间，设置亲水平台，提供观水空间；
③处，规划为露营场地；
④处，为绿地、灌木、乔木形成的景观空间，可结合设置真人CS等休闲活动；
⑤处，规划中为野炊、露营场地；

▲ 前屯湿地公园建设图

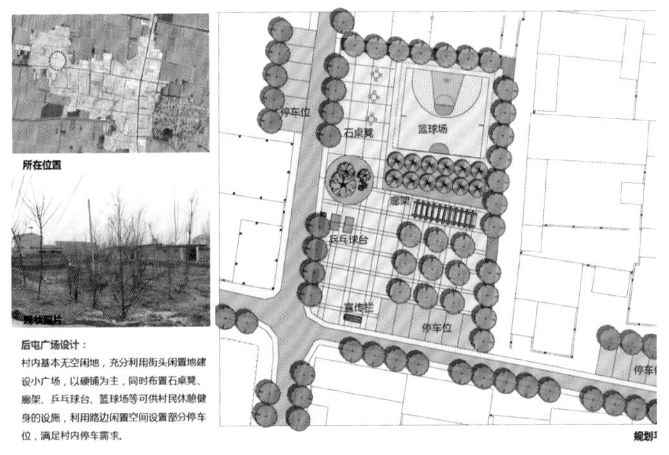

后屯广场设计：
村内基本无空闲地，充分利用街头闲置地建设小广场，以硬铺为主，同时布置石桌凳、廊架、乒乓球台、篮球场等可供村民休憩健身的设施，利用路边闲置空间设置部分停车位，满足村内停车需求。

▲ 后屯广场建设总平面图

规划中民宿建筑主要分为三种类型：
①现状保存较好的鲁西传统建筑，对其进行改造后打造为民宿；
②拆建过程中新建的住宅，户型合适，体现新型农村社区风貌的民宿建筑；
③沿滨水地区设计的特色的民宿建筑。

▲ 前屯湿地公园民俗建设指引图

PROJECT
NAME

碣石国家公园昌黎葡萄小镇

64

项目基本信息

项目名称：碣石国家公园昌黎葡萄小镇
设计单位：CDG 西迪国际设计机构
主创团队：刘文博、李游、王巍、方永靓

技术经济指标

占地面积：75934m^2
建筑面积：12972m^2
容积率：0.16
绿化率：50.27%

项目概况

昌黎葡萄小镇项目位于河北省唐山与秦皇岛之间，坐落于昌黎县北侧，临近昌黎碣石国家公园。小镇原本是一个普通的“葡萄沟”，以葡萄生产加工为产业基础，但整体环境风貌破败。

昌黎葡萄小镇的打造是对当地产业、生态、人文环境的一次升级，使其在继承传统产业文明有益成果的基础上，实现绿色转型，成为河北省昌黎县对接外围城市界面、实现全域旅游的重要节点。

▼ 葡萄小镇景观中心效果图

▲ 葡萄小镇中心鸟瞰图

▼ 滨水休闲带效果图

规划设计：

昌黎葡萄小镇的规划设计梳理了基地内村落的建筑风貌和街巷系统，发挥自然村镇空间丰富、层次多样的特点，创建小镇独特的人文风貌。

将村落内贯穿山体与村落的冲沟水系、人为开采破坏的山体河道、分散的葡萄园等重新规划设计，利用生态修复技术提升小镇整体生态环境。以原乡、生态为主旨，构建低密度的旅农复合型理想小镇和内容丰富的慢生活。

规划遵循“尊重自然、融于山水”的设计理念，挖掘空间价值，有效整合地形、冲沟、山体、林地、建筑、街巷，打造一系列的公共空间，保留原有自然生态系统的精粹，地形的高差关系使整体空间错落有致。

建筑设计：

昌黎葡萄小镇整体建筑采取低密度布局，同时利用单体建筑的组合、排列形成丰富多变的主次庭院空间。庭院主空间与宅间次空间，形成深远的空间层次感；建筑间高低错落，形成大空间带小空间的街巷感。

建筑布局、间距、高低的不同形成半围合、半开放的公共空间，呈现出良好的景观视线效果，开放多元的空间组织提高空间实用率。空间的层次反映一定程度的生活层次，人们在此间居住、行走、停留，感受着空间氛围带来的愉悦气息。传统的青灰色砖、灰瓦、木质结构的运用，将冀东建筑风格作为主线保留，充分发挥当地建筑特色，形成相对整体的建筑形态，同时又强调了建筑的“特色与特性”，使每一幢建筑都有其独特的表现风格。

通过建筑的饰面材料、色彩和细节设计的类似来达成群体的整体感，灰面砖与木质饰面彰显人文气息，强调与自然和谐共生的精神内涵。院落、街巷、广场中，局部用了废旧磨盘、条石、推车、古井等点缀。从整体风格到细节打造，将北方质朴的传统中国风完美还原，更为小镇增添了一份原乡生活气息。

▲ 葡萄小镇中心规划总图

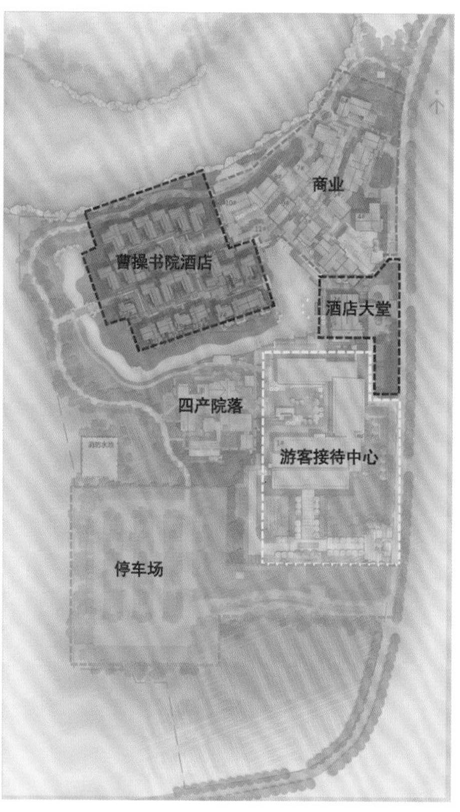

▲ 葡萄小镇中心功能分区图

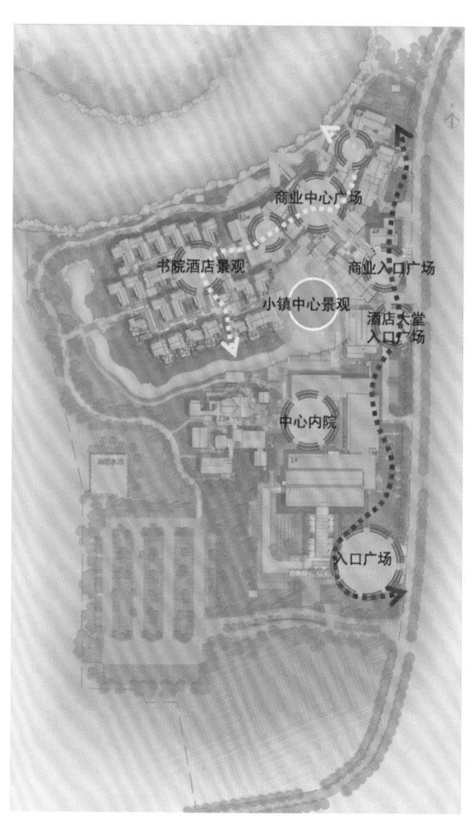

▲ 景观分析图

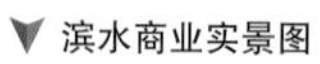

▼ 滨水商业实景图

▲ 国家公园知识馆实景图

▲ 曹操书院酒店大堂效果图

▲ 国家公园知识馆内部院落效果图

▲ 酒店大堂入口效果图

▲ 商业街入口效果图

▲ 星汉街市入口效果图

PROJECT
NAME

米易梯田旅游景区总体规划

65

项目基本信息

项目名称：米易梯田旅游景区总体规划
设计单位：四川旅游规划设计研究院
主创团队：顾相刚、汤成明、刘异婧、罗天牛、杨维凌、陈峰澜

技术经济指标

总建筑面积：18767.26m^2
建筑占地面积：18684.37m^2
建筑密度：4.19%
容积率：0.42
绿地率：85.41%
道路及广场占比：10.38%
规划总用地面积：44.5hm^2

基本项目概况

米易梯田旅游景区地处四川省攀枝花市米易县新山傈僳族乡，包含新山梯田、龙肘山等景点，共涉及新山村、中山村两个行政村，规划面积约为 26.2km^2，拥有农耕文化的“活化石”，中国最美梯田之一——新山梯田；是傈僳族祖居圣地、非物质文化遗产聚集地。这里的傈僳族传统村寨天人合一，阳光康养度假气候突出，四季宜游。

项目设计理念及特色

紧紧围绕攀西经济区打造中国阳光康养旅游目的地机遇，立足攀西旅游大市场，以遗产级的高度保护与挖掘新山梯田与傈僳族非遗文化资源，以建设中国傈僳祖居圣地为目标，将米易梯田旅游区定位为以米易梯田观光、傈僳文化体验、阳光康养度假为特色的山地旅游目的地，打造以米易梯田观光、傈僳文化体验、阳光康养度假为特色的精品旅游产品体系，支撑米易县构建“聚合观光、动态度假”的全域阳光康养旅游目的地，引领规划区实现脱贫奔小康的终极目标，力争建成攀西旅游新名片、省级旅游扶贫示范区、四川最美少数民族扶贫村寨，并成功创建国家 AAAA 级旅游景区、中国农业文化遗产。
将旅游区规划为“四区一环”的空间布局。

▲ “云上梯田”傈僳族文化体验区鸟瞰图

▲ 中国傈僳族博物馆效果图

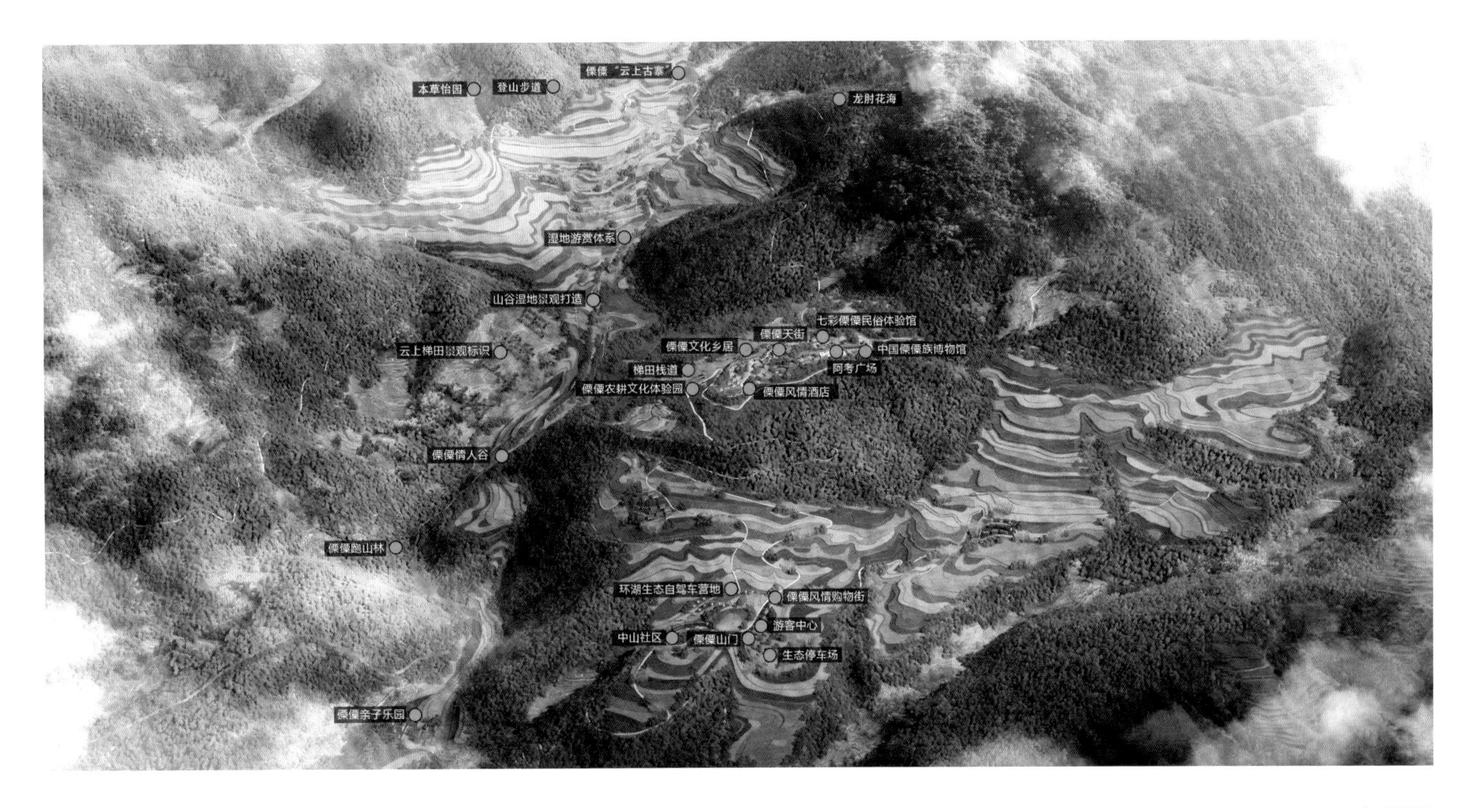
本草怡园
登山步道
傈僳"云上古寨"
龙肘花海
湿地游赏体系
山谷湿地景观打造
七彩傈僳民俗体验馆
傈僳天街
傈僳文化乡居
中国傈僳族博物馆
云上梯田景观标识
阿考广场
梯田栈道
傈僳农耕文化体验园
傈僳风情酒店
傈僳情人谷
傈僳跑山林
环湖生态自驾车营地
傈僳风情购物街
游客中心
中山社区
傈僳山门
生态停车场
傈僳亲子乐园

▲ 鸟瞰图

▼ 总平面图

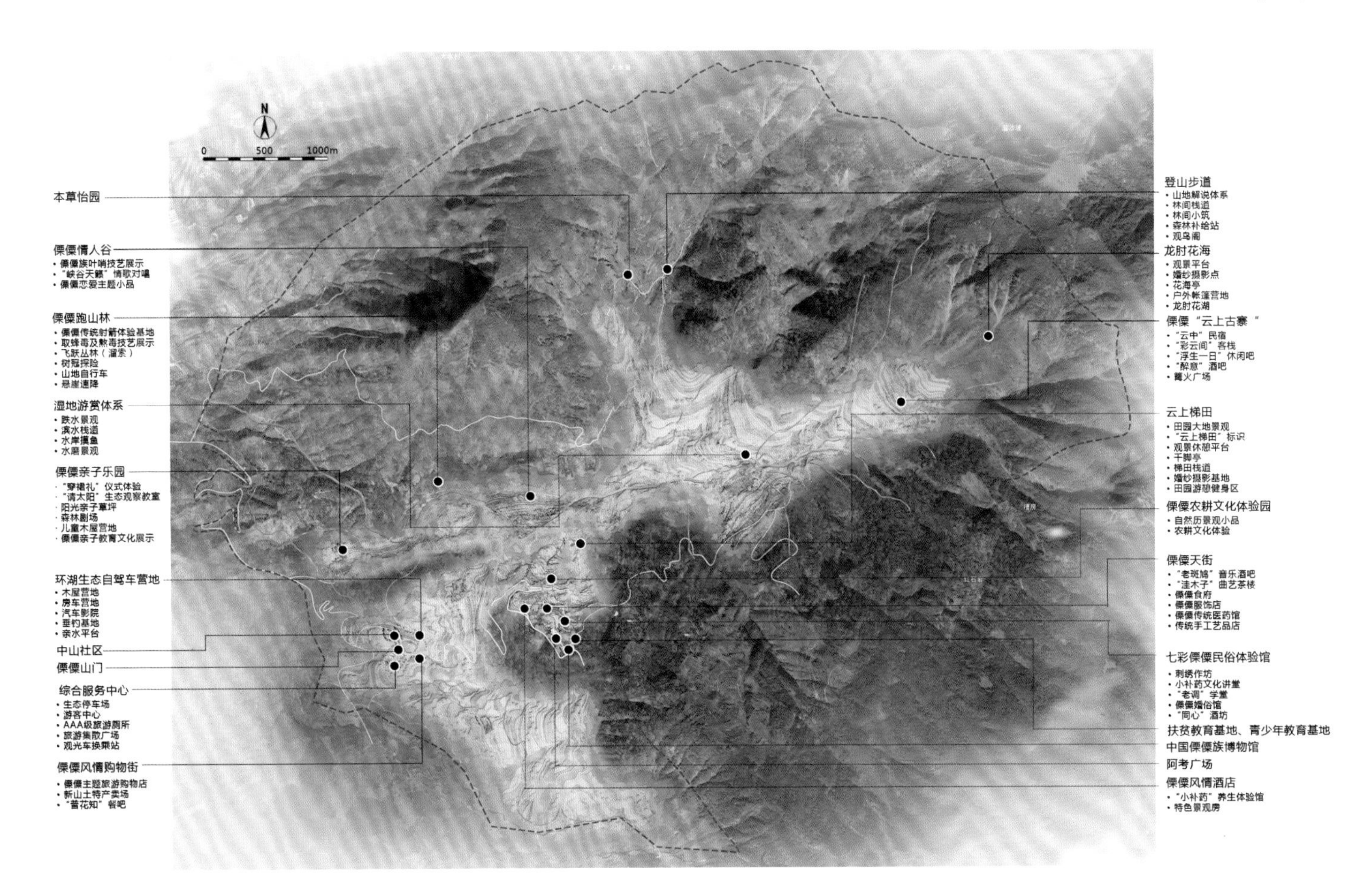
0
500
1000m
本草怡园
傈僳情人谷
• 傈僳族叶哨技艺展示
• "峡谷天籁"情歌对唱
• 傈僳恋爱主题小品
傈僳跑山林
• 傈僳传统射箭体验基地
• 取蜂毒及熬毒技艺展示
• 飞跃丛林（溜索）
• 树冠探险
• 山地自行车
• 悬崖速降
湿地游赏体系
• 跌水景观
• 滨水栈道
• 水岸摸鱼
• 水磨景观
傈僳亲子乐园
· "穿裙礼"仪式体验
· "请太阳"生态观察教室
· 阳光亲子草坪
· 森林剧场
· 儿童木屋营地
· 傈僳亲子教育文化展示
环湖生态自驾车营地
• 木屋营地
• 房车营地
• 汽车影院
• 垂钓基地
• 亲水平台
中山社区
傈僳山门
综合服务中心
• 生态停车场
• 游客中心
• AAA级旅游厕所
• 旅游集散广场
• 观光车换乘站
傈僳风情购物街
• 傈僳主题旅游购物店
• 新山土特产卖场
• "普花知"餐吧
登山步道
• 山地解说体系
• 林间栈道
• 林间小筑
• 森林补给站
• 观鸟阁
龙肘花海
• 观景平台
• 婚纱摄影点
• 花海亭
• 户外帐篷营地
• 龙肘花湖
傈僳"云上古寨"
• "云中"民宿
• "彩云间"客栈
• "浮生一日"休闲吧
• "醉意"酒吧
• 篝火广场
云上梯田
• 田园大地景观
• "云上梯田"标识
• 观景休憩平台
• 干脚亭
• 梯田栈道
• 婚纱摄影基地
• 田园游憩健身区
傈僳农耕文化体验园
• 自然历景观小品
• 农耕文化体验
傈僳天街
• "老斑鸠"音乐酒吧
• "洼木子"曲艺茶楼
• 傈僳食府
• 傈僳服饰店
• 傈僳传统医药馆
• 传统手工艺品店
七彩傈僳民俗体验馆
• 刺绣作坊
• 小补药文化讲堂
• "老调"学堂
• 傈僳婚俗馆
• "同心"酒坊
扶贫教育基地、青少年教育基地
中国傈僳族博物馆
阿考广场
傈僳风情酒店
• "小补药"养生体验馆
• 特色景观房

1. 入口综合服务区

遵循以人为本的规划原则，在中山水库南侧以国家 AAAA 级旅游景区标准打造入口综合服务区，综合实现游客接待、换乘、咨询、导游等多种旅游功能。同时，依托中山水库优美的生态环境，提升周边整体景观风貌，完善基础设施建设，集中修建环湖自驾车生态营地，开发丰富多彩的自驾车旅游产品体系，打造集旅游综合服务、乡村营地休闲旅游度假为一体的景区入口服务区。

2.“傈僳情人谷”生态湿地休闲区

依托区域天然山谷地势，原生态的森林、湿地以及多样的自然生态资源，坚持“保护第一”的基本原则，建立湿地游赏体系，保护性开发各类山谷湿地旅游项目。以“傈僳文化探索”为主题，打造傈僳户外休闲苑林、傈僳情人谷以及傈僳亲子乐园项目，开展射箭体验、情歌对唱等民俗体验和山地徒步、户外探险等游戏活动，动静结合，打造旅游区专属、极具民族特色的“傈僳情人谷”生态湿地休闲区。

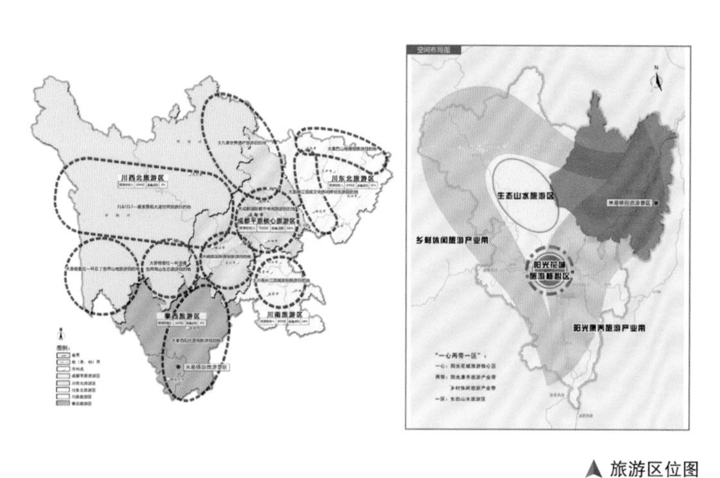

▲ 旅游区位图

▲ 交通分析图

▲ 地形分析图

▲ 三维地形图

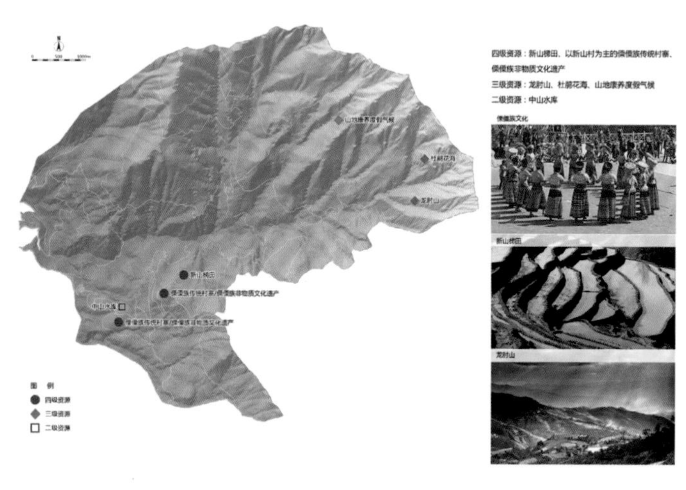

▲ 资源分析图

▲ 功能分区图

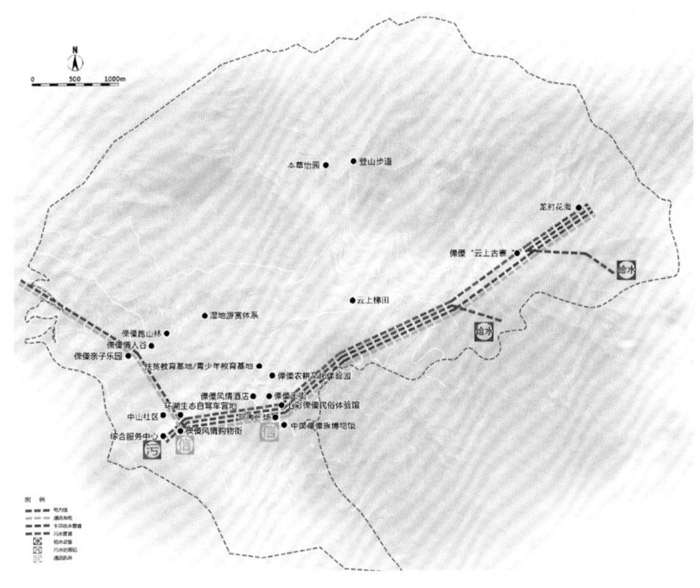

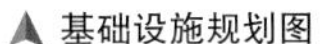
基础设施规划图

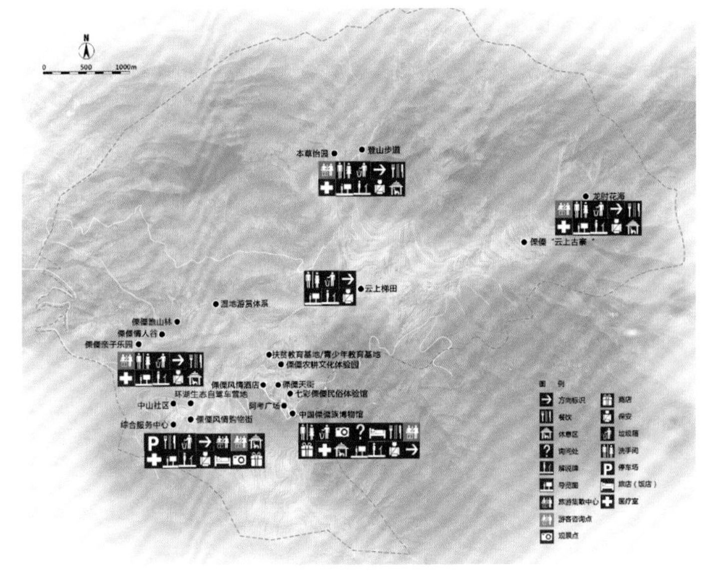

旅游服务设施规划图

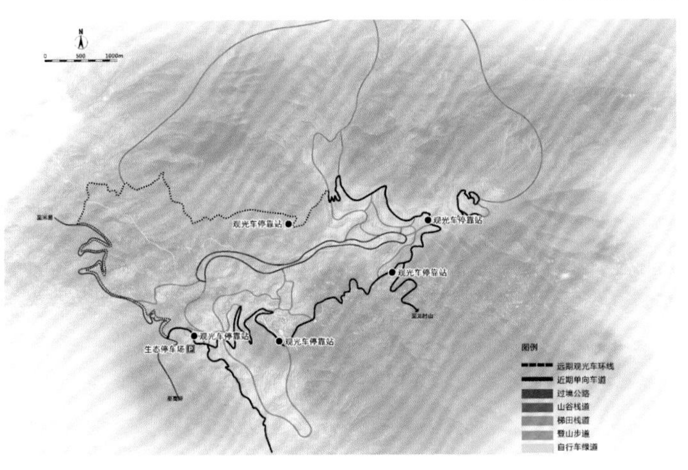

交通分析图

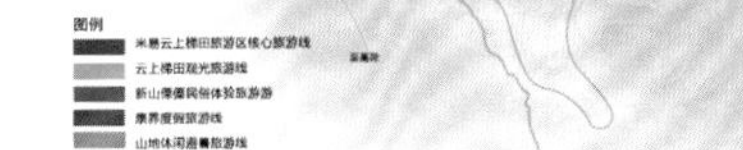

游览线路分析图

3.“云上梯田”傈僳族文化体验区

依托区域内优美的梯田环境，梳理原生态的梯田景观，分片轮作种植本土经济作物，打造壮丽的田园大地景观，尊重现有村落形态，提升建筑风貌，注重傈僳传统建筑形式的延续，保护森林－村寨－梯田－水系四素同构的农业生态系统，申报创建国家重要农业文化遗产；深入挖掘当地傈僳族民俗文化，通过文化巡游、文化博物馆、民俗文化体验、节庆等多种方式向游客进行活态文化展示，强化傈僳祖居圣地旅游品牌，让游客全方位感受傈僳文化内涵。同时以完善旅游基础服务设施、提高区域旅游接待服务能力，打造集梯田观光、乡村休闲度假、傈僳民俗深度体验为一体的“云上梯田”傈僳族文化体验核心区。

4.“龙肘花海”山地观光游赏区

依据国家登山健身步道标准和国家 AAAA 级旅游景区建设标准，坚持“保护优先”理念，打造完善的山地游赏体系与山地解说体系，轻度开发龙肘山高山杜鹃林，避免永久性建设，以观景亭、小木屋、栈道等形式设置休闲设施，高品质打造山地观光旅游产品。

5.观光游赏体验环线

中山→白草坪子→麦地垭口→老庙子→瓦窑→马鹿塘→中梁子→东巴坪子→岩风菁→莫佬

PROJECT NAME

澄江县抚仙湖广龙小镇

66

项目基本信息

项目名称：澄江县抚仙湖广龙小镇
设计单位：安徽省城市综合设计研究院有限公司
主创团队：张超、卢建华、高向鹏、张瑞峰、宛延、范力、周康、胡智群

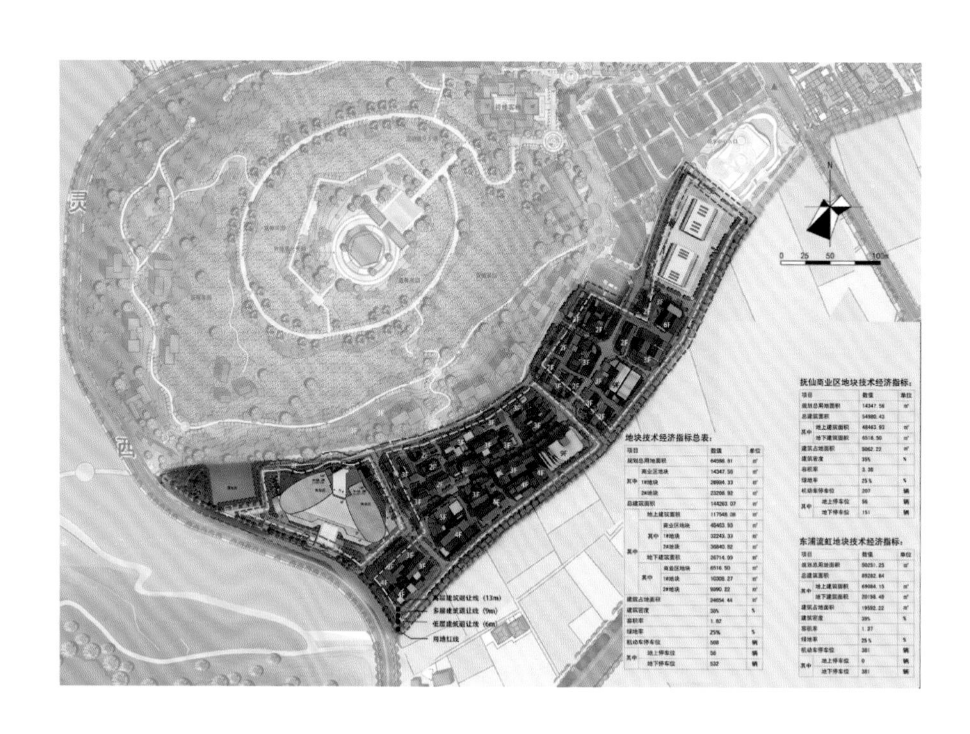

概念图

设计说明

项目概况：

本项目位于云南省澄江县抚仙湖北侧，距离澄江县城中心约 6km。澄江县地处滇中，位于云南省省会昆明市东南面。县城距昆明市东站 52km，距玉溪市红塔区 93km，属玉溪市人民政府管辖。县境东沿南盘江与宜良县为界，南隔抚仙湖与江川、华宁为邻，西与呈贡、晋宁两区接壤，北含阳宗海与呈贡、宜良两县毗连。澄江矿产资源、淡水资源丰富，拥有中国最大深水湖——抚仙湖。它拥有闻名世界的距今 5.3 亿年的古动物化石群。

项目用地位于澄江县县城西南角，自然景观资源和旅游资源非常好，用地西侧为绵延不绝的群山，南侧为抚仙湖，东侧和北侧为澄江县城。基地周边交通条件较为成熟，西侧有昆明绕城高速，南侧为澄川线，东侧为梁王河公路，可直达城区。

东浦流虹客栈群项目为广龙旅游小镇配套商业用地，主要服务于来广龙旅游小镇游客的生活、玩乐、居住、购物消费等，建筑功能分为公寓、酒店办公、沿街商业、民宿客栈、酒吧等几种类型。本项目总用地面积为 50251m^2，需规划设计地上建筑面积约为 91481.18m^2，整体规划需根据地形合理设计，在满足使用功能的前提下融入当地民族特色，形成具有当地特色的旅游小镇，既成为商业区，同时也成为旅游区。

抚仙酒店项目用地 14348m^2，总建筑面积为 54980.43m^2，其中计容建筑面积为 48463.93m^2，为高层酒店。

设计理念：

打造出集一个主题、两大功能、三大板块、四大文化、五大街区为一体的古镇商业区。
一个主题：高原水乡——仙湖迷城文化主题鲜花小镇。
两大功能：旅游资源整合功能，滇中旅游集散功能。
三大板块：乐游动区，悠然静区，生态湿地区。
四大文化：古滇文化，高原水文化，民俗文化，禅修文化。
五大街区：罗伽大道，罗藏大道，繁花道，湖畔街，广龙路。

规划设计策略：

1. 结合地形，分片设计
用地地形条件复杂，南北高差较大，规划道路将用地分为九个片区，方案设计中整体分为九个片区设计；结合地形高差设计，使方案合理利用，减少土方开挖量。

2. 四纵三横，九个组团
本项目用地根据规划道路划分为九个组团，其中商业区为七个组团，公寓和酒店办公为两个组团，每个组团四周均有规划道路。商业区七个组团形成各自的组团商业，并围绕各自的中心庭院布置。外围道路形成四纵三横的商业街，在用地南侧靠近调蓄带的一侧设计一条酒吧街与商业街，借用景观的同时吸引人流。

▲ 湿地观光线

3. 景观资源利用
用地北侧为西林寺山景，南侧为生态调蓄带，远眺还有美丽的抚仙湖，有山景、湖景、人文景观等资源优势，设计中要充分利用这些资源，打造优质景观视野和商业环境。

4. 民族特色、民居风情
在建筑立面造型、颜色、材质上引入当地滇中民居风格元素，打造具有民族特色的建筑群。

5. 突出旅游特色
项目地处澄江县抚仙湖北侧，旅游资源丰富。规划设计中重点突出旅游特色，将建筑和旅游区完美地结合起来，打造一个优美的旅游小镇。

建筑设计：

（1）本次设计的产品主要是沿街商业和民宿客栈、酒吧类轻餐饮等几种类型，另外在用地东北角地块设计两栋高层为公寓、办公和酒店。在建筑设计上根据不同功能的使用面积要求采用不同的设计方式。沿街商业多设计在建筑的首层，充分利用商业价值；民宿客栈则多设计在商业上部，不占用商业空间；酒吧类建筑设计于用地南临河一侧，合理利用土地空间。
（2）客栈多为面积区间在 35m 左右的单间，配以少量 50m 左右的套房，满足游客使用需求。
（3）建筑设计上保证通风采光和景观视野。商业用房保证都有良好的对外昭示面，客栈则保证每个房间都拥有良好的通风采光，提升居住品质。
（4）休闲空间设计。客栈建筑多采用围合式内庭院设计，营造独立的休闲空间。建筑结合立面造型需要，大部分客房设计休闲观景阳台，在建筑上部设计露台空间，丰富立面造型。
（5）结构合理。在建筑设计中尽量保证梁柱对齐，空间方正，结构合理。

交通和停车设计：

本地块内部交通主要以规划路网为主，结合消防车道网络，车行系统均可到达每个组。组团内部以人行系统为主，结合景观为游客提供休闲购物空间。根据场地高差，车行道路设计坡度不超过 8%，保证消防车的通行。
本案停车统一为地下车库停车方式。在南面和公寓酒店地块地下规划设计一个地下停车空间，共计约 27625.51m^2，共计停车约 536 辆，并与用地东侧的展示中心地下车库一同发挥作用。

景观设计：

景观设计主要从以下两个方面打造：
（1）借用周边景观资源。
地块紧邻抚仙湖，背靠群山，周边自然环境优美，在设计中充分利用这些景观。
将建筑主要功能空间的朝向调整为面向周边景观，借景入户。
（2）打造景观庭院空间。
通过建筑的围合形成景观庭院空间，每个组团都拥有自己独立的庭院。这些庭院主要以景观功能为主，为本庭院的住户提供一个休闲活动的场所。

立面设计：

本案位于云南省澄江县，地处滇中，立面风格以滇中民居风格为主。建筑强调朴素原始。立面设计中重点突出当地的建筑风格元素，在屋顶、材质、门头、栏杆、窗户等方面力求再现滇中民居的特点。通过这些民族元素，融入现代建筑的设计手法，最终达到既有美感又不失民族风情的特色小镇。

PROJECT NAME

潍坊·迪梦温泉小镇一期规划设计

67

项目基本信息

项目名称：潍坊·迪梦温泉小镇一期规划设计
设计单位：航天建筑设计研究院有限公司
主创团队：王飞、王琦、史海波、叶城康、孙杰

设计说明

区位条件：

潍坊古称“潍县”，又名“鸢都”，位于山东半岛的中部，山东省下辖地级市，与青岛、日照、淄博、烟台、临沂等地相邻；地扼山东内陆腹地通往半岛地区的咽喉，胶济铁路横贯市境东西，是半岛城市群地理中心；地处黄河三角洲高效生态经济区、山东半岛蓝色经济区两大国家战略经济区的重要交会处；是中国最具投资潜力和发展活力的新兴经济强市。

项目规划位于峡山区，境内地势总体特征是南高北低，地形总体平缓，局部为低缓丘陵地带，境内最高峰为峡山，海拔 171.1m。境内主要有潍河、浯河、渠河 3 条河流，境内潍河长 23.3km，浯河长 4.6km，渠河长 4.2km。拥有山东省最大的水库——峡山水库，是潍坊市的主要水源地和“蓝黄”两区的战略水源地。森林覆盖率达 43%。

项目基地周边自然景观丰富，西侧为潍峡路，临潍河，南侧为峠山，东侧是西北院村，北靠潍胶路。潍峡路和场地有 3~4m 的高差，现状为缓坡，场地内部基本平整，有利于后期开发设计。

项目概况：

游乐区总用地面积约为 259467.56m^2，其中净用地面积为 202705.34m^2，代征道路及绿化面积为 56762.22m^2，总建筑面积为 10825.0m^2，其中计容面积为 106750m^2，占地面积为 52800m^2，容积率为 0.53。迪梦温泉小镇规划射击馆、VR 过山车、步行乘骑、轨道互动设计、飞翔球幕、影视跳楼机、黑暗骑乘等室内游乐区，以及攀爬树屋、旋转木马、海盗船、极速飞车等室外游乐项目。

总平面图

▲ 鸟瞰图

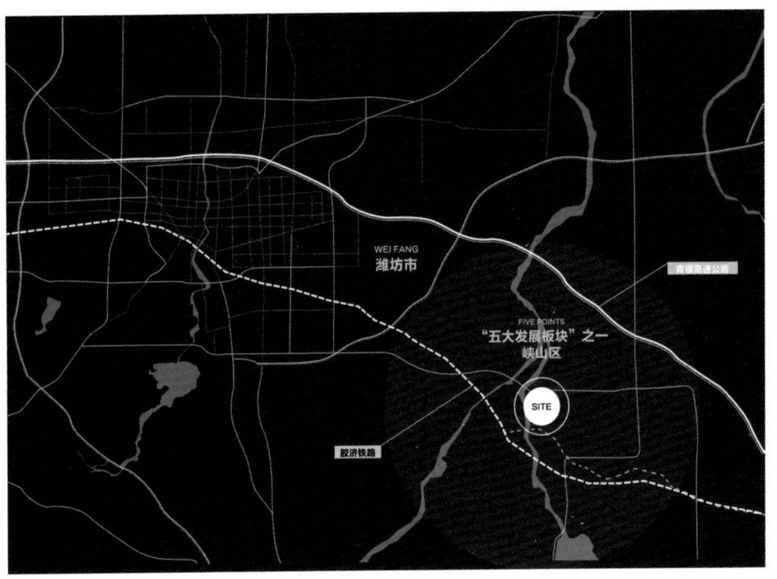

➤ 区域分析图

设计理念

在乐园项目蓬勃发展并开始有同质化的今天，若纯游乐项目不足以吸引到周边及五湖四海的人流，乐园也将难以维持及支撑现状。我们所做的设计方案，其实只有一个目的：

既然吸引力不足，我们就要有能吸引人来的要素！

而且要让来经营的商家和投资者相信这里的未来充满商机！

我们把“视觉消费”“体验消费”与“目的地消费”创新升级：

（1）视觉体验是新经济常态下的“刚需”——“4.5+2.5 乐享生活”引爆迪趣新概念；

（2）特色家庭消费成为一种被强制消费 —— 儿童体验式教育、娱乐、成长新空间；

（3）一站式全年龄全天候、全开放游玩畅玩乐活圈中心 ——“星梦花园 · 迪梦星未来”。

我们将打造本项目商业文化风景线。未来在本项目中的商业设施除了承担基本的吃饭、购物、住宿功能，还承担文化展示、文化体验、互动交流、游览体验等复合功能。每一个店铺都是一个风景点，每一个店铺都是文化体验点，纯粹的商业功能会弱化，旅游的价值和文化价值逐步凸显，让游客在闲逛中产生消费欲望，在欢乐中产生消费行为，这是更高层次的文旅商业业态。

为解决本项目可能具有的旅游季节性问题，我们结合“特色景区小镇”模式和“温泉会都”模式，形成一种“多元休闲综合体”模式。以主题公园、游乐园带动休闲地产开发，主题及休闲性消费，提升城市总体休闲水准，同时温泉可以解决酒店及项目地块冬季问题，并对会议经营有极大的带动作用；依托乐园项目成为休闲消费的核心平台。

潍坊 · 迪梦温泉小镇不仅仅是一个游乐园，还是城市的一部分。以主题休闲游乐为主体，功能向外延伸，致力于将优秀的中外文化成果与现代旅游产品相结合，着眼于从历史文化中寻找主题经营的灵感，使传统与现代产生对话，有机地融为一体。同时融入我国特色，打造一座城市艺术品。

各建筑单体在场地内有序组织，建筑形体多以曲线、折线为主，追求现代的简约与亘古的经典完美结合，增加园区的灵动性。独特的建筑表皮与光带处理，将突出建筑的复古感。

图例:

主轴线
MAIN AXIS

次轴线
AXIS

脉络
CONTEXT

游乐区
AMUSEMENT ZONE

核心节点
CORES

STRUCTURE ANALYSIS
结构分析图

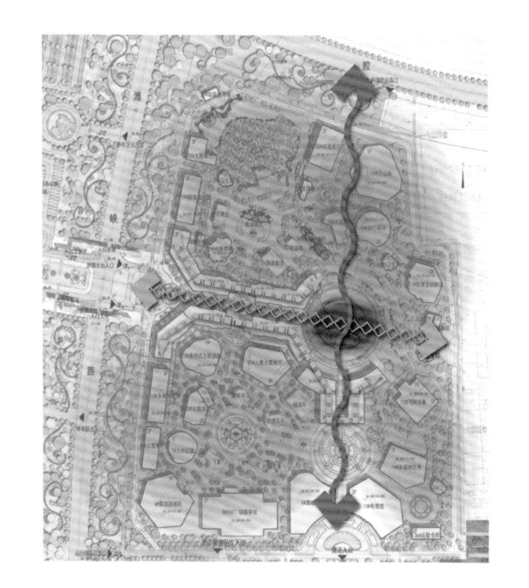

▲ 结构分析图

图例:

人行流线
PEDESTRIAN STREAMLINE

人流方向
DIRECTION OF FLOW

PEDESTRIAN ANALYSIS
人行分析图

▲ 人行分析图

图例:

商业
COMMERCIAL

室内游乐设施
FACILITIES

室外游乐设施
FACILITIES

餐厅
RESTAURANT

卫生间
AMUSEMENT ZONE

变电所、换热站、垃圾处理站
SUBSTATION

后勤仓库
LOGISTICS WAREHOUSE

FUNCTION ANALYSIS
功能分析图

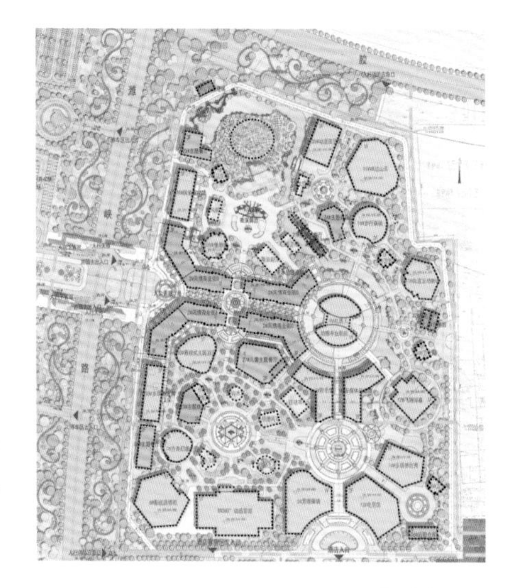

▲ 功能分析图

图例:

景观主轴
LANDSCAPE SPINDLE

景观次轴
LANDSCAPE SUB AXIS

景观渗透
LANDSCAPE INFILTRATION

景观主要节点
MAIN NODE OF LANDSCAPE

景观次要节点
LANDSCAPE SECONDARY NODE

景观节点
LANDSCAPE NODE

LANDSCAPE ANALYSIS
景观分析图

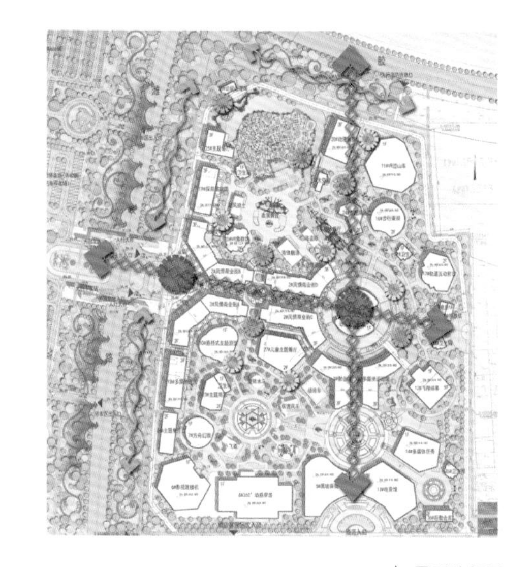

▲ 景观分析图

图例:

城市快速路
URBAN TRUNK ROAD

大巴车行动线
BUS LINE

车辆行动线
VEHICLE ACTION LINE

花车巡游线
FLOAT PARADE LINE

VERHICULAR ANALYSIS
车行分析图

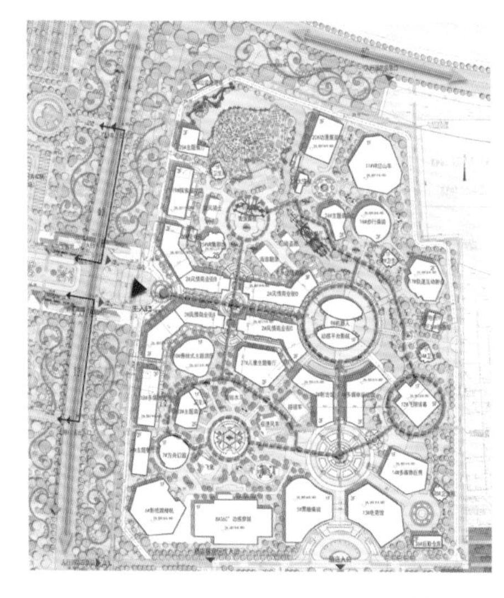

▲ 车行分析图

▲ 风情商业街效果图

▶ 项目策划

▶ 机器人效果图

▶ 斯塔克酒店鸟瞰图

PROJECT
NAME

胶州市李哥庄镇大屯一村美丽乡村建设规划

项目基本信息

项目名称：胶州市李哥庄镇大屯一村美丽乡村建设规划
设计单位：泛华建设集团有限公司
主创团队：李丁、刘仁帅、张乃禄、王俊东、张宽、汤学成、赵吉鸿、鹿群

设计文字说明

项目地理位置：

李哥庄镇大屯一村位于胶州市最东部，距胶州市政府 16km。东南濒桃源河，与城阳区接壤，东北与即墨市毗邻，西侧以大沽河为界与胶东镇相邻，北段与北王珠镇、即墨市张院镇相连。

区位：

李哥庄镇作为胶州市东部门户，承接与青岛市的联系与交流，交通区位也相对较为优越，区域内拥有铁路、公路等多种交通方式，李哥庄镇与胶东国际机场仅一河之隔，距离东侧的青岛国际机场也仅有 23km，是青岛市至国际机场空间廊道上的重要节点，是国际机场进出青岛的必经之地，区位条件较为突出。

由于区域内众多水系以及铁路的分割，其内部南北交通以及与周边地区交通的衔接存在一定的瓶颈，有待突破。

大屯一村坐落在李哥庄镇驻地东南 4km 处，地处平原，东邻陈家埠子村，西与大屯二村相接，南靠毛家庄和桃源河，北濒沽河大堤和 204 国道，处于镇区发展轴线，交通非常便利。

▼ 规划总体布局图

村庄内部建筑布局比较整齐，主要道路已经基本形成。根据村庄现状布局情况，**对原有断头道路进行疏通整理，将村庄内的开敞空间改造为街头绿地，整治村庄内部坑塘，提升其景观功能。**规划遵循旧村原有格局、地形、自然景观及现状用地条件，不改变村庄总体布局。

1——湿地公园
2——农场体验园
3——玫瑰花海
4——油菜花海
5——百荷园
6——休憩游园
7——休闲活动广场
8——休闲钓场
9——私塾
10——老年疗养中心
11——休闲、养殖钓场
12——桃源湖主题乐园

“大沽河生态旅游度假区”的重要组成部分

以“休闲、竞技垂钓”为核心品牌的乡村旅游区

生态宜居的“五美”乡村

▲ 发展定位

▼ 南北街居民立面景观提升

▼ 村庄东西街民居立面景观规划

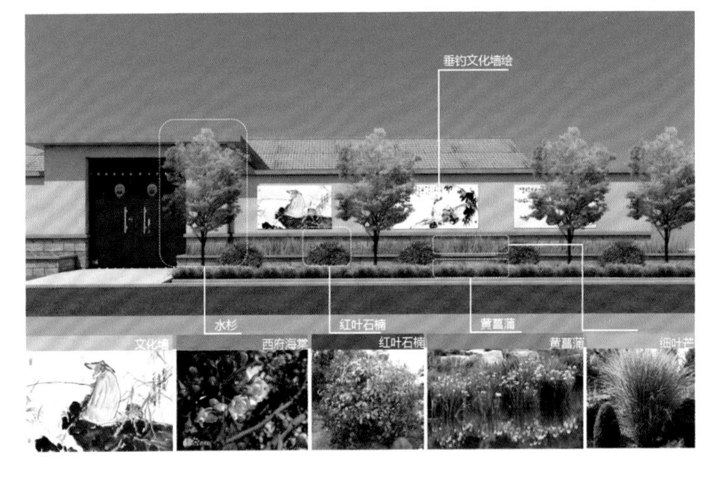

政策优势：

大屯一村所在的李哥庄镇是全国首批发展改革试点镇、全国重点镇、中国制帽之乡、山东省旅游强镇、山东省百镇建设示范镇、山东省经济发达镇行政管理体制改革试点镇、青岛市首批小城市培育试点镇。

项目定位：

大屯一村美丽乡村功能定位：“大沽河生态旅游度假区”的重要组成部分，以“休闲、竞技垂钓”为核心品牌的乡村旅游区，生态宜居的“五美”乡村。

开发思路：

策略一：兴村

加大大屯一村的建设力度，优化公共服务设施配置结构，提升中高端商业业态。促进农业发展新方向，兴富饶美丽之村。

策略二：亮水

大屯一村，一个过去、现在、未来都与水密切相关的村落，其潜力在水，魅力在水，希望在水。巧用、活用丰富的坑塘水系资源打造生态水链、休闲水链。

还水于民、沟通水系，还绿于民、做强景观，打造以开放式生态水体公园及广场为核心的公共游憩空间。

◆保持肌理，梳理路网，形成村主干路、次干路、巷道三级路网体系。

◆解决停车问题，结合景点、服务中心、公建设施等位置，合理组织停车，减少车辆对村庄生活生产的影响。

◆改部分枝状道路结构为网状结构。将现状尽端路规划打通成环型路，部分路段实现不了的可采用回车场方式。

◆进一步提高村庄对外通达水平，在在村庄百荷园处路边设置公交站点。

▲ 道路系统规划图

· 规划旅游服务中心一处，位于村
· 庄南侧桃源湖岸边
· 结合现有坑塘整治，规划建设垂
· 钓园三处、健身广场一处、休闲
· 广场一处、湿地游园一处、私塾
· 一处，村庄服务中心、养老设施
一处

▲ 公共服务设施规划图

◆将现状的坑塘经过水体整治等方式打造为主题各不相同的旅游景点。

◆村庄北部考虑村落水体连通，自然净化等设置一处湿地公园。

◆结合湿地公园打造一处玫瑰花海，作为一产提升的高效农业。

◆村庄内部结合景点设置农家乐、养老设施、私塾等。

◆桃源湖边打造一处滨湖游乐中心、胶州一流垂钓基地。

▲ 景观体系规划图

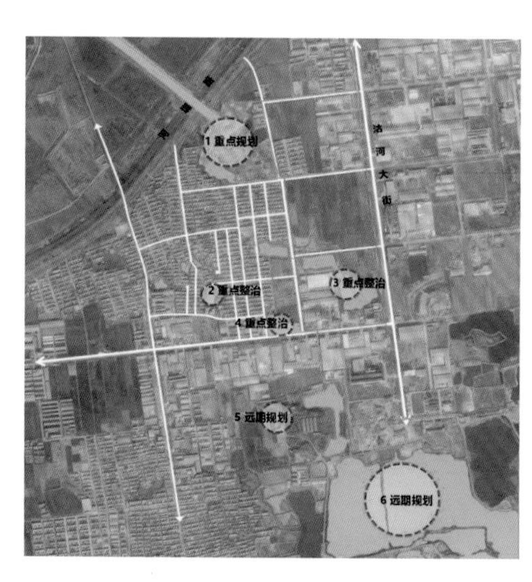

◆1、大屯一村北侧规划的湿地游园，重点规划项目，近期实施，通过提升镇区污水处理厂处理的中水，再度净化后流入村庄内部的坑塘，形成村庄优质的流动水体。

◆2、村庄内部藕池，重点整治，近期实施，在景观提升的基础上，结合南边的活动广场。打造一处游园广场活动区。

◆3. 4、村庄垂钓公园，重点整治，近期实施，在景观提升的同时，周边结合垂钓、农家乐、露营、康体等休闲健康娱乐设施打造胶州地区第一垂钓基地。

◆5. 6、桃源湖主题乐园，远期规划，结合竞技垂钓、游客中心、房车露营、民宿等打造成青岛地区第一垂钓基地。

▲ 整体水系规划图

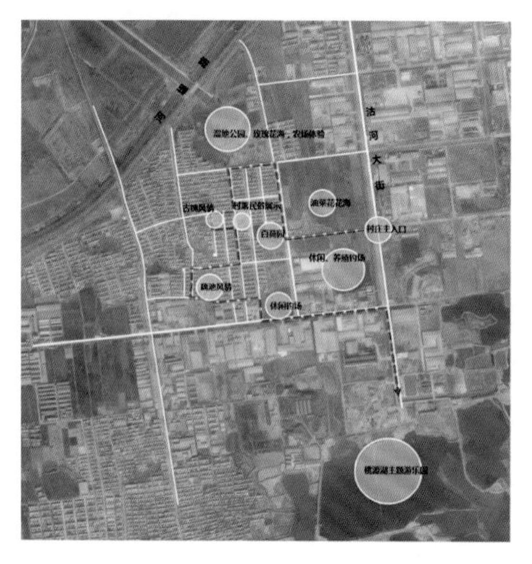

◆村庄主入口—油菜花海—休闲、养殖钓场—百荷园—湿地公园、玫瑰花海、农场体验—村落民俗展示—古槐风情—藕池风情—休闲钓场—桃源湖主题乐园

▲ 旅游线路规划图

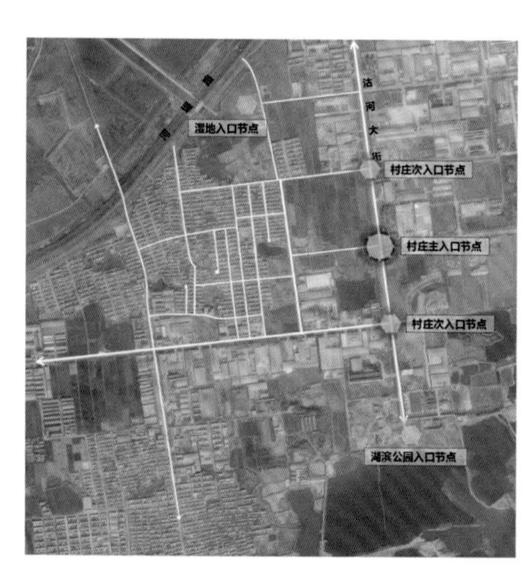

◆村庄出入口空间是乡村景观的重要节点，其对乡村整体形象的塑造、对环境的美化有着关键作用。

◆沿沽河大街设置三处村庄入口节点，丰富村庄与城镇连接线的景观层次，凸显村庄形象。

◆在湿地公园以及桃源湖主题乐园入口设置入口标识，凸显主题特色。

▲ 入口空间节点图

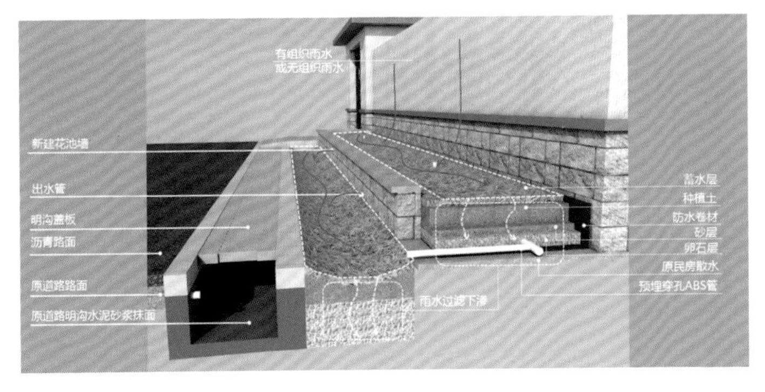

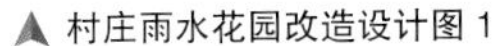

▲ 村庄雨水花园改造设计图 1

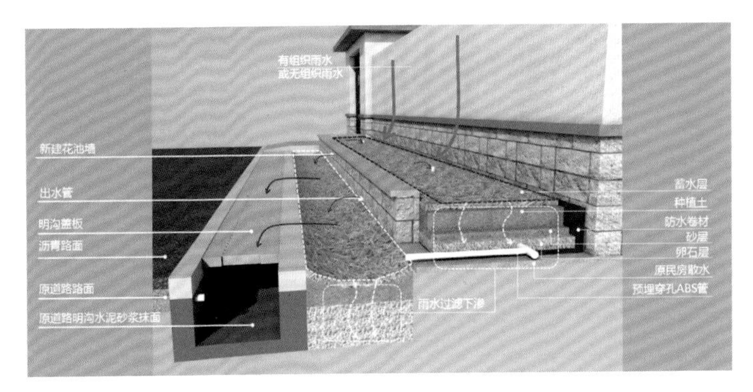

▲ 村庄雨水花园改造设计图 2

策略三：拓农

为整合、集约化利用村落建设用地和闲置用地，增加农田面积，土地通过流转给企业，村民获得流转土地收入外还可以到流转企业就业。吸纳部分村民发展特色种植等产业，打造近郊休闲采摘、观光去处，利用李哥庄空港小镇这个广阔大平台，将魅力展示给人群。

策略四：促旅

梳理、整治现有自然水系和景观，规划串联各个观光景点，实现乡村观光旅游的整体布局，导入休闲产业，将景观及现代商业元素融合在一起，拓展乡村休闲旅游新格局。

文明研究：

村庄文化的体现主要以文化墙、文化宣传栏等为主。

材质选择上就地取材，采用低成本建筑材料。

宣传内容以村史村纪、乡俗民约、社会主义核心价值观、计生、环卫宣传、美丽乡村宣传内容等为主。

形式采用能够展现民俗风情的结构形式。

整体结构应坚固耐用，外表面需做防锈和防水处理。

理念衍生：

（1）融入“大沽河生态旅游度假区”，借梯登高。

“大沽河生态旅游度假区”景区是国家级 AAAA 级景区，具有一定的区域知名度。融入“大沽河生态旅游度假区”是大屯一村借梯登高、借船出海的有效捷径，也是大屯一村发展乡村旅游的重要机遇。

（2）以“休闲、竞技垂钓”为核心品牌的乡村旅游区，推动休闲产业纵深发展。

自然条件是大屯一村的优势条件，但面临着周边区域乡村的竞争，因此必须找寻大屯一村的独特资源进行品牌推广，才足以在区域“美丽乡村精品村”建设中崛起。在下一步发展中应围绕“休闲、竞技垂钓”进行品牌建设与推广，在特色推广中同时推动餐饮、体育、康体、住宿等相关产业纵深同步发展。

（3）建设对外开放包容、对内舒适宜人的村庄，形成“五美”乡村。一方面要建设成对外开放程度高、服务能力强、品牌价值高的休闲旅游胜地，另一方面也要为村民创造一个生活舒适、配套完善、环境整洁的生活乐园。因此，村庄建设中必须坚持对外提升服务、对内提升品质的同步发展。按照“村貌悦目协调美、村容整洁环境美、村强民富生活美、村风文明身心美、村稳民安和谐美”，全面提升村民的生活、生产水平，实现跨越式发展。

景观设计：

（1）将坑塘经过水体整治等方式打造为主题各不相同的旅游景点。

（2）村庄北部考虑村落水体连通、自然净化等，设置一处湿地公园。

（3）结合湿地公园打造一处玫瑰花海，作为一产提升的高效农业。

（4）村庄内部结合景点设置农家乐、养老设施、私塾等。

（5）桃源湖边打造一处滨湖。

建筑特色：

改建的住宅延续胶东风格与特色，采用围合式布局，多为双坡屋顶，宅基地一层采用 13.5m × 15m 的标准，面积为 $110m^2$ 和 $160m^2$ 两种；二层住宅采用 9m × 15m 的标准尺寸，面积为 $160m^2$。

优点：居住、休闲交通、休闲绿地空间以及附属空间的划分丰富了院落空间层次，汽车可以直接入户，二层晾台可以作为粮食晒场。

居住空间——居住与交通功能脱离，提高居住使用效率，降低建设成本。

附属空间——包括室内与室外的过渡空间、地面与屋顶的过渡空间两部分。

交通休闲空间——砖石铺地，并结合交通空间，在临近居住空间布局休闲空间，设置座椅。西南栽植高大落叶乔木，夏季遮挡阳光，冬季树叶掉落亦能满足阳光需求。

绿化休闲空间——乔灌木结合，丰富院落层次，建议栽植果树，绿化与经济效益可兼顾。

交通组织：

保持肌理，梳理路网，形成村主干路、次干路、巷道三级路网体系。

解决停车问题，结合景点、服务中心、公共建筑设施等位置，合理组织停车，减少车辆对村庄生活、生产的影响。

改部分枝状道路结构为网状结构，将现状尽端路规划打通成环形路，部分路段实现不了的可采用回车场方式。

进一步提高村庄对外通达水平，在村庄百荷园处路边设置公交站点。

适合区位优势的发展：

结合大屯一村突出的水资源优势及现状休闲垂钓的发展，村庄顺势、造势发展集水产养殖、竞技垂钓、休闲垂钓等为一体的现代垂钓产业，争取 3 年内打造李哥庄镇域范围“休闲、竞技垂钓中心”，5~7 年形成胶州市市域范围“休闲、竞技垂钓基地”，10~15 年形成青岛市地区范围内“垂钓体验、竞赛训练基地”。

PROJECT
NAME

巴中市巴州区曾口镇红溪村王家傍易地扶贫搬迁项目规划设计

项目基本信息

项目名称：巴中市巴州区曾口镇红溪村王家傍易地扶贫搬迁项目规划设计
设计单位：精佳建设工程集团有限公司
主创团队：张钧、陈宗平、罗建平、张柳、王梓屹、高路林、殷苏

设计文字说明

1. 本次规划的目的

根据本村实际情况，按照“三搬”（搬得准、搬得顺、搬得富）和“不超标、不豪华、不闲置”的要求，严格执行《易地扶贫搬迁聚居点规划编制标准》，选定聚居点进行规划设计，配套建设聚居点内文化、卫生、体育等公共设施，为聚居点建设提供有效指导，为搬迁居民提供舒适的居住条件及环境，并有效改善村庄风貌。

规划指导思想：以邓小平理论和“三个代表”重要思想、科学发展观为指导，坚持开发式扶贫方针，以促进贫困地区发展和群众脱贫致富为主题，以根本改善生存环境和发展条件为支线，深入实际，因地制宜，尊重地方特色和优良传统，着力改善村民居住条件和村庄环境面貌，着力提升基本公共服务能力，努力提高搬迁群众生活质量，确保搬得出、稳得住、能发展、可致富。

2. 规划理念

遵循“人本”理念，体现“对应、艺术、自然、和谐、回归”。在村落空间设计上，充分考虑环境景观的以小取大，因地制宜；在平面布局中均衡考虑，达到对称、通透、均好的效果。

“对应”：流畅的平衡性，呼应的整体性。
“艺术”：生活情趣的凝炼，庭院村舍的韵律。
“自然”：融入自然的建筑，享受自然的清新。
“和谐”：人与社区的均衡，环境氛围的宁静。
“回归”：对历史的回归，对人文的回归。

▼ 单体透视图

▲ 曾口镇红溪村王家傍鸟瞰图

▼ 总平面布置图

经济技术指标一览表

项目名称	单位	数量	备注					
用地面积	㎡	51903.66						
总建筑面积	㎡	6143.41						
总安置户数	户	65						
其中：	单位	总建筑面积	搬迁户(户)	㎡/户	小计	非贫困/临界(户)	㎡/户	小计
6人户及以上	㎡	722.04	0	138.72	0	3	148.20	722.04
						非贫困/临界户所选搬迁户的户型138.72X2户=277.44		
5人户	㎡	996	0	116.39	0	8	124.50	996
4人户	㎡	1970.42	2	94.56	189.12	17	99.22	1781.3
						非贫困/临界户所选搬迁户的户型94.56X1户=94.56		
3人户	㎡	1113.36	2	73.96	147.92	11	74.32	965.44
						非贫困/临界户所选搬迁户的户型73.96X2户=147.92		
2人户	㎡	550	2	50.00	100	9	50.00	450
1人户	㎡	199.35	1	39.87	39.87	5	39.87	159.48
住宅合计	㎡	5551.17						
小组服务中心	㎡	592.24						
项目名称	单位	数量	备注					
建筑占地面积	㎡	3808.26						
绿地面积	㎡	20087.32						
广场	㎡	600						
建筑密度	%	7.5						
容积率		0.11						
绿地率	%	40						

3. 总体布局

坚持“小规模、组团式、微田园、生态化”的原则，结合地块自身地形，规划道路网络，自然分隔区域内平地、坡地，并根据《易地扶贫搬迁聚居点规划编制标准》以及迁入居民的意愿，对不同类型户型沿区内道路布置，注重建筑间的空间围合以及房屋室外空间的预留，表现农家田园风光；注重与自然环境的和谐共生，突出表现与山体自然形态之交融。做到既不超标又满足贫困群众的现实需要，还为后续发展节省成本、预留空间。同时，结合广场设置居民活动室，提供观赏、娱乐、休闲、集会、交流等活动场所。

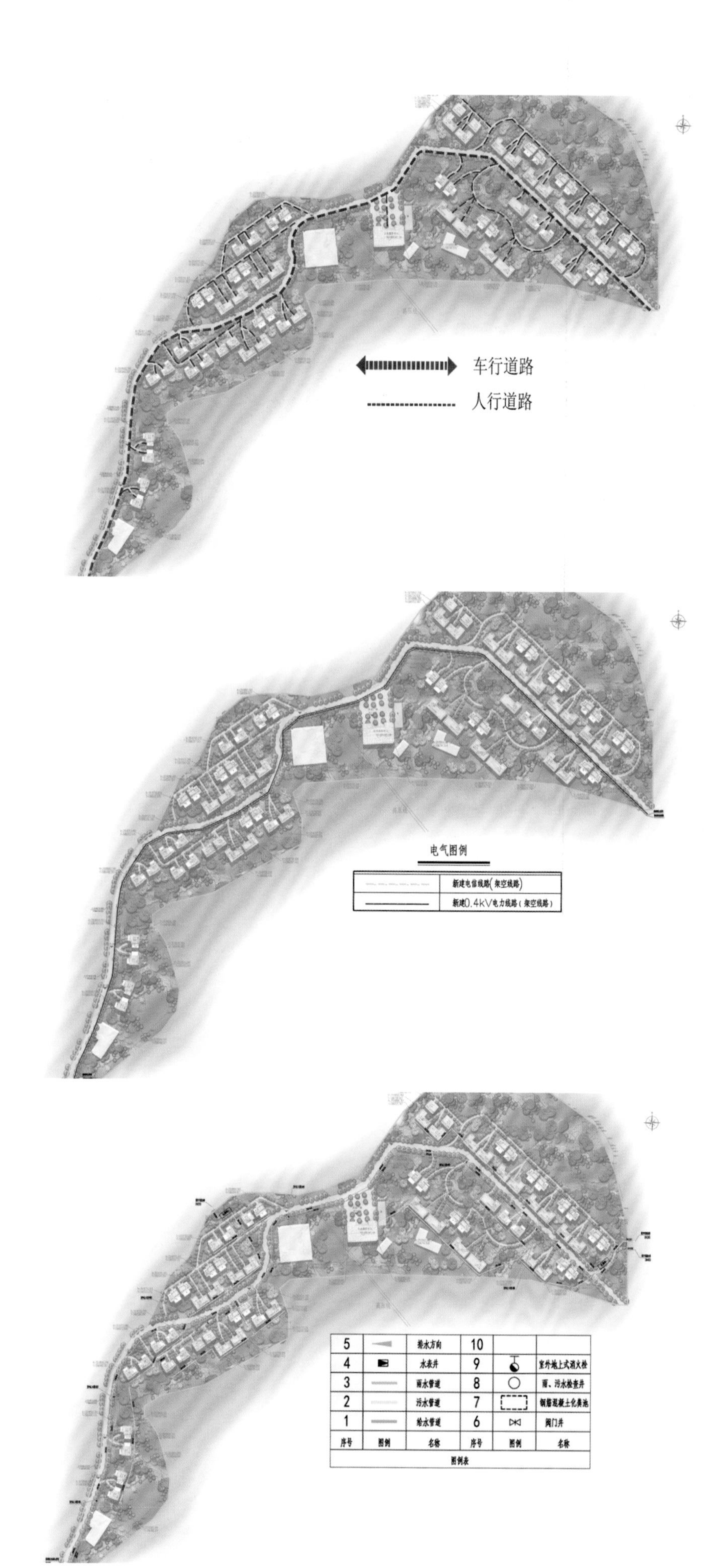

道路分析图

电气分析图

给排水管网分析图

户型分布图 ➤

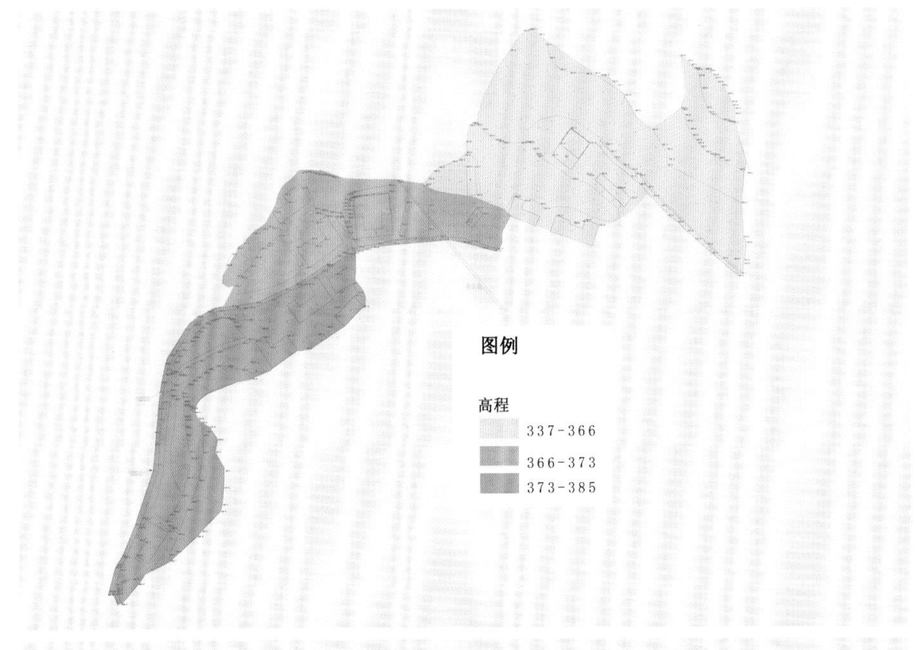

地形分析图 ➤

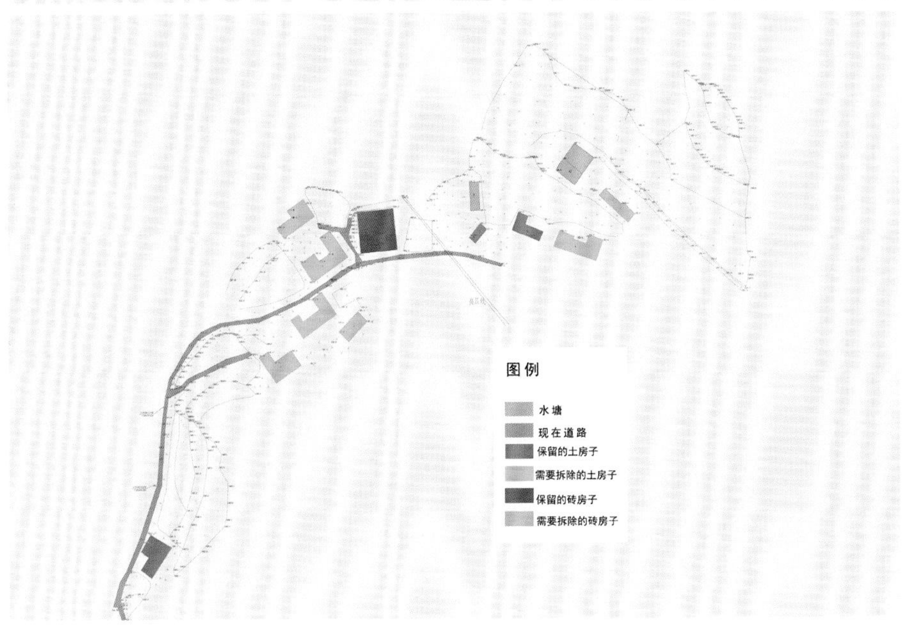

现状分析图 ➤

PROJECT
NAME

台山市海口埠码头及周边景观工程

70

项目基本信息

项目名称：台山市海口埠码头及周边景观工程
设计单位：广州市思哲设计院有限公司
主创团队：招志雄、罗泽权、梁灿斌、黄一川、朱晓丽、郭昭桦

技术经济指标

项目面积：4.8 万 m^2

设计文字说明：

愿景：打造“广府人出洋第一港”“体验式出洋——博物馆小镇”

海口埠位于台山市端芬镇东部，大同河与端芬河交汇处，县道 546 从街区穿过，东至斗山镇，西至端芬镇。海口埠地区是清末民初时华侨的出洋港口，华侨出国史的“活标本”，民国时期重要墟集，有“银行街”之称。海上丝绸之路是古代中国与世界其他地区进行经济文化交流交往的世界性的贸易大通道。由上下川岛延伸至广海卫、海口埠，便捷的对外通道和发达的水运开启了五邑先人移民的出洋大门。

海口埠见证了当地商贸的繁华与衰落，也见证了老一代华侨的出洋史。由于地处大同河与端芬河交汇处，水上交通十分便利，当年，不仅粤西有水东船运载廉江牛、水东油、阳江猪和杉木商人前来贸易，来自香港、澳门、广州等地的渡船也经常在此停泊。而包括台山人在内的许多广府人，当年都是从此处登船，然后出广海湾去我国香港、澳门，再去往南洋和北美。20 世纪中叶，随着台山人出国不断增多，海口埠迎来鼎盛期。

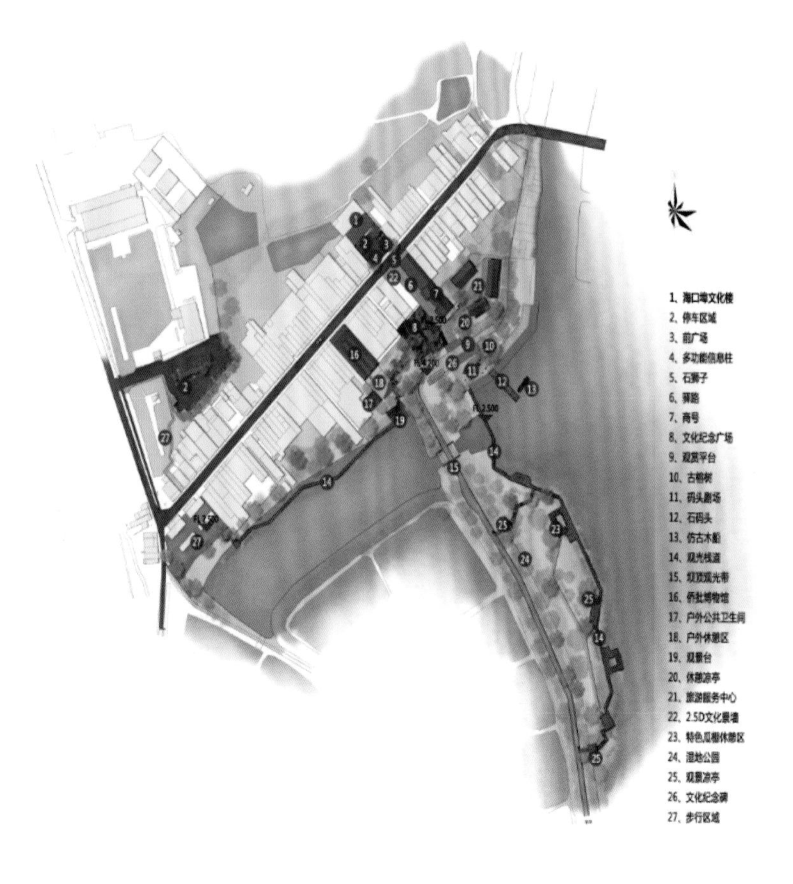

➤ 设计总平面图

▲ 鸟瞰图

▼ 码头效果图

本项目设计，立足于海口埠文化历史，设计将以再现当地的特色文化为起点，开展一系列的整治内容，从空间合理分化，建筑修缮与再利用，配套设施完善、经营与长期发展等多方面考虑，使其再现原有历史场景风貌，成为具有文化特色的体验式出洋——博物馆小镇。为活化、利用这条古驿道，今年以来，台山对海口埠进行了系列修复和改造。时隔半年，海口埠的蝶变让人眼前一亮。在新建的银信纪念公园内，西洋亭、古码头、观景平台、银信墙、博物馆等元素，无不体现了设计者的匠心。其中，20 根银信柱尤其引人注目。据端芬镇党委委员李晓春介绍，银信柱统一使用八面设计，用 648 片烧制的银信瓷片，艺术性地展示了中国第一侨乡“台山”海外华侨银信的缘起、递送、历史作用与现实文化价值。在保护的基础上，当地还准备按照民国小镇风格对梅家大院房屋进行改造，并在梅家大院旁的大同河增建水上码头，利用道路、河网与海口埠连通，将海口埠和梅家大院串联起来，让游客感受风格各异的文化景观。

同时打造具有休闲娱乐、旅游观光、文化展示、商业购物为一体的特色侨乡古港休闲度假区域，实现历史文化资源保护与城镇建设的和谐发展。打造集休闲娱乐、观光旅游、文化展示、商业购物为一体的特色旅游文化景区，尊重人文、再现历史、文化激活，展示海口埠特有的区域特色，重现当年码头人来人往的繁荣景象，让今人体会先侨出洋爱国、爱乡的文化内涵。

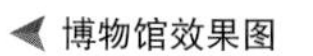

博物馆效果图

老街效果图 1

老街效果图 2

码头效果图

▲ 银信博物馆外立面实景图

▲ 银信博物馆室内实景图

▲ 老街实景图

▲ 院门实景图

▲ 湿地观景平台实景图

▲ 广府人出海口纪念地实景图

▲ 纪念墙实景图

▲ 码头实景图

PROJECT NAME

大厂影视小镇

71

项目基本信息

项目名称：大厂影视小镇
设计单位：CDG 西迪国际设计机构
主创团队：刘文博、李游、王巍、方永靓

技术经济指标

占地面积：14.7 万 m^2
建筑面积：16 万 m^2
容积率：大于 1.0
绿化率：20%

设计文字说明

项目概况：
大厂影视小镇位于河北省大厂潮白河工业园区——工业区与住宅区的过渡带，距离北京 CBD 有 30min 车程，地理位置优越。小镇依据功能性质分为影视孵化港、产业制作园、商务办公、商业区、酒店公寓等园区，以“影视 + 小镇”为核心发展理念，汇聚全球资源建立覆盖项目孵化、前期拍摄、后期制作和宣传交易全产业链的影视产业生态圈。优越的地理位置、高端科技的引入以及影视人才聚集等优势特点使大厂影视有效带动了中国影视产业的蓬勃发展，并在国际上获得较高声誉与地位。

项目主创设计师刘文博表示：“在新时代，任何一种产业模式的诞生都会带来一份惊喜。而作为这些新模式之一的产业 + 小镇，顾名思义，它是一个融合体，而华夏大厂影视小镇是典型的产业 + 小镇模式，也是国内最为成功的实践案例。”

▼ 电视制作产业园鸟瞰图

▲ 影视孵化港沿街效果图

▲ 影视孵化港鸟瞰图

多元影视小镇新构想：
秉持国际化和创新的规划理念，大厂影视规划建设人才孵化、创新工场、高科技制作、后期特效、数字化体验、数字化舞美、研发办公及主题体验等八大功能区，形成产业聚集效应。

规划均以展现园区功能的多样性为出发点，碰撞出艺术与影视的火花，体现出不同的创意元素，不仅有优雅宁静的教学场所，还有魔幻式的学院建筑、现代工业感的影棚以及时尚前卫的剧院等。

足够大的空间，充满人性关怀的环境以及现代简约风格的融入，不仅营造了新时代需要的工作氛围，同时对于小镇今后多项影视项目的引进也是良好助益。综合考虑用地的适宜性和交通的需求性，规划布局采用围合式设计理念，营造高品质的办公培训环境和高品位的文化特征。从自然生态的环境出发，在绿化景观的基础上，叠加独特的文化特质，注重产业园发展的参与性、互动性及体验性，打造一个学术、浪漫、自然的园区环境，使小镇既保有多元特色融合的新意，也营造出整体空间的秩序感而不会显得杂乱。

欧式经典与东方风情：
小镇里的建筑采用现代与欧式建筑风格，也兼具天然的中式水乡风情，与国内的仿传统建筑影视基地区别开来。走入大厂影视小镇，欧式经典建筑风格和中国传统的典雅之美浑然天成、相得益彰。

小镇内部不同功能部分也各具特色且与产业园景观协调统一。影视公园景致错落，呈现出独特的缤纷色彩；影视孵化港的建筑风格具有多样性；影视学院结合传统古堡、塔楼、烟囱等元素，追求影视历史厚重感和艺术气息，融会欧洲庭院精神与东方质朴温情，营造品质纯粹的学院氛围，传递浓厚的学术气息。多样性建筑风格为小镇走向国际化奠定了基础，营造出小镇别具一格的活力空间。

大厂影视小镇从设计规划之初到建成落地，一直坚持可持续发展理念，从建筑、景观、规划、产业等各个方面都体现出创新的设计与发展概念。良好的运营发展与新产业模式的成功，都印证了设计新型产业小镇的初衷，也为后来者提供了成熟的选择。

▲ 规划总平面图

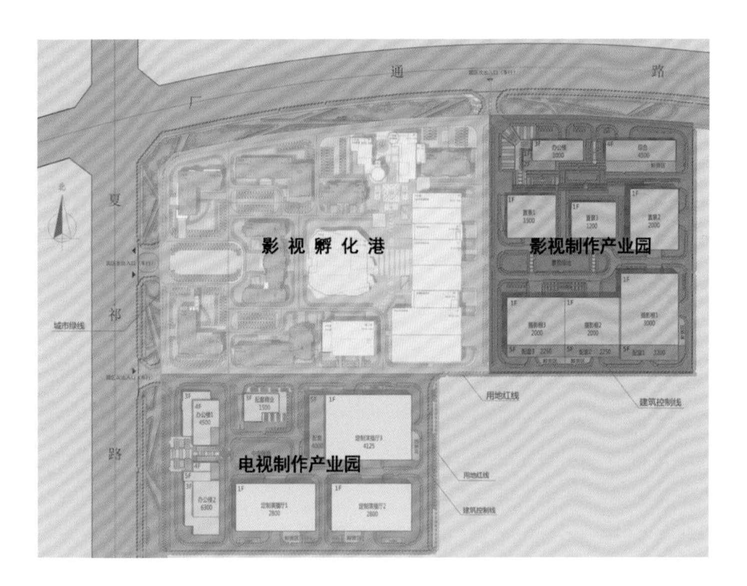

▲ 分区开发示意图

▲ 功能分区图

▼ 影视办公入口效果图

▲ BASE 研发楼实景图 1

▼ BASE 研发楼实景图 2

▲ 入口景观雕塑

▲ 商业配套效果图

▲ 4 号商务综合楼效果图

▼ 演播厅局部细节图

配套商业实景图 ▲

孵化港入口围合空间图 ▼

PROJECT NAME

重庆市国家文物保护综合服务设施项目

72

项目基本信息

项目名称：重庆市国家文物保护综合服务设施项目
设计单位：精佳建设工程集团有限公司
主创团队：张钧、陈宗平、罗建平、张均辉、张柳、王梓屹、高路林

设计文字说明

建设地点：
重庆市南岸区，北侧为美心集团、西侧为志龙新起点与桃园路，南侧为丹龙路，区位优势明显。西临长江，有鹅公岩大桥与成渝高速公路相连；北依莱园坝大桥和重庆长江大桥，可直通渝中区；东靠南山风景区和通向大西南出海口的渝黔高速公路；距重庆莱园坝火车站 3km、距重庆火车北站 10km、距重庆朝天门客运码头 5km、距重庆江北国际机场 28km，其车程均在 30min 以内。多条轨道交通在项目周边设有站点，建设中的轨道环线和规划中的轨道 10 号线均能很好地服务项目。

设计指导思想：
根据使用功能要求，对总体布局进行精心设计。
标志性：打造沿江标志性城市景观。
文化性：根据项目的文化属性，通过建筑表皮和内部景观传达建筑的文化气质。
经济性：通过抬高地坪，减少土方开挖量，并优化结构形式，节约投资。
环境性：通过内外人流在不同高差进入，打造出优良的内部办公环境。

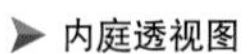

➤ 内庭透视图

▼ 沿街透视图

▲ 鸟瞰图

设计理念：

在国家文物保护装备设计中，以“世纪之窗”为空间主题，再现文物保护的悠久历史和重要价值。这是展现当代文物保护科研的文明之窗；这是再现穿越时空、回顾文物保护的历史之窗；这是展望美好前景的未来之窗。“世纪之窗”是贯穿整个设计，联系内外空间各个区域的宽敞、宏大的公共大厅：博物馆南向主入口以 5 层逐渐收放的叠涩象征文物保护的艰辛与成就；公共大厅纵向逐级上升，层层叠叠，就像穿越时光隧道，带领公众感受文物保护的文明和历史发展；上到内庭，充分展现文物保护装备文化的内核，预示着文物保护工作的成就与荣光。

项目总体布局：

本项目设计中，规划结构明晰，根植于对产业布局和基地周边环境的深刻理解和用地条件的仔细研究，因此，设计从以下几个方面予以考虑。

总体布局在严格尊重城市总体规划的前提下进行规划设计，着重于商业价值最大化、景观价值最大化地进行总图布局。整体空间形态着意于体现舒展、平稳、起伏错落的韵律美，关键部位注重细部处理，增强可视性，丰富城市景观，为美化城市锦上添花。

根据场地高差将地块分为两个不同入口标高地段，其中，主楼布置在丹龙路，位于地块的东南角，视野开阔，形成场地标志性建筑，整个规划布局为一心、两轴、三广场，多业态设计，以中间内庭为景观核心，沿街角布置塔楼，南北、东西两条轴线，将多种功能业态整合为一体，形成完整的空间序列。

设计中遵循以人为本的原则，在满足退让建筑、消防间距、消防扑救面、人车分流、保障安全等的前提下，注重建筑形态与场所周边的整合，通过门洞式主入口，内部办公人员拾阶而上进入内部中庭空间，进而到各个办公空间。外部人员直接从街道进入相关场所。通过内庭广场的设置，使得内部办公人流与外部人流进行区分，在高差的交接处巧妙设置巨大门洞式入口，形成城市标志性场所，塑造企业文化。

▲ 总平面布置图

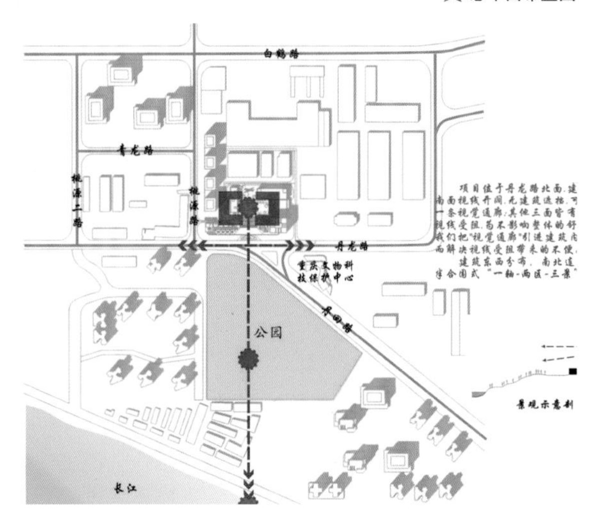

▲ 概念设计图 1

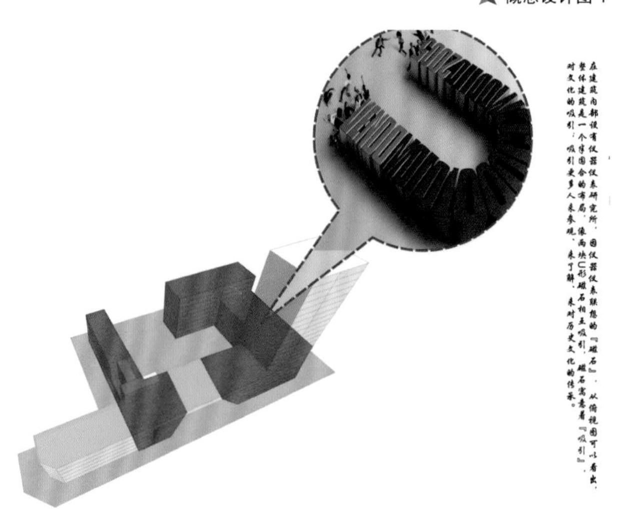

▲ 概念设计图 2

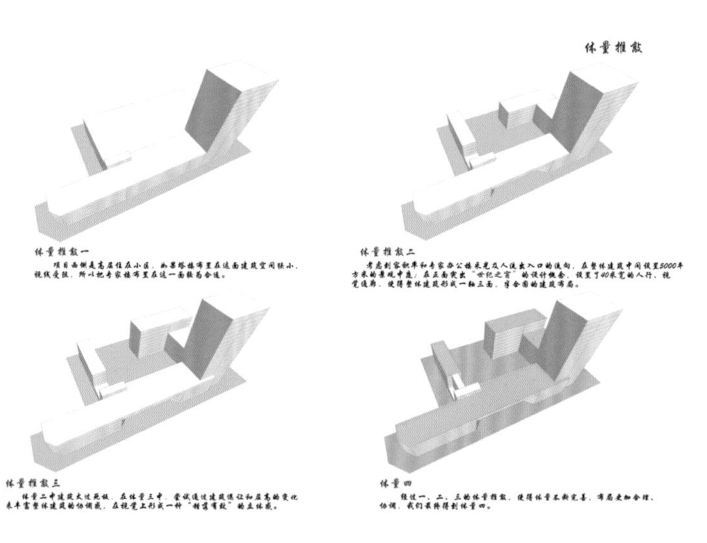

▲ 概念设计图 3

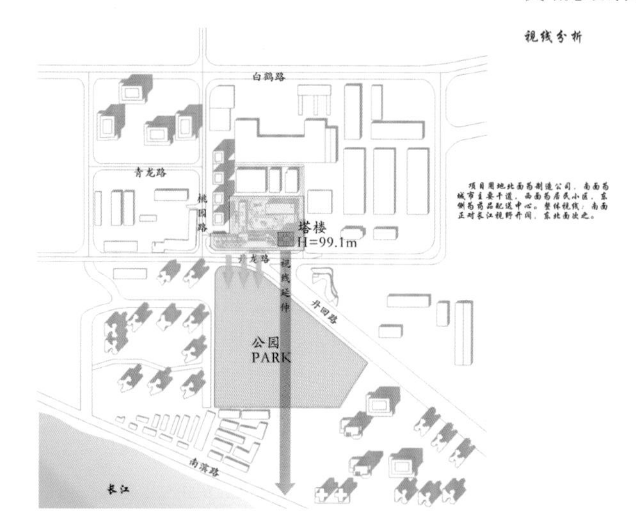

▲ 概念设计图 4

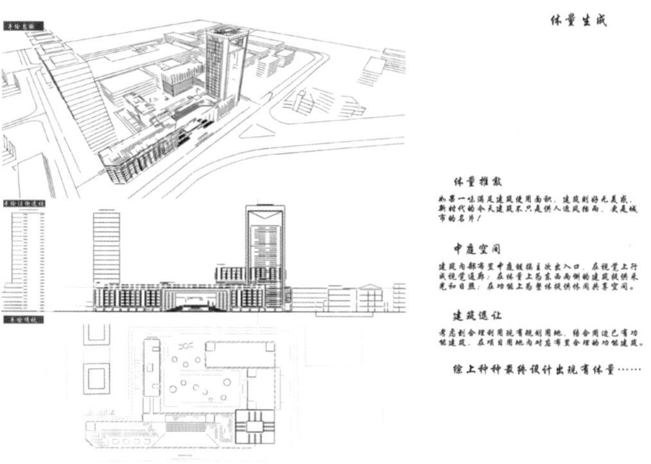

▲ 概念设计图 5

图例：
1号办公楼
2号办公楼
3号办公楼
4号办公楼

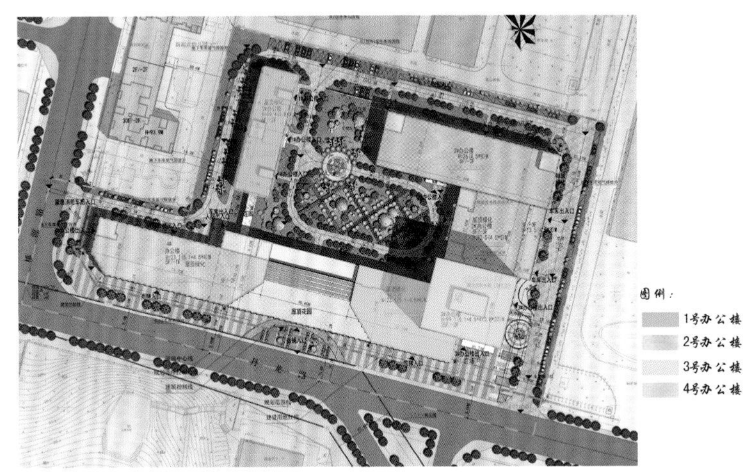

功能分析图

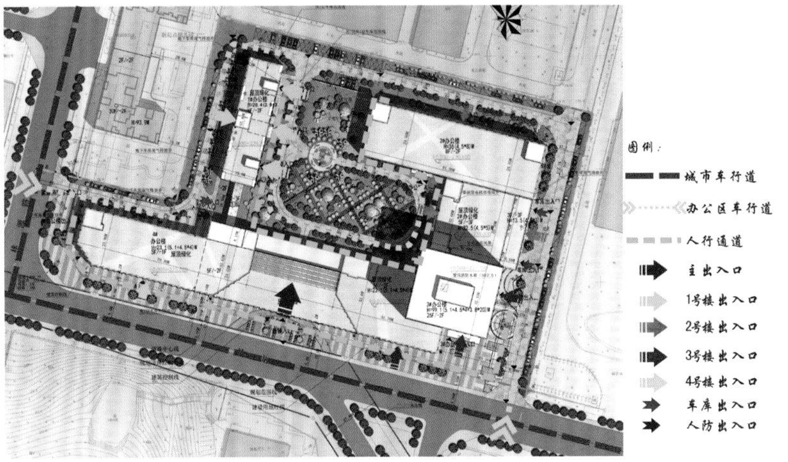

图例：
城市车行道
办公区车行道
人行通道
主出入口
1号楼出入口
2号楼出入口
3号楼出入口
4号楼出入口
车库出入口
人防出入口

交通分析图

图例：
城市消防车道
办公区消防车道
人行消防通道
消防控制室
消防扑救场地

消防分析图

图例：
景观小品
中庭景观
景观轴线
景观扩散

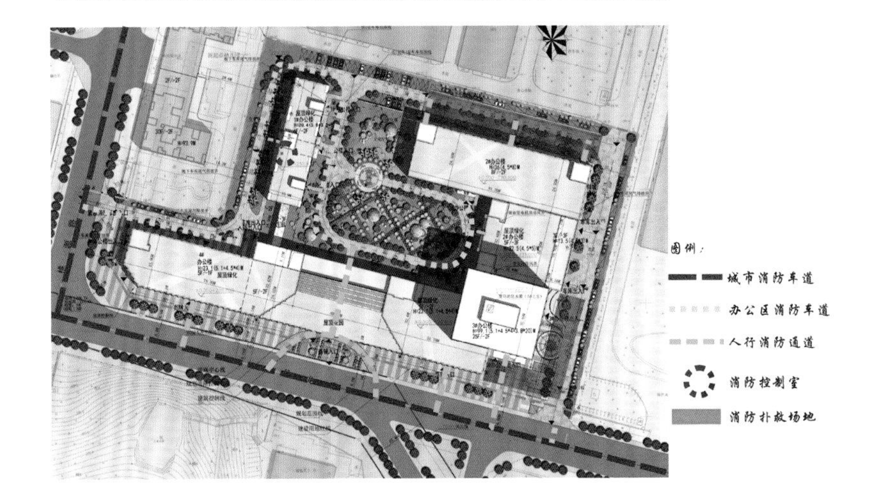

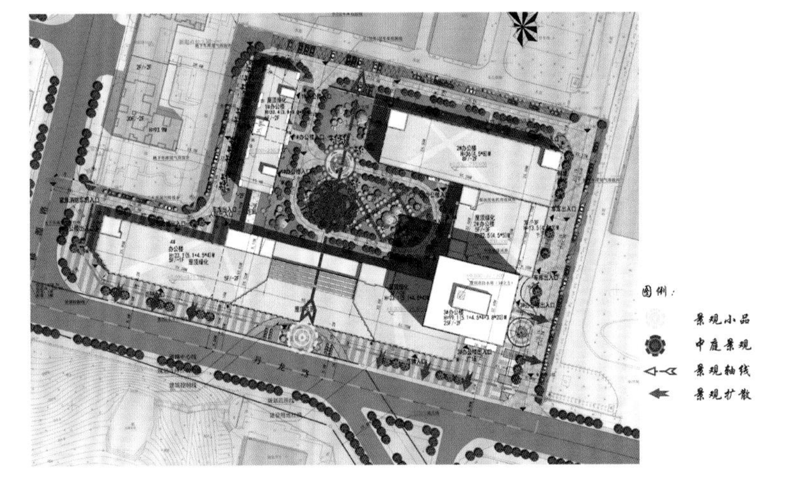

景观分析图

PROJECT NAME

韶山村乡村建设项目

73

项目基本信息

项目名称：韶山村乡村建设项目
设计单位：湖南农道建筑规划设计工程有限公司
主创团队：胡鹏飞、郑凯帆、谭佳佳、周杰军、胡春耕、王维、李柢、陈璐、谭辛夷、肖耀群、胡庆芝、湛康

技术经济指标

占地面积：16km^2（核心区 6km^2）
工程内容：1100 多栋民居及其庭院改造、污水管网改造，以及公共景观、慢行系统、韶河景观提质改造等

设计文字说明

设计理念及特色：

韶山村位于湖南省中部偏东湘中丘陵区，在韶山市、湘乡市、宁乡市三市交界处，距韶山市中心仅 6km，是毛泽东同志的故乡。史书记载，“韶”是虞舜时的乐名，有“萧韶九成，引凤来仪”之说。传说古代虞舜南巡时曾经在这一带奏韶乐，因此将山命名为韶山。

如今韶山村形成了以毛泽东故居、遗物馆等人文资源为核心，以爱国主义教育功能为主，自然景观游赏为辅的国家级风景名胜区。但过度的开发使用，留下了破碎的自然格局。

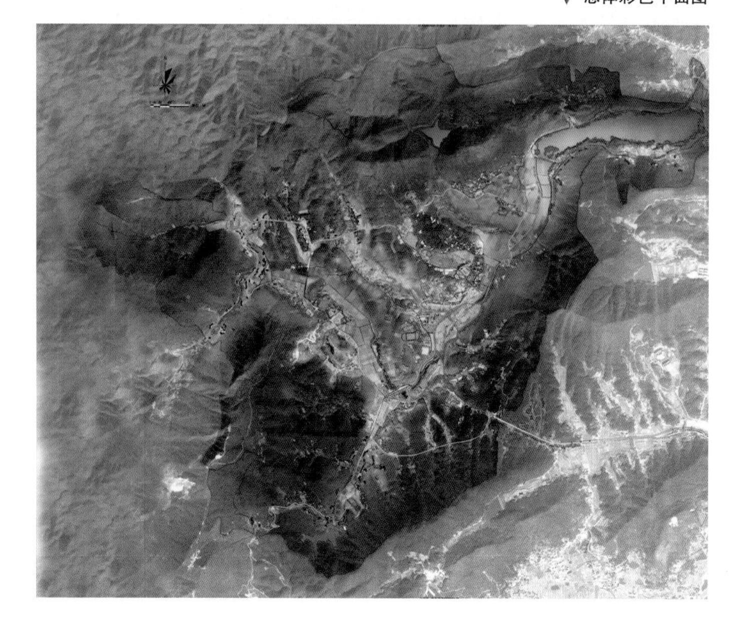

总体彩色平面图

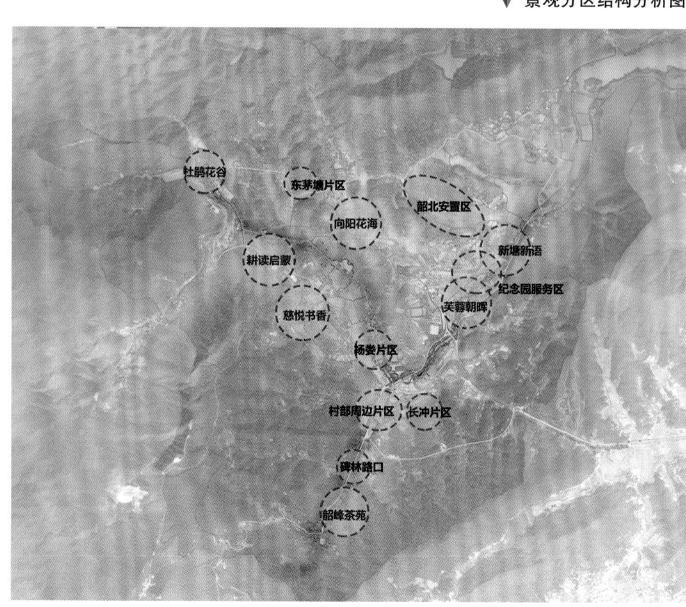

景观分区结构分析图

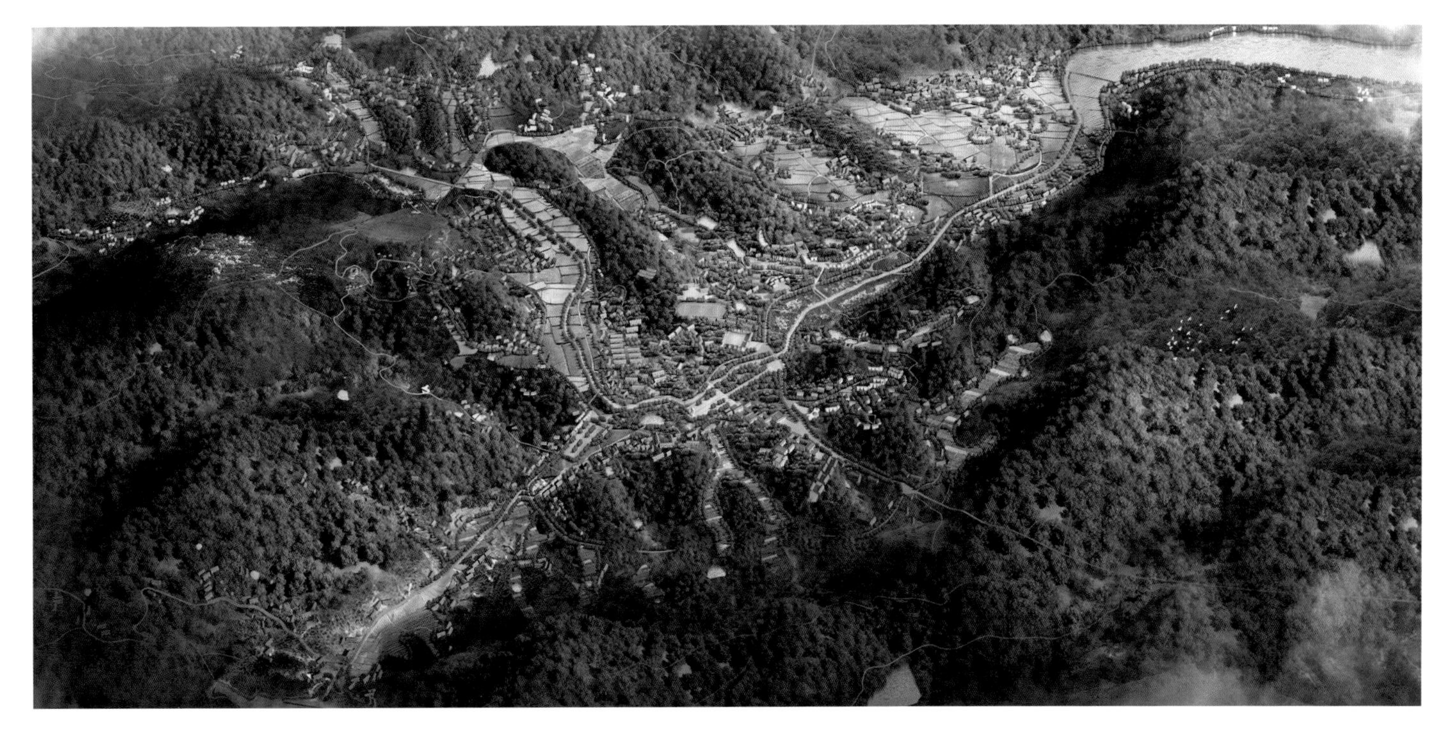

▲ 整体鸟瞰图

▲ 芙蓉朝晖

▲ 耕读启蒙

韶山村虽为旅游景点，但外围村域未经过合理的规划设计显得较为杂乱，建筑风格不统一，且基础设施和公共配套设施缺乏。
项目规划范围为韶山村村域范围，总面积为 17km^2，核心区域面积为 6km^2。规划依据其场地特性，融合风景名胜区规划、乡村规划、旅游规划多规合一，将其打造成伟人成长摇篮、中国革命圣地、中国美丽乡村的缩影与典范。

（1）综合全面，景区规划、乡村建设多规合一；结合建筑民居改造，对公共景观、庭院景观、标识、污水治理、慢行系统进行全面改造。
（2）挖掘本地民居风貌，溯源红色景点传统，结合当地老百姓意愿，改造贴合农村需求，外观“土气”内里“现代”的美丽新农村。
（3）乡村公共景观结合主席成长的故事文脉打造游览环线，以旅促农，激发农村休闲旅游活力。
依托自然山水格局，结合文化古迹与革命遗迹，挖掘主席成长经历与革命足迹，构建一核四线的景观格局，分别是以主席故居为核心的伟人瞻仰环线，以主席学习成长经历为主题的饮水思源·求学线，以主席探索农民运动和革命实践历程为主题的革命求索·求是线；以韶山本土文化和生态为主题的韶峰探秘·求善线；以特色农业景观为主题的山林农业景观线。游览主线通过周边各大景点和 15 个公共节点景群落地打造。
自然环境上以生态修复，景观修补的双修策略，修复现状山体由于建设破坏的挡土墙滑坡等地块，对山、水、田、村实行保护和修复。景观立足于传统地域特色，对原乡风貌和乡土场景重塑和营造。

建筑设计上充分挖掘湘乡周边地区和韶山本地的历史民居，分为公共建筑和民居建筑两大块，研究典型建筑构件，提取如不等坡屋面、悬鱼、七字挑、封火山墙、窗洞、座头、青砖灰瓦等设计元素，加入到现在的改造中，并根据当地民居层数和地域特性，调整整体层次和色彩搭配；同时，在现有建筑基础上，修旧留旧，增设卫生室、老年活动中心、儿童活动中心、社区服务站、图书馆等公共建筑，优化本土居民生活质量。

景观设计上对本土景观元素深入挖掘，了解本土石材、竹材、工艺做法、农村生产生活习惯等，在公共景观设计、庭院景观设计中应用，营造具有韶山感觉的乡村氛围。庭院设计和户主进行多次沟通，在满足公共使用和私人使用的前提下，打造“乡土味”的质朴庭院。

污水治理上，针对河道安全、污染治理和生态恢复等问题，通过污水地下管网设计、自排式污水生态净化工艺设计、生态沟渠、生态池塘、人工湿地改造三个方面综合打造韶山污水环境治理工程。对韶河支流以及村域所有污水进行治理，在重污染区设计雨水分流、洁污分流；农户生活污水采用化粪池——人工湿地处理的生态方式，对现状污染的沟渠池塘进行彻底清淤和海绵改造，疏通和引导水系，以达到滞留、蓄积、净化、利用等目的。同时全区域设计标示引导系统，厕所整改，垃圾治理，建设旅游服务点，打通步行道系统，完善公共服务措施，做到乡村升级，旅游升级。

▲ 长冲鸟瞰图

◀ 长冲彩色平面图

◀ 竹海听雨

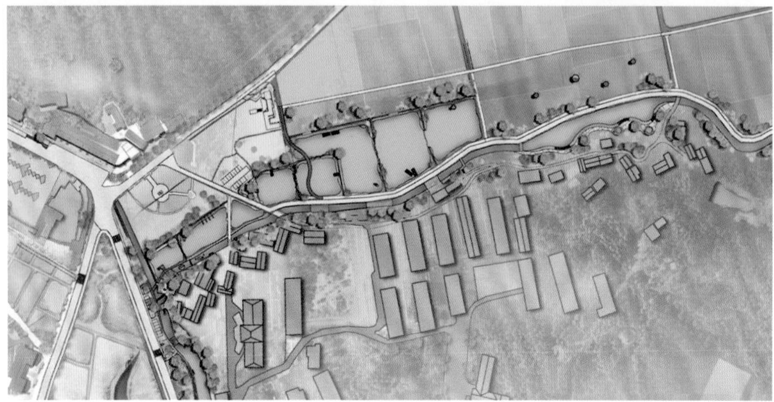

◀ 杨娄色彩平面图

▲ 杨娄水街

▲ 新塘湾鸟瞰图

▲ 水街夜景图

▲ 新塘湾效果图

▲ 村委鸟瞰图

▲ 慈悦书香

▲ 村部效果图

▲ 杜鹃花海

PROJECT NAME

杭州·梦想小镇

74

项目基本信息

项目名称：杭州·梦想小镇
设计单位：浙江南方建筑设计有限公司
主创团队：胡勇、何静、韩锋、宋强、林泳 、杜婕、尹方、王焱、叶建维、姚大鹏、楼海锋、苏辉

技术经济指标

项目地点：杭州市余杭区
占地面积：164034m^2
建筑面积：135626.5m^2
容积率：0.43
建筑密度：28.6%
绿化率：25%

设计文字说明

本项目位于杭州余杭未来科技城，南方建筑设计有限公司负责梦想小镇核心区仓前老街更新改造。本项目打造的新仓前老街既是工作空间，更是思想与理想的碰撞空间，人才与技术的交流空间，新老文化的融合空间，服务器等公共资源的共享空间。新的仓前老街为创客们构建梦想之路与共享平台，最终实现他们的梦想。

▼ 鸟瞰图

▲ 规划总平面图

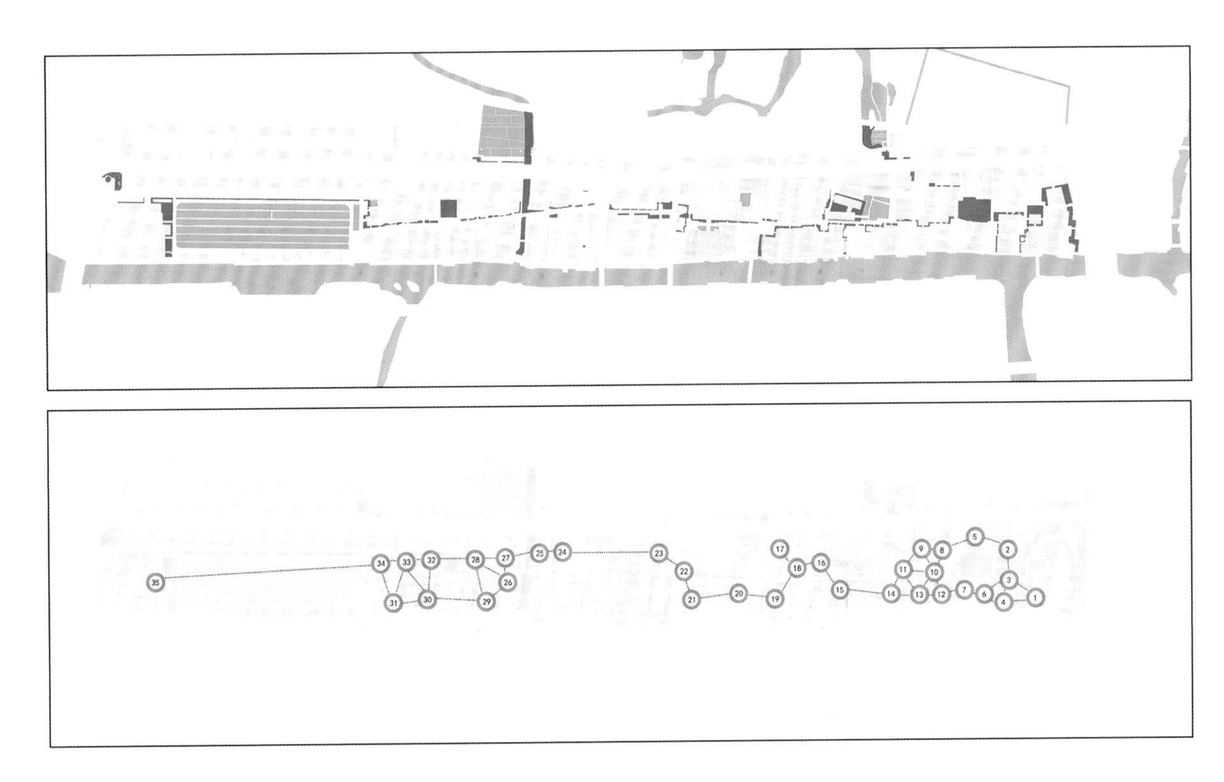

▲ 生态织补

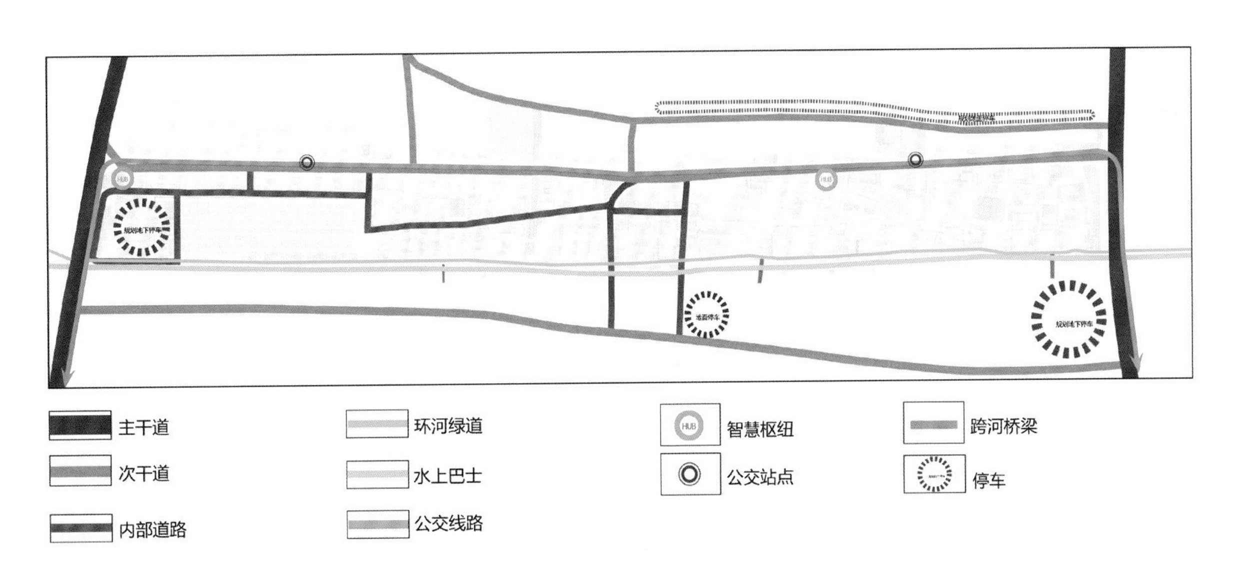

▲ 交通系统织补

▲ 仓前塘

▲ 交通功能织补

▼ 入口广场

▲ 梦想驿站

▲ 精神粮仓

▲ 梦想长廊

项目的筑梦理念

一、织补

（1）建筑肌理织补——在对 695 栋房子精心调研后，拆除违建和危房 278 栋，修复古建 31 栋。新建及原拆、原建 114 栋，立面及整体改造 371 栋。在梳理出来的地块腹地，以老街的空间肌理为脉络增建建筑、院墙，梳理水街、巷道，添补小桥、河埠，恢复枕河而居、夹岸为街、宅院四合的老街风韵。

（2）历史文化织补——补建、修建、新建文化节点 15 处，沿塘河埠头 26 处，井 9 口，老桥 7 座，捡起散落在老街中的历史文化碎片，串起记忆的长河。

（3）生态织补——拓展和保护现在的农田、老树，用水系与景观沟通主街、巷弄、桥头、集市、广场，打造独特的田园办公环境。

（4）交通系统织补——完善交通体系，机动车外围停放，借力周边交通体系，结合步行桥，全方位多手段地加强与周边联系。

（5）公共功能织补——升级市政配套，整理改造现有的市政设施；优化公共资源，增设展廊、精神粮仓、国学院、创意集市、人才公寓、食堂、礼堂、会展、路演、服务器、早市、健身中心等场所，为互联网办公提供全方位支撑。

二、共享

（1）工作空间共享——与楼宇互联网办公模式不同，新仓前老街的众创办公空间以景观交织的院落为主，在院落之间，组合营造了 35 组田园生态型的新型共享工作空间，结合梳理出的巷道体系，紧密联系这些共享空间。

（2）服务空间共享——在 1560m 长的梦想之路中，安置 20 个资源服务器为小镇和外来的创客提供接待、会议、打印等务，充分运用互联网和云计算，为创客构建低成本、便利化全要素和开放式的共享服务平台。

(3) 交流空间共享——营造 9 个由广场、水景、田园、花园等形态聚合而成的丰富多样化的公共开放空间，结合展示、学习、文化创意、生活、路演、休闲等功能，为创客们提供多角度、全方位的共享交流平台。

PROJECT
NAME

樱花小镇

75

项目基本信息

项目名称：樱花小镇
设计单位：唯赢（上海）工程顾问有限公司
主创团队：张延伸、马科（意大利）、周永军、范舟强、张国良、贾斯汀（喀麦隆）、
周志、徐鹏英、何冰

技术经济指标

项目地点：上海南桥镇
占地面积：约 100000m^2
建筑面积：约 15000m^2（第一阶段）
容积率：0.15
建筑密度：6%
绿化率：70%

项目设计理念及特色

樱花小镇是上海第一个农村宅基房屋原地改造升级进行商业化运营的实践项目，位于上海南部古镇南桥镇六墩村，最大特点是她基本上是一个城中村，这是上海范围内第一个真正保留了江南水乡原始乡村记忆和祖宅情怀的民居升级改造为商业但是不改变土地性质、不改变业主身份的案例。

她不仅仅是一个纯粹的村庄，还是一个和核心城区接壤的城中村（城边村）。她既是城市也是村庄。针对城中村，我们这个项目是既不对土地进行收储流转，也不对村民身份进行农转非操作，改造后她虽然身处闹市，其实还是农村农宅，农民虽然共享繁华，但是并没有丢失农民身份。这个项目也是全国第一例大城市城中（边）村改造升级的项目。

在这里，儿时的嬉梦完整展现，无须影像寻回；在这里，简单的生活不再是奢望，出则为喧嚣繁华的闹市，入则为安逸静谧的隐居，生活原来可以有另一种味道。她坚守并保持着城市的原来面貌。她使我们的城市灵魂得以续存，千城一面弊端得以避免。

▼ 樱花小镇示范段整理鸟瞰图

▲ 樱花小镇项目整体鸟瞰图

▲ 樱花小镇鸭棚博物馆 1

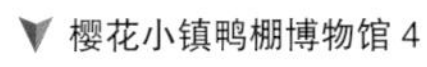

▲ 樱花小镇鸭棚博物馆 2

▼ 樱花小镇鸭棚博物馆 3

▼ 樱花小镇鸭棚博物馆 4

◀ 樱花小镇示范段南立面图

◀ 樱花小镇示范段北立面图

◀ 樱花小镇示范段西往东看图

项目实施效果及革命性突破

（1）实施前：大城市和小城市不同，城中村农民并不都支持房屋拆迁补偿和农转非，相对来说更热衷于违章搭建出租，所以全国的大城市的城中村大多成为城市的一个疮疤，违建泛滥、外地人非法集聚，各种治安问题隐患严重，这也是大城市城中村的通病了。
实施后：保留农民身份，保留心灵根本的宅基地不变，美化该地，借机拆违，三无人员清场，区域安定，财政增收，增建升级公用设施，改善民生。

（2）实施前：市政生活设施不完善，最低端的居住商业使用民生状况不佳。
实施后：有望成为上海（甚至全国）第一个不改变宅基本质的、不违章扩建的、业态更合理、市政服务设施更完备的农宅升级改造成居住及商业化项目开发试点项目，甚至可能是示范项目。

（3）实施前：原有的城中村改造项目大多是彻底拆迁，完全割裂和抛弃原有城市风貌文化民俗灵魂。
实施后：维持原有江南水乡建筑风貌生活状态、文化脉络，尽量保留和重复使用原来老宅拆下的所有砖瓦柱梁（亦减少建筑垃圾排放），不出原来老宅的外墙界线和原地基，体现对祖基和祖宅记忆的尊敬(国内还未有做到的,都是一拆就彻底找不到原来的“根”了)。

（4）实施前：项目投资巨大，拆迁收储周期漫长，拆迁补偿大，规划审批手续行政层级高、难度大，意见不统一、矛盾激发，甚至出现流血冲突。地基开挖运输环境影响大。
实施后：项目投资只有原来的 1/3 甚至 1/5、1/10，不存在拆迁收储的漫长周期，没有拆迁补偿，走村民建房通道，村镇即可批复，几乎没有麻烦，因为环境改善，收入增加（收入比原来违章建设的几倍面积还要高），远期收入更好，村民积极支持。项目改造投资金额得到最大限度控制(花小钱办大事,原墙尽量不拆最多是小拆)，原地基尽量再利用（沉降已经稳定了，非常好用）。

（5）实施前：就是一个没有任何特色、灵魂的泯然于大众的居住小区或者普通商业项目。
实施后：有望成为区域内第一个（本区急缺的，本市其他区都有不止一个）文化旅游热点的建筑群落（可以谈情、游玩、小聚、婚摄、建筑文化展示，甚至成为艺术人士、各类设计师今后参观之地）。通过集中种植某一观花树种（设计为樱花）1000 余株，有望成为上海第七大赏樱休旅基地。一个包容在农村优美生态环境之中的集农宅（基）升级、总部办公基地、文创基地、餐饮休闲、旅居基地等，以生态田园、共享服务、特色文化建筑为基质，融休闲度假、民宿酒店、总部产业研发培育、传统文化传承等功能于一体的具有国际吸引力的、上海乃至全国知名的城市农村社区综合体；成为上海农宅升级改造产业、创新文化旅游等为一体的农村可持续发展的地标，为大城市之城中村改造呈现一个新的示范路径。

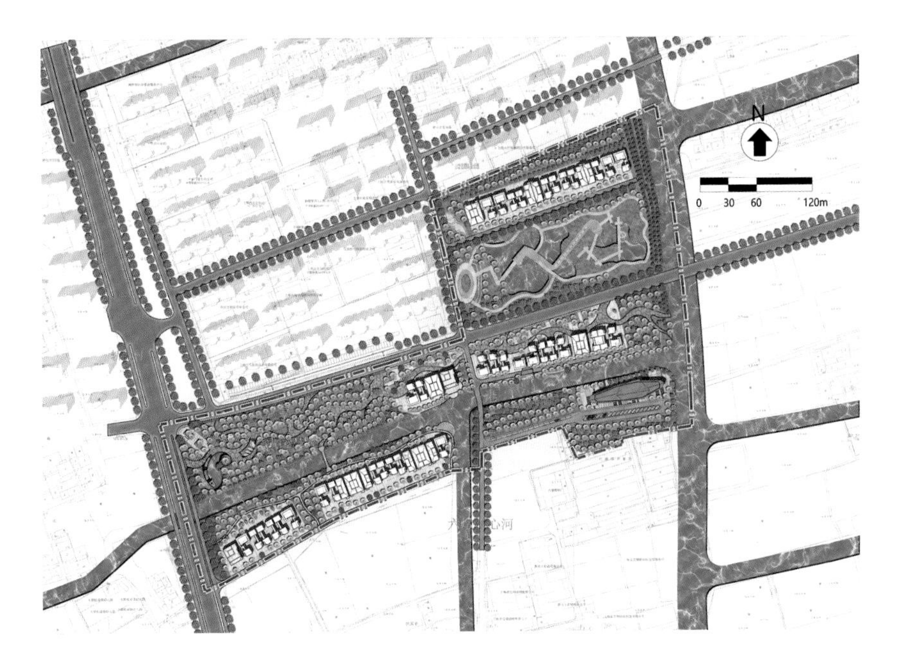

◀ 樱花小镇总平规划图

▼ 樱花小镇功能分区图

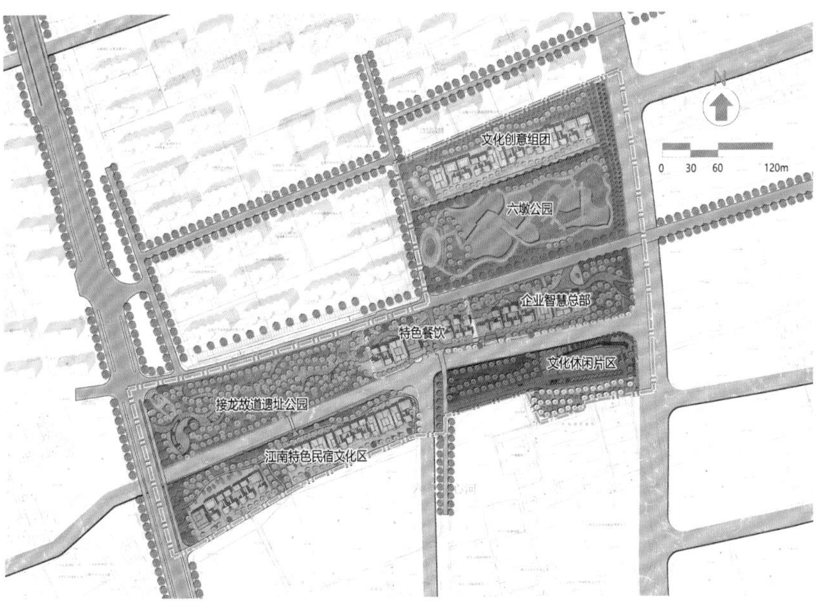

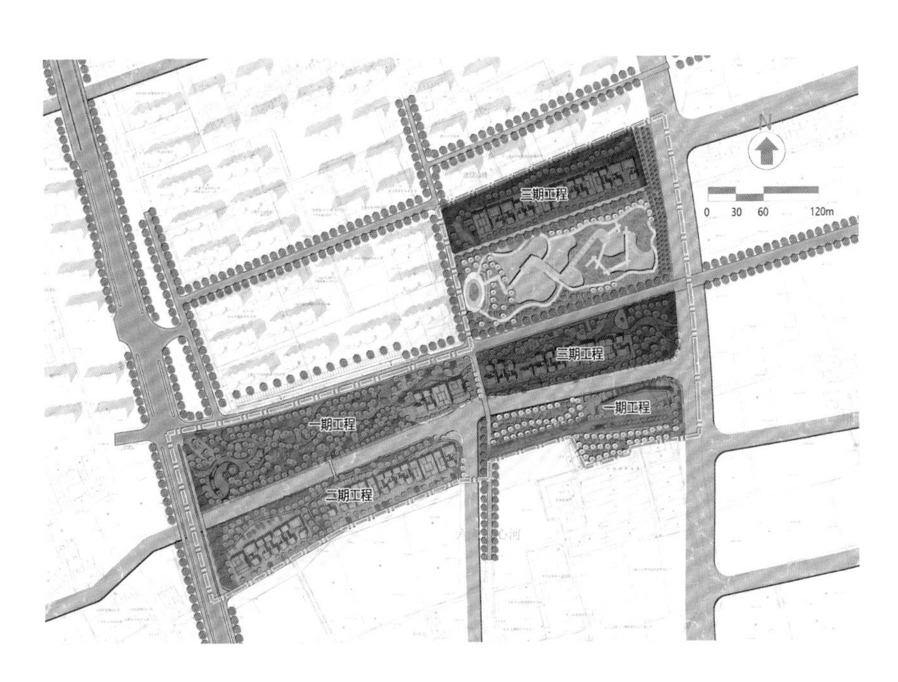

◀ 樱花小镇开发分期示意图

PROJECT
NAME

『村宿聚落』建筑设计

76

项目基本信息

项目名称：“村宿聚落”建筑设计
设计单位：造作建筑工作室
主创团队：沈悦、戴文竹、盛仁、雷金剑、包莹

设计背景

“村宿聚落”项目地处浙江省金华市磐安县尖山镇陈界村，是一个现代乡村民居建筑群。此地属于浙中大峡谷区域，海拔约 520m，风景秀丽，空气宜人。
项目地所在的磐安县尖山镇，以出产高山中药材闻名，今年政府围绕养身休闲为主题开展乡村旅游，鼓励村民兴办农家乐。越来越多的城市游客来此度假，其对乡村的接待要求也水涨船高。

另一方面，村民以自家住宅为基础条件的农家乐形式正在受到冲击。这种冲击主要来源于当下乡村的病态建筑观。由于十几年前开始的新农村建设，众多乡村盲目抄袭了城市的建筑、交通、景观结构，使得现有的乡村过于城镇化，整体布局被过载的交通空间限制，呈现网格化，失去原有的空间张力。同时，建筑形制也趋于单一，比例高耸，尺度不再宜人，又失去了传统的内院空间，农民争相使用门前区域，使得村落公共场地极其缺乏，绿化种植也更加稀缺。

在这种背景下，“村宿聚落”以一种批判性的现代主义乡土建筑群的建筑学视角，应运而生。聚落内共有 36 栋民居，总建筑面积约为 19600m^2，容积率为 0.83。

▲ 街区效果图

▲ 场地现状图

经济技术指标

用地面积	23550 ㎡
总建筑面积	19600 ㎡
建筑占地面积	7946 ㎡
容积率	0.83
建筑密度	33%
总户数	36
停车数	41

户型配比表

户型	首层面积	单户总面积	庭院面积	户数
A 户型	138 ㎡	550 ㎡	260 ㎡	3
B 户型	204 ㎡	610 ㎡	340 ㎡	4
C 户型	158 ㎡	470 ㎡	360 ㎡	6
D 户型	204 ㎡	610 ㎡	340 ㎡	5
E 户型	164 ㎡	460 ㎡	300 ㎡	9
F 户型	138 ㎡	550 ㎡	250 ㎡	9

面积配比表

首层面积	户数	比率
-140 ㎡	12	33%
-160 ㎡	15	42%
-200 ㎡	9	25%

总平面图

▲ 总平面图

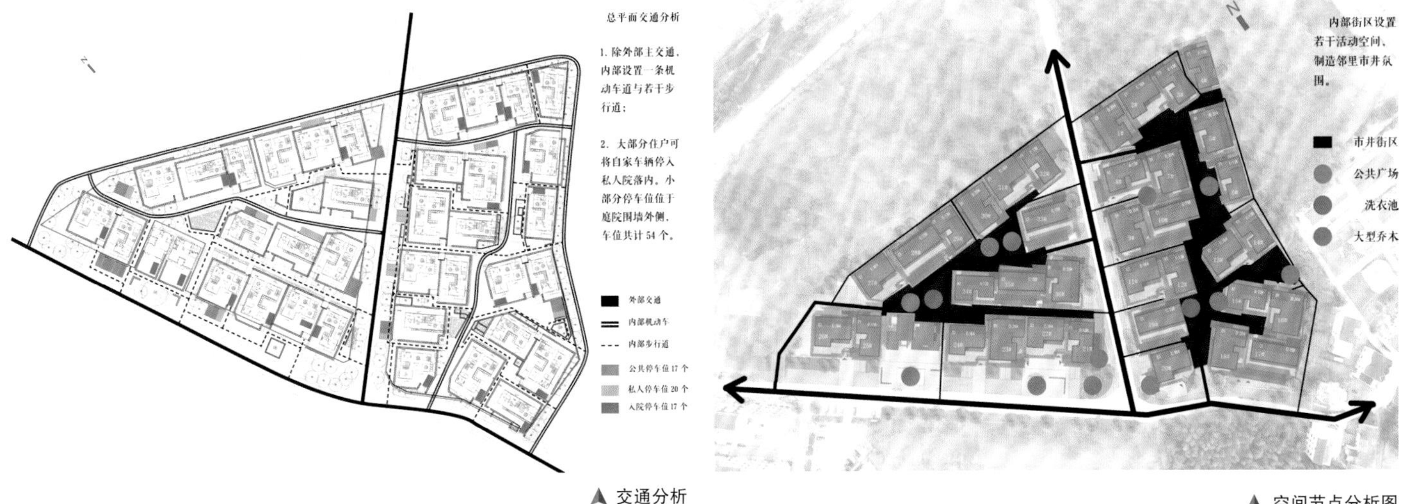

▲ 交通分析

▲ 空间节点分析图

场地设计与场所设置

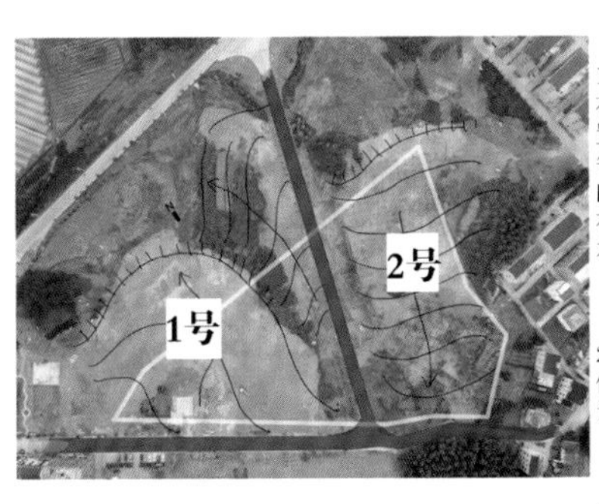

1. 根据地形在2号地块设置三挡台地，每档台地竖向高差控制在1500mm左右；

2. 1号场地整体较平缓，不设置台地；

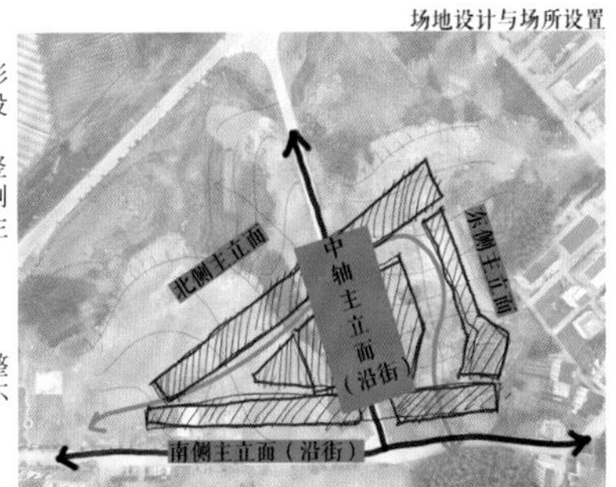

3. 考虑整体北侧立面、东侧立面、中轴立面（沿街）、南侧主立面（沿街）；

4. 场地中设置市井氛围浓厚的公共场所：如洗衣池、棋牌亭、集市、休闲广场等。

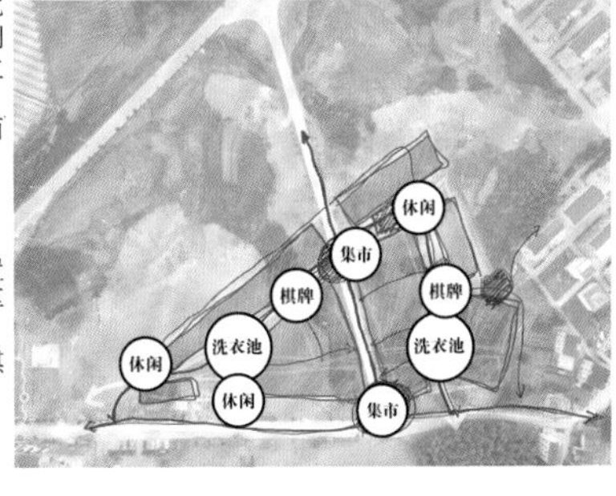

◀ 场地设计图

设计说明：

“村宿聚落”试图探讨另一种现代乡村形态。

从整体布局来说，建筑组团不再追寻横平竖直的经济性布局，转而结合自然地形，追求灵活的朝向与偶然的邻里空间。聚落依靠场地内的台地现状，南低北高，后屋借前屋屋顶为景，前屋以后屋台基为靠，彼此照应。

交通不再是割裂整体形态的手术刀，而是作为自然包裹，形成聚落边界，外部交通提供机动车边界出入，内部交通为单行道路，但通过地面铺装做法，隐藏路基边界，结合建筑多变的邻里间距，形成串联式的大小不一的广场。

在这种连续的公共空间中，我们试图重塑传统乡村的市井氛围：首先，通过对传统市井的公共空间特性的研究，我们在每户民居的入口制造“暧昧”空间。利用遮雨檐廊，形成可同时覆盖相邻庭院入口的屋檐，如此，隔壁邻居由于“同一屋檐下”“共同进出家门”“我家的门口借你躲雨”等行为方式，形成心理上的亲密感。

其次，利用这种亲密感，进一步形成“共享巷弄”。通过建筑之间的开合转角、区域内行走节奏的停留暂缓，自然形成洗衣池、棋牌亭、集市、休闲廊架、大树冠下等空间，给予居民丰富多样的社交可能性。

从建筑单体的设计来说，我们探讨了乡土建筑语言。通过大量的田野调查，我们将当地较为传统且常见的“合院型”及“一字形”作为建筑类型的基本原型。经过一系列的变形与转化，得出“正三合院”“边三合院”“一字五开间”“一字三开间带耳房”等大小不同的6种户型，经过组合试验，另形成3种中等围合组团。每个组团中有3栋或4栋建筑。每栋建筑亦即每户家庭，拥有独立院落和主次双入口。

同时，我们将当地最有特色的建造材料——乌石（一种玄武岩）作为建筑围合的主要外部材料。另外，我们延续了青瓦屋顶、生土抹泥等传统建筑做法，再结合现代建造技术，诸如钢筋框架结构、钢结构、清水混凝土墙等，形成一种转化传统的可能性。

最后，设计从探讨乡村整体布局出发，强调邻里市井空间的叙事性，再落笔于建筑细部的材料建构系统，通过“村宿聚落”讨论一种现代语境下的批判性乡村形态。我们相信村落不需要天外飞仙式的外来建筑，也不需要固执复刻的传统建筑，村落形态应该可以通过自身孵化与生长，完成一种转化，并一直在这个转化的路上前行。

▲ 景观设计概念图

▲ 设计概念——茶话平台（树池 + 长凳）

▲ 设计概念——休闲广场（共享休憩 + 绿化景墙）

▲ 设计概念——街角集市（同檐入户 + 共享门头）

▲ 设计概念——洗衣池（洗衣池 + 回廊）

▲ 设计概念——棋牌亭（互为景观 + 内外可变）

▼ 色彩与材质

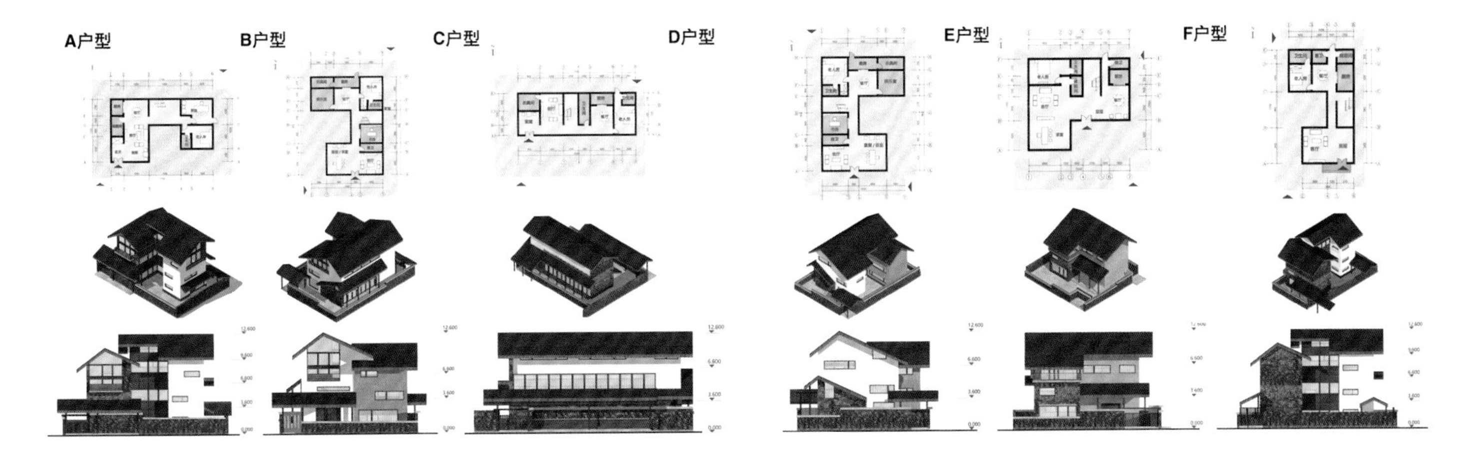

▲ 户型图

▼ 地域性转化和现代乡村市井的探索

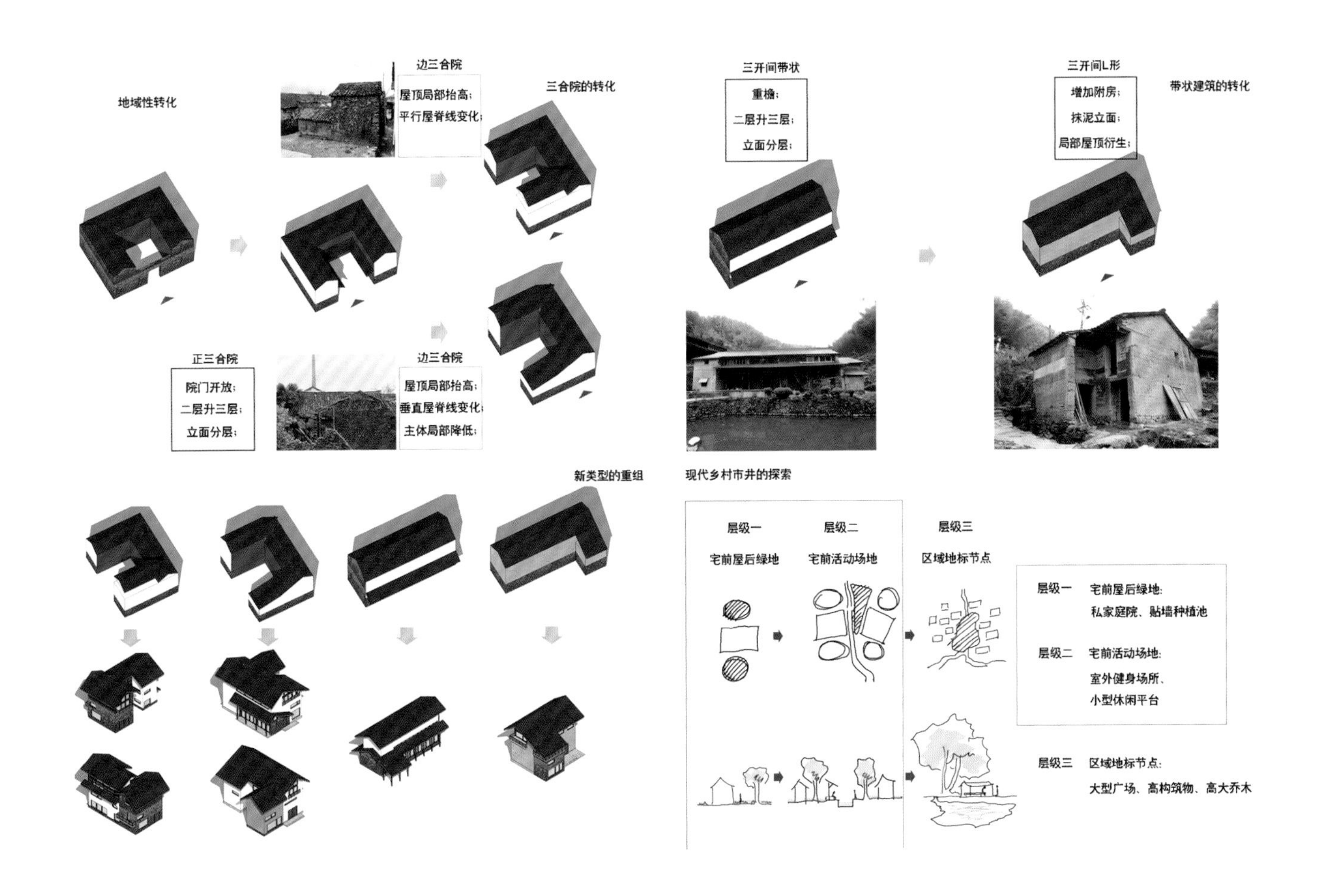

PROJECT
NAME

甘肃省平凉市灵台县告王村美丽乡村建设规划

77

项目基本信息

项目名称：甘肃省平凉市灵台县告王村美丽乡村建设规划
设计单位：平凉市规划建筑勘测设计有限责任公司
主创团队：赵友莘、姚梦婕、张婷婷、刘丽娜、孙随前、高新玉、董怡君

设计文字说明

（1）宜人的生产生活环境是农村发展的先决条件，告王村近期建设应通过村庄环境的治理和各种基础服务设施的完善创造良好生活环境。
（2）整合分析现实产业资源，探寻适合村庄发展的模式，加强对农业的引导，逐步提高农村经济实力；传承村庄历史文化遗存，培育村庄文明新风。
（3）着力构建农村生态安全格局，最终实现生态宜居、人文和谐的美丽乡村的规划宗旨。
（4）告王村乡村建设方式和发展模式，核心以农业规模化、产业化发展，保持优美的乡村生态风光、原生的人文产品以及配备完善的基础设施和公共服务系统。可总结为以下三方面：
生产美：提升产业经营，多元规模化产业发展，提高经济水平。
生活美：完善生活配套设施，提高生活质量，丰富乡村文化。
生态美：改善乡村生态环境，提升景观、环境品质。

规划定位：

通过对告王村的综合分析，确定告王村的定位为“生态旅游示范村”——依托现有区位、交通、自然等资源，重点发展乡村生态旅游业、特色生态科技种植产业，同时通过生态化保护提升村庄品位，增加村庄吸引力，加快发展农业，增加村民就业机会，提高农民收入，改善村庄生活环境，提升村庄活力，打造村民生活富裕、环境优美的新型美丽乡村。

▼ 总鸟瞰图

产业发展引导

以告王村为中心，以东西向的村道为产业发展轴线，串联五大产业片区发展，分别为生态民俗居住区、科技种植示范区、田园观光采摘区、滨水休闲体验区、生态林地涵养区。

（1）指导思想。

以绿色生态为主线，优化产业布局，加快新技术、新设施的应用，提高效益，并综合开发农业生产、生态与生活功能，建设成绿色果蔬等有机农产品生产基地。

（2）功能定位。

生态农业科技示范区。

主要产业类型：设施农业、农产品加工产业、生态观光。

主要产业项目

有机果蔬基地及观光园：在原有果蔬种植的基础上发展绿色有机果蔬基地及设施农业观光园，利用与陕西交界的独特地理优势，以及甘肃海拔最低点的有利地形。这里全年气温较高，水资源丰富，成为独店镇生态科技农业的集中展示宣传区。

农产品加工园区：以本区的生态农业科技基地的建设为契机，引进农业开发公司，建设发展农产品加工产业园，作为独店镇农产品集中加工基地。生态科技农业培训示范基地：在区域内设立生态农业科技培训示范基地，既进行生态科技农业技术培训和研发，又对外开放，集中展示生态农业科技。

休闲服务及行政管理中心

定位：位于告王村核心位置，以村庄的行政管理中心为依托，以科技基地为支撑，以便捷的地理条件为优势，带动周边餐饮、住宿、娱乐等产业，成为整个告王村的休闲服务中心。

主要产业项目：地处独店镇、邵寨镇、中台镇中心区，距灵台县城较近，主要发展民俗住宿、地方特色餐饮、娱乐等现代休闲服务业以及邮政、通信、客运等公共服务产业。

生态林地保育

定位：遍布告王村四周山体，不适合产业发展，属生态林地保护保育区。

主要产业类型：生态林地保育。

主要产业项目：该区域生态环境和地形特征不适合产业发展，主要进行生态林地的保护与保育工作，增植油松、白桦、刺柏、山杨、栎树、雪松、国槐、柿子树等当地树种，保护当地山林生态环境。

▲ 总平面图

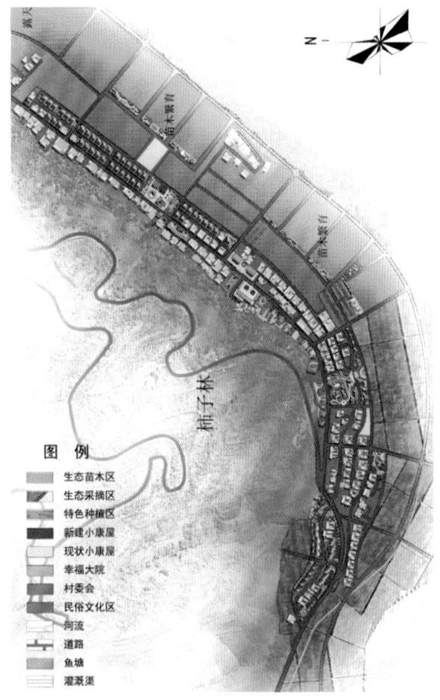

▲ 安置区平面图

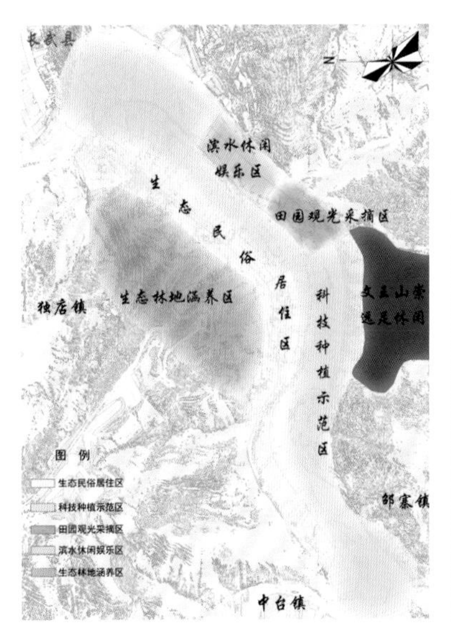

▲ 产业布局图

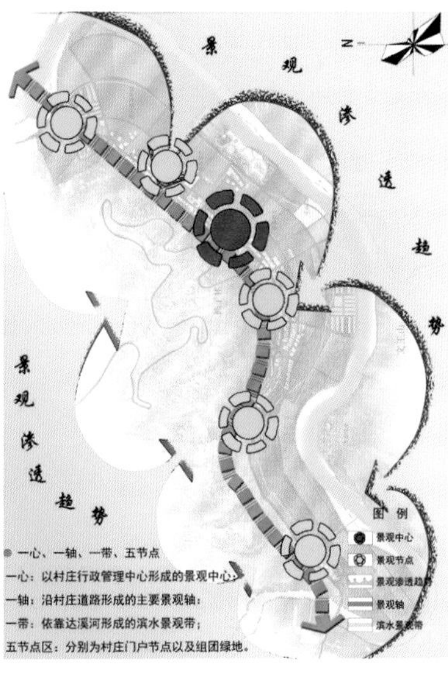

▲ 景观结构分析图

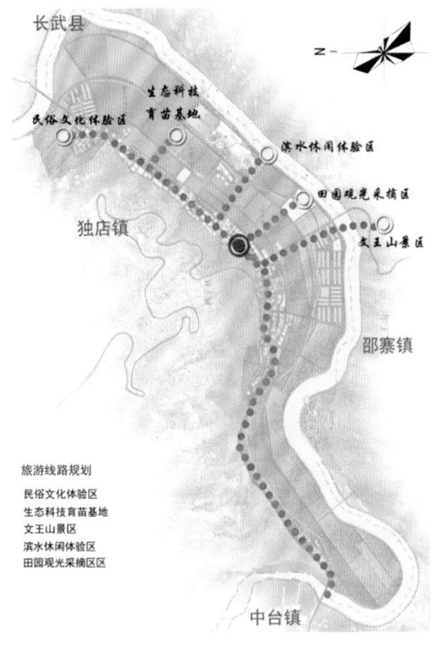

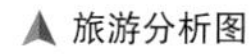
▲ 旅游分析图

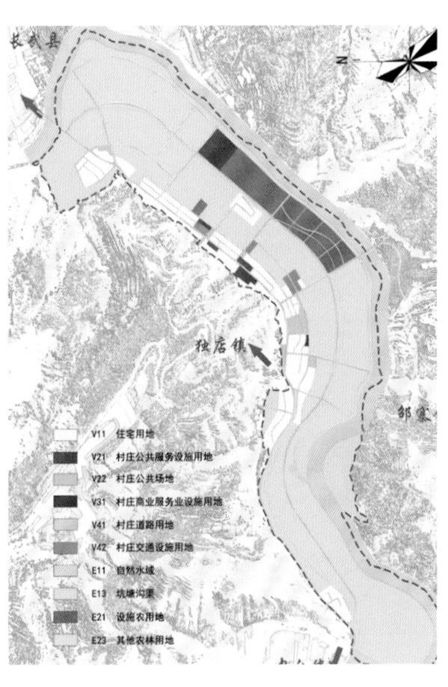

▲ 用地布局图

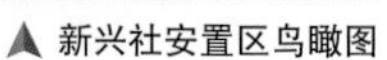

▲ 新兴社安置区鸟瞰图

▲ 文化广场效果图

▲ 景观意向图

戏场是构建民间祭祀演剧空间主要的物质形态，是承载、传递民众信仰、精神情感重要的文化载体，更是农民心目中的文化中心。结合告王村的传统文化，将独特的民俗风情融入其中，使得告王村的文化得以顽强地延续下来。

▲ 戏台意向图

民俗文化体验

定位：位于告王村东兴社村民居住较为密集的地带，社内传统民居较多，且历史较久，乡村生活较为丰富，当地民俗文化聚集，以此为基础发展休闲服务、文化产业、观光购物产业。
主要产业类型：休闲农业、民俗文化产业。
主要产业项目：
农家乐：在原有农家乐及当地民俗小院、窑洞的基础上继续开发农家乐，让游客体验农家餐饮居住文化。
民俗风情小吃街：以小吃街的建设带动当地特色餐饮发展。
民俗文化创意产业馆：设于比较有特色的当地民俗小院，设文化书屋、特产、剪纸、荷包等手工艺及特色纪念品制作与售卖等产业。
民俗文化广场：在村内人口较为集中的地方以及空地上设置民俗文化广场，集中展示独店镇的民俗、风土人情、人文历史及汉代墓葬遗址出土的陶器。古生物文化遗址内设戏台、文化书屋、手工艺及特色纪念品的制作与售卖产业。

滨水休闲娱乐

定位：位于告王村河湾社，达溪河水资源丰富，沿达溪河北侧设置休闲文化娱乐饮食产业，丰富告王村产业类型，完善产业结构。
主要产业类型：休闲产业、娱乐文化产业。
主要产业项目：
水上乐园：在滨水休闲体验区西段达溪河北侧建设水上乐园，发展娱乐休闲产业，设置水上步行球、乡村小木筏、水上滚筒等娱乐项目以及儿童专属水上游乐园。
垂钓中心：在达溪河岸边临水处开辟一处垂钓中心，既提供休闲场地，又可发展渔具租赁等产业。
漂流：依托达溪河丰富的水资源以及优越的地形，开设漂流项目，丰富夏日游玩水上项目，带动配套项目发展。
游泳：利用地形开设游泳项目，使每个游客在炎热的夏天都可以自由地徜徉在达溪河里。
养殖：在区域内设立野生鸭子养殖园，既可以使人们观察了解野生鸭的养殖，又可以品尝原生态美味。
滨水休闲廊：沿河道设置休闲道路，沿线设置风筝、自行车、帐篷等租赁点，发展休闲租赁产业。

特色采摘

定位：位于新兴社南侧，在原有耕地的基础上规划发展特色农业种植、农业园观光以及农产品采摘体验等，发展成为特色农业种植、采摘体验区。
主要产业类型：特色农业种植、农业园观光采摘。
主要产业项目：
葡萄种植体验园：在原有农业产业规划的基础上建设葡萄农业园，集葡萄种植、观光、采摘及售卖为一体。
草莓园：建设草莓园，集草莓种植、观光、采摘、售卖于一体，与葡萄庄园一起形成成片的特色农业庄园体验区。
特色有机蔬菜采摘园：建设有机蔬菜种植基地，形成集蔬菜种植、观光、采摘、售卖于一体的特色农业田园风光体验区。

生态农业观光

定位：位于告王村西侧，主要以农作物种植为主，发展玉米、小麦等种植业以及生态农田观光。
主要产业类型：农作物种植、生态农业观光。
主要产业项目：该区域主要是玉米、小麦等粮食作物种植区，在保证农田面积及粮食产量的前提下，多利用乡村自然风光对农田风貌进行整修规整，减少农田农药的使用，整修农田水渠，增强乡村田园韵味和农田劳作生产场景，发展生态农业观光。

经济林木种植

定位：基本覆盖全村，多为山坡地形，在山坡上种植苹果、核桃、柿子以及经济苗木，发展经济林木培育、观光、农产品采摘产业。
主要产业类型：林木种植、苗木观光、农产品采摘。
主要产业项目：
苹果采摘体验：在现有苹果种植业的基础上，利用山坡地形建设苹果体验园，集种植、观光、采摘、售卖于一体，融合农业种植与观光休闲产业。
核桃采摘体验：利用山坡地形种植核桃，建设核桃采摘体验园。
柿子采摘体验：利用山坡地形种植柿子树，建设柿子采摘体验园，与苹果、核桃采摘园组团成片，发展经济林木农业园的观光体验。
经济苗木培育基地：在苹果体验园的基础上发展经济苗木培育，发展林木经济。

特色农业
种植 观光 采摘

产业发展规划 1

产业发展规划 2

产业发展规划 3

滨水效果图

PROJECT NAME

旅发大会一号景观大道提升改造旅游扶贫项目·御大线美丽乡村设计

78

项目基本信息

项目名称：旅发大会一号景观大道提升改造旅游扶贫项目·御大线美丽乡村设计
设计单位：承德市建筑设计研究院有限公司
主创团队：杨艳荣、靳新亚、庞涛、王鑫磊、白东洋

设计文字说明

区位：
御大线沿线村庄包括：
大滩镇：大夏营村、喇嘛波罗村、北梁村、小北沟村、大滩村（东山湾）、元山子村、孤山子村、二道河村、北庙牧场。
鱼儿山镇：岗子村（南泡子沿）、乔家营村、鱼儿山。
万胜永乡：下洼子村、万胜永村（天成号）、红石砬村、辛房村。
外沟门乡：大营子村、青石砬村、外沟门村（三岔口村）。

设计理念及特色：
（1）保护生态、展现草原壮美。
彰显草原画境、村景交融的壮美风光，建设人与自然和谐共生的“美丽乡村”。
（2）融合产业、保障经济富美。
依托天然的草原风光，建设乡村旅游产业发展的“美丽乡村”。
（3）完善设施、实现生活和美。
以“人”的需求为导向，建设生活丰富、配套完善、富有品质的“美丽乡村”。
（4）提升环境、塑造村庄秀美。
对村庄整体风貌进行整改提升，建设村貌协调、环境秀美的“美丽乡村”。

茶盐古道文化

所谓“京承皇家御道”是指从康熙十六年（1677 年）第一次北巡开始，逐步形成的从北京至木兰围场的皇家通道，沿途风景优美，塞外山川，奇峰异石，河流、草原汇聚，充满了奇幻的塞外风情。
“茶盐古道”西起大滩，东到外沟门，包括通往草原、多伦的道路。清代多伦会盟（1691 年）后，多伦商业逐渐兴盛起来，这些道路便成为京津冀、山西乃至全国茶业、纺织品等物资进入多伦的通道，也是蒙盐、牲畜、皮毛、木材等进入内地的商道。从清康熙年间兴起到民国时期衰落，前后繁荣两百多年，这些道路被称为“茶盐古道”。“茶盐古镇”集合旅游、住宿、餐饮、娱乐、商业购物等多重功能，同时是“茶盐古道”的中心节点与旅游咨询服务中心。
如今，“茶盐古道”已没有了当年的繁盛，古道上的历史遗迹也难觅其踪，但遍布在古道上的“万胜永”“茶棚”“天成号”“广益号”“广兴号”“万成号”等一个个村落名称，仍可依稀探寻到当年那段历史。

区位图 ▶

如今，“茶盐古道”已没有了当年的繁盛，古道上的历史遗迹也难觅其踪，但遍布在古道上的“万胜永”“茶棚”“天成号”“广益号”“广兴号”“万成号”等一个个村落名称，仍可依稀探寻到当年那段历史。

民以食为天，
食尤重茶盐，
茶盐运旅道，
年计万万千。

茶盐古道

鸟啼思故园，
辗转苦熬煎，
驿站寻慰藉，
暖流似甘泉。

驿站

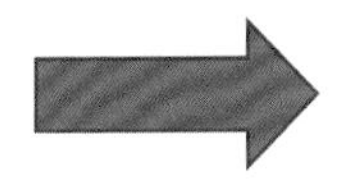

现代功能，以茶盐古道文化为旅游前提，发展村庄驿站的住宿、餐饮、娱乐、商业等。

天成号文化挖掘

天成号现状分析图

▲ 天成号规划效果图

▲ 天成号整治后实景图

▼ 天成号规划总图

规划理念：

茶盐古道文化：将茶盐文化作为小镇的重要文化元素，从建筑风貌、雕塑小品、景观风貌来打造具有茶盐古道文化的特质空间。

多功能元素：体现村庄驿站的繁盛景象，结合天成湖景观、村庄原有肌理，打造精品民宿、文化滨湖公园、草原游览等，与茶盐小镇共建宜居宜游的体验式景区。

丰富的空间层次：现状村庄北高南低，北侧有丘陵、草原，南侧有湖面、平原式草原，地形丰富。结合现状打造滨湖文化公园、功能农业观赏园、花海观赏园、草原游览园，营造多重的景观体验空间。

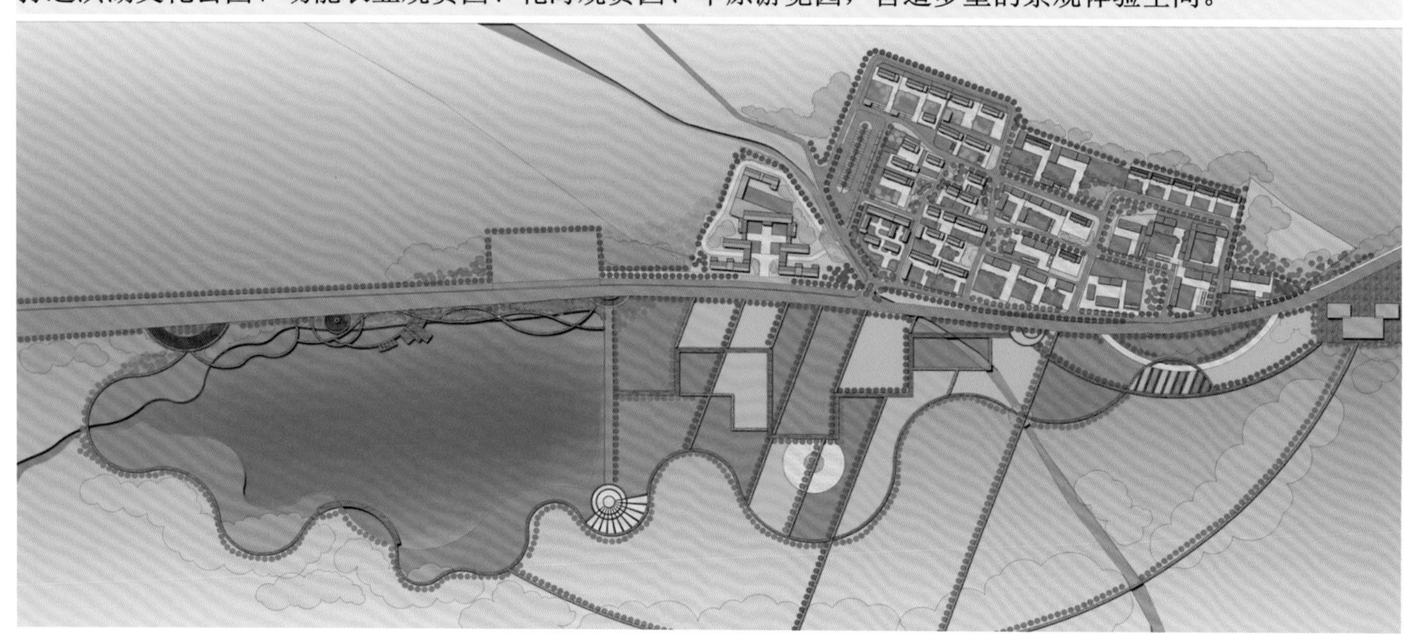

▲ 北梁新村效果图 1

▲ 北梁新村效果图 2

岗子村效果图 ▶

天成号节点效果图 ▶

▲ 东山湾效果图

▲ 天成号设计方案 1

▲ 天成号设计方案 2

◀ 天成号设计方案 3

天成号整治后实景图 1

▲ 天成号整治后实景图 2

▲ 大下营设计效果图 1

▶ 大下营设计效果图 2

▼ 岗子村设计效果图

ENTERPRISE
INTRODUCE

新时代（西安）设计研究院有限公司

附　录

公司基本信息

单位名称：新时代（西安）设计研究院有限公司
英文名称：NEW ERA(XI'AN)DESIGN ENGINEERING CO.,LTD
通信地址：陕西省西安市经济技术开发区凤城十二路 108 号

公司简介

1. 公司概况

新时代（西安）设计研究院有限公司是中国节能集团、中国启源工程设计研究院有限公司（原机械部第七设计研究院）控股、具有建筑工程甲级设计资质的科技型企业，通过了 ISO 9001 质量管理体系认证，ISO 14001 环境管理体系认证，OHSAS18001 职业健康安全管理体系认证，具有国家二级军工行业保密资格。

2. 业务领域

公司涉及民用建筑、工业建筑、市政、公用、军工、新能源等行业，提供工程项目全过程技术服务，包括：投资咨询、技术咨询、造价咨询、园区规划、建筑方案、初步设计、施工图设计、工程总承包、工程项目管理。

3. 技术实力

公司拥有一大批中青年技术骨干和专家，具有完备的专业配置和管理机构，具有雄厚的技术实力和丰富的设计经验。公司完成了数百项大中型工程设计咨询项目，主编、参编了多项国家及部省级标准、规范，荣获多项国家级、部省级优秀设计奖励。

4. 公司宗旨

为顾客创造价值空间，为员工打造发展空间，为社会营造文明空间。

5. 公司理念

以诚信为本，不断创新发展，为顾客提供高品质、高效率的产品和服务，创造时代精品。

6. 管理方针

追求品质，满足顾客要求；关注环境，防污节能降耗；控制风险，保障健康安全；持续改进，不断完善提高。

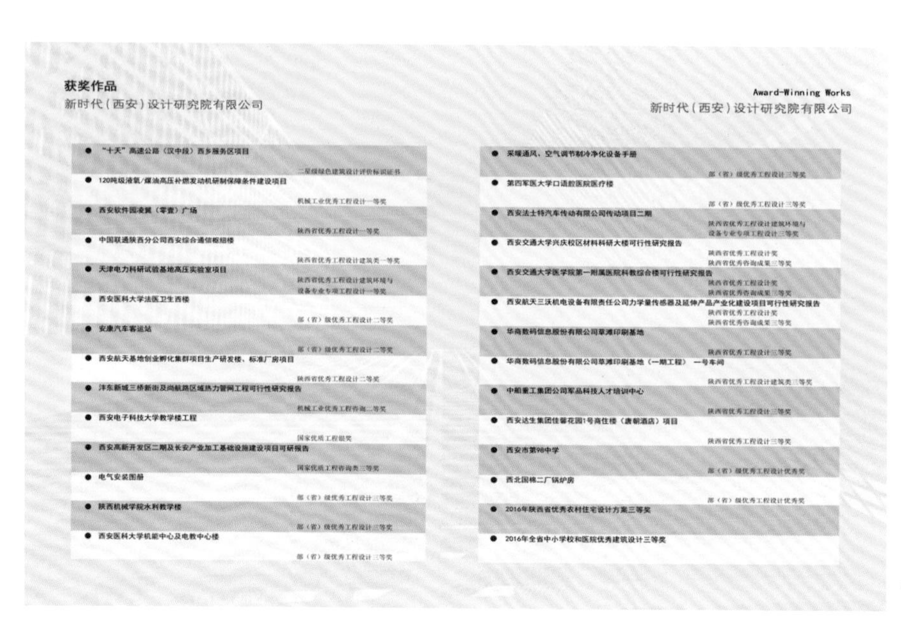

获奖作品
新时代（西安）设计研究院有限公司

- "十天"高速公路（汉中段）西乡服务区项目
  二星级绿色建筑设计评价标识证书
- 120吨级液氧/煤油高压补燃发动机研制保障条件建设项目
  机械工业优秀工程设计一等奖
- 西安软件园凌翼（零壹）广场
  陕西省优秀工程设计一等奖
- 中国联通陕西分公司西安综合通信枢纽楼
  陕西省优秀工程设计建筑类一等奖
- 天津电力科研试验基地高压实验室项目
  陕西省优秀工程设计建筑环境与设备专业专项工程设计一等奖
- 西安医科大学法医卫生西楼
  部（省）级优秀工程设计二等奖
- 安康汽车客运站
  部（省）级优秀工程设计二等奖
- 西安航天基地创业孵化集群项目生产研发楼、标准厂房项目
  陕西省优秀工程设计二等奖
- 沣东新城三桥新街及尚航路区域热力管网工程可行性研究报告
  机械工业优秀工程咨询二等奖
- 西安电子科技大学教学楼工程
  国家优质工程银奖
- 西安高新开发区二期及长安产业加工基础设施建设项目可研报告
  国家优质工程咨询类三等奖
- 电气安装图册
  部（省）级优秀工程设计三等奖
- 陕西机械学院水利教学楼
  部（省）级优秀工程设计三等奖
- 西安医科大学机能中心及电教中心楼
  部（省）级优秀工程设计三等奖

Award-Winning Works
新时代（西安）设计研究院有限公司

- 采暖通风、空气调节制冷净化设备手册
  部（省）级优秀工程设计三等奖
- 第四军医大学口语腔医院医疗楼
  部（省）级优秀工程设计三等奖
- 西安法士特汽车传动有限公司传动项目二期
  陕西省优秀工程设计建筑环境与设备专业专项工程设计三等奖
- 西安交通大学兴庆校区材料科研大楼可行性研究报告
  陕西省优秀工程设计奖
  陕西省优秀咨询成果三等奖
- 西安交通大学医学院第一附属医院科教综合楼可行性研究报告
  陕西省优秀工程设计奖
  陕西省优秀咨询成果三等奖
- 西安航天三沃机电设备有限责任公司力学量传感器及延伸产品产业化建设项目可行性研究报告
  陕西省优秀工程设计奖
  陕西省优秀咨询成果三等奖
- 华商数码信息股份有限公司草滩印刷基地
  陕西省优秀工程设计三等奖
- 华商数码信息股份有限公司草滩印刷基地（一期工程） 一号车间
  陕西省优秀工程设计建筑类三等奖
- 中船重工集团公司军品科技人才培训中心
  陕西省优秀工程设计三等奖
- 西安达生集团佳馨花园1号商住楼（唐朝酒店）项目
  陕西省优秀工程设计三等奖
- 西安市第98中学
  部（省）级优秀工程设计优秀奖
- 西北国棉二厂锅炉房
  部（省）级优秀工程设计优秀奖
- 2016年陕西省优秀农村住宅设计方案三等奖
- 2016年全省中小学校和医院优秀建筑设计三等奖

◀ 公司获奖作品

▲ 地矿大兴苑项目，荣获 2018 全国人居生态优秀规划建筑设计方案征集活动年度十佳建筑设计奖

▲ 地矿大兴苑项目，荣获 2018 全国人居生态优秀规划建筑设计方案征集活动年度十佳建筑设计奖

▲ 西安渭北（临潼）温商高端制造产业园规划方案设计

▲ 西安草滩小学，荣获陕西省建筑专项工程设计三等奖

▲ 中国新时代国际工程公司地铁结建综合楼方案设计

▲ 酒泉市委老干部工作局酒泉老年大学项目

▲ 西安交大一附院科研教学楼，荣获陕西省优秀工程设计奖

ENTERPRISE
INTRODUCE

中景恒基投资集团

02

集团概况

中景恒基投资集团是以中景恒基投资集团股份有限公司为核心，由多家控股、参股、合作企业组成的多元化经营的企业集团。经营地域以北京市为中心，延伸至全国。中景恒基投资集团以城市运营为主，包括城市研究、城市金融、城市营造、城市产业、城市服务五大业务板块，主要业务覆盖了城市运营的全过程。中景恒基投资集团具有基金管理、房地产开发、规划设计、建筑设计、招标代理、工程监理、工程施工、电梯安装及拍卖、影视制作等 36 项资质，现有成员企业三十多家，从业人员一千五百多人。

成立 16 年的中景恒基投资集团已经由房地产开发等传统业务转型为城市运营商。城市运营项目主要分布在北京、江苏省连云港、四川省眉山和河北省张家口等城市。中景恒基投资集团主要与政府合作，在政府确定的目标和机制下，利用集团在研究、融资、建造、产业招商和城市管理等方面的优势，实现产城相融，造福当地人民，为推动中国的城镇化作出自己的贡献。

▼ 四川眉山现代工业新城项目

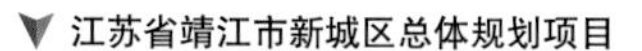

▼ 江苏省靖江市新城区总体规划项目

▼ 重庆长寿北综合交通枢纽周边地块概念规划

▲ 连云港农业生态园项目

▲ 江苏连云港项目

▲ 上海黄浦江南延伸段城市设计项目

➤ 张家口市宣化区京张奥物流园区项目

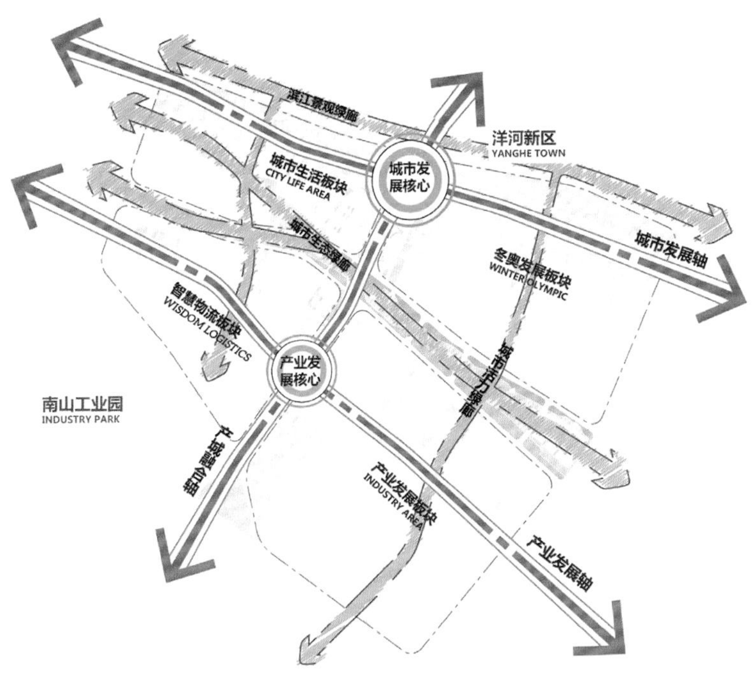

▼ 天津团泊新城城市设计

▼ 秦皇岛石河北岛概念规划方案

▼ 江苏省南京世茂河西新城（宝岛新市镇）城市设计项目

▲ 贵州省赫章县城东区夜郎城概念性规划

▲ 湖南省长沙地产项目

▲ 河北怀来燕山绿色新城戴维营装修项目

▲ 秦皇岛南戴河孟庄项目

▼ 广西鹿寨县城东区控制性详细规划项目

▲ 荣膺内蒙古自治区工程质量"草原杯"奖的鄂尔多斯大路新区体育中监理项目

▲ 宣新大厦工程施工总承包项目，荣获中国建筑工程鲁班奖及北京市建筑工程结构"长城杯"金质奖

▼ 北京市丰台区西王佐一级开发地产项目

▲ 天津市滨海新区海洋科技商务园二期项目

▼ 北京康乐体育公园项目

中国民族建筑研究会是1995年经国家建设部和国家民族事务委员会批准，在国家民政部登记注册的全国性一级社会团体。

宗旨：以发展民族建筑事业、弘扬民族建筑文化为宗旨，致力于提升民族传统建筑的保护、利用和科研水平，推崇各民族建筑艺术风格的独特性和多样性，促进各民族建筑文化的融合发展,使中国民族建筑这一中华民族传统文化中的瑰宝在现代社会仍放射出璀璨光芒。

优势：经过二十多年的发展，研究会与政府主管部门建立了密切服务关系，发挥了助手作用，会聚了一批民族建筑保护、规划、设计、建筑、科研、宣传等方面的专家，吸纳了修缮、施工、房地产开发、建筑材料等行业优秀企业，还在行业信息、文化传播等方面积累了经验和影响力，已成为社会各界参与民族建筑事业发展的专业平台。

主编单位：
中国民族建筑研究会

执行单位：
北京中睿企联国际经济文化交流中心

图书在版编目（CIP）数据

全国优秀建筑规划景观设计方案集 / 中国民族建筑研究会主编. -- 北京：中国建材工业出版社，2019.11
ISBN 978-7-5160-2686-1

I. ①全… II. ①中… III. ①城市景观－景观设计－作品集－中国－现代 IV. ①TU-856

中国版本图书馆CIP数据核字（2019）第212833号

全国优秀建筑规划景观设计方案集
Quanguo Youxiu Jianzhu Guihua Jingguan Sheji Fang'anji

中国民族建筑研究会　主编

出版发行：中国建材工业出版社
地　　址：北京市海淀区三里河路1号
邮　　编：100044
经　　销：全国各地新华书店
印　　刷：北京天恒嘉业印刷有限公司
开　　本：635mm×965mm　1/8
印　　张：41
字　　数：260千字
版　　次：2019年11月第1版
印　　次：2019年11月第1次
定　　价：398.00元

本社网址：**www.jccbs.com**，微信公众号：**zgjcgycbs**